Christoph Girtanner

Anfangsgründe der antiphlogistischen Chemie

Christoph Girtanner

Anfangsgründe der antiphlogistischen Chemie

ISBN/EAN: 9783744721271

Hergestellt in Europa, USA, Kanada, Australien, Japan

Cover: Foto ©berggeist007 / pixelio.de

Weitere Bücher finden Sie auf **www.hansebooks.com**

Anfangsgründe

der

antiphlogiſtiſchen Chemie

von

Christoph Girtanner,

der *Arzneiwiſſenſchaft* und *Wundarzneikunſt* Doktor; *der königlichen
mediziniſchen Societäten* zu *Edinburgh* und zu *London*, so wie auch
der *litterariſchen* und *philoſophiſchen Societät zu Mancheſter*, Ehren-
mitgliede; *der königlichen Societät der Wiſſenſchaften zu Edinburgh*,
und *der naturforſchenden Geſellſchaft zu Paris* auswärtigem Mitgliede;
der königlichen Societät der Wiſſenſchaften zu Göttingen
Korreſpondenten.

Nos qui ſequimur probabilia, nec ultra quam id quod veroſi-
mile occurrerit, progredi poſſumus; et refellere ſine pertinacia, et
refelli ſine iracundia, parati ſumus.

CICERO.

Berlin.
Bei Johann Friedrich Unger,
1792.

VORREDE.

Dafs ich es wage, in Deutschland die Anfangsgründe der antiphlogistischen Chemie bekannt zu machen, und öffentlich eine Theorie zu vertheidigen, welche die gröfsten deutschen Chemiker zu Gegnern hat: davon ist die Ursache weder Eigenliebe noch Eitelkeit. Ich verehre dankbar die grofsen deutschen Männer, aus deren Schriften ich so viel Belehrung und Unterricht geschöpft habe, und noch täglich schöpfe. Wenn ich anderer Meinung bin als Sie, so folge ich hierin blofs

allein meiner Überzeugung, und bitte um
gütige Zurechtweisung, falls meine Meinung irrig sein sollte. Ich bin mir be-
wußt, daß ich, in der gegenwärtigen
Schrift, so oft Liebe zur Wahrheit mich
zu widersprechen nöthigte, doch niemals
anders, als mit Achtung und Bescheidenheit, widersprochen habe. Alle Persön-
lichkeiten habe ich sorgfältig vermieden;
und ich darf daher hoffen, daß sich Nie-
mand, dessen Meinungen von den meini-
gen verschieden sind, für beleidigt halten
wird. Eben darum erwarte ich auch,
daß alle die Einwürfe, denen diese Schrift
ausgesetzt sein wird, von meinen künftigen Gegnern ohne Bitterkeit werden vor-
getragen werden. Ich suche aufrichtig
die Wahrheit: und ich habe nur solange
eine Vorliebe für das System, dessen Ver-
theidigung ich hier übernehme, als ich
überzeugt zu sein glaube, daß dasselbe
wahr seie. Wenn man an einigen Stellen, entscheidende Ausdrücke finden sollte:
so bitte ich deswegen vorläufig um Ver-

zeihung. In einer dogmatischen Schrift
ist es beinahe unmöglich, nicht zuweilen
entscheidend zu sprechen.

Aus den Schriften der französischen
Chemiker habe ich, vorzüglich bei der
Lehre von den Metallen, einige Stellen
wörtlich eingerückt. Es würde mehr mit
meinem Plan übereinstimmend gewesen
sein dieses nicht zu thun: aber ich that
es auf das ausdrückliche Verlangen jener
berühmten Männer, welche wünschten,
daſs einige Hauptsätze ihrer neuen Lehre,
in ihren eigenen Worten, in Deutschland
bekannt werden möchten.

Mit Recht hat man es der bisherigen
Chemie zum Vorwurfe gemacht, daſs sie
sich um die Elektrizität so wenig beküm-
mert. Die antiphlogistische Chemie weicht
diesem Vorwurfe aus. Sie untersucht die
Wirkungen der Elektrizität auf die Kör-
qer. Und mit welchem glücklichen Erfolge dieses geschehe, davon zeugen die
Endeckungen eines Priestley, Cavendish,
Troostwyk, Deimann, van Marum, Monge,

und anderer grofser Männer. Aus eben
dieser Ursasche wird man, in der gegenwärtigen Schrift, sehr viele elektrische
Versuche finden, deren in den älteren chemischen Schriften keine Erwähnung geschehen ist.

Göttingen am 21. November 1791.

INHALT.

ANFANGSGRÜNDE

DER

ANTIPHLOGISTISCHEN CHEMIE.

EINLEITUNG.

Die Chemie *ist diejenige Wissenschaft, welche lehrt, die Körper in ihre verschiedenen Bestandtheile zu zerlegen, und diese Bestandtheile zu untersuchen.*

Es giebt einfache *Körper, welche aus gleichartigen (homogenen) Bestandtheilen bestehen; und* zusammengesetzte *Körper, welche aus ungleichartigen (heterogenen) Bestandtheilen bestehen.*

Die einfachen, oder unzerlegten Körper wurden vormals Elemente *genannt: aber dieses Wort muß ganz verbannt werden, weil es einen unrichtigen Begriff bezeichnet. Die Elemente, aus denen die natürlichen Körper zusammengesetzt sind, werden uns immer unbekannt bleiben: aber einfache Körper, das heißt, solche Körper, welche wir bis jetzo noch nicht haben in ihre Bestandtheile zerlegen können, giebt es viele.*

Die kleinsten Theile (moleculae) der Körper hängen zusammen durch die unziehende Kraft.

A

Doch ist bewiesen, dafs sich die kleinsten Theile
der Körper niemals ganz berühren.

Die anziehende Kraft, durch welche die kleinsten Theile der Körper zusammen gehalten werden,
ist von verschiedener Art. In der Chemie pflegt
man diese Kraft durch das Kunstwort Verwandschaft auszudrücken. Und da giebt es:

I. Die Verwandschaft des Zusammenhanges, Zu-
sammenhangsanziehung (affinitas aggregationis).
Durch diese werden die kleinsten Theile gleichartiger Körper zusammen gehalten; da sie sonst aus
einander fallen würden, weil sie sich nicht berühren. Diese Art von Verwandschaft findet
blofs allein unter gleichartigen Theilen der Körper statt: und daher vermehrt dieselbe zwar
die Mafse des Körpers, aber sie verändert
nicht seine Eigenschaften. Diese Art von Verwandschaft häuft gleichartige Theile, das heifst:
sie macht Aggregate; Sammlungen, aber keine
Mischungen. Das Aggregat ist entweder hart,
weich, flüssig, oder in Gasgestalt. Dieses
sind nur verschiedene Grade des Zusammen-
hangs. Bei harten Körpern ist die Zusammen-
hangsanziehung am stärksten, bei gasartigen
Körpern am geringsten. Es giebt regelmäfsige
Aggregate, welche eine bestimmte Form haben,
wie die Krystalle; und unregelmäfsige Aggregate, ohne eine bestimmte oder regelmäfsige Form.

Die Verwandschaft des Zusammenhanges
wird aufgehoben, das heifst: die kleinsten Theile

des *Aggregats werden getrennt, auf zweierlei Weise: entweder* mechanisch, oder chemisch.

Die mechanische *Trennung geschieht* 1.) *Durch* Reiben, *auf dem Reibesteine, oder im Mörser* (*Trituratio*) 2) *durch* Stofsen (*Pulverisatio*) *durch welches vorzüglich bei brüchigen und zerbrechlichen Körpern die Verwandschaft des Zusammenhanges getrennt wird.* 3) *Durch* Feilen, Schaben *und* Schneiden. *Vermittelst der Siebe sondert man das feinere Pulver von dem gröbern ab. Vermittelst des Schlemmens und des Filtrirens werden Flüfsigkeiten von Pulvern abgesondert, so wie auch durch das Abgiefsen, und durch den Heber.*

Die chemische *Trennung geschieht durch die* Lösung (*Solutio*), *und diese ist von dreierlei Art.* *) 1) Lösung in einer Flüfsigkeit. *So werden z. B. die Salze durch das Wasser, die Harze durch das Alkohol gelöfst.* 2) Lösung durch den Wärmestoff, *oder das sogenannte* Schmelzen *der Körper. Der zweite Grad der Lösung durch den Wärmestoff ist das* Abdampfen, *oder das Verwandeln eines Körpers in die Gestalt eines Gas.* 3) Die gemischte Lösung, *welche durch den Wärmestoff, und durch eine Flüssigkeit zu gleicher Zeit geschieht. Jede Lö-*

---

*) Lösung *nenne ich dieses* (Solutio) *zum Unterschied von der* Auflösung (Dissolutio). *Bei der Lösung findet eine blofse Trennung des Zusammenhanges statt; bei der Auflösung hingegen ist immer zugleich ein Zersetzung und Wahlanziehung: daher ist der Unterschied wichtig.*

sung eines Salzes im Wasser ist eigentlich eine gemischte Lösung, durch Wasser und durch Feuer. Der Salpeter, z. B. enthält, wie bekannt, nur sehr wenig Kristallisations - Wasser, oder beinahe gar keines, und schmilzt im Feuer bei einer Hitze die nicht viel größer ist als die Hitze des kochenden Wassers. Alle andere Salze schmelzen im Feuer, bei verschiedenen aber bestimmten Graden von Wärme, auf eben die Art wie das Eis schmilzt. Löst man nun ein Salz im Wasser: so enthält dieses Wasser allemal eine gewisse Menge Wärmestoff; daher wird es gleichsam vorher geschmolzen, ehe es gelöst wird. Nach diesem Grundsatze läßt sich erklären: 1) Warum gewisse Salze, die im Wasser sehr wenig lösbar, im Feuer hingegen sehr leicht lösbar sind (wie z. B. der Salpeter) im kalten Wasser sich so schwer, im warmen Wasser hingegen sich so sehr leicht lösen. 2) Warum Salze, welche im Wärmestoffe sowohl als im Wasser schwer lösbar sind, (wie z. B. der Selenit) sich im warmen und im kalten Wasser gleich schwer lösen. Ueberhaupt ist ein Salz desto lösbarer im Wasser, je leichter sich dasselbe in dem Wärmestoffe löst.

Die Salze schmelzen, oder lösen sich im Wärmestoffe, auf eine doppelte Weise. 1) Vermöge ihres Kristallisations - Wassers: dieses ist die wässerige Schmelzung. 2) Vermöge ihrer Lösbarkeit im Wärmestoffe: die würkliche Feuerschmelzung. Die wässerige Schmelzung hängt *bloſs allein von dem Kristallisations-Wasser ab, welches, wenn es bis auf einen gewissen Grad erwärmt ist, fähig wird das Salz zu lösen. Dann verliert das Salz seine kristallinische Form; es löst sich im Wasser, und scheint geschmolzen. Läſst man es einige Zeit über dem Feuer; so verdampft das Krystallisations-Wasser allmählig, und das Salz erscheint trocken, und in Gestalt eines Pulvers. Wird dieses Pulver nachher noch ferner der Wärme ausgesetzt; so schmilzt es endlich wirklich durch das Feuer. Einige Salze schmelzen schneller durch das Feuer als andere. Kochsalz und kubischer Salpeter schmelzen sobald sie anfangen zu glühen. Andere Salze hingegen (z. B. der vitriolisirte Weinstein und Glaubers Salz) erfordern zum Schmelzen ein weit heftigeres Feuer.*

Wenn die kleinsten-Theile eines Körpers durch den Wärmestoff getrennt sind, und der Körper geschmolzen oder flüssig geworden ist: so darf man ihn nur des überflüssigen Wärmestoffes wiederum berauben, das heiſst, ihn erkalten laſsen, so wird er aufs Neue feſt. Geschieht das Erkalten langſam, und ist der Körper dabei in Ruhe: so nehmen seine kleinsten Theile, vermöge der Verwandschaft des Zusammenhanges, eine bestimmte Figur an; daher eine regelmäſsige Kristallisation. Geschieht hingegen das Erkalten schnell, oder ist der Körper während des Erkaltens in Bewegung; so entsteht eine unregelmäſsige Kristallisation.

Eben das geschieht auch nach der Lösung durch das Wasser. Dampft man das Wasser ab; so verwandelt sich das in demselben gelöste Salz in einen festen Körper, und nimmt eine regelmäßige Gestalt an. Während der Kristallisation entsteht Wärme, indem der gebundene Wärmestoff frei wird, und sich in den benachbarten Körpern in das Gleichgewicht setzt. So erhält man Kristalle, durch bloßes Abdampfen des Wassers, aus den Lösungen des Kochsalzes und der kohlengesäurten Bittererde.

Bei Salzen welche auf eine gemischte Weise (das heißt, zugleich im Wärmestoffe und im Wasser) gelöst sind, ist die bloße Abdampfung des Wassers nicht hinlänglich um Kristalle zu erhalten, sondern es wird auch die Erkältung erfordert, um beides, Wasser und Wärmestoff, von dem Körper zu trennen; vorzüglich bei solchen Salzen, die im Wärmestoffe sehr leicht löshar sind, z. B. Salpeter, Alaun und Salmiak. Diejenigen Salze hingegen, welche im Wärmestoffe sich schwer lösen, kristallisiren sich, sobald man ihnen auch nur eine geringe Menge von dem Wärmestoffe raubt in welchem sie gelöst sind: ja sie kristallisiren sich oft sogar im kochenden Wasser, wie z. B. der Selenit, das Kochsalz und die kochsalzgesäurte Pottasche.

Je langsamer die Abdampfung geschieht, desto regelmäßiger werden die Kristalle.

Je langsamer die Erkältung geschieht, desto regelmäßiger werden die Kristalle.

*Eine leichte Bewegung befördert den Anfang
der Kristallisation.*

Der Beitritt der Luft ist zu der Kristallisation unumgänglich nothwendig, wie Rouelle *bewiesen hat.*

*Ist ein fremder Körper in der Lösung, auch
ein blofser Bindfaden: so dient derselbe zum
Kern, um den sich die Kristalle ansetzen.*

*Während des Krystallisirens verbindet sich
ein Theil des Wassers, als Eis, mit dem Salze,
indem dasselbe kristallisirt. So erhält man,
wenn man eine Unze gebrannten Alaun in Wasser löst, durch die Kristallisation beinahe zwei
Unzen Alaunkristalle. Dieses Wasser heifst das
Kristallisationswasser. Da aber das Wasser nicht
in flüssiger sondern in fester Gestalt, nicht als
Wasser sondern als Eis, sich mit den Salzkristallen verbindet: so wird es richtiger und bestimmter seyn, dieses verbundene Wasser künftig
das* Kristallisations - Eis *zu nennen. Beraubt man
die Salze dieses mit ihnen verbundenen Eises: so
verlieren sie zugleich ihre regelmäfsige Gestalt
und ihre Durchsichtigkeit. Einige Salze enthalten
mehr Kristallisations - Eis, andere weniger. Die
schwefelgesäurte Soda oderdas sogenannte Glaubersche Salz, die kohlengesäurte Soda oder das
Mineralalkali, und der Alaun, enthalten beinahe
die Hälfte ihres Gewichtes; hingegen der Salpeter und das Kochsalz, enthalten nur wenig.
Beraubt man die Salze dieses Eises: so wird
ihre Natur nicht im mindesten dadurch verändert, und man erhält reines Wasser.*

Jeder Körper hat eine eigene, bestimmte Form seiner Krystallen.

II. Die Verwandschaft der Verbindung, *Verbindungsanziehung (affinitas compositionis)*.

Auf dieser Verwandschaft beruhen alle chemische Operationen. Diese Verwandschaft findet nur statt zwischen ungleichartigen Theilen (*moleculis heterogeneis*). Sie steht mit der Verwandschaft des Zusammenhanges im umgekehrten Verhältnisse. Sie findet oft zwischen zweien Körpern nur vermittelst eines dritten statt, und hört auf sobald dieser weggenommen wird. So ist z. B. eine Verwandschaft der Verbindung zwischen Oel und Wasser vermittelst der Seife; aber nicht ohne Seife. Einer von den beiden zu verbindenden Körpern muß flüssig seyn, wenn diese Verwandschaft statt finden soll, damit die Verwandschaft des Zusammenhanges desto schwächer sey. Ueberhaupt muß die Verwandschaft des Zusammenhanges allemal erst geschwächt werden, wenn eine Verbindung entstehen soll. So verbindet sich z. B. das kaustische Laugensalz in der Kälte nicht mit dem Schwefel, wenn sich beide Körper berühren: aber eine Trennung des Zusammenhanges durch bloßes Reiben, bewirkt die Verbindung.

Die Grade der Verwandschaft zweier Körper darf man nicht nach der Leichtigkeit bestimmen, mit welcher beide sich mit einander verbinden: sondern nach der Schwierigkeit, welche sich findet, sie, nach der geschehenen Verbindung, wiederum von einander zu trennen.

*In dem Augenblicke der Verbindung un-
gleichartiger Partikeln verändert sich allemal
die Temperatur. Sie wird wärmer oder kälter.*

*Der durch die Verbindung entstandene Kör-
per hat ganz andere Eigenschaften, als die Körper durch deren Verbindung er entstanden ist.*

*Die Verwandschaft der Verbindung hat ver-
schiedene Grade, und ist zwischen verschiedenen Körpern verschieden. Einige verbinden
sich sehr leicht mit einander; andere gar nicht.
Es ist äußerst wichtig die Grade dieser Verwandschaft zu kennen; denn auf dieser Kenntniß
beruht die ganze Chemie.*

*So wie aus der Verwandschaft des Zusam-
menhanges die Lösung (Solutio) entsteht: so entsteht aus der Verwandschaft der Verbindung
die* Auflösung (Dissolutio).

*Die Auflösung ist zweierlei. Entweder im
Wasser oder im Feuer.*

*Durch die Verwandschaft der Verbindung
entsteht die* Niederschlagung (Praecipitatio) *wenn
der Auflösung ein Körper zugesetzt wird, welcher zu dem Auflösungsmittel eine größere Verwandschaft hat als der aufgelöste Körper, wodurch dieser niedergeschlagen wird.*

*Wird der aufgelöste Körper in fester Ge-
stalt, und mit allen Eigenschaften niedergeschlagen, die er vor der Auflösung hatte, wie z. B.
das aus seiner Auflösung in der Salpetersäure
durch ein anderes Metall niedergeschlagene
Quecksilber: so nennt man dieses einen* vollstän-

digen Niederschlag. *Wird hingegen der aufgelöste Körper nicht mit allen den Eigenschaften niedergeschlagen, welche er hatte ehe er aufgelöst wurde: so nennt man dieses einen* unvollständigen Niederschlag!

Es giebt ferner reine *Niederschläge, welche von aller fremden Zumischung frei sind, und* unreine, *welche mit fremden Theilen gemischt sind.*

Der Niederschlag aus der Auflösung im Feuer geschieht entweder durch Schmelzung, *oder durch* Destillation. *Durch die Schmelzung ziehen sich alle diejenigen Theile, welche eine gröfsere Verwandschaft zum Wärmestoffe haben, in die Höhe, und diejenigen, welche eine geringere Verwandschaft haben, sondern sich ab, und sinken zu Boden.' Durch die* Destillation *werden alle diejenigen Theile, welche eine gröfsere Verwandschaft zum Wärmestoffe haben, in verschlossenen Gefäfsen, in Gas verwandelt und in die Vorlage übergetrieben, während diejenigen, die eine geringere Verwandschaft zum Wärmestoffe haben, in der Retorte zurück bleiben.*

Vermittelst der Verwandschaft der Verbindung kann man auch Salze aus ihrer Lösung im Wasser kristallisiren. Man verbindet mit der Lösung einen Körper, der eine gröfsere Verwandschaft zum Wasser hat als das in demselben gelöfste Salz. So schlägt z. B. das Alkohol alle Mittelsalze aus dem Wasser nieder,

*außer denen die im Alkohol selbst lösbar
sind. Oder man setzt der Lösung ein anderes,
lösbareres Salz zu; und in diesem Falle wird
das erst gelöste Salz niedergeschlagen. So wird
z. B. der schwefelgesäurte Ammoniac, aus seiner Lösung im Wasser, durch den Zusatz der,
im Wasser gelösten, schwefelgesäurten Bittererde
niedergeschlagen.*

III. Die Verwandschaft der Zerlegung. *Zerlegungs-
anziehung (Attractio electiva).*

*Man hat angenommen: diese Verwandschaft
sey entweder einfach; wenn zwei mit einander
verbundene Körper durch den Zusatz eines dritten Körpers getrennt werden: so daß sich dieser
dritte mit einem von den beiden verbindet, und
den andern rein absondere. Oder sie sei* doppelt; *wenn zwei, mit einander verbundene Körper, durch den Zusatz zweier anderer, mit einander verbundener Körper, so getrennt werden,
daß zwei neue, vorher nicht vorhandene Mischungen entstehen. Eine einfache Verwandschaft der Zerlegung giebt es aber höchst wahrscheinlich nicht in der Natur, wenigstens gewiß
nicht in demjenigen Sinne, wie dieselbe angenommen wird. Jede Zerlegung geschieht durch
eine doppelte Verwandschaft.*

*Das Zerfließen der Salze an der Luft ist eine
Verwandschaft der Zerlegung. Das Salz zerfließt,
weil es eine größere Verwandschaft zum Wasser
hat, als die atmosphärische Luft; daher entzieht
es derselben das mit ihr verbundene, oder in ihr*

gelöste Wasser. Diese Verwandschaft der Salze
zum Wasser ist gröfser oder geringer; daher ziehen einige Salze viel. Wasser an, andere nur wenig. Die trockne Pottasche zieht mehr Wasser
aus der Luft an, als sie selbst schwer ist.

Eben so ist auch das Verwittern der Salze
an der Luft eine Folge der Zerlegungsverwand-
schaft. Die atmosphärische Luft hat eine gröfsere Verwandschaft zum Wasser als diese Salze, und entzieht daher denselben ihr Kristallisations-Eis. Die Salze verlieren ihre Gestalt,
ihre Durchsichtigkeit, und einen Theil ihres Gewichtes. Daher verwittern auch nur die aller-
lösbarsten Salze. Einige verwittern leicht,
schnell und ganz. Z. B. die schwefelgesäurte
Soda, und die kohlengesäurte Soda. Diese verlieren mehr als die Hälfte ihres Gewichtes. Borax, Alaun und schwefelgesäurte Bittererde verwittern nur wenig. In trockner Luft verwittern die Salze weit schneller als in feuchter
Luft; und wenn man die Kristalle derjenigen
Salze, welche an der Luft leicht verwittern,
mit etwas Wasser befeuchtet, so verwittern sie
nicht.

Man hat die verschiedenen Grade der Verwandschaft verschiedener Körper in Tabellen gebracht, welche Verwandschafts-Tabellen genannt
werden. Bis jetzo sind aber alle diese Tabellen,
zu dem Zwecke zu welchem dieselben bestimmt waren, ganz untauglich: sie haben alle drei grofse
Fehler.

Der erste *Fehler aller Verwandschaftstabellen*
ist: daß sie nur die Resultate einfacher Verwand-
schaften darstellen: da es doch, in der Natur,
keine andere als doppelte, dreifache, und viel-
leicht zuweilen noch mehr zusammengesetzte Ver-
wandschaften giebt. Man muß sich vorstellen,
daß alle natürlichen Körper in einer sehr elastischen, dünnen und leichten Flüssigkeit, in dem
Wärmestoffe, sich befinden. Dieser Stoff durchdringt alle Körper, und sucht unaufhörlich, ihre
kleinsten Theile, welche sich nicht berühren, von
einander zu trennen. Dieses würde auch geschehen, wenn nicht die anziehende Kraft, oder die
sogenannte Verwandschaft des Zusammenhanges,
diese kleinsten Theile beisammen hielte. Die trennende Kraft des Wärmestoffes, und die zusam-
menhaltende Kraft der Anziehung, stehen mit einander im Gleichgewichte; und je höher die Temperatur ist, in welcher die Körper sich befinden,
desto größer ist auch die trennende, oder die zu-
rückstoßende, und desto geringer die anziehende
Kraft.

Hieraus folgt: daß, wenn zwei Körper mit
einander verbunden werden, die Wirkung des einen auf den andern bei verschiedenen Graden der
Wärme sehr verschieden seyn wird. Zwei feste
Körper, z. B. Gold und Silber, haben gar keine
Wirkung auf einander, weil die anziehende Kraft
ihrer kleinsten Theile unter sich stärker ist, als
die anziehende Kraft der kleinsten Theile beider
Metalle gegen einander. Daher ist der alte che-

mische Grundsatz entstanden: Corpora non agunt, nisi soluta. *Sind aber, durch einen stärkern Grad von Hitze, die kleinsten Theile beider Körper von einander getrennt, und dadurch ihre Verwandschaft des Zusammenhanges geringer geworden: so wirken sie einer auf den andern, und verbinden sich mit einander.*

Jede Verwandschafts-Tabelle ist daher nur für einen gewissen, bestimmten Grad von Temperatur wahr. Das Quecksilber z. B. zersetzt, bei einem gewissen Grade der Temperatur, die Lebensluft, verbindet sich mit dem Sauerstoffe, und wird in eine Halbsäure, oder in einen sogenannten metallischen Kalk verwandelt. Bei einer noch höheren Temperatur entwickelt sich aus diesem Kalke die Lebensluft, und das Quecksilber wird wiederum hergestellt. Bei einer gewissen Temperatur hat, demzufolge, der Sauerstoff eine gröſsere Verwandschaft zum Quecksilber als zum Wärmestoffe: bei einer andern Temperatur findet hingegen gerade das Gegentheil statt. Unsere gewöhnlichen Verwandschafts-Tabellen können aber nur Eine dieser Verwandschaften ausdrücken: demzufolge sind dieselben, in dem einen oder in dem anderen Falle, fehlerhaft. Der angenommene Unterschied, zwischen Verwandschaften auf dem feuchten, und Verwandschaften auf dem trocknen Wege, ist lange nicht hinlänglich. Eigentlich müſste man für jeden Grad des Thermometers eine andere Verwandschafts-Tabelle haben.

Ein zweiter Fehler unserer Verwandschafts-

tabellen ist: dafs dieselben das Wasser als blofs passiv ansehen; da doch dasselbe, bei vielen chemischen Operationen in seine Bestandtheile zerlegt wird.

Ein dritter *Fehler der Verwandschafts-Tabellen besteht darin: dafs sie nicht die verschiedenen Grade der Verwandschaft, bei verschiedenen Graden der Sättigung, ausdrücken. Die Schwefelsäure z. B. entsteht aus Schwefel und Sauerstoff. Aber die Verbindung dieser beiden einfachen Körper giebt zwei, ganz verschiedene Arten von Schwefelsäure, welche ganz verschiedene Eigenschaften haben; nemlich die schwere, feste, geruchlose Schwefelsäure, die das Wasser aus der Luft begierig anzieht; und das flüchtige Schwefelsäure, welches sehr stark riecht, und sich mit dem Wasser nur wenig verbindet. Eben das findet auch bei der Kochsalzsäure, und bei den verschiedenen Graden der Salpetersäure statt. Die Verwandschaft zwischen den Bestandtheilen dieser Säuren ist bei verschiedenen Graden der Temperatur sehr verschieden.*

Man würde sich eine unrichtige Vorstellung von den Verwandschaften machen, wenn man annehmen wollte: dafs in allen Fällen der neue Körper den andern des ganzen Bestandtheils beraubte, mit welchem der neue Körper sich verbindet. Wenn man z. B. Schwefelsäure über Quecksilber, Silber oder Kupfer kochen läfst; so zersetzen diese Metalle die Schwefelsäure nicht ganz: sie berauben den Schwefel nicht des ganzen Sauerstof fes, mit welchem derselbe verbunden ist. Sie wirken auf den Sauerstoff, blofs allein vermöge der anziehenden Kraft die sie zu demselben haben, dividirt durch die anziehende Kraft welche der Schwefel zum Sauerstoffe hat. Der Sauerstoff folgt also der Wirkung zweier, verschiedener, einander entgegen gesetzter Kräfte. Von einer Seite wird er von dem Metalle angezogen, welches sich mit ihm zu verbinden, und sich in eine Halbsäure zu verwandeln sucht; von der andern Seite hält ihn der Schwefel zurück. Er vertheilt sich daher zwischen beide, solange bis er zwischen beiden im Gleichgewichte ist. . Wenn also die Verwandschafts-Tabelle sagt: Quecksilber, Silber und Kupfer, haben eine gröfsere Verwandschaft zum Sauerstoffe als der Schwefel; so ist sie unrichtig. Sie sollte sagen: dafs, wenn diese Metalle mit dem Schwefel und dem Sauerstoffe gemischt werden, sich der Sauerstoff, zwischen dem Schwefel und den Metallen, in einem gewissen Verhältnisse verbreite, und dafs dadurch eine Halbsäure und Schwefelsaures entstehe.

. Alle natürlichen Körper kann man eintheilen: in zerlegte und in unzerlegte Körper; das heifst: in solche Körper; deren Bestandtheile man kennt, und in solche, deren Bestandtheile bis jetzo noch unbekannt sind.

. Die unzerlegten Körper theilen sich abermals: in einfache Körper, oder in solche, welche wahrscheinlich ferner nicht werden zerlegt werden; und in solche, deren Bestandtheile man wahrscheinlich in der Folge noch wird kennen lernen. Ein

Einfache *Körper* sind: *der Lichtstoff, der Wärmestoff, der Sauerstoff, der Wasserstoff, der Salpeterstoff, der Kohlenstoff, der Schwefel und der Phosphor.*

Unzerlegte *Körper* sind: *das Spiesglanz, das Arsenik, das Molybden, das Wolfram, das Magnesium, das Nickel, das Kobolt, das Wismuth, das Zink, das Eisen, das Zinn, das Blei, das Kupfer, das Quecksilber, das Silber, das Gold, das Platinum, die Kieselerde, die Zirkonerde, die Alaunerde, die Hartarde, die Schwererde, die Kalcherde, die Bittererde, die Pottasche, die Soda, und der Demant.*

ERSTER ABSCHNITT.
VON DEN EINFACHEN KÖRPERN.

ERSTES KAPITEL.
VON DEM LICHTSTOFFE.

Der *Lichtstoff* ist ein *blofs hypothetisch angenommener Körper, dessen Existenz noch nicht bewiesen zu seyn scheint. Höchst wahrscheinlich ist das Licht keine eigene Materie, sondern eine blofse Modifikation des Wärmestoffes, durch welche derselbe fähig wird auf die Organe unseres Gesichts einen gewissen Eindruck zu machen.*

Die *Versuche eines* Scheelé, *eines* Berthollet, *eines* Chaptal, *eines* Ingenhoufs, *und anderer, beweisen, dafs das Licht einen Einflufs auf die Körper*

B

hat. Aber von welcher Art dieser Einfluſs des Lichtes sey, und wie dasselbe wirke, ist gänzlich unbekannt. Ob es sich mit dem Sauerstoffe in den Körpern, oder mit dem Wärmestoffe verbinde? ob es mit den kleinsten Theilen der Körper selbst in Verbindung übergehe? ob es, durch seinen Beitritt zu den Körpern, irgend einen Stoff aus denselben entwickele? Dieses sind Fragen, welche bis jetzo noch nicht können beantwortet werden. Alle diese verschiedenen Meinungen sind Hypothesen und müſsen daher auch als Hypothesen betrachtet werden, welche, ohne nähere Beweise, und ohne überzeugende Versuche, weiter nichts sind, als bloſse Hirngespinnste der menschlichen Vorstellungskraft.

Da nun die Existenz des Lichtstoffes nicht bewiesen werden kann, und es nicht erlaubt ist in der Chemie die Existenz irgend eines Körpers bloſs hypothetisch anzunehmen: so hat man ein Recht alle diese Erklärungen und Hypothesen so lange zu verwerfen, bis die Existenz dieses Stoffes selbst wird bewiesen seyn.

Hr. de Luc glaubt nicht, daſs die Sonnenstrahlen erwärmend seien. Er gründet seine Meinung darauf, daſs an demselben Orte, und in derselben Jahrszeit, oder an verschiedenen Orten, unter derselben Breite, sehr auffallende Unterschiede in der Temperatur sind. Da, nach der Hypothese des Hrn. de Luc, die Intensität der Wärme von der Grundlage abhängt, mit welcher der Lichtstoff sich verbindet: so hält er es für möglich, daſs, an denselbigen Orten, die Menge dieser Grundlage ver-

schieden seyn, und' größer oder geringer werden
könne, oder daß die Menge dieser Grundlage, an
verschiedenen Orten unter derselben Breite, beständig verschieden bleibe, und daß dieser Unterschied
von dem Erdreich abhänge.

Herr de Luc hält es ferner für wahrscheinlich,
daß die Sonnenstralen in der Atmosphäre beständig Wärmestoff erzeugen, wodurch derjenige Wärmestoff ersetzt wird, welcher ohne Aufhören verloren geht. Da nun der Zustand der Atmosphäre
sehr veränderlich ist; so glaubt Hr. de Luc, auch
aus dieser Veränderlichkeit die verschiedene Temperatur desselbigen Ortes zu verschiedenen Zeiten,
und verschiedener Oerter unter derselben Breite, erklären zu können. Diese Meinung ist eine zwar
scharfsinnige, aber bis jetzo noch unbewiesene Hypothese.

ZWEITES KAPITEL.

VON DEM WÄRMESTOFFE. *)

Das Feuer erwärmt die Körper; das heißt: es
dehnt dieselben nach allen Seiten gleichförmig aus,

---

*) In diesem Kapitel bin ich vorzüglich den Herren Wilke,
Black, Crawford, de Luc, Monge, Lavoisier, de la Place, Seguin, und Morveau gefolgt, und habe gesucht ihre Entdeckungen, so deutlich und populair als möglich, vorzutragen. Ich bitte aber meine Leser, Dasjenige, was Hr. Hofr.
Lichtenberg, in der fünften Ausgabe der Erxlebenschen Naturlehre, über Feuer und Wärme, mit dem ihm eignen
Scharfsinne gesagt hat, nachzulesen.

und vermehrt ihren Umfang nach allen Seiten gleichförmig. Dieses ist ein allgemeines Naturgesetz.

Wenn der Körper, nach dem Erwärmen, wiederum erkaltet: so rücken seine kleinsten Theile, welche vorher getrennt waren, wiederum näher zusammen. Und wenn der Körper auf eben den Grad der Temperatur zurück gebracht ist, den er vor dem Erwärmen hatte: so wird sein Umfang wieder eben derselbe seyn, der er vor dem Erwärmen war.

Der Wärmestoff umgiebt die Körper nicht nur von allen Seiten, sondern er durchdringt auch dieselben, und füllt die Zwischenräume zwischen ihren kleinsten Theilen aus. Man nehme ein Gefäß voll Schrotkörner, und giefse darein eine kleine Menge feinen Streusand. Nachher schüttle man das Gefäfs; so wird der Streusand ganz unsichtbar werden, und die Zwischenräume, welche die Schrotkörner zwischen sich lafsen, gleichförmig ausfüllen. Ungefähr eben so füllt der Wärmestoff die Zwischenräume zwischen den kleinsten Theilen der Körper aus.

Da wir niemals allen Wärmestoff aus den Körpern wegzuschaffen im Stande sind: so sind ihre kleinsten Theile immer, mehr oder weniger, von einander entfernt. Die Körper selbst sind daher immer, mehr oder weniger, ausgedehnt, und wir können dieselben niemals auf den kleinsten Grad ihrer Ausdehnung, in den kleinsten Umfang dessen sie fähig sind, zurückbringen. Dieses würde nur bei einem Grade von absoluter Kälte, und durch gänzliche Ausschließung alles Wärmestoffes möglich seyn.

Darum paßt auch das oben angegebene Beispiel der Schrotkörner nicht ganz: denn die Schrotkörner berühren sich, aber die kleinsten Theile der Körper berühren sich nicht. Die kleinsten Theile keines einzigen Körpers in der Natur berühren sich, sondern alle sind, mehr oder weniger, von einander getrennt und entfernt. Es ist auch nicht möglich, daß zwei Körper in der Natur sich vollkommen berühren sollten.

Da also der in den Körpern enthaltene Wärmestoff, vermöge seiner Elasticität, oder seiner zurückstoßenden Kraft, die kleinsten Theile der Körper beständig zu trennen sucht: so würden sich diese immer mehr und mehr von einander entfernen, endlich würde aller Zusammenhang zwischen ihnen aufhören, und es würde folglich gar keinen festen Körper geben, wenn nicht diese kleinsten Theile, durch eine andere Kraft, durch die Verwandschaft des Zusammenhanges, zusammen gehalten würden. Dieses nennt man die gegenseitige Anziehung. (Attractio).

Die kleinsten Theile der Körper sind demzufolge beständig zwischen zweien, einander entgegen wirkenden Kräften im Gleichgewichte, nemlich zwischen der zurückstoßenden und der anziehenden Kraft. Der Zustand der Körper hängt bloß allein von dem Verhältnisse dieser Kräfte ab. Ist die anziehende Kraft, oder die Verwandschaft des Zu-

sammenhanges, sehr stark, so wird der Körper fest
seyn. Wird sie schwächer; so verlieren seine kleinsten Theile ihren Zusammenhang, die zurückstofsende Kraft des Wärmestoffes trennt sie von einander, und der Körper wird flüsig. Nimmt die anziehende Kraft der kleinsten Theile noch mehr ab,
so verwandelt sich der Körper in eine elastische,
luftartige Flüsigkeit, und verfliegt.

Das Wasser z. B. ist, bei einer Temperatur
unter Null Réaum. ein fester Körper, Eis. Bei einer höheren Temperatur wird das Anziehen seiner
kleinsten Theile geringer, und er wird flüsig. Bei
einer noch höheren Temperatur, über 80° Réaum.,
wird die anziehende Kraft seiner kleinsten Theile
noch geringer. Diese folgen nunmehr der zurück-
stofsenden Kraft des Wärmestoffes, und das Wasser verwandelt sich in Dampf, in Gas, in eine
luftförmige, elastische Flüsigkeit.

Aber nicht das Wasser allein, sondern alle
Körper in der Natur, befinden sich in einem von
diesen drei Zuständen; sie sind entweder feste, oder
flüsig, oder in Gasgestalt; und aus einem dieser
Zustände gehen sie in den andern über, je nachdem die Verwandschaft des Zusammenhanges ihrer
kleinsten Theile, oder die zurückstofsende Kraft
des, in den Zwischenräumen dieser Theile enthaltenen Wärmestoffes, gröfser ist; oder, mit andern
Worten, je nachdem sie mehr oder weniger erwärmt, einer höheren oder geringeren Temperatur
ausgesetzt sind.

Ehe sich ein Körper in eine luftförmige Flüs-

*sigkeit, in Gas verwandeln kann, muss derselbe sehr
elastisch werden: er muss soviel elastische Flüssigkeit, soviel Wärmestoff aufnehmen, dass seine Elasticität grösser wird als die Elasticität der Atmosphäre. Wird die Elasticität der Atmosphäre,
oder der sogenannte Druck derselben, weggenommen, so verwandeln sich viele Körper in Gas, welche ausserdem sich niemals würden in Gas verwandelt haben. Man fülle ein gläsernes Gefäss mit
Vitriolnaphtha ganz an, binde dann dasselbe mit
einer doppelten, nassen Blase fest zu, und setze
dieses Gefäss unter die Glocke der Luftpumpe.
Hierauf ziehe man die Luft aus der Glocke, und
durchsteche, im luftleeren Raume, die Blase. Dann
wird man sehen, dass die Naphtha sogleich anfängt
heftig zu sieden, und sich bald in eine elastische
Flüssigkeit verwandelt, welche die Glocke ganz
anfüllt. Das in der Glocke angebrachte Thermometer fällt beträchtlich, solange die Aus-
dünstung dauert, weil sehr viel Wärmestoff eingesogen wird.*

*Ohne den Druck der Atmosphäre würden wir
also die Naphtha nicht anders kennen, als unter
der Gestalt einer elastischen Flüssigkeit. Diese
Flüssigkeit ist brennbare Luft. Auf der Spitze des
Buet und des Montblac, wo der Barometer nur auf
20 Zoll steht, kann die Naphta niemals anders als
in Gasgestalt existiren. Auch in den ersten Wegen
des menschlichen Körpers wird die Naphtha, wegen
der höheren Temperatur, jederzeit in Gas verwandelt, und kühlt beträchtlich, weil sie bei ihrer*

Verdampfung eine grofse Menge Wärmestoff aufnimmt.

Eben dieser Versuch unter der Luftpumpe, gelingt auch mit Alkohol, mit Wasser, und sogar mit Quecksilber: doch mit dem Unterschiede, dafs von diesen Flüfsigkeiten, und vorzüglich von dem Quecksilber, nur eine sehr geringe Menge in Gas verwandelt wird.

Bei einem Drucke der Atmosphäre von 28 Zoll des Barometers kocht die Naphtha bei dem 32°. oder 33° R., das Alkohol bei dem 67°, das Wasser bei dem 80°. Das Kochen aber ist der Uebergang einer Flüssigkeit in den Zustand von Gas. In einer Temperatur der Atmosphäre über 33°, würde die Naphta immerfort Gas seyn; in einer Temperatur über 67° würde das Alkohol, und in einer Temperatur über 80° das Wasser beständig in Gasgestalt seyn: vorausgesetzt dafs der Druck der Atmosphäre in allen diesen Fällen = 28 Zoll bliebe. Versuche beweisen dafs dieses wahr ist. Noch schneller verraucht die Salpeternaphta.

Daher giebt es einige Körper, die wir nicht anders können als in dem Zustande von Gas. Z. B. das Ammoniak, das kohlengesäurte Gas, das Schwefelsäure, u. s. w. Diese Körper bleiben, bei der gewöhnlichen Temperatur, und bei dom gewöhnlichen Drucke unserer Atmosphäre, beständig in Gasgestalt.

In einem jeden Gas mufs man demzufolge unterscheiden, den Wärmestoff, welcher gleichsam das Lösungsmittel ist, und den gelösten Körper, oder die Grundlage *des Gas, welche durch den*

Wärmestoff verflüchtigt, und in einen luftförmigen Körper verwandelt worden ist.

Die Elasticität aller Arten von Gas, vielleicht die Elasticität aller Körper in der Natur, hängt ganz allein von dem Wärmestoffe ab. Je mehr Wärmestoff sie enthalten, desto elastischer sind sie: je weniger Wärmestoff, desto weniger elastisch.

Festigkeit, Flüfsigkeit und Elasticität, sind demzufolge drei verschiedene Eigenschaften, welche nur verschiedene Zustände eines und desselben Körpers bezeichnen; und welche blofs allein von dem verschiedenen Grade der Temperatur, das heifst, von der gröfseren oder geringeren Menge von Wärmestoff in ihrer Mischung, abhängen. Es sind drei verschiedene Zustände, durch welche alle Körper in der Natur successive gehen können.

Die verschiedenen Arten von Gas benennt man am besten nach ihrer Grundlage, das heifst, nach demjenigen Körper, oder Stoffe, der, mit dem Wärmestoffe verbunden, jede besondere Art von Gas ausmacht. Der Wärmestoff ist allen gemein und wesentlich nothwendig. Diejenige elastische, luftförmige Flüfsigkeit, welche aus dem Wasser entsteht, wenn dasselbe in einer Temperatur gehalten wird, welche gröfser ist als der Siedpunkt, heifst demzufolge Wassergas. Im gemeinen Leben nennt man dieses Gas, Wasserdämpfe. Die elastische Flüfsigkeit, welche aus der Verbindung des Wärmestoffes mit dem Alkohol entsteht, heifst Alkoholgas; die Verbindung der Naphtha mit dem Wärmestoffe, Naphthagas; die Verbindung des Ammo-

niaks mit dem Wärmestoffe, Ammoniakgas u. s. w.
Zwischen einem sogenannten Dampfe und einem
Gas findet gar kein wesentlicher Unterschied statt.

Alle Arten von Gas, die wir kennen, lösen
Wasser auf.

Nicht alle natürliche Körper nehmen, unter
gleichen Umständen und bei gleicher Temperatur,
gleichviel Wärmestoff in ihre Zwischenräume auf.
Einige nehmen mehr auf, andere weniger, je nachdem sie eine gröfsere oder geringere Fähigkeit haben Wärmestoff aufzunehmen.

Diese Fähigkeit (capacitas) hängt wahrscheinlich
von der Gröfse und Gestalt der Zwischenräume ab.
Wenn man, statt der Schrotkörner, ein Gefäfs mit
kleinen Körpern von einer andern Figur, z. B. mit
kleinen Würfeln, Fünfecken, oder Sechsecken, anfüllen wollte: so würden die Zwischenräume nicht
mehr so grofs seyn, als bei den Schrotkörnern, und
diese Zwischenräume würden nicht soviel Streusand
enthalten können. Eben dieses findet auch bei den
natürlichen Körpern statt. Die Zwischenräume,
welche ihre kleinsten Theile zwischen sich lafsen,
sind von sehr verschiedener Weite, und daher ist
auch die Fähigkeit, welche die Körper haben, den
Wärmestoff aufzunehmen, bei verschiedenen Körpern sehr verschieden.

Man tauche z. B, in ein Gefäfs mit Wasser
mehrere, gleich grofse Würfel, von verschiedenen
Holzarten. Das Wasser wird in ihre Zwischenräume eindringen, und die Würfel werden schwerer
werden. Die lockersten werden am meisten Was-

ser aufnehmen, die dichteren weniger, die harzigten Holzarten weniger als die nicht harzigten, u. s. w.
Mit Einem Worte, die Menge Wassers, welche,
unter völlig gleichen Umständen, jeder Würfel aufnimmt, wird im Verhältnisse der Fähigkeit seyn,
welche er hat um Wasser aufzunehmen. Nimmt
man nachher die Würfel aus dem Wasser: so
kann man zwar, durch Wiegen, ausfinden, wieviel
Wasser jeder Würfel aufgenommen hat; das
heißt: man kann die Fähigkeit eines jeden Würfels
bestimmen. Aber da sich nicht genau angeben
läßt, wieviel Wasser jeder Würfel, in seiner Mischung, schon vor dem Eintauchen enthielt: so
läßt sich auch die absolute Menge Wassers in jedem Würfel nicht bestimmt angeben; ob sich gleich
die relative Menge sehr bestimmt angeben läßt.

Auf eben diese Weise sind alle natürliche
Körper in den Wärmestoff eingetaucht, und der
Unterschied besteht nur darin: daß der Wär-
mestoff eine weit elastischere Flüßigkeit ist als das
Wasser.

Eigentlich freien Wärmestoff, der für sich exi-
stirte, ohne mit einem Körper in Verbindung zu
seyn, giebt es, so viel wir wissen, nicht. Der Wärmestoff ist jederzeit gebunden, oder, richtiger zu sagen, verbunden.

Wenn Wärmestoff aus unserm Körper weggeht; so verursacht dieses die Empfindung von
Kälte: wenn Wärmestoff in unsern Körper eintritt; so haben wir die Empfindung von Wärme.
Kälte ist daher weiter nichts als negative Wärme.

*Ist der Wärmestoff in einem Körper, den wir be-
rühren, mit dem Wärmestoffe in unserer Hand im
Gleichgewichte: so haben wir gar keine Empfindung, weil kein Uebergang geschieht.*

*Der Uebergang der Wärme wird auch durch
das Thermometer angezeigt. Es steigt wenn Wärmestoff abgesondert wird, und fällt wenn Wärmestoff eingesogen wird. Das Thermometer zeigt nur
an wieviel Wärmestoff es bekommen, oder verloren
habe: nicht die ganze Menge des Wärmestoffes,
welche aus einer Verbindung in eine andere übergegangen ist.*

*Es giebt indessen ein Mittel, um die absolute
Menge des, aus einer Verbindung in eine andere
übergegangenen Wärmestoffes, zu bestimmen. Das
hiezu gehörige Instrument, der* Wärmemesser, *ist
eine Erfindung des Herrn* Lavoisier, *und soll unten beschrieben werden. Man setzt den Körper,
welcher Wärmestoff verliert, mitten in eine Kugel
von Eis, und berechnet nachher, aus der Menge des
geschmolzenen Eises, wieviel Wärmestoff der Körper verloren habe.*

*Ehe die neue chemische Nomenklatur bekannt
war, bediente man sich des Worts* Wärme *in einer
doppelten Bedeutung. Man nannte* Wärme *(cha-
leur, heat) sowohl eine gewisse Empfindung, als auch
die unbekannte Ursache dieser Empfindung. Um
nun, mit philosophischer Bestimmtheit, die Wirkung
von der Ursache zu trennen, hat man die unbekannte Materie* Wärmestoff (calorique) *genannt, und
drückt nunmehr, durch die Wörter* Wärme *und*

Kälte, *weiter nichts aus, als gewisse Empfindungen, welche dieser Wärmestoff auf die Organe unserer Sinne hervorbringt.*

Hr. Crawford *selbst ist von diesem Fehler nicht frei. Den Wärmestoff, als Ursache betrachtet, ohne Rücksicht auf seine Wirkungen, nennt er absolute Wärme. Hingegen den Wärmestoff, als Ursache, im Verhältnisse mit ihren Wirkungen betrachtet, nennt er* relative Wärme. *Den Wärmestoff, welcher aus andern Körpern in den unsrigen übergeht, nennt er* empfindbare Wärme (sensible heat) *gleichsam als wenn es eine* nnempfindbare *Empfindung geben könnte. So bedient er sich auch des unschicklichen Ausdrucks:* verborgene Wärme (latent heat) *welches eben so viel sagen will, als* nicht warme Wärme. *Ferner ist der Ausdruck* vergleichbare Wärme (comparative heat) *ebenfalls unschicklich: denn die Körper enthalten keine Wärme, aber wohl den Stoff, welcher, durch seinen Eindruck auf unsere Organe, die Empfindung der Wärme verursacht.*

Die Temperatur *eines Körpers ist das Maafs der Ausdehnung, welche der, sich in das Gleichgewicht setzende Wärmestoff, in dem Quecksilber des Thermometers verursacht.*

Wegen der verschiedenen Fähigkeiten (Capacitäten) *welche die Körper besitzen, um den Wärmestoff aufzunehmen, erfordern ungleichartige, aber an Gewicht oder Umfang gleich grofse Körper, eine ungleiche Menge von Wärmestoff, wenn ihre Temperatur um eine gleiche Anzahl von Graden erhöht*

*werden soll. Gesetzt, ein Pfund Eisen, und ein
Pfund Spiefsglanz, haben beide eine Temperatur
von* 10°, *und man erhöhe nunmehr beide zu der
Temperatur von* 40°: *so wird das Eisen zweimal
soviel Wärmestoff aufnehmen als das Spiesglanz.
Die* Fähigkeit des Eisens *verhält sich daher zu der*
Fähigkeit des Spiefsglanzes, *zwischen dem* 10° *und
dem* 40°, *wie* 2 : 1.

Die ganze Menge des Wärmestoffes, welche
ein Körper, vergleichungsweise mit einem andern
Körper, enthält, wird sein specifischer Wärmestoff
genannt. So verhält sich z. B. der specifische Wärmestoff des Eisens zu dem specifischen Wärmestoffe des Spiesglanzes* = 2 : 1.

Die specifische Wärme *eines Körpers nennt
man, das Verhältnifs zwischen der Menge von
Wärmestoff, welche erfordert wird, um die Tempe-
ratur zweier ungleichartiger Körper um gleich viele
Grade zu erhöhen. Die specifischen Wärmen zweier
Körper verhalten sich wie ihre Fähigkeiten.*

*Zwei, an Gewicht oder an Umfang gleiche
Körper, können, bei derselben Temperatur, eine ungleiche Menge von Wärmestoff enthalten; das
heifst: ihr specifischer Wärmestoff kann verschieden seyn.*

Die Temperatur *eines Körpers ist ein Maafs,
welches anzeigt, dafs der, in seinen Zwischenräumen enthaltene Wärmestoff mehr oder weniger zusammengedrückt sei, als der Wärmestoff eines andern Körpers, mit dem man ihn vergleicht.*

Die Fähigkeit *ist ein Maafs, welches anzeigt,*

wieviel Wärmestoff man einem Körper mittheilen müſse, um seine Temperatur um eine gewiſse Anzahl von Graden zu erhöhen, vergleichungsweise mit der Menge von Wärmestoff, welche einem andern, an Gewicht oder Umfang gleichen Körper, mitgetheilt werden muſs, um seine Temperatur um eben soviele Grade zu erhöhen.

Nur darf, während dieser Erhöhung der Temperatur, keiner von den beiden zu vergleichenden Körpern seinen Zustand verändern, das heiſst: aus einem festen in einen flüſsigen, oder aus einem flüſsigen in einen luftförmigen Körper verwandelt werden: denn alsdann paſst diese Definition nicht mehr.

Der ſpecifische Wärmestoff eines Körpers ist das Maaſs, welches die ganze Menge des Wärmestoffs anzeigt, welche ein Körper, bei einer bestimmten Temperatur, enthält, vergleichungsweise mit der Menge des Wärmestoffs eines andern Körpers, welcher ihm, an Gewicht oder an Umfang, gleich ist, und sich in derselben Temperatur befindet.

Solange ein Körper seinen Zustand nicht verändert: so kann die Menge des in seinen Zwischenräumen enthaltenen Wärmestoffes abnehmen und zunehmen, ohne daſs deswegen seine Fähigkeit verändert würde.

Die Wärme *wird nach der Intensität der Empfindung gemessen, welche sie verursacht. Die* Temperatur *miſst man nach dem Grade der Ausdehnung des Quecksilbers im Thermometer.*

Um die Fähigkeiten zu messen giebt es zwei

Mittel. 1) *man mischt von zwei ungleichartigen Körpern gleichviel, an Gewicht oder an Umfang, bei verschiedener Temperatur beider zusammen, und bemerkt die Temperatur der Mischung. Die Fähigkeiten sind, in diesem Falle, mit den Veränderungen der Temperatur im umgekehrten Verhältnisse.* 2) *oder man erwärmt beide Körper, bis zu der gleichen Temperatur, schliefst dann jeden besonders in Eis ein, und sammelt das geschmolzene Wasser. In diesem Falle, sind die Fähigkeiten im geraden Verhältnisse, mit den Mengen des geschmolzenen Eises.*

Die Veränderungen, welche dieselbe Menge von Wärmestoff in der Temperatur verschiedener Körper hervorbringt, sind mit ihren Fähigkeiten im umgekehrten Verhältnisse.

Die Temperatur eines Körpers wird verändert, entweder wenn der Körper seinen Zustand verändert, oder wenn der in seinen Zwischenräumen enthaltene Wärmestoff zunimmt oder abnimmt.

Die Menge des Wärmestoffs, welche ein gleichartiger Körper enthält (dessen kleinste Theile folglich alle einerlei Temperatur haben) ist im Verhältnisse mit seinem Umfange. Zwei Pfund Wasser enthalten, bei derselben Temperatur, zweimal so viel Wärmestoff, als ein Pfund Wasser.

Von dem Gefrierpunkte bis zu dem Verdampfungspunkte ist die Ausdehnung des Quecksilbers im Verhältnisse mit der Zunahme seines Wärmestoffes: das Quecksilber-Thermometer ist daher ein ziemlich genaues Maafs der Wärme.

Die

*Die Fähigkeit der Körper den Wärmestoff auf-
zunehmen bleibt sich ungefähr gleich, solange der
Körper seinen Zustand nicht verändert.*

*Während des Flüßsigwerdens, und während
des Verdampfens, saugen alle Körper eine Menge
Wärmestoff ein, welcher ihre Temperatur nicht erhöht, und welcher sich wiederum absondert, wenn
sie in ihren flüßsigen, oder in ihren festen Zustand,
zurck kehren.*

*Wenn man ein Pfund Wasser, auf der Tem-
peratur* Null, *mit einem Pfunde Wasser auf der
Temperatur* + 60° *vermischt: so ist die Temperatur der Mischung* = 31°, *oder die mittlere Temperatur. Mischt man hingegen ein Pfund Eis, auf
der Temperatur* Null, *mit einem Pfunde Wasser
auf der Temperatur* 62° : *so ist die Temperatur
der Mischung* Null.

Mischt man ein Pfund Wasser auf Null *mit
einem Pfunde Eis auf* — 62°: *so wird das Wasser
ganz in Eis verwandelt, und die Temperatur der
Mischung ist* Null.

*Demzufolge ist die Menge des Wärmestoffes,
welcher sich aus einem Pfunde Wasser, während
des Gefrierens absondert, vollkommen gleich der
Menge, welche eingesogen wird, wenn ein Pfund
Eis sich in Wasser verwandelt.*

*Wenn das Wasser sich in Dämpfe, in Gas,
verwandelt: so saugt es eine große Menge Wärmestoff ein, welcher seine Temperatur nicht erhöht.*

*Aus diesen, und einigen andern Versuchen
folgt: daß alle Körper, wenn sie flüßsig werden,*

C

und wenn sie in Gas verwandelt werden, eine ge-
wisse Menge Wärmestoff einsaugen, welcher zu ihrer
Flüssigkeit, oder zu ihrer Gasgestalt nothwendig ist,
aber welcher ihre Temperatur nicht erhöht; und
dafs die Körper, bei den entgegengesetzten Verän-
derungen, den Wärmestoff wiederum verlieren,
welchen sie vorher eingesogen hatten.

Noch allgemeiner läfst sich dieser Lehrsatz auf
folgende Weise ausdrücken: Alle Veränderungen
der Wärme, sowohl wirkliche als anscheinende,
welche ein Körper leidet, indem er seinen Zustand
verändert, zeigen sich wieder in umgekehrter Ord-
nung, wenn der Körper in seinen ersten Zustand
wiederum zurück kehrt.

Wenn man von ungleichartigen Körpern glei-
che Gewichte nimmt: so werden ungleiche Mengen
von Wärmestoff erfordert, um gleiche Veränderun-
gen in der Temperatur dieser Körper hervor zu
bringen.

Mischt man vier Pfund mit Salpetersäure be-
reitete Spiesglanzhalbsäure (antimonium diaphoreti-
cum) auf 4° Temperatur, mit einem Pfunde Eis
auf Null; so wird die Temperatur der Mischung
sein = 2°. Mischt man vier Pfund von derselben
Halbsäure auf Null, mit einem Pfunde Eis auf 4°;
so wird die Temperatur der Mischung seyn, eben-
falls = 2°. Ein Pfund Eis, und vier Pfund mit
Salpetersäure bereitete Spiesglanz-Halbsäure enthal-
ten gleichviel Wärmestoff. Aber vier Pfund
Halbsäure enthalten vier mal soviel Wärmestoff
als ein Pfund. Folglich verhält sich der specifi-

sche Wärmestoff *eines Pfundes Eis, zu dem specifi-*
schen Wärmestoff eines Pfundes Spiesglanzhalb-
säure, wie 4 : 1.

Aber wenn man ein Pfund Eis auf Null *mit*
einem Pfunde durch Salpetersäure bereiteter Spies-
glanzhalbsäure auf — 10° *mischt: so ist die Tem-*
peratur der Mischung = — 2°, *Das Eis ist um*
zwei Grade kälter geworden, und die Temperatur
der Halbsäure hat um acht Grade zugenommen.
Die in der Temperatur des Eises geschehene Ver-
änderung verhält sich, demzufolge, zu der in der
Temperatur des Wassers geschehenen Veränderung
= 1 : 4. *Da wir aber vorhergesehen haben, daſs*
der specifische Wärmestoff eines Pfundes Eis, sich
zu dem specifischen Wärmestoffe eines Pfundes
Spiesglanz-Halbsäure verhält, wie 4 : 1; *so folgt:*
daſs die specifischen Wärmestoffe gleicher Gewichte
Eis und Spiesglanz-Halbsäure sich verhalten, wie
das umgekehrte Verhältniſs der Veränderungen,
welche ihre Temperatur leidet, wenn man sie, auf
ungleichen Graden der Temperatur, mit einander
vermischt.

Was der Wärmestoff eigentlich sei, wissen wir
nicht. Einige Naturforscher nehmen an, er sei ein
eigenes, für sich bestehendes flüssiges und einfa-
ches Wesen. Andere halten ihn für zusammenge-
setzt. Noch andere glauben: es gebe eigentlich kei-
nen Wärmestoff, sondern die Wärme sei die Wir-
kung der unmerklichen Bewegung der kleinsten
Theile der Materie. Ich maſse mir nicht an, hier-
über entscheiden zu wollen, und fahre fort Erschei-

nungen und Thatsachen zu erzählen, ohne mich
auf Muthmafsungen einzulafsen. Zu einer bessern
Uebersicht der, in der Naturlehre so äufserst wichtigen, Lehre von dem Wärmestoffe, werde ich nunmehr, in kurzen, aphoristischen Sätzen, alles was wir
bisher über diesen Gegenstand wissen, so gedrängt
als möglich vorzutragen suchen.

***

Man mufs annehmen, dafs alle Erscheinungen
welche Feuer und Wärme betreffen, die Wirkungen einer besonderen Materie seyen, welche Wärmestoff heifst.

Der Wärmestoff ist eine undurchdringliche,
aufserordentlich elastische, und so dünne Flüfsigkeit, dafs sie gar keine Schwere zu haben scheint.

Der Wärmestoff wird, von den kleinsten Theilen aller Körper in der Natur, in unmerklicher Entfernung, und mit einer Kraft angezogen, welche
abnimmt so wie die Entfernung zunimmt, und deren Intensität, deren Gesetze, und deren Radius
der Wirksamkeit, für jeden einzelnen Körper verschieden, und noch nicht berechnet sind.

Der Wärmestoff wirkt auf die kleinsten Theile
eines Körpers den allgemeinen Naturgesetzen ge-
mäfs. Das heifst: im Verhältnifse seiner Mafse,
und folglich im Verhältnifse des Drucks, welchen er leidet.

Die allgemeinen Eigenschaften der Körper, in
Rücksicht auf den Wärmestoff, sind: dafs sie aus
kleinen Theilen bestehen, welche sich einander, in

einer unmerklichen Entfernung anziehen, mit einer
Kraft, welche abnimmt so wie die Entfernung zu-
nimmt, und deren Gesetze, deren Intensität, und
deren Radius der Wirksamkeit, für jeden einzel-
nen Körper verschieden, und noch nicht berech-
net sind.

Die kleinsten Theile der Körper berühren sich
nicht: darum nimmt der Umfang eines jeden Kör-
pers ab, wenn er erkaltet.

Die kleinsten Theile der Körper werden von
einander durch dazwischen liegende Schichten von
Wärmestoff getrennt, und dieser Wärmestoff wird
zusammen gedruckt 1) *durch die anziehende Kraft*
der kleinsten Theile welche er berührt 2) *durch den*
Druck der entfernteren Schichten 3) *durch die an-*
ziehende Kraft der kleinsten Theile unter sich
4) *durch äufseren Druck, wenn der Körper biegsam*
ist. Der Druck, welchen der, in dem Körper ent-
haltene Wärmestoff leidet, ist dem zufolge verän-
derlich, und nimmt ab, so wie seine Schichten von
dem Kern des Körpers entfernter sind.

Auf den, in den Körpern enthaltenen Wärme-
stoff, wirken beständig zwei Arten von Kräften.
Die eine begünstigen seinen Zufluß in den Körper,
und die andern verhindern denselben.

Die Kräfte, welche den Zufluß des Wärme-
stoffes in die Körper begünstigen, sind: der Druck,
welchen der, aufser dem Körper enthaltene Wärme-
stoff, auf den in demselben enthaltenen Wärme-
stoff beständig ausübt, und der Hang, welchen der
Wärmestoff hat, sich mit den kleinsten Theilen der
Körper zu verbinden.

Der Druck des äußeren Wärmestoffes auf den inneren wird, durch das Wort Temperatur ausgedrückt, und kann gemessen werden.

-. Nimmt, nach dem hergestellten Gleichgewichte, der äußere Druck zu: so wird Wärmestoff in den Körper eindringen, solange, bis die Elasticität des inneren Wärmestoffes so weit zugenommen hat, daß das Gleichgewicht aufs Neue hergestellt ist.

Nimmt, nach dem hergestellten Gleichgewichte, der äußere Druck ab: so wird Wärmestoff aus dem Körper herausdringen, solange, bis die Elasticität des inneren Wärmestoffes so weit abgenommen hat, daß das Gleichgewicht aufs Neue hergestellt ist.

... In beiden Fällen wird der Umfang des Körpers weder zunehmen noch abnehmen. Dieser Umfang wird sich eben so wenig verändern, als sich der Umfang eines trockenen Schwammes verändert, wenn die äußere Luft, die ihn umgiebt, dichter oder dünner wird.

Die Mengen des Wärmestoffes, welche der Körper durch diese Veränderungen, erhalten oder verlohren hat, verhalten sich wie die Veränderungen der Temperatur, welchen der Körper ausgesetzt war.

Nimmt, nach dem hergestellten Gleichgewichte, vermöge des Hanges, welchen der Wärmestoff hat, sich mit den kleinsten Theilen der Körper zu verbinden, die Temperatur zu: so wird auch die Dichtigkeit des äußeren Wärmestoffes zunehmen, welcher die Oberfläche des Körpers berührt. Der Wärmestoff wird daher auf die kleinsten Theile des Körpers stärker wirken, und, vermöge dieser Wirkung, in den Körper eindringen, und den Widerstand überwinden, welchen das Gleichgewicht ihm entgegen setzte. Durch das Eindringen wird er die kleinsten Theile des Körpers mehr von einander entfernen, und dadurch wird der Umfang des Körpers zunehmen. Die Zunahme des Umfanges kann so groß werden, daß ein fester Körper in einen flüßigen, und ein flüßiger in einen luftförmigen verwandelt wir. So nimmt der Umfang eines Schwammes, oder eines trocknen Stück Holzes zu, wenn Wasser in seine Zwischenräume eindringt.

Nimmt, nach dem hergestellten Gleichgewichte, vermöge des Hanges, welchen der Wärmestoff hat, sich mit den kleinsten Theilen der Körper zu verbinden, die Temperatur ab: so wird auch die Dichtigkeit des äußeren Wärmestoffes abnehmen, welcher die Oberfläche des Körpers berührt. Der Wärmestoff wird daher auf die kleinsten Theile des Körpers weniger stark wirken, und, vermöge dieser verringerten äußeren Wirkung, wird der Wärmestoff aus dem Körper ausdringen, da nunmehr der Widerstand gehoben ist, welchen das Gleichgewicht ihm entgegen setzte. Durch das Ausdringen des Wärmestoffes aus dem Körper werden die kleinsten Theile desselben sich einander mehr nähern, und dadurch wird der Umfang des Körpers abnehmen. Die Abnahme des Umfanges kann so beträchtlich seyn, daß ein luftförmiger Körper in einen flüßigen, und ein flüßiger Körper in einen festen verwandelt wird.

Diejenigen Kräfte, welche den Zufluß des Wärmestoffes in die Körper verhindern, sind: der Zusammenhang der kleinsten Theile des Körpers, und der äufsere Druck.

Nimmt, nach dem hergestellten Gleichgewichte, die Verwandschaft des Zusammenhanges, zwischen den kleinsten Theilen des Körpers zu: so wird der, im Körper mehr zusammengedrückte Wärmestoff, aus dem Körper heraustreten, und die Temperatur der benachbarten Körper erhöhen. Daher entwickelt sich Wärmestoff bei allen Verbindungen, weil die kleinsten Theile der Mischung stärker zusammen hangen als die kleinsten Theile jedes einzelnen Körpers welche gemischt worden sind.

Nimmt, nach dem hergestellten Gleichgewichte, die Verwandschaft des Zusammenhanges, zwischen den kleinsten Theilen des Körpers ab: so wird, wegen des im Körper weniger zusammengedrückten Wärmestoffes, der Wärmestoff von aufsen in denselben eindringen, und die Temperatur der benachbarten Körper wird abnehmen.

Ist die Temperatur eines Körpers bis auf den Grad erhöht werden, dafs die kleinsten Theile desselben so weit von einander entfernt sind, dafs sie keine Verwandschaft des Zusammenhanges mehr haben: dann werden sie nur noch durch äufseren Druck z. B. durch den Druck der Atmosphäre, zusammen gehalten: sie bewegen sich leicht über einander weg, und der Körper wird flüfsig.

Dafs es flüfsige Körper in der Natur giebt, daran ist der Druck der Atmosphäre ganz allein

schuld.. Ohne den Druck der Atmosphäre würden
alle Körper entweder im festen, oder im luftförmigen Zustande seyn.

Ein Körper kann aus dem festen Zustande in
den flüsigen nicht anders übergehen, als durch die
Wirkung des Wärmestoffes, oder durch die Wirkung einer vorher existirenden Flüsigkeit.

Der Uebergang eines Körpers, aus seinem festen Zustande in den flüsigen, vermöge der Wirkung des Wärmestoffes, hat für jeden Körper eine
eigene Temperatur, in welcher er statt findet. Bei
diesem Uebergange verbindet sich eine große Menge Wärmestoff mit dem Körper auf eine innige
Weise. Z. B. die Menge Wärmestoff, welche erfordert wird, ein Pfund Eis in Wasser zu verwandeln, würde 12½ Unzen geschmolzenes Eis bis zu
der Temperatur des kochenden Wassers erhöhen
können.

Während des Uebergangs eines Körpers, aus
seinem festen Zustande in den flüsigen, vermöge
einer schon vorher vorhandenen Flüsigkeit, verbindet sich ebenfalls sehr viel Wärmestoff mit dem
Körper auf eine innige Weise. Die Temperatur
der benachbarten Körper, denen dieser Wärmestoff entzogen wird, nimmt daher ab. Wenn man
Salze im Wasser, oder Eis in Salzwasser oder in
Alkohol löst: so entsteht, aus dieser Ursache, Kälte
in der Mischung.

Ein Körper kann aus seinem flüsigen Zustande wiederum in den festen übergehen: 1) wenn er
seinen Wärmestoff verliert. Diese Operation, wel-

cher man den *allgemeinen Namen* Gefrieren *geben*
könnte, findet für jeden Körper jederzeit bei der-
selben Temperatur statt. 2) *Durch die Wirkung*
eines festen Körpers, welcher den flüfsigen Körper
in den festen Zustand zurück bringt. In diesem
Falle *wird der verbundene Wärmestoff, welcher*
die Flüfsigkeit verursachte, frei; er verbindet sich·
daher mit den benachbarten Körpern und erhöht
die Temperatur derselben. Dieses sieht man bei·
dem Löschen *des gebrannten Kalchs, der Laugen-·*
salze, und der kalzinirten Mittelsalze, vermittelst·
des Wassers; und in der Löschung der rothen·
Quecksilber - Halbsäure, vermittelst der Salpeter-·
säure. 3) *Durch die Wirkung einer andern Flüs-*
sigkeit. Auch in diesem Falle entwickelt sich Wär-·.
mestoff. Z. B. *Wenn man konzentrirte Säuren-·*
und Laugensalze mischt, wodurch, auf der Stelle,
kristallisirte Mittelsalze entstehen; oder in der Ver-·
bindung des Wassers mit dem übersauren kochsalz-
gesäuerten Zinn (Liquor Libavii) *durch welche Ver-*
bindung ein harter Körper entsteht.

Der äufsere Druck *ist die zweite Art von*
Kraft, *welcher den Zuflufs des Wärmestoffes in*
die Körper verhindert.

Der äufsere Druck *hat nur in so ferne eine*
merkliche Wirkung, auf den in den Körpern ent-·
haltenen Wärmestoff, als diese Körper biegsam·
genug sind, um dem Drucke nachzugeben und ih-
ren Umfang zu verändern.

Nimmt, *nach dem hergestellten Gleichgewichte,*
der äufsere Druck zu: so wird der in dem Körper

enthaltene *Wärmestoff* mehr zusammengedrückt als er es im Zustande des Gleichgewichts war. Er verläfst daher den Körper, und erhöht dadurch die Temperatur der benachbarten Körper. So wie aus einem feuchten Schwamme, wenn man denselben zusammendrückt, die Flüfsigkeit, mit welcher derselbe durchdrungen ist, ausfliefst, und die benachbarten Körper befeuchtet. Aus dieser Ursache wird die Temperatur erhöht, wenn man Metalle hämmert, oder Münzen daraus schlägt, oder Drath daraus zieht: und eben so, durch Schlagen, Pressen und Drücken der Metalle. Eben das findet auch bei dem Reiben statt, mit welchem jederzeit mehr oder weniger Druck verbunden ist.

Nimmt, nach dem hergestellten Gleichgewichte, der äufsere Druck ab: so wird der in dem Körper enthaltene *Wärmestoff* weniger zusammen gedrückt, als er es im Zustande des Gleichgewichts war. Der *Wärmestoff* dringt daher von aufsen in den Körper ein, und dadurch wird die Temperatur der benachbarten Körper vermindert.

Wenn, vermöge einer sehr erhöhten Temperatur, der *Wärmestoff* zwischen die kleinsten Theile eines flüfsigen Körpers eindringt; so trennt er diese Theile, und überwindet den äufseren Druck, welcher allein sein Eindringen verhinderte. Nimmt die Temperatur so sehr zu, dafs der Druck ganz überwunden wird: so werden die kleinsten Theile der Flüfsigkeit vollkommen frei. Sie lösen sich dann in dem *Wärmestoffe*, und es entsteht eine elastische, luftförmige Flüfsigkeit.

Ein Körper kann aus dem flüfsigen Zustande in den elastischen übergehen 1) *durch die Wirkung des Wärmestoffes* 2) *durch eine hinlängliche Abnahme des äufseren Drucks* 3) *durch die Wirkung einer schon vorher vorhandenen elastischen Flüfsigkeit.*

Der Übergang eines Körpers, aus dem flüfsigen Zustande in den Zustand einer elastischen Flüfsigkeit, wird, wenn er durch die Wirkung des Wärmestoffes geschieht, Verdampfung, *genannt. Diese Operation geht für jede Flüfsigkeit jederzeit bei derselben Temperatur vor sich, vorausgesetzt dafs der Druck gleich sey. Es wird eine grofse Menge Wärmestoff, während des Verdampfens, von dem Körper eingesogen, und mit demselben verbunden. Auch der Umfang des Körpers nimmt beträchtlich zu. So nimmt z. B. das Wasser, nachdem es in Gas verwandelt worden ist, einen 1,728 mal so grofsen Raum ein als in seinem flüfsigen Zustande.*

Geschieht der Übergang eines Körpers, aus dem flüfsigen Zustände in den elastischen, durch eine hinlängliche Abnahme des äufseren Drucks: so wird, auch in diesem Falle, eine beträchtliche Menge Wärmestoff eingesogen und gebunden. Dieser Wärmestoff wird den benachbarten Körpern entzogen, und diese werden daher während des Verdampfens der Flüfsigkeit kälter. So verdampft z. B. das kalte Wasser unter der Glocke der Luftpumpe, und verursacht Kälte.

Geschieht der Übergang eines Körpers, aus dem flüfsigen Zustande in den elastischen, durch die Wirkung einer schon vorher vorhandenen, ela-

*stischen Flüfsigkeit: so wird, auch in diesem Falle,
sehr viel Wärmestoff eingesogen und gebunden.
Dieser Wärmestoff wird den benachbarten Körpern
entzogen, welche daher erkalten. So lösen sich z. B.
das Quecksilber, das Wasser, das Alkohol, die riechenden Oele, und andere Körper, in der Atmosphäre auf, vermehren den Umfang derselben, und
erkälten sie, im Verhältnisse mit der Menge und
der Schnelligkeit jener besondern Art von Lösung,
welche man* Verrauchung (evaporatio) *nennt.*

*Die der Verrauchung günstigen Umstände
sind:* 1) *eine höhere Temperatur der aufzulösenden
Flüfsigkeit* 2) *eine gröfsere Dichtigkeit des auflösenden elastischen Flüfsigen: in beiden Fällen sind
beide Körper dem Zustande näher, in den sie übergehen sollen.*

*Ein Körper kann, aus dem elastischen Zustan-
de, in den flüfsigen zurück kehren:* 1) *durch den
Verlust seines Wärmestoffes* 2) *durch eine hinlängliche Zunahme des Drucks* 3) *wenn das lösen-
de elastische Flüfsige aufhört dem Lösen günstig
zu seyn. Wenn sich z. B. die Dichtigkeit desselel-
ben, oder seine Temperatur verändert.* 4) *durch
die Wirkung einer Flüfsigkeit.*

*Die Operation durch welche ein Körper, aus
dem Zustande eines elastischen Flüfsigen, in den
Zustand einer Flüfsigkeit zurück kehrt, wird, wenn
sie durch den Verlust des Wärmestoffes allein geschieht,* Verdichtung (condensatio) *genannt. Sie
geschieht jederzeit bei derselben Temperatur für
denselben Körper, wenn der äufsere Druck gleich ist.*

Kehrt ein Körper, aus dem Zustande eines elastischen Flüssigen, in den Zustand einer Flüssigkeit, durch eine hinlängliche Zunahme des Drucks,
zurück: so wird der Wärmestoff, welcher, in ge-
bundener Gestalt, den Körper zum elastischen Flüssigen machte, denselben verlassen, in die benachbarten Körper übergehen, und die Temperatur derselben erhöhen. Aber die wiedererzeugte Flüssigkeit kann in diesem erzwungenen Zustande nur
so lange bleiben, als der Druck zunimmt, welcher erfordert wird um diese Wirkung hervor zu
bringen.

Nimmt die Temperatur ab: so wird sehr oft
das in der atmosphärischen Luft gelöste Wasser
aus derselben niedergeschlagen. Es nimmt seinen
flüssigen Zustand wiederum an, und befeuchtet die
benachbarten Körper.

Wenn die Dichtigkeit des auflösenden elastischen Flüssigen abnimmt: so kehrt das aufgelöste,
elastische Flüssige ebenfalls in den Zustand einer
Flüssigkeit zurück. So sehen wir z. B. dass das in
der Atmosphäre aufgelöste Wasser flüssig wird,
die Luft undurchsichtig macht, und sich in der
Gestalt einer Wolke zeigt, sobald der Druck der Atmosphäre sich vermindert und die Dichtigkeit der
Luft abnimmt. Dieses Wiederkehren in den flüssigen Zustand kann man auch Niederschlag (Praecipitatio) nennen. Es ist jederzeit mit Wärme verbunden.

Die Körper gehen auch, aus dem Zustande eines elastischen Flüssigen, in den Zustand einer

Flüfsigkeit über, durch die Wirkung einer vorher vorhandenen Flüfsigkeit. So werden z. B. das Ammoniakgas und das schwefelsaure Gas, das kohlengesäurte Gas, das kochsalzgesäurte Gas und das spathgesäurte Gas in Flüfsigkeiten verwandelt, wenn diese Gasarten sich mit dem Wasser verbinden. Die atmosphärische Luft verbindet sich sogar mit dem Wasser, aber in gesingerer Menge. Die Umstände, welche diese Verbindung begünstigen, sind: 1) eine niedrigere Temperatur 2) ein gröfserer Druck auf die elastischen Flüfsigen. Es entwickelt sich Wärmestoff während der Verbindung.

Der Zustand eines elastischen Flüfsigen ist der letzte Zustand, in welchen der Wärmestoff einen Körper verwandeln kann. Aber auch noch in diesem Zustande hört der Wärmestoff nicht auf, auf den Körper zu wirken, indem er denselben ausdehnt, oder seine Elasticität vermehrt.

Der Wärmestoff wirkt auf die Körper, indem er dieselben ausdehrt, wenn der äufsere Druck seiner Wirkung nachgeben kann; daher unterscheidet man: entstehende Dämpfe und gehobene Dämpfe.

Entstehende Dämpfe sind solche, welche gerade die nöthige Temperatur haben, um in dem Zustande eines elastischen Flüfsigen zu seyn, und welche, weder die geringste Erkältung, noch die geringste Zunahme des Drucks erleiden können, ohne dafs sie sich, wenigstens zum Theil, wieder in eine Flüfsigkeit verwandeln.

Gehobene Dämpfe sind solche, deren Temperatur höher ist, als die Temperatur der Flüfsigkeiten aus denen sie entstanden sind, im kochenden Zustande ist. Durch einen gewissen Grad von Druck kann man sie erkälten, ohne ihren Zustand zu verändern. Alle Arten von Gas sind weiter nichts als gehobene Dämpfe. Sie lassen sich, wenigstens im mittleren Zustande, offenbar im Verhältnisse der drückenden Last, zusammendrücken.

Der Wärmestoff wirkt auf die Körper indem er ihre Elasticität vermehrt, wenn das elastische Flüfsige zwischen widerstehenden Wänden eingeschlossen ist. Durch Zunahme der Temperatur, kann dasselbe, vermöge des Wärmestoffs, sogar fähig werden diesen Widerstand zu überwinden, sich in einen gröfsern Raum aaszudehnen und einen Knall (explosio) zu verursachen. Der Knall ist jederzeit mit einer Erkältung verbunden.

Die elastischen Flüfsigen können, auf feste Körper, oder auf andere elastische Flüfsige einwirken.

Die Wirkung der elastischen Flüfsigen auf feste Körper kann verursachen, dafs sie selbst wieder zu festen Körpern werden, oder dafs sie aufgelöst werden.

Kehren die elastischen Flüfsigen in den festen Zustand zurück: so nehmen sie am Umfange ab, und es entwickelt sich aus ihnen Wärmestoff. Auf diese Weise werden die sauren Gasarten von den gelösten Laugensalzen eingesogen, und machen mit denselben kristallisirte Mittelsalze. Auf diese Weise

Weise verbinden sich auch die meisten Metalle mit dem Sauerstoffe, und nöthigen denselben den Wärmestoff zu verlafsen, welcher ihm die luftförmige Gestalt gegeben hatte. Daher wird bey diesen Operationen jederzeit die Temperatur stark erhöht.

Wenn die elastischen Flüfsigen feste Körper auflösen: so wird dadurch ihr Umfang und ihre Temperatur verändert. So löst z. B. das Sauerstoffgas den reinen Kohlenstoff: aber es entsteht dabei eine starke Hitze und der Umfang des Gas nimmt ab. Hingegen löst die atmosphärische Luft das Eis, es entsteht dabei eine Erkältung, und der Umfang der Luft nimmt zu. Auch der Schwefel, und viele andere Körper, werden von der Luft gelöst, vorzüglich die riechenden Körper, jedoch gemeiniglich nur in geringer Menge. Die genaueren Umstände dieser Arten von Lösungen sind noch unbekannt.

Wenn elastische Flüfsige auf andere elastische Flüfsige wirken; so entstehen daraus Erscheinungen, welche entweder mit Wärme ohne Licht, oder mit Wärme und Licht verbunden sind.

Wärme ohne Licht entsteht durch diese Wirkung, z. B. in der Verbindung des salpeterhalbsauren Gas (Salpeterluft) mit dem Sauerstofgas (Lebensluft). Der Umfang nimmt ab, es entsteht ein neues elastisches Flüfsige, welches gefärbt ist, und salpetersaures Gas genannt wird. Eben das bemerkt man auch, bei der Verbindung des Salpeterstoffgas (phlogistisirter Luft) mit dem Wasserstoff-

D

gas (inflammabler, Luft) *aus welcher Verbindung
Ammoniak* (flüchtiges Laugensalz) *entsteht.*

- *Die zusammengesetzten, elastischen Flüßrigen,
welche auf diese Weise entstanden sind, können gemeiniglich, durch eine erhöhte Temperatur zerlegt
werden: denn durch dieselbe erhalten die beiden
Körper, welche die Mischung ausmachen, den Wärmestoff wieder, den sie, während der Vermischung,
verloren hatten.*

*Wärme mit Licht, entsteht durch diese Wir-
kung, z. B. in der Verbindung des Sauerstoffgas*
(Lebensluft) *mit allen brennbaren Arten von Gas:
mit dem Wasserstoffgas* (brennbarer Luft) *den
Schwefeldämpfen, den Phosphordämpfen, u. s. w.
ja sogar mit dem Salpeterstoffgas* (phlogistisirter Luft).

*Flamme nennt man diejenige Erscheinung, wel-
che sich zeigt, wenn sich das Sauerstoffgas mit einer brennbaren Art von Gas verbindet, auf eine
solche Weise, daß eines von diesen beiden elastischen Flüßigen in einem anhaltenden Strome in einen Raum einfließt, welcher mit dem andern angefüllt ist.*

*Die elastischen Flüßigen, welche aus diesen Ver-
bindungen entstehen, können nicht anders zerlegt
werden, als vermittelst eines Körpers, dessen Wirkung auf den einen der Bestandtheile größer sei
als auf den andern.*

*Wird das Gleichgewicht zwischen den Kräf-
ten, welche den Zufluß des Wärmestoffes in die
Körper begünstigen und verhindern, gestört: so*

stellt sich dasselbe mit einer Geschwindigkeit wiederum her, welche bei verschiedenen Körpern verschieden ist. Daher unterscheidet man die Körper, in Rücksicht auf den *Wärmestoff*: in nichtleitende, halbleitende und · vollkommeu leitende Körper, (*Conductores*, *semiconductores*, *et nonconductores*).

Nichtleitende Körper des Wärmestoffes sind diejenigen, welche, wenn sie mit wärmeren Körpern in Berührung gebracht werden, allen den Wärmestoff, der sich ihrer Oberfläche darbietet, in ihre *Verbindung*, nicht in ihre Zwischenräume, aufnehmen: so, daß ihre Temperatur, durch diese Zunahme des Wärmestoffes in ihrer Mischung, nicht erhöht wird. So, z. B. das Eis auf dem Schmelzpunkte, und das kochende Wasser. Der Wärmestoff kann in ihr Inneres nicht hereindringen, und daher behält der Körper lange Zeit dieselbe Temperatur. Nur allein die Oberfläche des Eises nimmt Wärmestoff auf, um flüssig zu werden; und die Oberfläche des kochenden Wassers, um elastisch zu werden.

Nichtleitende Körper des Wärmestoffes sind ferner solche, die wenn sie mit kälteren Körpern in Berührung gebracht werden, weiter nichts als den gebundenen Wärmestoff ihrer Oberfläche verlieren, und keinen Wärmestoff aus ihren Zwischenräumen hergeben, so, daß durch diesen Verlust des Wärmestoffes aus ihrer Mischung, ihre Temperatur nicht abnimmt. Z. B. das Wasser auf dem Gefrierpunkte, und der entstehende Dampf. Der Wärmestoff kann nicht aus ihrem Inneren herauskom-

men, und daher behält der Körper lange dieselbe
Temperatur. Nur allein die Oberfläche des Wassers verliert Wärmestoff, um feste zu werden;
und die Oberfläche des Dampfs, um flüfsig zu
werden.

Halbleitende Körper des Wärmestoffes sind
solche, mit denen der Wärmestoff theils in Verbindung übergeht, theils sich in ihre Zwischenräume vertheilt. Unter gleichen Umständen sind sie
um so viel bessere Leiter, je gröfser das Verhältnifs des Wärmestoffes, den sie in ihre Zwischenräume aufnehmen, zu demjenigen ist welcher in
ihre Verbindung übergeht. In diese Klasse gehören die meisten Körper in der Natur. Verglaste
Körper und feste Körper sind die schlechtesten
Leiter.

Vollkommen leitende Körper, wenn es welche
gäbe, würden solche sein, die den Wärmestoff nicht
anders aufnehmen würden, als in ihren Zwischenräumen. Die Temperatur würde sich äufserst
schnell in ihrem Inneren verbreiten. Am nächsten
kommen dieser Definition die Metalle.

Eine allgemeine Wirkung des Wärmestoffes
ist, alle neue Verbindungen zu verhindern, und die
schon verbundenen Substanzen zu trennen. So zerlegt schon eine blofse Erhöhung der Temperatur
das Ammoniakgas und das salpeterhalbsaure Gas
(Salpeterluft).

Indem aber der Wärmestoff den Zusammenhang der festen Theilchen vermindert, so macht er
sie tüchtig in neue Verbindungen einzugehen, und

daher geschieht es zuweilen: dafs er dadurch die Verbindungen mehr begünstigt, als er dieselben, seiner allgemeinen Eigenschaft nach, verhindert. So beraubt eine erhöhte Temperatur die sehr gesäurten Metalle eines Theils ihres Sauerstoffes, und begünstigt dagegen die Säurung der reinen Metalle.

Aus dem Gesagten erhellt: dafs die elastischen Flüfsigen enthalten: 1) allen den Wärmestoff, welchen der Körper in seinem festen Zustande enthielt, und unter dem Grade des Drucks, unter welchem damals dieser Wärmestoff sich befand. 2) Allen den Wärmestoff, der sich mit ihm verband als er flüfsig wurde, und unter dem geringeren Grade des Drucks, unter welchem dieser Wärmestoff sich damals befand. 3) Allen den Wärmestoff, welcher sich mit dem Körper verband, als er in den elastischen Zustand überging, und der noch weniger zusammengedrückt ist.

Wenn daher die elastischen Flüfsigen ihren elastischen Zustand auf eine andere Weise verlieren als durch allmählige Erkältung: so verlafsen die verschiedenen Theilchen des Wärmestoffes den elastischen Körper mit einer Geschwindigkeit, welche bei jedem Theilchen, mit dem Drucke, unter welchem sich dasselbe befand, im Verhältnisse steht. Daher wird derjenige Wärmestoff, welcher dem festen Zustande angehörte, mit aufserordentlicher Schnelligkeit sich aus dem Körper entfernen, und dadurch fähig werden einen Eindruck auf das Organ des Gesichts zu machen, und eine Empfindung hervorzubringen, welche man Helle nennt. In die ser Rücksicht wird der Wärmestoff Licht, oder Lichtstoff genannt. Der Lichtstoff ist, demzufolge, eine blofse Modifikation des Wärmestoffes; weiter nichts, als der aus einem sehr zusammen gedrückten Zustande sich vermöge seiner Elasticität, schnell ausdehnende Wärmestoff.

DRITTES KAPITEL.

VON DEM WÄRMEMESSER.

Der Wärmemesser (Calorimeter) ist eine Erfindung der Herren Lavoisier und de la Place. Eine Beschreibung dieses Instruments findet man in Hrn. Lavoisiers: élements de Chymie, und in den mémoires de l'Académie de Paris 1780. S. 364.

Die Theorie des Wärmemessers beruht auf folgenden Grundsätzen: Wenn man einen Körper, der eine Temperatur von 32° Fahr. hat, einer Temperatur von 88° aussetzt: so erwärmt sich derselbe allmählig, von seiner Oberfläche nach seinem Mittelpunkte zu, bis er eine Temperatur von 88° wie die ihn umgebende Atmosphäre hat. Ein Stück Eis, das man in eine Temperatur von 88° setzt, erwärmt sich nicht, sondern seine Temperatur bleibt immer auf 32° stehen, das heißt, auf dem Gefrierpunkte, und dies solange, bis das Eis ganz geschmolzen ist. Eine Schichte von Eis nach der andern verwandelt sich in Wasser, solange bis alles geschmolzen ist. Nun stelle man sich vor, eine Kugel von Eis befinde sich in einer Temperatur von 54° Fahr. und in der Mitte dieser Eiskugel befinde sich ein erwärmter Körper: so folgt, daß der äußere Wärmestoff nicht durch das Eis, in den inneren Theil der Kugel wird eindringen können, sondern der innere Wärmestoff wird beständig auf einander folgende Schichten von Eis schmelzen, so lange, bis die Temperatur des, im Mittelpunkte der Kugel enthaltenen Körpers $=$ 32° seyn wird. Sammelt man nun alles das Wasser, welches geschmolzen wurde, indem der Körper, im Mittelpunkte der Kugel, von seiner Temperatur bis zum 32° des Thermometers gelangte; so wird das Gleichgewicht desselben mit der Menge des Wärmestoffes, den der Körper während seiner Erkältung verloren hat, genau im Verhältnisse stehen; denn durch zweimal soviel Wärmestoff wird zweimal soviel Eis geschmolzen. Die Menge des geschmolzenen Eises ist demzufolge ein äußerst genaues Maaß der Menge von Wärmestoff, durch welche dasselbe geschmolzen worden ist. Auf diesen richtigen Grundsätzen beruhet der Wärmemesser der Herren Lavoisier und de la Place. Er besteht aus einem zilindrischen Gefäß, das in drei verschiedene Hölen abgetheilt ist, von denen sich die eine in der anderen befindet. Die innerste Höle, die größte von allen, ist von der mittleren durch ein Gegitter von feinem Eisendrath getrennt, und enthält die Körper, mit denen man Versuche anstellen will. Die mittlere Höle wird mit Eis angefüllt, so daß der, in der inneren Höhle enthaltene Körper, ganz damit umgeben ist. Das in dieser Höhle geschmolzene Eiswasser läuft durch eine Röhre, die durch einen

Hahn verschlossen werden kann, in ein unten ste-
hendes Gefäfs. Die äufserste Höhle ist von der
mittleren durch eine eiserne Wand abgesondert, so
dafs sie mit ihr gar keine Gemeinschaft hat. Sie wird
ebenfalls ganz mit Eis angefüllt, und das geschmolzene Eiswasser läuft, durch eine eigene Röhre, in
ein eigenes Gefäfs. Der Deckel der Maschine wird
mit Eis bedeckt. Die äufsere Höhle dient um das
Eindringen des Wärmestoffes aus der Atmosphäre
abzuhalten.

Bei jedem Versuche füllt man die ganze mittlere Höhle mit Eis an, welches man hineinprefst.
Eben so wird auch die äufsere Höhle angefüllt.
Dann setzt man den Körper, mit welchem der Versuch angestellt werden soll, schnell in die Innerste
Höhle, setzt den Deckel über die Maschine, wartet
solange bis der Körper ganz erkaltet ist, und wiegt
dann das geschmolzene Wasser. Ein solcher Versuch dauert achtzehn bis zwanzig Stunden.

Man mufs die Versuche nur dann anstellen,
wenn die Temperatur der Atmosphäre über 32° ist.
Denn der äufsere Wärmestoff kann, bei einer Temperatur über 32°, wegen des in der äufseren Höhle
enthaltenen Eises, nicht in die mittlere Höhle gelangen. Aber bei einer Temperatur unter 32°
könnte dieses geschehen, weil das Eis, solange es
Eis bleibt, fähig ist verschiedene Temperaturen anzunehmen. Auch das Eis, dessen man sich zu dem
Versuche bedient, darf nicht unter 32° seyn. Am
besten thut man, in einer Temperatur von 39° bis
40° die Versuche anzustellen: sonst entsteht, durch

die Röhre, durch welche das Wasser ausläuft, ein Luftzug, welcher den Versuch unrichtig machen könnte.

Mit einer kleinen Veränderung läfst sich die Maschine auch so einrichten, dafs man nach Gefallen äufsere Luft in die innere Höhle bringen und folglich Versuche über das Verbrennen der Körper, und über das Athemholen der Thiere anstellen kann.

Um einen beständigen Maafsstab zu haben, nimmt man an, die Menge Wärmestoff, welche nöthig ist um ein Pfund Eis zu schmelzen sei $= 1,000000$. Um ein Pfund Eis zu schmelzen, braucht man ein Pfund Wasser, auf der Temperatur von 135° Fahr. Das 1. in diesem Maafsstabe ist demzufolge gleich der Menge von Wärmestoff, welche erfordert wird um ein Pfund Wasser von dem 32° bis zu dem 135° zu erwärmen.

Die Art, wie, vermittelst des Wärmemessers, die relative Menge des Wärmestoffs in verschiedenen Körpern gemessen wird, wird durch ein Beispiel deutlicher werden. Gesetzt man habe einen Körper, welcher sieben Pfund, eilf Unzen, zwei Quentgen, und 36 Gran; oder, in Decimaltheilen des Pfundes, 7,7070319 Pfund wiege. Man erwärme diesen Körper, im kochenden Wasser, bis auf den 207°. Dann nehme man ihn schnell aus dem Wasser, und bringe ihn in die innere Höhle des Wärmemessers. Nach geendigtem Versuche wiege man das geschmolzene Eiswasser. Gesetzt dasselbe wiege: ein Pfund, eine Unze, fünf Quentgen, und

vier Gran = 1,109795 Pfund: so frägt sich nun:
Da der, durh. eine Erkältung von 175°, aus dem
Körper entwickelte Wärmestoff, Eis = 1,109796
schmilzt; wieviel Eis wird der, durch eine Erkältung von 135° aus dem Körper entwickelte Wärmestoff schmelzen? Dadurch erhält man folgendes
Verhältnifs. 175 : 1,109795 = 135 : X = 0,856128.
Dividirt man diese Zahl noch durch 7,7070319, als
der Anzahl von Pfunden; so erhält man = 0,11109,
für die Menge Eis, welche ein Pfund dieses Körpers, bei einer Erkältung von 135°, schmelzen
würde.

VIERTES KAPITEL.

VON DER ATMOSPHÄRE.

Die Atmosphäre ist eine Mischung aus allen den
Körpern, welche sich, in dem Grade von Temperatur, in welchem wir leben, in elastische Flüfsige verwandeln können, und aus allen den Körpern, welche sich in diesen elastishen Flüfsigen lösen können.

Es ist gar nicht unwahrscheinlich, dafs feste
Körper, vielleicht sogar Metalle, in der Atmosphäre
enthalten sind. Ein Metall, das um einige Grade
flüchtiger wäre als das Quecksilber, würde beständig, in unserer Atmosphäre, in dem Zustande eines
elastischen Flüfsigen, enthalten seyn.

Die leichtesten elastischen Flüfsigen, oder diejenigen welche am meisten Wärmestoff enthalten,
befinden sich in den obern Regionen der Atmosphäre; die schwereren sind unten. Daher ist auch die

Atmosphäre unten am dichtesten, und wird weniger dicht je höher man steigt. *)

Lehrsáz. Die Luft der Atmosphäre besteht aus zwei Arten von Gas. Aus Sauerstoffgas oder Lebensluft, welches zu Unterhaltung des thierischen Lebens dient; und aus Salpeterstoffgas oder Stikgas, welches das Leben nicht erhalten kann, sondern beim Einathmen tödlich wird.

Beweise. 1) Analytischer Beweis. *Man setze Quecksilber, in einem mit atmosphärischer Luft angefüllten, verschlofsenen Gefäfse, dem Feuer aus: so wird das Quecksilber schwerer werden, und zum Theil in einen metallischen Kalk verwandelt. Man untersuche die in dem Gefäfs übrig gebliebene Luft: so wird man finden, dafs dieselbe um den sechsten Theil abgenommen hat, und dafs die übrigen ⅚ Salpeterstoffgas sind, welches untüchtig ist das Athemholen und das Verbrennen der Körper zu unterhalten. Wird der kalzinirte Theil des Quecksilbers, in einer Retorte, dem Feuer ausgesetzt: so erhält man, sobald der Kalk glüht, den eingesogenen ⅙ der atmosphärischen Luft wieder, und das Quecksilber ist im metallischen Zustande. Dieser ⅙ ist Sauerstoffgas, und ist tüchtig zum Athemholen und zu dem Verbrennen der Körper. Während der Verkalkung verbindet sich, demzufolge, die Grundlage des Sauerstoffgas und ein Theil des mit demselben verbundenen Wärmestoffes, mit dem Quecksilber, und verändert es in einen Kalk. Der*

---

*) Lavoisier *élémens de Chymie.*

gröste Theil des, mit der Grundlage verbundenen Wärmestoffs wird frei und geht in die benachbarten Körper über. Der andere Bestandtheil der atmosphärischen Luft, welcher zurück bleibt, ist unfähig das Athemholen und das Verbrennen zu unterhalten; es ist Salpeterstoffgas. *Die atmosphärische Luft besteht demzufolge aus zweien elastischen Flüssigkeiten, von ganz verschiedener Natur, aus Sauerstoffgas oder Lebensluft, und aus Salpeterstoffgas oder Stikluft.* Q. E. D.

Anmerkung. *In diesem Versuche verbindet sich niemals alles, in der Atmosphäre enthaltene Sauerstoffgas, mit dem Quecksilber, sondern es bleibt immer noch ein Theil deßelben mit dem Salpeterstoffgas verbunden, und läfst sich von demselben durch das Quecksilber nicht absondern, weil die Verwandschaft des Sauerstoffes zu dem Salpeterstoffe und auch zu dem Wärmestoffe sehr grofs ist, und beide vereinigt gröfser sind, als die Verwandsehaft des Sauerstoffes zum Quecksilber.*

.. *Die Menge des Sauerstoffgas verhält sich, in der Atmosphäre, zu der Menge des Salpeterstoffgas in derselben, ungefähr* = 27 : 73.

2 Synthetische Beweise. *Erster, Man vermische* 73 *Theile Salpeterstoffgas, welches man durch Auflösung thierischer Körper in der Salpetersäure bereitet hat, mit* 27 *Theilen Sauerstoffgas, aus der Quecksilber Halbsäure, oder der schwarzen Magnesium Halbsäure,* (Braunstein): *so erhält man atmosphärische Luft.*

Zweiter Beweis. *Man mische die* ⅝ *Salpeter-*

stoffgas, welche, in dem obigen Versuche, nach der
Kalzination des Quecksilbers, zuürck geblieben sind,
mit dem ¼ Sauerstoffgas, welchen man aus dem
kalzinirten Quecksilber erhielt: so bekommt man wiederum eben dieselbe Menge atmosphärische Luft,
welche man zerlegt hatte. Diese beiden Arten von
Gas machen demzufolge, mit einander vereinigt,
wahre atmosphärische Luft. Die atmosphärische
Luft besteht, demzufolge, aus Sauerstoffgas, und
aus Salpeterstoffgas. Q. E. D.

Anmerkung. Ich habe gesagt, daſs der gröſste
Theil des mit dem Sauerstoffgas verbundenen Wärmestoffs frei werde. Da aber die hiedurch verursachte Zunahme der Temperatur, wegen der zu der
Kalzination nothwendigen Hitze, nicht bemerkt werden kann: so muſs man, um auch dieses zu beweisen, einen andern Versuch anstellen, der keine
äuſsere Wärme erfordert.

Versuch. Man befestigt an das Ende eines
spiralförmig gedrehten Eisendraths ein kleines Stück
Schwamm, Das andere Ende des Eisendraths wird
in einen Korkstöpsel befestigt. Nachher wird eine
starke und groſse Glasflasche mit Sauerstoffgas angefüllt. Man zündet den Schwamm an, bringt
schnell den Eisendrath in die Flasche, und ver-
schlieſst vermittelst des Korkstöpsels die Oeffnung
derselben fest zu. Sogleich fängt der Schwamm an,
in dem Sauerstoffgas, mit einer lebhaften Flamme
zu brennen. Die Flamme theilt sich dem Eisen-
drathe mit, und dieser verbrennt ganz, indem er
glühende Funken um sich streut. Diese Funken

*sammeln sich in kleinen Kügelchen, auf dem Boden
der Flasche. Sie bestehen aus einem brüchigen Eisen, das vom Magnet nicht mehr so stark wie vorher angezogen wird. Das Eisen ist in eine metallische Halbsäure, in einen sogenannten Kalch, oder
Eisenmohr, verwandelt worden. Es läfst sich nunmehr im Mörser leicht zu Pulver stofsen. Aus hundert Gran Eisen erhält man, nach dieser Operation,
135 Gran Eisenkalch. Die Zunahme am Gewichte
beträgt demzufolge: 0,35. War das verbrannte Eisen rein: so ist das zurückbleibende Gas reines
Sauerstoffgas. Aber es hat am Gewichte eben soviel abgenommen, als das Eisen zugenommen hat:
das heifst, um 0,35. Es hat sich, demzufolge 0,35
von der Grundlage des Sauerstoffgas mit dem Eisen verbunden und dasselbe verkalkt. Ein Theil
des mit dem Sauerstoffgas verbundenen Wärmestoffes ist frei geworden. Dieser erscheint als Licht
und Flamme, und verursacht das Schmelzen und
Verbrennen des Eisens. Es wird demzufolge in
diesem Kalzinationsprozesse Wärmestoff frei, oder
der gebundene Wärmestoff des Sauerstoffgas entwickelt sich, und erhöht die Temperatur. Q. E. D.*

*Aufser dem Sauerstoffgas und dem Salpeter-
stoffgas enthält die atmosphärische Luft immer
auch noch ein wenig kohlengesäurtes Gas, oder sogenannte fixe Luft. Man kann annehmen, dafs die
Atmosphäre bestehe:*

Aus Sauerstoffgas $= 0,27,$

Salpeterstoffgas $= 0,72,$

Kohlengesäurtem Gas $= 0,01.$
$$\overline{}$$
$$1,00.$$

Ein Kubikfufs atmosphärische Luft kann zwölf Gran Wasser auflösen.

FÜNFTES KAPITEL.

VON DEM SAUERSTOFFE UND DEM SAUERSTOFFGAS.

Der Sauerstoff ist die Grundlage des Sauerstoff-gas. Er ist wirklich in der Natur vorhanden, und nicht etwa, wie das Phlogiston, blofs hypothetisch angenommen. Alle Körper, mit denen man ihn verbindet, werden durch seinen Beitritt schwerer, und alle Körper werden leichter wenn man sie dieses Stoffs beraubt. Man kann ihn messen und wiegen: und Gewicht ist allemal ein sicherer Beweis der Gegenwart der Materie.

Eine der vorzüglichsten Eigenschafsen der Grundlage des Sauerstoffgas ist, dafs sie, mit andern Körpern verbunden, denselben einen säuerlichen Geschmack mittheilt. Daher ist auch die schicklichste Benennung für diese Grundlage Sauer-stoff (*principium acidum*).

Der Sauerstoff ist, in aufserordentlich grofser Menge, in der ganzen Natur verbreitet. Er macht beinahe den dritten Theil des Gewichts der ganzen Atmosphäre aus. Dieser, in der Atmosphäre enthaltene Sauerstoff, erhält das Leben der Thiere und der Pflanzen, und das Verbrennen der Körper. Bisher kennt man noch kein Mittel, diesen Stoff für sich, und von andern Körpern getrennt, allein darzustellen. In der Atmosphäre ist er mit dem

Wärmestoff verbunden, und mit Salpeterstoffgas gemischt.

Das Sauerstoffgas besteht demzufolge aus Sauerstoff und aus Wärmestoff. Um beide Bestandtheile zu trennen, darf man nur das Sauerstoffgas mit einem Körper in Verbindung bringen, mit welchem der Sauerstoff eine gröfsere Verwandschaft hat, als mit dem Wärmestoffe. In diesem Falle wird sich der Sauerstoff mit diesem Körper verbinden, und der Wärmestoff wird frei werden. Durch diesen Versuch erfährt man zugleich, in welchem Verhältnifse die beiden Bestandtheile des Sauerstoffgas in diesem Gas enthalten sind. Zwei solche Arten von Zersetzung habe ich vorher schon angegeben, nemlich mit dem Quecksilber und dem Eisen. Nun sollen noch einige andere folgen.

Versuch. *Man fülle eine grofse Glocke mit Sauerstoffgas, bringe unter dieselbe, in einer Kapsel, eine bestimmte Menge von Phosphor, und zünde nachher den Phosphor, vermittelst eines glühenden Eisens, oder durch ein Brennglas an. Der Phosphor verbrennt sehr schnell, und mit einer hellen Flamme. Eine grofse Menge Wärmestoff wird frei, und die innere Seite der Glocke wird mit weifsen, lichten Flocken, die nichts anders sind als trockne Phosphorsäure, ganz überzogen. 100 Theile Phosphor geben 2,54 Theile feste Phosphorsäure, und nehmen folglich, während des Verbrennens, 1,54 Theile Sauerstoff auf. Wenn das Sauerstoffgas rein war, so ist das Gas welches übrig bleibt ebenfalls reines Sauerstoffgas. Und dieses beweist,*

dafs

daſs während des Verbrennens sich nichts aus dem Phosphor entwickelt hat.

Durch das Verbrennen wird demzufolge der Phosphor mit dem Sauerstoff vereinigt, und dadurch in eine Säure verwandelt. Diese Operation nennt man, mit einem allgemeinen Ausdrucke, die Säurung des Phosphors, oder sein Verbrennen: denn beide Ausdrücke bedeuten einerlei. Durch den Ausdruck: einen Körper säuren, versteht man die Verbindung eines Körpers mit dem Sauerstoffe, oder das Verbrennen desselben.

Um soviel der Phosphor während des Verbrennens am Gewichte zugenommen hat: genau um so viel hat das Sauerstoffgas, in welchem er verbrannt wurde, am Gewichte abgenommen.

Bei einem gewissen Grade der Temperatur hat demzufolge der Sauerstoff eine gröſsere Verwandschaft zu dem Phosphor als zu dem Wärmestoffe. Daher verbindet er sich mit dem Phosphor, und macht Phosphorsäure, während der Wärmestoff frei wird, und sich mit den benachbarten Körpern verbindet. Die Phosphorsäure besteht demzufolge aus Phosphor und aus Sauerstoff.

In der atmosphärischen Luft verbrennt der Phosphor langsamer, weil das mit derselben vermischte Salpeterstoffgas das Verbrennen hindert.

Der Schwefel hat ebenfalls die Eigenschaft das Sauerstoffgas zu zerlegen, und sich mit dem Sauerstoffe deſselben zu verbinden. Es entsteht, aus dieser Verbindung, die Schwefelsäure, welche weit schwerer ist, als der Schwefel, aus dem sie entsteht.

E

Versuch, Man fülle eine sehr große Glocke mit Sauerstoffgas ganz an. Diese Glocke setze man auf Quecksilber, und unter die Glocke bringe man, auf einer Theeschuale, zwölf Gran Schwefel. Dann zünde man, vermittelst eines Brennglases, den Schwefel an. Er wird mit einer blauen Flamme brennen. Anfänglich wird, durch den Wärmestoff, welcher sich entwickelt, das Gas unter der Glocke ausgedehnt. Dann entstehen weiße Wolken, welche bald nachher die ganze Glocke anfüllen. Endlich löscht die Flamme aus, und ein großer Theil des Schwefels bleibt unverbrannt. Die ganze innere Oberfläche der Glocke ist mit Schwefelsäure bedeckt. Der Schwefel hat acht Gran an Gewicht verloren. Nachdem, durch öfteres Auswaschen der Glocke mit Wasser, alle Schwefelsäure abgewaschen ist: wird man finden, daß dieses Wasser 26 Gran mehr wiegt als vorher. Folglich sind hier, während des Verbrennens. aus acht Gran Schwefel, 26 Gran Schwefelsäure entstanden, und der Schwefel hat demzufolge 18 Gran aus der Luft, während des Verbrennens. an sich gezogen. Das was in der Glocke übrig bleibt, ist reines Sauerstoffgas, aber es hat 18 Grän am Gewichte verloren, gerade so viel als der Schwefel zugenommen hat. Hieraus folgt: 1) daß die Schwefelsäure, vor dem Verbrennen, im Schwefel nicht enthalten ist. 2) daß, durch Verbrennen des Schwefels, das Gas an Gewicht und Umfange abnimmt. 3) daß der Schwefel eine einfache Substanz ist, welche während des Verbrennens, sich mit dem Sauerstoffe verbindet, und durch diese *Verbindung* in *Schwefelsäure verwandelt wird.*

Auch die Kohle *zersetzt das Sauerstoffgas, und verbindet sich mit dem Sauerstoffe desselben.*

Versuch. *Man bringe eine bestimmte Menge Kohlenpulver, auf einer kleinen Schaale, unter eine, auf Quecksilber stehende, und mit Sauerstoffgas angefüllte Glocke. Man zünde nachher, vermittelst eines Brennglases, unter der Glocke den Kohlenstaub an. Er wird anfänglich mit heller Flamme brennen und sehr viel Wärmestoff wird sich entwickeln. Allmählig aber werden Licht und Wärme abnehmen, und endlich wird die Kohle auslöschen. Nach geendigtem Versuche findet man, dafs das Sauerstoffgas, unter der Glocke, am Umfange ein wenig abgenommen hat, und dafs nunmehr das reine Sauerstoffgas in eine Mischung aus ⅖ kohlengesäurten Gas* (fixer Luft) *und ⅗ unverändertem Sauerstoffgas verwandelt worden ist. Die Kohle hat am Gewichte abgenommen, und eben soviel hat das Gas unter der Glocke an Gewichte zugenommen.* 100 *Gran kohlengesäurtes Gas bestehen, aus* 28 *Gran Kohlenstoff, und aus* 72 *Gran Sauerstoff.*

Das kohlengesäurte Gas besteht aus Kohlenstoff, aus Sauerstoff und aus Wärmestoff.

- *Die Säure, welche aus der Verbindung des Sauerstoffes mit dem Kohlenstoffe entsteht, erscheint niemals anders, als in Gasgestalt. Aber sie vereinigt sich mit dem Wasser. In diesem Zustande macht sie die* Kohlensäure *aus.*

Die Kohle verbrennt in einer gewissen Tempe-
ratur, weil alsdann der Sauerstoff sich mit dem
Kohlenstoffe vereinigt, und der Wärmestoff zum
Theil frei wird; daher Licht und Wärme entsteht.
Ein anderer Theil des Wärmestoffes bleibt mit der
neu entstandenen Säure verbunden, und daher ist
auch diese immer im elastischen, gasförmigen Zu-
stande. Eben deswegen, weil nicht, wie bei der
Verbrennung des Schwefels, oder des Phosphors,
aller in dem Sauerstoffgas enthaltene Wärmestoff
frei wird: eben deswegen glimmt die Kohle nur
während des Verbrennens, da hingegen Schwefel
und Phosphor mit heller Flamme verbrennen.

Das kohlengesäurte Gas, wiegt gerade soviel,
als die Kohle und das Sauerstoffgas, aus denen
dasselbe entstanden ist.

Anmerk. *Die gewöhnliche Holzkohle ist nicht*
ganz reiner Kohlenstoff. Sie enthält Pottasche und
Wasserstoff, und daher findet sich zuweilen in den
Versuchen eine kleine, jedoch kaum merkliche Ver-
schiedenheit.

Der Sauerstoff hat eine größere Verwandschaft
mit dem Kohlenstoffe als mit dem Schwefel. Da-
her kann man vermittelst der Kohle, der Schwefel-
säure den Sauerstoff entziehen, und den Schwefel
wieder herstellen.

Versuch. *Man verbinde zwei Quentgen kon-*
zentrirte Schwefelsäure mit Pottasche. Das aus der
Verbindung entstehende Mittelsalz, lasse man kri-
stallisiren und reibe dasselbe nachher zu Pulver.
Mit diesem Pulver vermische man 5 Gran Kohlen-

staub, und fülle mit dieser Mischung eine metallene Röhre so an, dafs keine Verbindung der Mischung mit der atmosphärischen Luft vorhanden
ist. Diese gefüllte Röhre lege man in das Feuer,
und fange das sich entwickelnde Gas auf: so erhält
man 14 Gran kohlengesäurtes Gas, und in der
Röhre findet man, nach dem Erkalten, Schwefel
mit Pottasche verbunden. Die fünf Gran Kohlenstoff haben demzufolge neun Gran Sauerstoff aus
der Schwefelsäure aufgenommen.

Oder; Versuch. Man vermische in der Glühhitze, Kohlenpulver mit Schwefelsäure. Es entsteht
kohlengesäurtes Gas, und die Pottasche der Kohle
verbindet sich mit dem Schwefel, so dafs geschwefelte Pottasche (Schwefelleber) entsteht, aus welcher
man leicht, durch eine Säure den Schwefel herstellen kann.

Der Sauerstoff hat eine gröfsere Verwandschaft
mit dem Kohlenstoffe als mit dem Phosphor. Daher kann man, durch Kohlenstoff, den Phosphor
aus der Phosphorsäure wiederum herstellen.

Versuch. Man mische Phosphorsäure und Kohlenstaub in einer Retorte, und setze die Mischung einem heftigen Feuer aus; so entsteht kohlengesäurtes
Gas und Phosphor; weil der Sauerstoff der Phosphorsäure sich mit dem Kohlenstoffe zu kohlengesäurtem Gas verbindet, wodurch der seines Sauerstoffs beraubte Phosphor wiederum hergestellt wird.

Oder: Versuch. Man vermische zwei Quentgen
Phosphorsäure mit fünf Gran Kohlenstaub. Man
bringe diese Mischung in eine metallene, wohl ver-

stopfte Röhre, verhindere allen Zugang der äufse-
ren Luft, und fange im Feuer das sich entwickeln-
de Gas auf: so erhält man 15 Gran kohlengesäur-
tes Gas. Die Phosphorsäure hat 10 Gran am Ge-
wichte verloren. Die fünf Gran Kohlenstaub ha-
ben demzufolge aus der Phosphorsäure 10 Gran
Sauerstoff aufgenommen. Die Phosphorsäure fin-
det man in diesem Versuche nur zum Theil
zersetzt.

    Der Sauerstoff hat eine gröfsere Verwandschaft
zu dem Phosphor als zu dem Schwefel. Daher
kann man Schwefelsäure durch Phosphor zerlegen,
und den Schwefel herstellen.

    Versuch. Man setze zwei Quentgen Schwefel-
säure mit zehen Gran Phosphor, in einer metalle-
nen Röhre, dem Feuer aus: so erhält man Phos-
phorsäure und Schwefel, weil der Sauerstoff den
Schwefel verläfst, um sich mit dem Phosphor zu
verbinden.

    In einer gewissen Temperatur hat der Sauer-
stoff eine gröfsere Verwandschaft mit dem Queck-
silber als mit dem Wärmestoffe. Dieses erhellt aus
einem oben schon angeführten Versuch. Aber in
einer noch höheren Temperatur verhält sich diese
Verwandschaft umgekehrt, und der Sauerstoff ver-
läfst wiederum das Quecksilber, mit welchem er
verbunden war, um sich mit dem Wärmestoffe zu
verbinden.

    Versuch. Man nehme einen kleinen Kolben,
mit flachem Boden und langem Halse, der sich in
eine feine haarförmige Oefnung endigen mufs: In

diesen Kolben gieſse man acht Unzen Quecksilber, und setze nachher den Kolben, acht Monate lang, einer solchen Wärme aus, daſs das Quecksilber beständig koche. Wegen der, durch die kleine Öfnung, eindringenden atmosphärischen Luft, wird, vermöge des Sauerstoffgas, welches einen Bestandtheil dieser Luft ausmacht, das Quecksilber, allmählig gesäurt, und verwandelt sich endlich in ein rothes Pulver, welches 8,054 Unzen wiegt, und folglich um 0,054 Unzen schwerer ist, als das zu dem Versuche angewandte Quecksilber. Diese 0,054 sind der Sauerstoff, welcher sich mit dem Quecksilber während der Kalzination verbunden hat.

Auch andere Metalle entziehen, bei einer gewissen Temperatur, dem Sauerstoffgas den Sauerstoff. Z. B. das Zinn.

Versuch. In eine gläserne Retorte, deren Gewicht und Maaſs man auf das genaueste kennt, bringe man eine bestimmte Menge reines Zinn, und wiege dann die Retorte mit dem Zinn noch einmal. Darauf erwärme man die Retorte, und siegele nachher die Öfnung hermetisch zu, so daſs keine Luft von auſsen in dieselbe eindringen kann. Nun wiege man, nach dem Erkalten den Apparat abermals, und bemerke, wie viel die Luft wiegt, welche während des Erwärmens weggegangen ist. Nunmehr wird die Retorte wieder über das Feuer gesetzt, und langsam erwärmt. Das Zinn schmilzt, verliert seinen Glanz, wird bleich und mit einem röthlichen und nachher schwärzlichen Pulver bedeckt. Dieses Pulver ist eine Zinnhalbsäure, eine

Verbindung des Sauerstoffs mit dem Zinn. Sobald sich kein solches Pulver mehr absondert, läfst man das Feuer ausgehen, und die Retorte erkalten. Nach dem Erkalten wird dieselbe abermals gewogen, und sie wiegt genau noch eben soviel als vorher, da sie dem Feuer ausgesetzt wurde. Bricht man nun den Hals entzwei: so dringt die äufsere Luft, mit Pfeifen und Geräusch hinein, und ersetzt diejenige Luft, welche sich mit dem Metalle verbunden hat. Wenn man die Retorte jetzo wiegt: so findet man sie schwerer, als sie war, da sie zum allerersten mal gewogen wurde, und zwar gerade um soviel, als das Zinn, während der Kalzination, an Gewicht zugenommen hat.

Oder: Versuch. *Man fülle eine Glocke mit Sauerstoffgas an, bringe unter diese Glocke etwas Zinnfeile auf einer irdenen Schaale, und seze die Glocke auf den Quecksilberapparat. Nun zünde man, vermittelst eines Brennspiegels, das Zinn unter der Glocke an. Es wird anfangen zu brennen und sich zu säuren. Dabei wird das Quecksilber unter der Glocke in die Höhe steigen, als ein Beweis, dafs Sauerstoffgas eingesogen worden ist. Auf diese Weise kann man das Gas beinahe ganz sich mit dem Zinn verbinden lafsen. Nach geendigtem Versuche findet sich, dafs das Zinn in eine Halbsäure verwandelt ist, und gerad esoviel am Gewichte zugenommen hat, als die Abnahme des Gewichts des Sauerstoffgas beträgt.*

Auf diese Art entstehen alle Säuren und Halbsäuren. Der Sauerstoff ist allen gemein und säuert

sie. Ihr Unterschied besteht blofs allein in dem
Körper, welcher durch den Sauerstoff in eine Säure
verwandelt ist. Iede Säure oder Halbsäure besteht
demzufolge aus zwei Bestandtheilen: aus dem gesäurten Körper, oder der Grundlage der Säure;
und aus dem säurenden Körper, oder dem Sauerstoffe.

Soll ein Körper sich mit dem Sauerstoffe verbinden; so wird erfordert: dafs seine kleinsten Theile von einander getrennt seien, damit die Verwandschaft ihres Zusammenhanges nicht gröfser sei, als
ihre Verwandschaft mit dem Sauerstoffe. Man
trennt sie, durch den Wärmestoff, welchen man
zwischen sie bringt. In dem Augenblicke, in welchem die kleinsten Theile des Körpers soweit getrennt sind, dafs sie von dem Sauerstoffe stärker
angezogen werden, als sie sich unter sich selbst anziehen, findet die Säurung statt.

Die zur Säurung nöthige Temperatur ist für
verschiedene Körper sehr verschieden. Sehr viele
und beinahe alle einfache und unzerlegte Körper,
säuren sich durch blofses Aussetzen an die Luft,
bei einer gehörigen Temperatur. Blei, Quecksilber,
und Zinn brauchen keine viel höhere Temperatur
als die gewöhnliche Temperatur der Atmosphäre.
Kupfer und Eisen hingegen, brauchen eine viel höhere Temperatur, um gesäuert zu werden, solange
sie ganz trocken sind, und in einer ganz trockenen
Luft sich befinden.

Geschieht die Säurung sehr schnell: so entsteht
Licht und Wärme. So z. B. die Säurung des Phos-

phors in der Atmosphäre, und die Säurung des Eisens in dem Sauerstoffgas. Metalle säuren sich
langsamer, und ohne merkliches Licht und Wärme.

Einige Körper haben eine so große Verwandschaft zum Sauerstoffe, daß wir sie gar nicht anders kennen, als im gesäurten Zustande. So die
Kochsalzsäure, und vielleicht noch viele andere mi-
neralische Körper.

Das Aussetzen an die Luft ist nicht das einzige Mittel Körper zu säuren. Statt sie mit dem
Sauerstoffgas in Berührung zu bringen, darf man
sie nur mit einem, mit Sauerstoff verbundenen Metall, bei einer gewissen Temperatur, in Berührung
bringen, zu welchen der Sauerstoff nur eine geringe
Verwandschaft hat. Z. B. mit der rothen Quecksilberhalbsäure (Mercurius praecipitatus ruber), Der
Sauerstoff ist nicht innig mit diesem Metalle verbunden, sondern er verläßt dasselbe schon bei der
Glühhitze. Man kann daher leicht die Körper säuren, wenn man sie, mit der rothen Quecksilberhalbsäure vermischt, einer Glühhitze aussetzt. Auch
die schwarze Braunsteinhalbsäure (Braunstein) die
Silberhalbsäure, und beinahe alle metallischen
Halbsäuren überhaupt, können hiezu dienen. Die
metallischen Herstellungen (Reductionen) sind weiter nichts, als Säurung des Kohlenstoffs durch irgend ein Metall. Die Kohle verbindet sich mit
dem Wärmestoffe und dem Sauerstoffe, geht als
kohlengesäurtes Gas fort, und das Metall ist hergestellt.

Jeder Kubikzoll Sauerstoffgas wiegt ½ Gran,

bei einer Temperatur von 10° Réaum. *und bei einem Drucke von* 28 *Zoll des Barometers.*

In dem Sauerstoffgas brennen die Körper schneller, mit lebhafterer Flamme und mit stärkerer Wärme, als in der atmosphärischen Luft. Die Metalle säuren sich schneller als in der Atmosphäre. Thiere holen freier Athem und leben länger, als in der Atmosphäre. Daher nennt man dieses Gas auch Lebensluft.

Das Sauerstoffgas ist schwerer als die atmosphärische Luft. Das Gewicht der leztern verhält sich zu dem Gewichte des erstern = 720 : 765.

Einige leuchtende Körper, z. B. Iohanniswürmer, leuchten heller in dem Sauerstoffgas, als in der Atmosphäre.

Herr Priestley entdeckte das Sauerstoffgas am ersten August 1774. Dieser Tag ist merkwürdig, denn er ist der Geburtstag der antiphlogistischen Chemie.

SECHSTES KAPITEL.

VON DEM VERBRENNEN DER KÖRPER.

Das Verbrennen besteht in der Zerlegung des Sauerstoffgas, durch einen Körper, mit welchem der Sauerstoff eine gröfsere Verwandschaft hat, als mit dem Wärmestoff. Brennbare, oder verbrennliche Körper, sind solche, welche eine grofse Verwandschaft zum Sauerstoffe haben. Während des Verbrennens verbindet sich der Sauerstoff mit dem verbrennlichen Körper und säuert denselben. Der·

vorher mit dem Sauerstoff verbundene Wärmestoff,
wird frei; daher Licht und Wärme.

Jedes Verbrennen ist demzufolge eine Säurung,
und zu dem Verbrennen wird nothwendig erfordert,
dafs der zu verbrennende Körper eine gröfsere Ver-
wandschaft zu dem Sauerstoff habe, als der Sauer-
stoff zu dem Wärmestoff hat. Diese Verwand-
schaft findet aber nur bei einer gewissen Tempera-
tur statt, welche für jeden brennbaren Körper ver-
schieden ist. Daher mufs man den brennbaren
Körper entzünden, das heifst, denselben mit einem
Körper, von einer höheren Temperatur als diejenige
ist, welche er selbst hat, in Berührung bringen.

Der Sauerstoff ist jezo in der ganzen Natur in
einem gewissen Gleichgewichte, zu welchem derselbe
nur dann erst gelangen konnte, nachdem alle, bei
der gewöhnlichen Temperatur unserer Atmosphäre
möglichen, Verbrennungen oder Säurungen, gesche-
hen waren: Es giebt daher keine neuen Verbren-
nungen in der Natur, aufser wenn man die brenn-
baren Körper (das heifst: diejenigen Körper, wel-
che eine gröfsere Verwandschaft mit dem Sauer-
stoffe haben, als der Wärmestoff) aus diesem
Gleichgewichte herausbringt, und dieselben einer
höhern Temperatur aussetzt. Gesetzt die gewöhnli-
che Temperatur unserer Atmosphäre änderte sich
ein wenig; gesetzt sie wäre die Temperatur des ko-
chenden Wassers: so könnten wir den Phosphor
nicht anders als unter der Gestalt von Phosphor-
säure kennen, und die Grundlage dieser Säure
würde unbekannt seyn. Es giebt also keine andere

verbrennliche Körper für uns, oder vielmehr es
kann keine andere geben, als solche, die, bei der
gewöhnlichen Temperatur unserer Atmosphäre, un-
verbrennlich sind.

Hat man einen Körper einmal in die höhere
Temperatur gebracht, in welcher derselbe verbrenn-
lich ist; so entzündet er sich, und es fängt das
Verbrennen an. Nachher entwickelt sich, aus dem
Sauerstoffgas, Wärmestoff genug, um diese Tem-
peratur zu unterhalten. Ist aber der entwickelte
Wärmestoff hiezu nicht hinlänglich; so hört das
Verbrennen auf.

Ein brennbarer Körper hört auf brennbar zu
seyn, sobald er mit Sauerstoff gesättigt ist. Er
wird aber wiederum brennbar, wenn man ihn, durch
einen andern Körper, welcher mit dem Sauerstoffe
eine grössere Verwandschaft als er selbst hat, des
mit ihm verbundenen Sauerstoffs wieder beraubt.

Das Sauerstoffgas ist der einzige brennbare
Körper in der Natur: denn ohne Sauerstoffgas ist
kein Verbrennen möglich, und aus dem Sauerstoffgas vorzüglich, oder beinahe allein, entwickeln sich
Licht und Wärme, so dass dieselben zur Flamme
werden.

Verbrennliche Körper, oder solche Körper, die
eine sehr grosse Verwandschaft zum Sauerstoffe haben, haben auch zugleich eine grosse Verwandschaft unter sich, und verbinden sich leicht mit
einander. Beinahe alle Metalle lassen sich unter
einander verbinden, und diese Verbindungen sind
brüchiger als die Metalle selbst waren. Auch Phos-

78

phor, Schwefel und Kohlenstoff verbinden sich leicht mit den, Metallen.

SIEBENTES KAPITEL.

VON DEM SALPETERSTOFFE UND DEM SALPETERSTOFFGAS.

Der zweite Bestandtheil der atmosphärischen Luft, ist, wie wir oben bewiesen haben, Salpeterstoffgas, und dieses besteht aus Salpeterstoff und Wärmestoff.

Ein Kubikzoll Salpeterstoffgas wiegt $=$ 0·4444 *Gran.*

Das Salpeterstoffgas ist die Grundlage der Salpetersäure; das heißt: Salpeterstoff und Sauerstoff geben verbunden Salpetersäure. Die Salpetersäure besteht aus $\frac{4}{5}$ *Sauerstoff, und aus* $\frac{1}{5}$ *Salpeterstoff.*

Versuch. Man mische 10 Theile Salpeterstoffgas mit 26 Theilen Sauerstoffgas, und lasse durch diese Mischung, den elektrischen Funken durchgehen: so wird man Salpetersäure erhalten.

Das Gewicht eines Kubikfußes atmosphärischer Luft, verhält sich zu dem Gewichte eines Kubikfußes Salpeterstoffgas $=$ 720 : 675.

Der Salpeterstoff ist in großer Menge in der Natur verbreitet. Mit dem Wärmestoff verbunden giebt er Salpeterstoffgas, woraus ungefähr $\frac{4}{5}$ *der Atmosphäre bestehen. Er ist immer in Gasgestalt. Er macht einen Hauptbestandtheil der thierischen Körper aus, und ist in ihnen mit dem Kohlenstoffe und mit dem Wasserstoffe verbunden, zuweilen auch mit dem Phosphor. Alle diese Stoffe werden,*

*in den thierischen Körpern, durch den Sauerstoff,
mit dem sie verbunden sind, in eine zusammengesetzte Halbsäure versetzt; zuweilen auch in eine
Säure, je nachdem mehr oder weniger Sauerstoff
mit ihnen verbunden ist. Mit Sauerstoff macht
der Salpeterstoff das salpeterhalbsaure Gas und die
Salpetersäure; mit dem Wasserstoffe macht er Ammoniak (flüchtiges Alkali). Die übrigen Verbindungen des Salpeterstoffs mit den einfachen und unzerlegten Körpern, sind größtentheils noch unbekannt.*

*Das Salpeterstoffgas erhält man: 1) Aus der
atmosphärischen Luft, indem man, durch geschwefelte Pottasche, oder durch eine Lösung von
geschwefelter Kalcherde, den Sauerstoff, welchen diese Luft enthält, einsaugen läßt. Zu der
gänzlichen Einsaugung werden zwölf bis vierzehn
Tage Zeit erfordert. Oder: 2) Eine tubulirte Retorte wird in ein Sandbad gesetzt, und mit einer
gekrümmten Röhre verbunden, deren Ende in eine,
mit flüssigem Ammoniak angefüllte Flasche geht.
Diese Flasche füllt man mit vier Unzen des aller-
konzentrirtesten, flüssigen Ammoniaks, vermischt
mit vier Unzen reinen Wassers. Damit, durch die
Wärme des Ofens, diese Vorlage nicht auch erwärmt werde: so setze man einen Ziegelstein zwischen den Ofen und die Vorlage. Mit der Vorlage wird eine gekrümmte Röhre verbunden, deren
anderes Ende unter eine mit Wasser angefüllte
Glocke geht. Nun gießt man durch die Nebenöf-
nung, konzentrirte, das heißt: soviel als möglich*

von *Wasser gereinigte, Schwefelsäure in die Retor-*
te, auf die in derselben enthaltene. mit Kochsalz
in gehörigem Verhältnisse vermischte, und zu Pul-
ver gestofsene Braunsteinhalbsäure. Die hiedurch
sich entwickelnde, übersaure Kochsalzsäure (de-
phlog. Salzsäure) geht in Gasgestalt weg, und kommt
in die Vorlage. Sobald sie das Ammoniak berührt:
so zersetzen sich beide gegenseitig, und das Salpe-
terstoffgas, welches aus dieser Zersetzung entsteht,
geht ganz rein unter die Glocke. Oder 3) Man
bringe zu Pulver gestofsene Braunsteinhalbsäure in
eine Retorte von Porzellan, erwärme die Retorte
allmählig, und fange das sich entwickelnde Gas
auf. Das Gas, welches sich entwickelt (solange bis
die Halbsäure anfängt zu glühen) ist reines Salpe-
terstoffgas. Sobald aber die Retorte glüht, erhält
man Sauerstoffgas. Dieses scheint das leichteste
und beste Mittel, um reines Salpeterstoffgas sich
zu verschaffen.

ACHTES KAPITEL.

VON DEM KOHLENSTOFFE, UND DEM KOHLENGE-
SÄURTEN GAS.

*D*er Kohlenstoff ist sehr häufig in der Natur verbreitet. Alle Thiere und Pflanzen enthalten Kohle.
Um sie aus den thierischen Theilen, und aus den
Pflanzentheilen abzusondern darf man nur diese
Substanzen einer mittelmäfsigen Temperatur aussetzen, und dieselbe nachher plötzlich vermehren,
um die letzten Wassertheile zu zerlegen, welche die
                                                    Kohle

Kohle enthält, und welche mit derselben hartnäckig verbunden bleiben. In den chemischen Operationen bleibt die Kohle, als der feuerfesteste Theil, in der Retorte zurück, nachdem alle übrigen Bestandtheile der thierischen und vegetabilischen Substanzen in Gas verwandelt worden sind.

Ein Kubikzoll kohlengesäurtes Gas wiegt $= 0,695$ Gran.

Das kohlengesäurte Gas ist durchsichtig, elastisch, schmeckt säuerlich, und röthet blaue Pflanzensäfte. Man findet es rein in unterirdischen Höhlen. Im Wasser löst es sich zu gleichen Theilen, und daraus entsteht die Kohlensäure. Durch eine höhere Temperatur entwickelt es sich wiederum aus dieser Lösung in Wasser. Die Kohlensäure ist etwas schwerer als reines Wasser. Sie sprudelt, sie hat einen säuerlichen und stechenden Geschmack, sie röthet blaue Pflanzensäfte, und kocht bei einer niedrigern Temperatur als das Wasser. An der Luft geht das kohlengesäurte Gas aus dem Wasser weg, in welchem dasselbe gelöst ist. Mit der Kieselerde verbindet sich die Kohlensäure nicht, aber mit der Alaunerde, der Bittererde und der Kalcherde, und macht mit denselben Mittelsalze. Das kohlengesäurte Gas schlägt das Kalckwasser nieder, löst aber nachher, in größerer Menge zugesetzt, das entstundene Salz wieder auf. Mit Soda, Pottasche und Ammoniak macht die Kohlensäure Mittelsalze.

Versuch. Man bringe unter eine mit Ammoniakgas angefüllte Glocke kohlengesäurtes Gas. Es entsteht eine dicke, weiße Wolke, es entwickelt sich

F

Wärmestoff und die innere Seite der Glocke wird mit kohlengesäurten Ammoniakkristallen überzogen.

Das kohlengesäurte Gas bleibt, auch bei der niedrigsten Temperatur unserer Atmosphäre, immer in Gasgestalt. Brennende Körper löschen in demselben augenblicklich aus. Thiere, welche dasselbe einathmen, sterben. Seine specifische Schwere verhält sich zu der specifischen Schwere der atmosphärischen Luft = 1,5 : 1,0

Die gewöhnliche Holzkohle ist nicht reiner Kohlenstoff. Aufser dem Kohlenstoffe enthält dieselbe noch Erde, Pottasche, und Wasserstoff, wie schon oben gesagt worden ist.

NEUNTES KAPITEL.

VON DEM SCHWEFEL.

Der Schwefel findet sich sehr häufig in der Natur, und macht auch einen Bestandtheil der Thiere und der Pflanzen aus.

Bei einer höheren Temperatur schmilzt der Schwefel, und bei einer noch höheren wird er, in verschlossenen Gefäfsen, in Gas verwandelt. Aus diesem Schwefelgas entstehen, wenn dasselbe einer niedrigen Temperatur ausgesetzt wird, kleine, kristallisirte Schwefelkristallen, welche aussehen wie Flocken, und Schwefelblumen von den älteren Chemikern genannt worden sind. In offenen Gefäfsen wird der Schwefel wegen des Drucks der Atmosphäre, nicht in Gas verwandelt; sondern er brennt oder säuert sich, nachdem er geschmolzen ist. Hie-

bei ist zu bemerken: 1) dafs der Schwefel ohne den Beitritt des Sauerstoffgas niemals brennt; 2) dafs er, während des Verbrennens, sich säuert, oder sich mit dem Sauerstoffe verbindet. 3) dafs der in Schwefelsäure verwandelte Schwefel eben soviel am Gewichte zunimmt, als das Sauerstoffgas, in welchem derselbe gesäuert wird, am Gewichte abgenommen hat. 4) dafs, demzufolge, die Schwefelsäure aus dem mit dem Sauerstoffe verbundenen Schwefel besteht.

Bei der gewöhnlichen Temperatur der Atmosphäre verändert sich der Schwefel nicht. Auch wird er von dem Wasser nicht gelöst.

ZEHENTES KAPITEL.

VON DEM WASSERSTOFFE UND DEM WASSERSTOFFGAS.

Wegen seiner grofsen Verwandschaft mit dem Wärmestoffe, kennen wir den Wasserstoff nicht anders als in Gasgestalt. Der Wasserstoff ist sehr allgemein in der Natur verbreitet. Er ist ein Bestandtheil des Wassers, welches aus $\frac{51}{84}$ und $\frac{33}{84}$ Sauerstoff besteht.

Der Wasserstoff hat eine sehr grofse Verwandschaft zu dem Sauerstoffe. Wenn daher das Wasserstoffgas, bei einer höheren Temperatur, mit dem Sauerstoffe, oder mit dem Sauerstoffgas, in Berührung gebracht wird: so verbindet sich der Wasserstoff mit dem Sauerstoffe und es entsteht Wasser.

F 2

Das Wasserstoffgas ist entzündbar und ver-
brennlich; das heifst: der Sauerstoff hat eine gröfsere
Verwandschaft zum Wasserstoffe als zu dem Wär-
mestoffe, er verbindet sich daher mit dem Wasser-
stoffe, es entsteht Wasser, und der in beiden ent-
haltene Wärmestoff wird frei; daher die starke
Flamme und die grofse Wärme. Ein Kubikzoll
Wasserstoffgas wiegt = 0,037449*.*

Da das Verbrennen blofs allein in der Ver-
bindung eines Körpers mit dem Sauerstoffe besteht;
so kann ohne Sauerstoff oder Säuerstofjgas kein
Körper brennen. Oefnet man daher eine, mit
Wasserstofjgas angefüllte Flasche, und zündet das
in derselben enthaltene Wasserstoffgas an; so brennt
dasselbe an der Oefnung ruhig fort, aber die Flam-
me dringt niemals in das Innere der Flasche, wo
der Sauerstoff fehlt. Mischt man hingegen Sauer-
stoffgas mit Wasserstoffgas, und entzündet das Ge-
mische: so verbrennt alles auf einmal, mit einem
heftigen Knalle, welcher durch die grofse Elastici-
tät des frei gewordenen Wärmestoffes entsteht.

Das Wasserstoffgas dient nicht zum Athemho-
len. Angezündete Körper löschen in demselben
aus. Es wird von dem Wasser nicht gelöst: aber
es löst eine kleine Menge Wasser auf. Die specifi-
sche Schwere des Wasserstoffgas verhält sich zu
der specifischen Schwere der atmosphärischen Luft
= 1 : 12,63.

Das Wasserstoffgas löst den Kohlenstoff, den
Schwefel, den Phosphor, und verschiedene Metalle
auf. Diese Auflösungen haben einen unerträglich

unangenehmen Geruch, Enthält das Wasserstoffgas Schwefel aufgelöst: so nennt man es geschwefeltes Wasserstoffgas (Leberluft). Dieses Gas entwickelt sich aus vielen, stinkenden mineralischen
Wassern, und von diesem Gas haben auch die
thierischen Exkremente ihren abscheulichen Geruch.
Die Auflösung des Phosphors in Wasserstoffgas,
oder das gephosphorte Wasserstoffgas, entzündet sich
von selbst, sobald es mit dem Sauerstoffgas in Berührung kommt. Dieses Gas riecht nach verfaulten Fischen, und der besondere Geruch der faulenden Fische entsteht durch die Entwicklung
desselben.

Die Auflösung des Kohlenstoffes in dem Wasserstoffgas, oder das gekohlte Wasserstoffgas, hat
ebenfalls einen unangenehmen Geruch. Dieses
Gas entwickelt sich bei der Fäulnifs der Thiere und
der Pflanzen. Wird dem gekohlten Wasserstoffgas der Wärmestoff entzogen: so verwandelt sich
dieses Gas in einen flüfsigen, oder hasbfesten Kör-
zer, in ein Oel. Die Oele sind feuerfester, oder
flüchtiger (das heifst: sie haben eine gröfsere oder
geringere Verwandschaft zum Wärmestoffe) je
nachdem das Verhältnifs zwischen dem Wasserstoffe und dem Kohlenstoffe in ihrer Mischung verschieden ist. Fette Pflanzenöle (olea expressa) enthalten eine sehr grofse Menge Kohle, die sich aus
ihnen absondert, wenn man sie einer Temperatur
aussetzt, welche gröfser ist als die Temperatur des
kochenden Wassers. In den riechenden Oelen hingegen ist ein genaueres Verhältnifs zwischen dem

Kohlenstoffe und dem Wasserstoffe, und daher
zersetzen sie sich nicht, in einer Temperatur, welche den Grad des kochenden Wassers nicht übertrifft, sondern sie verbinden sich mit dem Wärmestoffe, und werden durch diese Verbindung in Gas
verwandelt. Darauf beruht die Destillation dieser Öle.

Fette Pflanzenöle verwandeln sich durch Verbrennen, in Sauerstoffgas, in Wasser und in kohlengesäurtes Gas. Sie bestehen, aus 21 Theilen
Wasserstoff, und aus 79 Theilen Kohlenstoff.

EILFTES KAPITEL.

VON DER MENGE DES WÄRMESTOFFS WELCHER SICH, WÄHREND DES VERBRENNENS, AUS VER- SCHIEDENEN KÖRPERN ENTWICKELT.

Während des Verbrennens entwickelt sich Wärmestoff aus der Zersetzung des Sauerstoffgas, zuweilen, aber nur äufserst selten, auch aus dem
brennenden, oder sich säurenden Körper. Der letze
Fall findet z. B. bei der Verbrennung des Wasserstoffgas statt, und darum wird auch bei keiner Verbrennung soviel Wärmestoff entwickelt, als bei der
Verbrennung des Wasserstoffgas.

Die Menge des Wärmestoffs, welche sich ent-
bindet, ist schwer zu bestimmen. Das sicherste
Maafs ist die Menge Eis, die durch diese Entbin-
dung geschmolzen wird. Es läfst sich vermittelst
des Wärmemessers bestimmen.

Man sieht leicht ein, dafs diese Bestimmung

nur beinahe *richtig seyn kann, weil wir die absolute*
*Me*Åge *des in den Körpern enthaltenen Wärme-*
stoffs nicht kennen. *Aber wenigstens können wir,*
vermittelst des Wärmemessers das relative *Maaſs*
des entbundenen Wärmestoffes bestimmt angeben.

Während des Verbrennens eines Pfundes Phosphor, *entwickelt sich eine Menge Wärmestoff, die*
fähig ist hundert Pfund Eis zu schmelzen, oder, *in*
Decimastheilen - - $= 100,0000,$

Ein Pfund Kohle *scmilzt, während*
des Verbrennens 96 *Pfund und* 8 *Un-*
zen Eis - - - $= 96,5000.$

Ein Pfund Wasserstoffgas *schmilzt:*
295 *Pf.* 9 *U. und* 3⅓ *Qu. Eis.* $= 295,5895.$

Ein Pfund Sauerstoffgas *enthält*
eine Menge Wärmestoff, welche fähig
ist '66 *Pf. und* 10⅓ *Unze Eis zu*
schmelzen. - - - $= 66,6667.$

Ein Pfund kohlengesäurtes Gas *ent-*
hält eine Menge Wärmestoff, die 21
Pf. Eis schmelzen kann -. $= 20,9796.$

Ein Pfund Wasser, *auf dem Grade*
Null. Reaum. *enthält soviel Wärme-*
stoff, als nöthig ist, um 12 *Pf. und*
5 *Unzen Eis zu schmelzen.* $= 12,3282.$

In der Entstehung eines Pfundes
Phosphorsäure *entwickelt sich Wär-*
mestoff - - - $= 40,0000,$

In der Entstehung eines Pfundes
kohlengesäurten *Gas, aus Kohlen ent-*
wickelt sich - - - $= 27,0202.$

*In der Entstehung eines Pfundes
Wasser, aus Sauerstoff und Wasserstoff* .   .   . $= 44,3384.$

Ein Pfund Wachskerze *schmilzt im Verbrennen* $= 133,2870$. *Nun besteht aber, nach Hrn.*
Lavoisier (*mémoires de l'Académie de Paris* 1784.
p. 606) *das Pfund Wachs aus:*

Kohlenstoff $= 13$ *Unz.* 1 *Qu. und* 23 *Gran.*
Wasserstoff $= 2$ *Unz.* 6 *Qu. und* 49 *Gran.*

Summa 16 *Unz.* 0   0

Aber 13 *U.* 1 *Qu. und* 23 *Gr. Kohlenstoff*
schmelzen, nach obigen Versuchen. $= 79,3939$

Und 2 *U.* 6 *Qu. und* 49 *Gr. Was-*
serstoff schmelzen   .   .   . $= 52,3760.$

131,7699.

*Demzufolge entwickelt sich aus der Verbindung
von Kohlenstoff und Wasserstoff, kleine Unrichtig-
keiten in den Versuchen abgerechnet, eben soviel
Wärmestoff, als sich entwickelt, wenn jeder dieser
beiden Bestandtheilen der Wachskerzen einzeln
verbrannt wird.*

Ein Pfund Baumöl *schmilzt im Verbrennen*
$= 148,8833$. *Nun besteht aber ein Pfund Baumöl, aus:*

Kohlenstoff 12 U. 5. Q. 5 G. *Diese schmelzen* $= 76,1872$
Wasserstoff 3 U. 2. Q. 67 G. *Diese schmelzen* $= 62,1505$

16 U. 0.   0.   138,3377

Hier ist also ein Unterschied von $= 10,5456.$
Es hat sich 10,5456 *mehr Wärmestoff entwickelt,
als sich hätte entwickeln sollen. Wahrscheinlich
hängt dieses von unvermeidlichen Fehlern bei dem
Versuche ab.*

*Es entwickelt sich mehr Wärmestoff bei dem
Verbrennen des Wasserstoffgas, als bei dem Verbrennen des Phosphors: weil, im ersten Falle,
beide mit einander verbundene Gasarten Wärmestoff liefern, da hingegen, bei der Verbrennung
des Phosphors blofs allein, das Sauerstoffgas Wärmestoff liefert. In der Verbrennung des Kohlenstoffs wird weniger Wärmestoff frei, weil das, aus
diesem Verbrennen entstehende kohlengesäurte Gas,
mit einem Theile des Wärmestoffs sich verbindet,
denn es bedarf dessolben, um in dem Zussande von
Gas zu seyn.*

ZWÖLFTES KAPITEL.

VON DEM WASSER.

*Quum inter omnia corpora, quae homines, quotidie
inspiciunt, aqua communissima habeatur omnium,
eaque sensibus assiduo explorari, atque ad plera-
que opera adhiberi soleat, evenit, ut putaverit unus-
quisque, se ejus naturam penitus perspexisse. Illi
vero, qui sollicita cum cura ingenium illius intelli-
gere sategerunt, vix invenere ullam rem, in rebus
naturalibus, quae difficilius cognoscitur.* Boerhaave
Chemia.

Lehrsatz. Des Wasser besteht aus Sauerstoff
und aus Wasserstoff, und beide Stoffe vereinigt geben Wasser.

Beweise. *Erstens* analytische Beweise.

1. Versuch. *Man überziehe eine starke Röhre
von grünem Glas mit einem feuerbeständigem Teige.*

*Dann lafse man diese Röhre, etwas abhängig, mit-
ten durch einen dazu gebauten Ofen gehen. Das
obere Ende dieser Röhre verbinde man mit einer
gläsernen, mit reinem Waſser angefüllten Retorte.
Das untere Ende der Röhre verbinde man mit der
schlangenförmigen Röhre eines Kühlfasses, deren
anderes Ende in den einen Hals einer gläsernen
Flasche mit zwei Oefnungen geht. In die andere
Oefnung dieser Flasche wird eine gebogene gläserne
Röhre fest gelöthet, die unter einen Apparat geht,
welcher dazu dient, die sich entbindenden Gasarten
aufzufangen, um dieselben nachher zu untersuchen.
Nachdem alles so geordnet worden, wird das Feuer
in dem Ofen, welcher die gläserne Röhre enthält,
angezündet, und während des ganzen Versuches die
Röhre glühend erhalten. Zugleich zündet man
auch das Feuer unter der Retorte an, und erhält
das Wasser in derselben beständig im Kochu.".
Der Erfolg dieses Versuches ist: 1) Man laſse die
gläserne Röhre ganz leer: so wird das Wasser in
der Retorte anfangen sich in Gas zu verwandeln
und die Röhre anzufüllen. Die durch dieses Wassergas aus der Röhre vertriebene atmosphärische
Luft, geht unter den pneumatischen Apparat. Das
Wassergas verdichtet sich, durch die Kälte in dem
Kühlfasse, und fällt tropfenweise in die vorgelegte
gläserne Flasche. Nach geendigter Destillation findet man, in der Flasche, ganz genau dieselbe Menge Wasser wieder, welche in der Retorte war.
2) Man fülle die Röhre mit kleinen Stücken von
zerstoſsenen Kohlen an (welche vorher, in einem*

verschloßenen Gefäße, wohl ausgeglüht seyn müßen).
Nun wird das Wasser zwar, eben so wie im vori-
gen Versuche, durch das Kühlfaß, tropfenweise, in
die gläserne Flasche fallen, aber zugleich entwickelt
sich eine beträchtliche Menge von Gas, welches un-
ter den pneumatischen Apparat gelit. Nach geen-
digtem Versuche findet man in der Röhre, statt der
Kohle, weiter niohts als einige Partikeln Asche: die
Kohle ist ganz verschwunden. Das Gas, welches
sich entwickelt hat, ist von zweierlei Art; nemlich
kohlengesäurtes Gas, und Wasserstoffgas. Das
Gewicht dieser beiden Gasarten beträgt, zusammen-
genommen, genau soviel als das Gewicht der Koh-
len in der Röhre, und das Gewicht des verlohren
gegangenen Wassers zusammen betragen. Es seyen
z. B. in der Röhre enthalten 28,0 Gran Kohle, und
das Wasser habe, während der Destillation, verlo-
ren, 85,70 Gran: so erhält man 100,0 Gran koh-
lengesäurtes Gas und 13,70 Gran Wasserstoffgas.
Das Gewicht der beiden Gasarten zusammengenom-
men beträgt demzufolge = 113.70 = 28 + 85,70
oder = dem Gewichte der Kohlen + dem Gewich-
te des zerlegten Wassers. Oben ist aber bewiesen
worden, daß 100 Gran kohlengesäurtes Gas aus
72 Gran Sauerstoff und aus 28 Gran Kohlenstoff
bestehen. Hier haben demzufolge die 28 Gran
Kohlen, in der Glasröhre, dem Wasser 72 Gran
Sauerstoff weggenommen. Folglich bestehen 85,70
Gran Wasser, aus 72 Gran Sauerstoff und aus
13,70 Gran Wasserstoff. Q. E. D. Daß dieser
Wasserstoff nicht aus der Kohle, sondern aus dem
Wasser komme, soll sogleich bewiesen werden.

Anmerk. *Während des Versuchs löst das Wasserstoffgas etwas Kohle auf, wodurch das Gewicht des Wasserstoffgas vermehrt, das Gewicht des kohlengesäurten Gas hingegen vermindert wird. In obiger Rechnung ist aber auf diesen Umstand schon Rücksicht genommen worden.*

Der Sauerstoff hat, in der Glühhitze, eine größere Verwandschaft zum Kohlenstoffe als zum Wasserstoffe. Er verläßt daher diesen, verbindet sich mit der Kohle, und macht mit derselben kohlengesäurtes Gas. Der Wasserstoff wird frei, und geht als Wasserstoffgas fort. In einer niedrigern Temperatur ist die Verwandschaft des Sauerstoffs zum Wasserstoffe größer als zum Kohlenstoffe. Wenigstens geschieht die Zerlegung des Wassers durch die Kohle, bei der gewöhnlichen Temperatur, äußerst langsam. Indessen hat man bemerkt: daß, wenn man Kohlenstaub mit Wasser vermischt, und die Mischung lange Zeit einer Wärme von 30° Réaum. aussetzt, sich das Wasser allmählig zersetzt, und daß sich Wasserstoffgas entwickelt.

2. Versuch. *Man fülle die Röhre mit kleinen, spiralförmigen Lamellen von weichem Eisen an, man erhalte die Röhre glühend, und destillire das Wasser durch dieselbe wie vorher. Man erhält nun mehr kein kohlengesäurtes Gas, sondern Wasserstoffgas. Das Eisen in der Röhre ist schwerer als vorher und hat am Umfange zugenommen. Es löst sich in den Säuren ohne Aufbrausen auf, und wird von dem Magnet nur wenig angezogen; das heißt: das Eisen ist in schwarze Eisenhalbsäure*

(*Aethiops*) *verwandelt worden, eben so wie das Eisen welches im Sauerstoffgas verbrannt wird. Das
Gewicht des erhaltenen Wasserstoffgas, addirt zu
dem Gewichte um welches das Eisen zugenommen
hat, beträgt genau soviel, als das Wasser am Gewichte verloren hat; genau soviel, als von dem
Wasser zersetzt worden ist. Das Gewicht des Eisens in der Röhre betrage z. B. 274 Gran, so erhält
man 15 Gran Wasserstoffgas, und das Eisen in der
Röhre wiegt, nach geendigtem Versuche, 359 Gran
folglich 85 Gran mehr als zuvor. Beide Gewichte zusammen betragen = 15 + 85 = 100 Gran; und eben
soviel hat das Wasser an Gewicht verloren, eben
soviel Wasser ist zersetzt worden. In diesem Versuche sind demzufolge 100 Gran Wasser zerlegt
worden. 85 Gran Sauerstoff haben sich mit dem
Eisen vereinigt, und dasselbe in schwarze Eisenhalbsäure verwandelt. Zugleich haben sich 15 Gran Wasserstoffgas entwickelt. Folglich besteht das Wasser
aus Sauerstoff und aus Wasserstoff. Q. E. D.*

*Aus diesem Versuche erhellt, daß 100 Theile
Wasser, aus 85 Theilen Sauerstoff und aus 15 Theilen Wasserstoff bestehen.*

*Man darf das Wasser nur mit einem Körper
verbinden, der mit dem Wasserstoffe, oder mit dem
Sauerstoffe, eine größere Verwandschaft hat als
beide unter sich haben; so wird das Wasser in seine beiden Bestandtheile zerlegt werden, und derjenige Bestandtheil, der nicht in die neue Verbindung
übergeht, wird frei und geht in Gasgestalt fort.*

3. Versuch. *Man fülle eine gläserne Glocke*

ganz mit Quecksilber an, und setze sie auf ein mit Quecksilber angefülltes Gefäfs. Nachher bringt man unter diese Glocke eine kleine Schaale mit Eisenfeile, über welche ein wenig reines, destillirtes, und durch Kochen von aller Luft gereinigtes Wasser, gegossen worden ist. Allmählig entwickelt sich aus dieser Mischung Wasserstoffgas, und nach einigen Monaten ist ein grofser Theil der Glocke mit demselben angefüllt. Die Eisenfeile wird schwerer und ist in Eisenhalbsäure verwandelt. Nach einer genauen Berechnung wird man finden, dafs jeder Gran Eisen 1,609 Kubikzolle Wasserstoffgas aus dem Wasser entwickelt hat.

4. Versuch. Wenn man eine glühende Kohle in Wasser auslöscht, so entwickelt sich Wasserstoffgas, wie Fontana bewiesen hat.

5. Versuch. Man vermische vier Unzen Wasser mit einer Unze Schwefelsäure. In diese Mischung werfe man eine bestimmte Menge Eisenfeilspäne; so wird sich augenblicklich Wasserstoffgas, in grofser Menge, entwickeln, und das Eisen wird sich in der Schwefelsäure auflösen. Jede Unze Eisen entwickelt 640 Kubikzolle Wasserstoffgas. Wird die Eisenauflösung durch ein Laugensalz niedergeschlagen: so erhält man ein Mittelsalz und Eisenhalbsäure. Zu der gänzlichen Sättigung der Säure ist genau so viel Laugensalz vonnöthen, als sonst zu Sättigung von einer Unze Schwefelsäure nöthig ist. Hieraus erhellt: dafs die Säure während des Versuches sich blofs leidend verhalten hat, und unzersetzt geblieben ist. Folglich kommt, sowohl der

Sauerstoff, welcher sich mit dem Eisen verbunden hat, als auch das Wasserstoffgas, aus dem Wasser, und nicht aus der Säure. Das Wasserstoffgas in diesem Versuche enthält immer etwas Kohle aufgelöst. Es ist gekohltes Wasserstoffgas: weil es kein Eisen giebt, was nicht mehr oder weniger Kohle in seiner Mischung enthielte.

Löst man Eisen in konzentrirter, mit Wasser nicht vermischter, Schwefelsäure auf: so entwickelt sich kein Wasserstoffgas.

6. Versuch. Wenn man, unter einer, ganz mit Wasser angefüllten Glocke, ein glühendes Stück Eisen auslöscht: so entwickelt sich Wasserstoffgas.

7. Versuch. Man giefse in eine tubulirte Retorte etwas Oel, und verbinde die Retorte mit dem pneumatischen Apparat. Nachher bringe man das Oel in der Retorte behutsam zum Kochen. Dann bringe man, durch die Tubulatur der Retorte, eine gläserne Röhre in das kochende Oel, und lafse, mit gehöriger Vorsicht, durch die Röhre einen Wassertropfen nach dem andern hereinfallen. Im Augenblicke, da das Wasser das Oel berührt, entwickelt sich Wasserstoffgas, welches unter den Apparat geht. Der Sauerstoff des Wassers verbindet sich mit dem Oel, und verwandelt dasselbe in eine Säure.

8. Versuch. Hr. Priestley setzte etwas Kohlenpulver, auf einer Theeschaale, unter eine Glocke auf der Luftpumpe. Dann pumpte er die Luft aus, und entzündete nachher, vermittelst eines Brennglases, die Kohle unter der Glocke. Sie

brannte und er erhielt Wasserstoffgas, von welchem er glaubte, dafs es sich aus der Kohle entwickelt hätte. Aber bei genauerer Untersuchung fand er selbst, dafs dieses Wasserstoffgas dem Wasser zuzuschreiben sei, mit welchem das Leder, auf welchem die Glocke stand, befeuchtet worden war, und welches, nachdem die Glocke luftleer wurde, bei weggenommenem Drucke der Atmosphäre, sich in Gas verwandelte, und die Glocke anfüllte. Nachdem er denselben Versuch, unter derselben Glocke, wiederholte, aber, statt des nassen Leders, sich eines Cements zu Befestigung der Glocke bediente, brannte die Kohle nicht mehr, und es entwickelte sich kein Wasserstoffgas.

Zweitens. Synthetische Beweise.

1. Versuch. Man mache einen grofsen Kolben von dickem Glase, ganz luftleer, lafse nachher, durch zwei verschiedene, mit Hahnen versehene Röhren, wechselweise, Sauerstoffgas und Wasserstoffgas in den Kolben hinein fliefsen. Dann zünde man, durch einen elektrischen Funken, die Mischung an, und unterhalte das Verbrennen so lange man will, indem man, nach Gefallen, von dem einen, oder von dem andern Gas, zufliefsen läfst. Während des Verbrennens erzeugt sich Wasser, welches inwendig, an der inneren Seite des Kolbens, herunter läuft, und sich, in grofsen Tropfen, unten im Kolben sammelt. Aus einer Mischung von Sauerstoffgas und Wasserstoffgas entsteht demzufolge durch Verbrennen Wasser. Folglich besteht das Wasser aus Sauerstoff und aus Wasserstoff. Q. E. D.

Anmer-

Anmerkung. 1. Man muß sich wohl hüten, nicht zuviel Wasserstoffgas auf einmal in den Kolben zu laßen: sonst würde derselbe, mit großer Gefahr der Umstehenden, zerplatzen.

2. Damit das Sauerstoffgas, sowohl als das Wasserstoffgas, ganz trocken seyen, und kein Wasser aufgelöst enthalten, ist es nöthig, die Röhren, durch welche beide in den Kolben gehen, mit ganz trockner, aus dem Weinstein bereiteter, Pottasche, oder mit einem andern Salze, welches stark die Feuchtigkeit anzieht, anzufüllen; damit beide Gasarten, im Durchgehen durch die Röhren, von allem Wasser, das sie etwa aufgelöst enthalten möchten, befreit werden.

3. Das Sauerstoffgas muß äußerst rein, und nicht etwa mit kohlengesäurtem Gas vermischt seyn. Man läßt daher dasselbe, vor dem Versuche, lange Zeit über einer Lösung von reiner Pottasche in Wasser stehen.

4. Das Wasserstoffgas erhält man am besten, und am reinsten, durch die Zerlegung des Wassers vermittelst des Eisens.

5. Man wiegt den Kolben, vor und nach dem Versuche, und erfährt dadurch das Gewicht des erzeugten Wassers.

6. Man bestimmt genau das Gewicht der beiden verbrannten Gasarten. Das Gewicht der verbrannten Gasarten ist dem Gewichte des erzeugten Wassers gleich. 85 Theile Sauerstoff, und 15 Theile Wasserstoff geben durch Verbrennen 100 Theile Wasser.

G

2. Versuch. *Man verbrenne 16 Unzen Alkohol in verschlossenen Gefäßen, so daß man das Wasser auffängt, welches sich, während des Verbrennens, entwickelt: so erhält man 17 bis 18 Unzen Wasser. Nun kann aber das Gewicht eines Körpers unmöglich zunehmen, ohne daß sich irgend etwas mit demselben verbindet. Hier aber ist nichts vorhanden, was sich mit dem Alkohol verbinden könnte, als die Grundlage des Sauerstoffgas, der Sauerstoff. Das Alkohol enthält demzufolge einen Bestandtheil des Wassers, es enthält Wasserstoff. Dieser Wasserstoff verbindet sich, während des Verbrennens, mit dem Sauerstoffe der atmosphärischen Luft, und so entsteht Wasser aus Wasserstoff und Sauerstoff. Q. E. D.*

Anmerkung. *Diesen Versuch kannte schon* Boerhaave. *Er sagt* (Elem. Chem. *T. I. p.* 320) *Apparet hinc, materiem hanc, omnium maxime inflammabilem, dum ab igne in flammam vertitur, dum ergo ignem vere alit, videri mutari in aliam materiam, quae, post hanc mutationem, ipsum ignem nutriri nequit amplius, sed in aquam quantam abit, quantum nobis judicare licet. An haec Aqua in Alkohole prius haeserit, nulla, nisi haec arte, separabilis? An vis ignis comburens Alkohol in aquam puram vera commutatione converterit? An aër, inter ardendum, hanc aquam suppeditaverit? Alia dein exempla docebunt, a prudentibus instituenda.* Auch Geoffroy *kannte den Versuch* (Mém. de l'Acad. *année* 1718) Boerhaave *hielt es für äußerst wichtig, die Ursache dieser Erscheinung*

zu ergründen, wie man El. Chem. p. 324. sehen kann.

3) Versuch. Hr. Priestley hat bemerkt, daſs
wenn man eine, mit Wasserstoffgas angefüllte,
hermetisch versiegelte gläserne Röhre in glühende
Kohlen setzt, ein leerer Raum in der Röhre entstehe, daſs die Röhre inwendig schwarz und ruſsig
werde, und daſs sich Wassertropfen bilden. Hier
wird das im Glase enthaltene Bleiglas zersetzt. Ein
Theil des Sauerstoffs desselben verbindet sich mit
dem Wasserstoffe zu Wasser, und dadurch wird
das Bleiglas in eine schwarze Bleihalbsäure verwandelt: daher der Ruſs, mit welchem das Glas inwendig überzogen wird.

Daſs das Wasser aus Wasserstoffe und aus
Souerstoffe bestehe, ist viel gewisser ausgemacht,
als daſs das Küchensalz aus Kochsalzsäure und
aus Soda besteht.

Die Entdeckung der Bestandtheile des Wassers
durch Hrn. Lavoisier ist eine der wichtigsten Entdeckungen unsers Jahrhunderts. Denn durch Zerlegung, und durch Zusammensetzung des Wassers,
entstehen viele der wichtigsten Naturerscheinungen
täglich vor unsern Augen: z. B. Gährung, Vegetation, Fäulniſs, Wachsthum der Thiere und der
Pflanzen, Regen und viele Erscheinungen im menschlichen Körper, wie ich unten zeigen werde.

4. Versuch. Man fülle eine Glocke, welche in
Quecksilber steht, mit reinem Wasserstoffgas an,
und bringe dann unter diese Glocke, auf einer irdenen Schaale, etwas Minium, oder rothe Bleihalb-

G 2

*säure, welche vorher einem grofsen Grade von
Wärme ausgesetzt worden ist, um alles Gas, das
sich durch Wärme entwickelt, daraus zu scheiden.
Dann lafse man auf die rothe Bleihalbsäure den
Brennpunkt eines Brennglases fallen: so wird die
Bleihalbsäure in Blei verwandelt. Zu gleicher Zeit
nimmt der Umfang des unter der Glocke enthalte-
nen Wasserstoffgas sichtbar ab, und die innere
Seite der Glocke, sowohl als die Oberfläche des
Quecksilbers, wird mit Wassertropfen bedeckt. Das
Blei wiegt weniger als die rothe Halbsäure aus wel-
cher dafselbe entstanden ist.*

*Das Wasserstoffgas, welches unter der Glocke,
nach geendigtem Prozesse, übrig bleibt, ist noch
eben so rein als es vorher war. Ein Theil des
Wasserstoffgas hat sich mit dem aus der Halbsäure entwickelten Sauerstoffe zu Wasser vereinigt:
daher die Reduktion des Bleies, die Abnahme des
Gewichtes der Halbsäure und des Wasserstoffgas,
und die Wassertropfen.*

*Alle metallischen Halbsäuren können, auf eben
diese Weise und mit demselben Erfolge, in Wasserstoffgas wiederhergestellt werden: ausgenommen
die schwarze Eisenhalbsäure, die Zink- und Mag-
nesiumhalbsäuren, und die Halbsäuren des Arseniks und des Spiesglanzes. Die Arsenikhalbsäure
und die Spiesglanzhalbsäure verwandeln sich durch
die Wärme des Brennglases in Gas und sublimiren
sich unter der Glocke. Die schwarze Eisenhalbsäure, die Zinkhalbsäure und die Magnesiumhalbsäure
lafsen sich deswegen in dem Wasserstoffgas nicht*

herstellen, weil die Verwandschaft des Sauerstoffes zum Eisen, zum Zink, und zu dem Magnesium, gröfser ist, als seine Verwandschaft zu dem Wasserstoffe.

Die rothe Eisenhalbsäure oder der sogenannte Crocus Martis enthält mehr Seuerstoff als die schwarze Eisenhalbsäure, (Äthiops). Man kann daher die rothe Eisenhalbsäure, unter einer mit Wasserstoffgas angefüllten Glocke, durch das Brennglas zum Theil herstellen, das heifst derselben einen Theil ihres Sauerstoffes rauben. Die rothe Eisenhalbsäure verwandelt sich alsdann in schwarze Eisenhalbsäure, das Wasserstoffgas nimmt am Umfange ab; und es zeigen sich Wassertropfen, welche aus der Vereinigung des mit dem Eisen verbunden gewesenen Sauerstoffes mit dem Wasserstoffe entstanden sind.

Drittens. Beweise welche zugleich analytisch und synthetisch sind.

Versuch. Man nehme eine gläserne Röhre, von zehen Zoll Länge und anderthalb Linien im Durchmesser. Das eine Ende dieser Röhre verschliefse man an der Lampe hermetisch, nachdem man vorher einen Golddrath von $\frac{1}{4}$ Linie im Durchmesser, in die Oeffnung gebracht hat, so dafs nach dem Zuschmelzen der Golddrath zum Theil in der Röhre, und zum Theil aufser derselben sich befindet. Durch das andere offene Ende der Röhre bringt man ebenfalls einen Golddrath in die Röhre, welcher in einem Stöpsel so bevestigt ist, dafs man ihn nach Gefallen weiter in die Röhre hinein stofsen oder weiter aus derselben heraus ziehen kann. Nunmehr wird die Röhre mit Wasser angefüllt, welches aber vorher, durch Kochen oder durch die Luftpumpe, von aller Luft sorgfältig gereinigt werden muſs. Diese mit Wasser gefüllte Röhre setzt man in ein kleines Gefäſs, so daſs die Oeffnung der Röhre mit Wasser bedeckt ist. Nun läſst man durch die Röhre elektrische Funken durchgehen, die aber weder zu stark, noch zu schwach seyn dürfen. Allzustarke Funken zersprengen die Röhre; allzuschwache verhindern daſs der Versuch gelingt. Um die gehörige Stärke des Funkens auszufinden verfährt man auf folgende Weise. Man entfernt den oberen Drath von dem unteren ungefähr anderthalb Zoll. Das Ende des unteren Draths bringt man mit der äuſseren Oberfläche der Leidenschen Flasche in Verbindung. Das Ende des oberen Draths, welcher durch das Glas durchgeht, bringt man mit einer groſsen isolirten Kugel von Meſsing in Verbindung, welche mehr oder weniger von dem Leiter der elektrischen Maschine entfernt werden kann. Dann wird die Röhre auſsen sorgfältig abgetrocknet, und darauf werden kleine Funken durch dieselbe gelaſsen, welche allmählig verstärkt werden, solange bis man bemerkt, daſs nach jedem Funken kleine elastische Luftblasen in dem Wasser aufsteigen, die sich oben in der Röhre sammeln. Wenn ungefähr sechs hundert Funken durchgegangen sind, so wird man in der Röhre schon eine Säule von Gas von anderthalb Zoll Länge haben. Dieses Gas ist eine Mischung von Sauerstoffgas und Was-

serstoffgas, den beiden Bestandtheilen des Wassers,
welche, durch die Wärme des elektrischen Funkens,
getrennt und in einen elastischen Zustand verwandelt worden sind. Läfst man nun einen starken
Funken durchgehen, so vereinigen sie sich wiederum, und man hat abermals Wasser, wie dasjenige
war aus welchem sie entstanden sind. Man kann
diesen Versuch, mit demselben Wasser, so oft man
will wiederholen, und nach Gefallen die beiden Bestandtheile des Wassers getrennt oder vereinigt
darstellen.

DREIZEHNTES KAPITEL.
GESCHICHTE DER ENTDECKUNG DER BESTANDTHEILE DES WASSERS.

Lange Zeit wurde das Wasser für einen einfachen
Körper, für ein Element gehalten. Einige Naturforscher behaupteten nachher, dafs sich dasselbe
durch öfteres Destilliren zum Theil in Erde verwandle: aber genauere Versuche haben bewiesen,
dafs dieses Vorgeben ungegründet war.

Newton verglich die lichtbrechende Kraft des
Wassers mit der lichtbrechenden Kraft anderer durchsichtiger Körper, und schlofs aus seinen Versuchen:
der Diamant sei eine verbrennliche Substanz, und
das Wasser sey ein Körper, der zwischen den Verbrennlichen und nicht verbrennlichen Körpern ungefähr das Mittel halte. Beide Vermuthungen des
grofsen Mannes sind durch neuere Versuche bestätigt
und als Wahrheiten anerkannt worden. Newton

vermuthete ferner, daſs Thiere und Pflanzen
aus dem Wasser dasjenige erhielten was sie verbrennlich macht; und auch diese Vermuthung
ist jetzo eine ausgemachte Wahrheit, seitdem
man die Bestandtheile des Wassers kennen gelernt hat.

Macquer bemerkte zuerst, daſs bei dem Verbrennen des Wasserstoffgas Wasser entstehe: aber
er kannte nicht die Wichtigkeit dieser Bemerkung.
Hr. Cavendish war der erste welcher, im Jahr 1781,
bewies, daſs das Wasser aus der Vereinigung beider Gasarten entstehe, und daſs das hervorgebrach-
te Wasser eben so schwer sei, als die beiden Gasarten welche seine Bestandtheile ausmachen. Hr-
Cavendish bewies, daſs aus der Verbindung des
Sauerstoffes mit dem Wasserstoffe Wasser, und
aus der Verbindung des Sauerstoffes mit dem Salpeterstoffe Salpetersäure entstehe. Er bemerkte,
daſs bei dem Verbrennen des Wasserstoffgas mit
dem Sauerstoffgas, auſser dem Wasser, auch immer
noch zugleich etwas Salpetersäure entstehe, daſs die
Menge dieser Salpetersäure verschieden sei, und
daſs dieselbe vorzüglich von zwei Umständen abhänge: 1) von dem Verhältniſse des Wasserstoffgas welches verbrannt wird. Ist die Menge dieses
Gas sehr gering, so daſs noch viel unverbranntes
Sauerstoffgas zurück bleibt, so entsteht ziemlich viel
Salpetersäure: ist hingegen die Menge des verbrannten Wasserstoffgas so groſs, daſs gar kein unverbranntes Sauerstoffgas übrig bleibt, so entsteht auch
keine Salpetersäure.   2) von dem Verhältniſse des

*Salpeterstoffgas, welches mit dem Sauerstoffgas ge-
mischt ist. Bedient man sich eines Sauerstoffgas,
welches ganz rein und von aller Beimischung von
Salpeterstoffgas frei ist, so erhält man keine Salpetersäure.*

*Diese Versuche des Hrn. Cavendish wurden
von den französischen Chemisten wiederholt. Nicht
nur suchten diese die Zusammensetzung des Wassers auf das strengste zu beweisen, sondern sie ent-
deckten auch Mittel, um das Wasser in seine beiden Bestandtheile zu zerlegen, und durch die Analysis zu bestätigen was ihnen aus der Synthesis
schon bekannt war. So entstand eine der gröfsten
und wichtigsten Entdeckungen unsers Jahrhunderts,
die Entdeckung, dafs das Wasser ein zusammengesetzter Körper sei.*

*Herr Monge war der Erste welcher den Ver-
such machte. Er erhielt, nach dem Verbrennen,
Wasser welches etwas säuerlich war.*

*Nachher machten die Herren Lavoisier und
Meusnier, in Gegenwart der Kommissarien der
Akademie der Wissenschaften, einen zweiten Versuch. Das Sauerstoffgas, dessen man sich zu diesem Versuche bediente, wog fünf Unzen, fünf
Quentgen und zwölf Gran. Es liefs, in einer engen,
mit trocknen Laugensalze angefüllten Röhre, durch
welche es durchgehen mufste, ehe es in den Kolben kam, in welchem das Verbrennen geschah,
55 Gran Wasser zurück, welches es aufgelöst enthalten hatte. Das Wasserstoffgas wog 6 Quentgen
und dreifsig Gran. Es liefs in dem trocknen Lau-*

gensalze 44 Gran Feuchtigkeit zurück. Folglich wurden verbrannt:

5 Unzen, 4 Quentgen und 49 Gran Sauerstoffgas, mit 0 U.   5 Qu.   und 58 Gr. Wasserstoffgas.

| 6 U. | 2 Qu. | 35 Gr. |

Nach dem Verbrennen blieb übrig 6 Quentgen und 24 Gran gemischtes Gas. Folglich ist verbrannt worden 5 U. 4 Qu. und 11 Gran Gas. Das erhaltene Wasser wog 5 U. 4 Qu. und 41 Gr. folglich 30 Gran mehr als die verbrannten Gasarten. Dieser Überschuß entstand aus einem kleinen Fehler der Waage. Das erhaltene Wasser war säuerlich, und jede Unze desselben enthielt fünf Gran Salpetersäure. Diese Säure entstand aus dem Salpeterstoffgas, welches mit dem Sauerstoffgas gemischt war; denn das Eudiometer zeigte, daß der zwölfte Theil des Umfanges des angewandten Sauerstoffgas Salpeterstoffgas war.

Der dritte Versuch wurde von dem Mechanikus Hrn Fortin, mit einer von ihm verfertigten und verbesserten Maschine, in Gegenwart des Herrn Lefevre, Professor am königlichen Gymnasium angestellt. Man verbrannte 254 Quentgen und 10 Gran Sauerstoffgas mit 66 Quentgen und 4 Gran Wasserstoffgas, und man erhielt 279 Quentgen und 27 Gran Wasser. Das unverbrannte, elastische Residuum wog 39 Quentgen und 23 Gran. Folglich war der Versuch so genau, daß nur 31 Gran fehlten. Das Wasser war etwas säuerlich.

In allen diesen Versuchen war das erhaltene Wasser nicht rein, sondern mehr oder weniger mit

Salpetersäure gemischt, welche aus dem mit dem Sauerstoffe verbundenen Salpeterstoffe durch das Verbrennen entstanden war... Da aber einige Naturforscher, und vorzüglich Hr. Priestley, behaupteten, diese Salpetersäure könne aus der Verbindung des Sauerstoffes mit dem Wasserstoffe entstanden seyn: so war es nöthig, durch neue Versuche auch diesen Einwurf zu widerlegen.

Die Herren Fourcroy, Seguin, Vauquelin und Arejula machten daher einen neuen Versuch. Um das Sauerstoffgas rein zu erhalten, bereiteten sie dasselbe aus der übersauren kochsalzgesäurten Pottasche. Hundert Kubikzolle dieses Sauerstoffgas enthielten nur drei Kubikzolle Salpeterstoffgas. Das Wasserstoffgas erhielten sie aus der Zerlegung des Wassers vermittelst einer Auflösung des Zinks in verdünnter Schwefelsäure. Das Verbrennen geschah mit der gröfsten Vorsicht und sehr langsam. Man verbrannte 25582 Kubikzolle Wasserstoffgas, und 12457 Kubikzolle Sauerstoffgas. Das verbrauchte Wasserstoffgas wog 1039,558 Gran: das Sauerstoffgas wog 6209,869 Gran. Beide verbrannte Gasarten wogen folglich zusammen 12 Unzen, 4 Quentgen und 49 Gran. Das nach geendigtem Versuche erhaltene Wasser wog 12 Unzen, 4 Quentgen und 45 Gran, folglich war hier nur ein kleiner Unterschied von vier Gran; ein Fehler, der sich bei solchen Versuchen leicht entschuldigen läfst. Das erhaltene Wasser war ganz rein und von aller Säure frei. Seine specifische Schwere war der specifischen Schwere des destillirten Wassers vollkommen gleich.

Bald nachher machte ich einen Versuch zu Paris in Gesellschaft des jüngern Herrn von Jacquin, mit einer, auf Kosten des Kaisers, unter Aufsicht des Hrn. von Jacquin verfertigten und für die Universität zu Wien bestimmten Maschine. Auch wir erhielten reines Wasser, ohne alle Beimischung von Säure.

VIERZEHNTES KAPITEL.

WIDERLEGUNG DER EINWÜRFE, WELCHE GEGEN DIE ZUSAMMENSETZUNG DES WASSERS VORGEBRACHT WORDEN SIND.

Ungeachtet, wie man aus den vorigen Kapiteln gesehen hat, wenige Wahrheiten in der Naturlehre so augenscheinlich bewiesen sind, als die Lehre von der Zusammensetzung des Wassers: so giebt es dennoch viele Naturforscher, welche diese Wahrheit leugnen, und mehr oder weniger gegründete Einwürfe gegen dieselbe machen. Man darf sich hierüber nicht wundern: denn der menschliche Geist sträubt sich gegen alles Neue, vorzüglich dann, wenn ihm die bisher angenommene Vorstellungsart schon geläufig geworden ist. Wer daher in seiner Wissenschaft eine Revolution durch neue Entdeckungen machen will, der muß auf den Beifall seiner Zeitgenossen Verzicht thun, und blofs allein von jungen Männern, und von der heranwachsenden Generation Dank für seine Bemühungen erwarten. Selten sind die Männer! welche, wie ein Jacquin, ein Born, ein Morveau, ein Kirwan, ein Blak, freimüthig gestehen, dafs sie bisher dem phlogistischen

Irrthume gefolgt wären; nunmehr aber der Wahr-
heit, von welcher sie überzeugt seyen, länger nicht
zu widerstehen vermögen, und daher die Lehre von
Phlogiston, in die chemische Rüstkammer, neben
die Lehre von Salz, Schwefel und Merkurius, nie-
dergelegt hätten. Diesem schönen Beispiele werden
gewiss mehrere Chemisten nachfolgen, sobald auch
sie von der Wahrheit überzeugt seyn werden. Fol-
gendes sind die Einwürfe, mit welchen die Leh-
re von der Wassererzeugung jetzo noch bestrit-
ten wird.

Erstens. Das Wasser entsteht nicht durch die
Vereinigung des Sauerstoffes mit dem Wasserstoffe: sondern dasselbe war vorher iu den
beiden Gasarten schon enthalten, und wird
durch das Verbrennen blofs abgesondert.

Antwort, *Wenn man eine Mischung von*
Wasserstoffgas und Sauerstoffgas verbrennt, so be-
trägt das erhaltene Wasser genau soviel am Ge-
wicht, als das Gewicht der beiden Gasarten vor dem
Verbrennen betrug. Wenn also das erhaltene Was-
ser in den Gasarten schon enthalten war, so müfs-
ten Gas und Wasser einerley sein. Ferner müfs-
ten Sauerstoffgas und Wasserstoffgas einerlei seyn,
und beide müfsten Wasser seyn. Aber dieses strei-
tet gegen alle Erfahrung: denn zwei Körper, die
ganz verschiedene Eigenschaften haben, können un-
möglich einerlei seyn.

Ausserdem giebt es einen Versuch, welcher die-
sen Einwurf völlig widerlegt. Man fülle eine, mit
Quecksilber angefüllte und auf Quecksilber stehende

Glocke, mit Wasserstoffgas an, bringe einen metallischen Kalch unter dieselbe, und lasse nachher den
Brennpunkt eines Brennglases auf diesen Kalch fallen: so wird der Kalch reducirt, sein Gewicht
nimmt ab, der Wasserstoff vereinigt sich mit dem
Sauerstoffe, welcher, während der Reduktion, aus
dem Kalche sich entwickelt, es entsteht eine beträchtliche Menge Wasser, und die Glocke füllt sich mit
Quecksilber an, zum Beweise dafs das Wasserstoffgas absorbirt worden ist. Das Gewicht des erhaltenen Wassers beträgt weit mehr als das Gewicht
des Wasserstoffgas betrug: es kann demzufolge
nicht vorher in demselben enthalten gewesen seyn.

"Zweitens. Die Zerlegung des Wassers "durch
das Eisen ist noch nicht bewiesen.

Antwort. Nach den wiederholten Versuchen,
welche zu Paris und in Holland sind angestellt
worden, kann man wohl an dieser Zerlegung nicht
länger zweifeln. Der merkwürdigste Versuch ist folgender. Man füllte einen vom Schaft genommenen
Flintenlauf mit dicken Eisendrath an, welcher vorher unter dem Hammer war breit geschlagen worden. Hierauf wurde der Flintenlauf, mit dem Eisendrath den er enthielt, auf das genaueste und
sorgfältigste gewogen, dann mit einem Kütte überzogen, und in einer schiefen Lage in einen Ofen gelegt. Die obere Oefnung des Flintenlaufs wurde
hierauf mit einem grofsen Trichter verbunden, der
voll Wasser war, aber unten das Wasser nur tropfenweise, durch eine sehr enge Öffnung durchliefs,
die vermittelst eines Hahns geöffnet und verschlos-

sen werden konnte. Der Trichter war oben verschlossen, um das Ausdünsten des Wassers zu verhindern. Am unteren Ende des Flintenlaufs war
eine tubulirte Vorlage angebracht, um das nicht
zerlegte Wasser aufzufangen. Aus der Tubulatur
der Vorlage ging eine gläserne Röhre unter die
zum Auffangen der Gasarten bestimmten Gefäße.
Um den Versuch desto entscheidender zu machen,
ward, vor dem Anfange des Versuches, der ganze
Apparat luftleer gepumpt. Nachdem dieses geschehen war, wurde das Feuer im Ofen angezündet und
der Flintenlauf glühend gemacht. Dann ließ man
das Wasser tropfenweise aus dem Trichter in den
Flintenlauf. Es enswickelte sich eine grofse Menge
Wasserstoffgas. Nach geendigtem Versuche wurde
der Flintenlauf aus dem Ofen genommen. und
nachdem der Kütt rein davon abgeschlagen war,
wurde derselbe gewogen. Am Gewichte hatte er
beträchtlich zugenommen. Diese Zunahme am Gewichte zu dem Gewichte des Wasserstoffgas addirt,
war ziemlich genau dem Gewichte des zersetzten
Wassers gleich. Der Eisendrath, womit der Flintenlauf angefüllt war, und die innere Seite des
Flintenlaufes selbst, waren ganz in schwarze Eisenhalbsäure verwandelt, welche schön kristallisirt war,
und aussah wie die Eisenminer von der Insel Elba.
Das durch den Versuch erhaltene Wasserstoffgas
wurde mit soviel Sauerstoffgas vermischt, als sich
während des Versuches mit dem Eisen verbunden
hatte, und nachher verbrannt. Man erhielt etwas
mehr Wasser als zu dem Versuche angewandt wor-

Dieser äusserst merkwürdige doppelte Versuch, wel-
cher mit der gröfsten Genauigkeit öffentlich ange-
stellt wurde, läfst an der Wahrheit der Zerlegung
des Wassers nicht länger zweifeln. Solche dezisive
Versuche lafsen sich durch hypothetisches Raisonne-
ment nicht wegdemonstriren. Man mufs entweder
beweisen, dafs diese Versuche unrichtig sind; oder
man mufs andere, eben so dezisive Versuche auf-
stellen, welche das Gegentheil beweisen; oder man
mufs sich für überzeugt halten.

Drittens. Der Versuch, wie er, so eben beschrieben worden ist, ist wahr; aber in diesem
Versuche wird das Wasser nicht zerlegt, sondern es entwickelt sich nur das Wasserstoffgas aus dem Eisen, und löst das Wasser auf,
so dafs dasselbe verschwindet.

Antwort. *Diese Erklärungsart stimmt gar nicht*
mit den Thatsachen überein. Denn erstens ist die
Zunahme des Gewichts des Eisens, addirt zu dem
Gewichte des erhaltenen Wasserstofgas, aufs aller-
genaueste gleich dem Gewichte des verschwundenen
Wassers, und zweitens, wenn man das erhaltene
Wasserstofgas mit Sauerstoffgas verbindet, so zeigt
sich, dafs dasselbe im Verbrennen eben soviel Sauer-
stoffgas einsaugt, als die Zunahme des Gewichts
des Eisens betrug, und dafs das Wasser, welches
nach dem Verbrennen zurück bleibt, genau soviel
beträgt, als in dem Versuche zerlegt worden ist.
Übrigens ist es eine sehr unwahrscheinliche, und
bis jetzo noch unbewiesene Hypothese, dafs das Ei-
sen Wasserstoff oder Wasserstoffgas in seiner

Mischung

Mischung enthalte. Die Wahrheit dieser Hypothe-
se müssen unsere Gegner erst noch beweisen.

Viertens. Gegen die Zerlegung des Wassers
streitet ein Versuch des Hrn. Priestley. Hr.
Priestley setzte ein Stück Eisen unter eine,
mit Sauerstoffgas aus der rothen Quecksilberhalbsäure angefüllte Glocke, und liefs den
Brennpunkt eines Brennglases auf das Eisen
fallen. Das Gas verminderte sich und wurde
von dem Eisen eingesogen. Das Eisen verwandelte sich in einen schwarzen Kalch oder
Halbsäure, die schwerer war als das Metall.
Nachher setzte Priestley diese Halbsäure unter
eine mit Wasserstoffgas angefüllte Glocke und
liefs den Brennpunkt darauf fallen. Es entstand Wasser, das Gas verminderte sich, und
das Eisen wurde zum Theil reducirt.

Antwort. Gerade dieser Versuch ist einer der
auffallendsten Beweise für die antiphlogistische
Theorie. Das Wasser wird durch das Eisen zerlegt,
weil, in der Glühhitze, der Sauerstoff zum Eisen
eine gröfsere Verwandschaft hat als zu dem Was-
serstoffe. Aber diese Verwandschaft hat ihre
Gränzen. Das Eisen wird durch das Wasser,
selbst bei der höchsten Temperatur, niemals mehr
als in eine schwarze Halbsäure verändert. Das Ei-
sen nimmt von dem Wasser nicht mehr Sauerstoff
an, als nöthig ist, um es in einen schwarzen, glän-
zenden, bräunlichen, kristallisirten, schmelzbaren Ei-
senkalch zu verwandeln. Solange dieser, durch das
Wasser entstandene, sogenannte Eisenmohr, blofs

Wasser berührt, und weder mit der Luft, noch mit Säuren, noch mit andern metallischen Halbsäuren, in Verbindung gebracht wird, so bleibt er immer unverändert. Er ist mit dem Sauerstoffe nicht gesättigt, denn er enthält nur 0,280 bis 0,300, und man kann, durch andere Operationen, viel mehr Sauerstoff mit dem Eisen verbinden. Der Sauerstoff des Wassers verbindet sich mit dem Eisen nur bis auf diesen Grad; dann ist seine Verwandschaft mit dem Eisen und dem Wasserstoffe gleich grofs: es ist daher ein Gleichgewicht vorhanden, und sowohl das Wasser als der Eisenkalch bleiben unverändert. Das Wasserstoffgas, oder der Wasserstoff, reducirt blofs allein diejenigen Eisenkalche, welche mehr mit Sauerstoff gesättigt sind als der Eisenmohr: und diese Reduktion ist nicht vollständig, sondern das Wasserstoffgas bringt diese Eisenhalbsäuren nur in den Zustand eines Eisenmohrs zurück, und hört dann auf. Daher saugen die braunen, rothen, gelben und weifsen Eisenhalbsäuren das Wasserstoffgas ein, werden dunkler an Farbe, und verwandeln sich in ein schwarzes Pulver, welches der Magnet anzieht: aber nicht in reines Eisen, sondern in schwarze Eisenhalbsäure. Der Wasserstoff beraubt die Eisenhalbsäuren nur desjenigen Theils Sauerstoff, welchen sie über ihre schwarze Säurung enthalten, weil dieser Überflufs mehr Verwandschaft zum Wasserstoffe als zum Eisen hat. Aber auf diesem Punkte hört auch die Reduktion auf, weil diese letzte Menge von Sauerstoff mehr Verwandschaft zum Eisen als zum Was-

serstoffe hat. *Unter allen bekannten Körpern kann blofs allein das Magnesium, das Zink und der Kohlenstoff diese letzte Portion Sauerstoff von dem Eisen trennen, und auch diese vermögen es nur bei einer sehr hohen Temperatur. In Hrn. Priestleys Versuch wurde das Eisen mehr als bis zur schwarzen Eisenhalbsäure gesäuert, das Wasserstoffgas verband sich mit diesem überflüssigen Sauerstoffe; es entstand daher Wasser, und das Eisen blieb, als schwarze Eisenhalbsäure, zurück. Ein anderer Beweis dieser Erklärungsart, vermöge der gröfseren Verwandschaft des Sauerstoffes mit den Metallen als mit dem Wasserstoffe; ist dieser: dafs die Bleihalbsäure und die Wismuthhalbsäure in dem Wasserstoffgas ihren Sauerstoff verlieren und sich ganz herstellen, weil sie, für sich allein, das Wasser nicht zerlegen: da hingegen das Zink, welches das Wasser zerlegt, eine Halbsäure liefert, die, durch Berührung des Wasserstoffgas, auf keine Weise verändert wird. Daher dient auch diese Zinkhalbsäure besser zum Mahlen, als die weifse Bleihalbsäure.*

Die hier vorgetragenen und widerlegten Einwürfe sind die wichtigsten, welche gegen die Zerlegung und Zusammensetzung des Wassers gemacht worden sind. Sollte es aber aufser diesen noch andere geben, die ich noch nicht kenne: so mache ich mich anheischig dieselben, sobald ich sie erführe, auf eine genugthuende und überzeugende Weise zu widerlegen, oder öffentlich zu gestehen, dafs ich dieses zu thun nicht im Stande sei: denn ich suche

*bloſs Wahrheit, und mir ist es ganz gleichgültig
wie und wo ich dieselbe auch finden mag.*

FUNFZEHNTES KAPITEL.

ÜBER DAS SAUREN DER KÖRPER.

*Das Säuren der Körper, oder die Verbindung der
Körper mit dem Sauerstoffe, hat verschiedene Grade, verschiedene Stufen. Ist der Körper mit Sauerstoff nicht gesättigt, so befindet sich derselbe in dem
Zustande einer Halbsäure. In diesem Zustande befinden sich alle sogenannten metallischen Kalche,
das Blut im menschlichen Körper u. s. w. Ist der
gesäurte Körper mit dem Sauerstoff etwas mehr,
aber doch noch nicht vollkommen gesättigt, so befindet sich derselbe in dem Zustande eines* Sauren:
*dergleichen sind z. B. die sogenannte flüchtige
Schwefelsäure, oder, wie wir es nennen, das Schwefelsäure. Eben so giebt es auch ein Phosphorsäu-
res, ein Eſsigsäures, ein Salpetersäures. u. s. w.
Ist der gesäurte Körper mit dem Sauerstoffe vollkommen gesättigt, so entsteht eine* Säure; *dergleì-
chen sind: die Schwefelsäure, die Salpetersäure, die
Kochsalzsäure, u. s. w. Endlich findet noch ein
vierter Zustand, nemlich eine Übersättigung des
Körpers mit dem Sauerstoffe, statt. In diesem
Falle entsteht eine sogenannte* übersaure Säure, *dergleichen ist z. B. die übersaure Kochsalzsäure, oder
das übersaure kochsalzgesäurte Gas.*

*Es giebt demzufolge vier verschiedene Grade
von Säurung:* Halbsäuren, Säure, Säuren, *und* übersaure Säuren.

So *haben wir, z. B. eine Salpeterhalbsäure, welche sich immer in Gasgestalt zeigt, nud unter dem Namen salpeterhalbsaures Gas oder Salpeterluft bekannt
ist. Dieses salpeterhalbsaure Gas besteht aus zwei
Theilen Sauerstoff und einem Theile Salpeterstoff.
Es mischt sich nicht mit dem Wasser. Es hat eine
grofse Verwandschaft zum Sauerstoffe, und sättigt
sich mit demselben, sobald es ihn antrifft: hierauf
beruht das Eudiometer. Durch diese Verbindung
mit dem Sauerstoffe verwandelt sich das salpeter
halbsaure Gas in salpetersaures Gas: die Halbsäure
wird, durch den Beitritt des Sauerstoffes, in ein
Saures verwandelt. Das salpetersaure Gas, oder
die sogenannte rothe rauchende Salpetersäure, besteht aus einem Theile Salpeterstoff, und aus 2,80
Theilen Sauerstoff. Setzt man diesem Salpetersauren noch mehr Sauerstoff zu, so verwandelt sich
das Saure in eine Säure, und man erhält die weifse,
farbenlose Salpetersäure, welche aus einem Theil
Salpeterstoff, und aus vier Theilen Sauerstoff besteht.*

*Nachdem ich diese Bemerkungen vorausgeschickt
habe, will ich nunmehr von den einfachen Halbsäuren, Sauren, Säuren, und übersauren Säuren handeln; das heifst, von solchen, in denen ein einfacher Körper mit dem Sauerstoffe verbunden ist.*

SECHSZEHNTES KAPITEL.
ÜBER DIE VERBINDUNG DES SAUERSTOFFES MIT DEM SCHWEFEL.

*W*enn der Schwefel, in der atmosphärischen Luft,
oder im Sauerstoffgas, einer höhern Temperatur aus-

)

gesetzt wird, so verbrennt er: das heißt, der Sauer-
stoff vereinigt sich mit dem Schwefel; der Wärme-
stoff wird frei, und es entsteht Schwefelsaures.
Dieses Saure zeigt sich in Gasgestalt, solange es
nicht mit dem Wasser verbunden ist. Es ist sehr
flüchtig, hat einen durchdringenden und ersticken-
den Geruch, und läßt sich, vermöge einer starken
Kälte, in flüßiger Gestalt darstellen. Mit dem
Sauerstoffe hat das schwefelsaure Gas eine sehr
große Verwandschaft. Es entzieht denselben dem
Wärmestoffe, bei der gewöhnlichen Temperatur der
Luft. Der Sauerstoff verbindet sich mit dem Schwe-
felsauren, und es entsteht Schwefelsäure, *welche*
sich in flüßiger Gestalt zeigt, und den vorigen,
durchdringenden und erstickenden Geruch verlo-
ren hat.

Während des Verbrennens wird der Schwe-
fel schwerer, und nimmt gerade soviel am Ge-
wichte zu, als das Sauerstoffgas am Gewichte
verliert.

1. Versuch. *Wenn man eine gläserne Röhre*
mit Schwefelsaurem anfüllt, nachher dieselbe her-
metisch verschließt und alsdann einer hohen Tem-
peratur aussetze: so setzt sich ein Theil des Schwe-
fels ab, und der übrige Schwefel ist nun mit Sauer-
stoff gesättigt und in Schwefelsäure verwandelt.

2. Versuch. *Eben dies geschieht auch, wenn*
man das schwefelsaure Gas mit Wasser vermischt,
und die Mischung einer hohen Temperatur aussetzt.

3. Versuch. *Wenn man Schwefelsaures mit*
übersaurer Kochsalzsäure vermischt, so verbindet

*sich der überflüfsige Sauerstoff der Kochsalzsäure
mit dem Schwefelsauren; es entsteht Schwefelsäure,
Kochsalzsäure, und es entwickelt sich Wärmestoff.*

4. Versuch. *Die Magnesiumhalbsäure, und alle
übrigen metallischen Halbsäuren, welche keine grofse
Verwandschaft zu dem Sauerstoffe haben, verwandeln das Schwefelsaure in Schwefelsäure, werden
hergestellt, und es entwickelt sich Wärmestoff.*

*Ueberhaupt kann man das Schwefelsaure in
Schwefelsäure verwandeln auf zweierlei Weise.
Erstens, indem man ihm einen Theil seiner Grundlage entzieht, und folglich das Verhältnifs des
Sauerstoffes zu dem übrigen Theile der Grundlage
vergröfsert. Dieses geschieht wenn man das Schwefelsaure einer hohen Temperatur aussetzt, da dann
ein Theil des Schwefels abgesetzt, und der übrige
Theil mit dem Sauerstoffe inniger verbunden wird.
Zweitens, indem man dem Schwefelsauren Sauerstoff zusetzt. Dieses geschieht, wenn das Saure unter eine Glocke mit Sauerstoffgas gesetzt wird; da
alsdann der Sauerstoff eingesogen, und das Saure
in Säure verwandelt wird, wobei dasselbe am Gewichte zunimmt.*

*Die specifische Schwere des mit Schwefelsaurem
gesättigten Wassers verhält sich zu der specifischen
Schwere des reinen Wassers = 1,040 : 1,000.*

*Man erhält das Schwefelsaure: 1) indem man
Schwefel langsam verbrennt 2) wenn man Schwefelsäure über Silber, Spiesglanz, Bley, Quecksilber, oder
Kohlen destillirt. Ein Theil des Sauerstoffes verbindet sich mit dem Metalle, und die Säure*

geht, in Gestalt eines Sauren, in die Vorlage über.

Wasser nimmt mehr schwefelsaures Gas auf, als es kohlengesäurtes Gas aufnimmt, aber weniger als von dem kochsalzgesäurten Gas.

Das Schwefelsaure löst die Kalcherde, Alaunerde, Schwererde, Bittererde auf. Die schwefelsaure Alaunerde und die schwefelsaure Schwererde sind im Wasser unauflöslich. Die schwefelsaure Kalcherde ist weit weniger auflöslich im Wasser als die schwefelgesäurte Kalcherde. Die schwefelsaure Bittererde ist auflöslich, und läfst sich kristallisiren.

Die schwefelsaure Pottasche giebt kleine, sehr leicht auflösliche Kristalle. Die schwefelsaure Soda und das schwefelsaure Ammoniak sind ebenfalls leicht lösliche Sulze.

Da das Schwefelsaure mit Saurestoff nicht gesättigt ist, so kann dasselbe, aus Gründen, welche unten angeführt werden sollen, die Metalle nicht auflösen, aber wohl die metallischen Halbsäuren. Diese lösen sich in dem Schwefelsauren leicht und ohne Brausen auf. Das Schwefelsaure löst sogar diejenigen metallischen Halbsäuren auf, welche mit Sauerstoff überladen, und daher in der Schwefelsäure unauflöslich sind.

5. Versuch. Wenn man zu dem mit dem Schwefelsauren geschwängerten Wasser Schwefelsäure mischt, und nachher Eisendrath in die Mischung legt: so werden beide, das Wasser und das Schwefelsaure, in ihre Bestandtheile zerlegt. Das Eisen wird gesäurt und löst sich in der Schwe-

felsäure auf, es schlägt sich der Schwefel zum Theil nieder, und löst sich zum Theil in dem, aus dem Wasser entwickelten, Wasserstoffgas auf; daher dieses als geschwefeltes Wasserstoffgas weggeht.

6. Versuch. *Bringt man Eisen in eine mit schwefelsaurem Wasser angefüllte Flasche, und verschließt nachher die Flasche: so wird das Eisen schwarz, und das Wasser verliert in kurzer Zeit den schwefelsauren Geruch. Die Auflösung ist ungefärbt. Gießt man Schwefelsäure zu, so wird Schwefel niedergeschlagen, und es entwickelt sich schwefelsaures Gas. An der Luft wird diese Auflösung dunkelgelb. Das Eisen zerlegt das Schwefelsaure, es verbindet sich mit einem Theile des Sauerstoffes und löst sich dann in dem übrigen Schwefelsauren auf. Es entsteht ein schwefelsaures Eisen, mit welchem der Schwefel, welcher abgesondert worden ist, genug Verwandschaft hat um aufgelöst zu bleiben. Doch schlägt sich ein Theil desselben nieder, und verbindet sich mit dem Eisen, welches schwarz und brüchig wird, wie alles geschwefelte Eisen.*

7. Versuch. *Legt man Zinkfeile in schwefelsaures Wasser, so wird das Wasser zerlegt. Das Zink säuert sich; das Schwefelsaure verwandelt sich in Schwefelsäure durch den Sauerstoff des Wassers, und löst das gesäuerte Zink auf. Das Wasserstoffgas des Wassers entwickelt sich und geht fort. Aus dieser Auflösung erhält man kleine schwefelsaure Zinkkristallen, aus denen die Schwefelsäure schwefelsaures Gas entwickelt.*

Auch das Zinn löst sich in dem Schwefelsauren auf. Es wird erst gesäurt und dann aufgelöst. Quecksilber, Blei und Kupfer werden von dem Schwefelsauren nicht angegriffen.

Wenn das Schwefelsaure mit Sauerstoff gesättigt wird, so entsteht die Schwefelsäure. Vormals bereitete man sie aus dem schwefelgesäurten Eisen, oder dem sogenannten Vitriol, daher sie dann auch die höchst unschickliche Benennung Vitriolsäure *erhielt. Heutzutage aber erhält man sie gröfstentheils aus dem Schwefel, durch das Verbrennen. Um das Verbrennen des Schwefels und seine Säurung zu erleichtern, mischt man denselben, mit etwas zu Pulver gestofsenem Salpeter. Der Salpeter wird zerlegt. Ein Theil seines Sauerstoffes verbindet sich mit dem Schwefel und erleichtert das Verbrennen. Aber, dessen ungeachtet kaun man das Verbrennen des Schwefels, auch in den gröfsten Gefäfsen, nur eine kurze Zeit fortsetzen, denn; 1) wird das Sauerstoffgas verzehrt, und die Luft, in welcher die Verbrennung geschieht, wird endlich ganz in Salpeterstoffgas verwandelt. 2) Das schwefelsaure Gas, welches entsteht, hindert auch das Verbrennen. In grofsen Manufakturen, dergleichen ich in England und in Schottland gesehen habe, läfst man das Gemische von Schwefel und Salpeter in grofsen, mit Blei getafelten Zimmern abbrennen, worin etwas Wasser enthalten ist, welches die Verdichtung der Dämpfe befördert. Um dieses Wasser zu scheiden, destillirt man nachher die erhaltene Säure in grofsen Retorten, bei einer mäfsigen Temperatur. In die*

Vorlage geht ein säuerliches Wasser über, und in der Retorte bleibt die wasserleere Schwefelsäure zurück. Sie ist durchsichtig, weifs, ohne Geruch, und wiegt ungefehr zweimal soviel als das Wasser.

Die Schwefelsäure gefriert bei — 15° Fahr. Sie sieht alsdann eben so aus und hat eben die Konsistenz wie Schweinespeck. Sie zieht sich während des Frierens in einen kleineren Raum zusammen, so dafs das Eis in der Flüfsigkeit schwimmt. Sie thauet nicht ganz auf, solange sie nicht bis auf + 10° Grad erwärmt wird, und während des Schmelzens entwickeln sich Luftblasen. Mit Schnee gemischt, schmilzt zwar der Schnee, aber die Mischung gefriert nicht.

Nach Hrn. Berthollet enthalten 87 Theile reine, soviel als möglich vom Wasser befreite Schwefelsäure, 60 Theile Schwefel, und 27 Theile Sauerstoff.

Die Flüfsigkeit der Schwefelsäure hängt nicht allein von dem ihr beigemischten Wärmestoff, sondern auch von dem mit ihr vermischten Wasser ab. Ist sie von Wasser ganz befreit, so erscheint sie in fester Gestalt, und macht alsdann das sogenannte schwefelgesäurte Eis (Oleum Vitrioli glaciale) aus, welches aber eigentlich Schwefelsäure in fester Gestalt genannt werden mufs.

8. Versuch. Man mische zwei Theile schwefel. gesäurte Pottasche, oder sogenannten vitriolisirten Weinstein, mit zwei Theilen Pottasche, oder reinem vegetabilischem Laugensalz, und mit Einem Theile Kohlen, in einem Tiegel, und setze den Tiegel dem

*Feuer aus. Die Mischung wird in eine Mäfse zu-
sammen schmelzen, während des Schmelzens wird
sich eine grofse Menge kohlengesäurtes Gas entwickeln, und in dem Tiegel wird geschwefelte Pottasche zurück bleiben: denn die Schwefelsäure wird
zersetzt. Der Sauerstoff verbindet sich mit der
Kohle, und geht als kohlengesäurtes Gas fort, und
der Schwefel vereinigt sich mit der Pottasche; daher die geschwefelte Pottasche entsteht.*

9. Versuch. *Wenn man Eisen, Zink, oder
ein anderes Metall (wenige ausgenommen) statt der
Kohle mit schwefelgesäurter Pottasche mischt: so
wird die Schwefelsäure ebenfalls zerlegt. Das Metall verbindet sich mit dem Sauerstoffe, es säurt sich;
der Schwefel hingegen verbindet sich mit der Pottasche, es entsteht geschwefelte Pottasche, und diese
löst das gesäurte Metall auf.*

10. Versuch. *Wenn man reine, vom Wasser
soviel als möglich befreite Schwefelsäure, oder auch
schwefelgesäurte Pottasche, in einem verschlossenen,
und mit Wasserstoffgas angefüllten Gefäse, einer
höheren Temperatur aussetzt, so wird die Schwefelsäure zerlegt. Der Sauerstoff verbindet sich mit
dem Wasserstoffe, es entsteht Wasser, und der
Schwefel fällt zu Boden.*

11. Versuch. *Wenn man geschwefeltes Eisen,
oder sogenannte Schwefelkiese (Pyritae martiales) der
Luft aussetzt, so verwittern sie, zerfallen, und verwandeln sich in schwefelgesäurtes Eisen. Dieses geschieht, indem das geschwefelte Eisen das in der
Atmosphäre enthaltene Wasser an sich zieht, das-*

selbe in seine Bestandtheile zerlegt, und sich mit
dem Sauerstoffe desselben verbindet. Darum findet
auch diese Verwitterung nicht in einer trocknen
Luft statt, und sie geschieht auch nicht, wenn man
über die Schwefelkiese Oel giefst, wodurch die Berührung der Luft verhindert wird.

12. Versuch. Wirft man Schwefel in geschmolzenen Salpeter, so wird der Salpeter in seine Bestandtheile zerlegt. Der Sauerstoff verbindet sich
mit dem Schwefel, und es entsteht Schwefelsäure,
welche sich mit der Pottasche verbindet, und schwefelgesäurte Pottasche macht. Der Salpeterstoff geht,
als Salpeterstoffgas, in die Luft.

13. Versuch. Man fülle eine Retorte zum Theil
mit Schwefel an, giefse darüber Salpetersaures, und
destillire nachher, so erhält man Schwefelsäure, indem das Salpetersäure durch den Schwefel zerlegt
wird, welcher sich mit dem Sauerstoffe desselben
verbindet.

14. Versuch. Man nehme eine gläserne Fla-
sche, welche vier und zwanzig Kubikzolle hält.
Man giefse in dieselbe zwei Kubikzolle von einer
Auflösung der geschwefelten Pottasche (Schwefelle-
ber) in Wasser, und verschliefse die Oefnung der
Fläsche mit einem wohl passenden Korkstöpsel.
Dann lege man diese Fläsche in ein Gefäß unter
Wasser, und lasse sie acht Tage lang liegen. Die
Auflösung, welche vorher klar war, hat jetzo ein
weifses Pulver abgesetzt, und wenn man, unter dem
Wasser, den Stöpsel aus der Flasche zieht, so wird
das Wasser mit grofser Gewalt hinein dringen, und

man wird finden, daſs von der, in der Flasche enthaltenen atmosphärischen Luft, der vierte Theil,
das heiſt, alles Sauerstoffgas welches dieselbe enthielt, verschwunden ist, und daſs die übrigen drei
Viertel Salpeterstoffgas sind. Die geschwefelte Pottasche ist in schwefelgesäurte Pottasche verwandelt;
denn der Sauerstoff hat sich mit dem Schwefel verbunden, und aus dieser Verbindung ist Schwefelsäure entstanden.

15. Versuch. Wenn man Wasser, tropfenweise, auf geschmolzenen Schwefel fallen läſst; so wird
das Wasser zerlegt, und es entsteht Schwefelsäure
und Wasserstoffgas.

16. Versuch. Man nehme geschwefelte und gekohlte Alaunerde (Pyrophor) und lege eine bestimmte, und genau abgewogene Menge derselben, auf
eine gläserne Schüssel; welche unter einer, mit atmosphärischer Luft angefüllten Glocke, über den
Quecksilber Apparat gesetzt wird. Der Pyrophor
verbrennt, indem der Sauerstoff der Luft sich mit
demselben verbindet: der Wärmestoff wird frei; die
Luft nimmt ab; das Quecksilber steigt allmählig
unter der Glocke, an die Stelle der eingesogenen
Luft. Soviel die Luft am Gewichte abnimmt, um
soviel nimmt der Pyrophor zu. Was unter der
Glocke übrig bleibt, ist nicht mehr atmosphärische
Luft, sondern Salpeterstoffgas, der eine Bestandtheil derselben. Die geschwefelte Alaunerde ist,
nach dem Verbrennen, in schwefelgesäurte Alaunerde verwandelt; denn der Sauerstoff hat sich mit
dem Schwefel verbunden, und aus dieser Verbindung ist Schwefelsäure entstanden.

Aber nicht nur die Synthesis der Schwefelsäure, von welcher bisher in diesem, und oben, in
dem fünften Kapitel, gehandelt worden ist, beweist,
daß dieselbe aus Schwefel und aus Sauerstoffe zusammengesetzt sey: ihre Analysis beweist dasselbe,
wie aus dem folgenden Versuche erhellt.

17. Versuch. Man gieße in eine Retorte 2 Unzen Quecksilber, und über dasselbe drei Unzen reiner, von allem Wasser befreiter Schwefelsäure.
Mit dieser Retorte verbinde man eine tubulirte Vorlage, an deren Tubulatur eine krumme gläserne
Röhre bevestigt ist, welche unter den Quecksilberapparat geht, und zu dem Auffangen der Gasarten
dient. Dann fange man an zu destilliren, so wird,
durch das Quecksilber, die Schwefelsäure in ihre
Bestandtheile zerlegt werden. Im Anfange entwickelt sich eine sehr große Menge Schwefelsaures,
in Gasgestalt, indem sich ein Theil des Sauerstoffes der Schwefelsäure mit dem Quecksilber verbindet. Bald nachher geht das Schwefelsaure in flüßiger Gestalt über. Dann entwickelt sich eine große
Menge Sauerstoffgas, aus der Schwefelsäure welche
zerlegt worden ist. Aber ein Theil der Schwefelsäure bleibt unzerlegt. Diese vereinigt sich mit
dem gesäurten Quecksilber, und es bleibt in der Retorte schwefelgesäurtes Quecksilber zurück. Setzt
man nun die Operation noch länger fort, indem
man die Temperatur beträchtlich erhöht: so entstehen abermals neue Verwandschaften, und demzufolge eine neue Zerlegung. Es geht abermals schwefelsaures, in flüßiger und in Gasgestalt, über; das

Quecksilber erscheint wiederum rein, und in metallischer Gestalt; es wird in Gas verwandelt; geht aber, in die Vorlage, und, zugleich mit demselben, eine beträchtliche Menge Sauerstoffgas, welches den Sauerstoff enthält, mit welchem das Quecksilber gesäuert war.

So wie der zehente Versuch die Gegenwart des Schwefels in der Schwefelsäure beweist: so beweist der siebzehnte Versuch die Gegenwart des Sauerstoffes in derselben: folglich ist die Gegenwart beider Bestandtheile in der Schwefelsäure dargethan, und zugleich erhellt aus diesem sechszehnten Versuche, daſs das Schwefelsäure von der Schwefelsäure nur in so ferne verschieden ist, als es weniger Sauerstoff enthält, denn die Säure.

Oben ist bewiesen worden (5. Versuch. 12. Kapitel.) daſs das Eisen, wenn es, bei der gewöhnlichen Temperatur der Atmosphäre, in Schwefelsäure gelegt wird, welche mit vielem Wasser verdünnt worden ist, das Wasser in seine Bestandtheile zerlege, ohne die Säure im mindesten zu verändern. Bei einer höheren Temperatur finden aber neue Verwandschaften statt, und das Eisen zerlegt alsdann auch die Schwefelsäure in ihre Bestandtheile.

18. Versuch. Man lege in eine Retorte ein Stück Eisen, gieſse auf dasselbe reine, wasserfreie Schwefelsäure, und setze die Retorte einer höheren Temperatur aus: so wird die Schwefelsäure zerlegt. Der Schwefel wird in Gas verwandelt, und sublimirt sich oben an der Retorte, und der Sauerstoff verbindet sich mit dem Eisen, welches in eine rothe

Eisen-

Eisenhalbsäure verwandelt wird. Das Gewicht des Schwefels addirt zu der Zunahme des, in eine Halbsäure verwandelten Eisens, ist gleich dem Gewichte der zerlegten Schwefelsäure. Folglich besteht die Schwefelsäure, aus Schwefel und aus Sauerstoff. Q. E. D.

Unter allen metallischen Halbsäuren ist die schwarze Magnesium-Halbsäure, oder der sogenannte Braunstein, am meisten mit Sauerstoff überladen. Die Schwefelsäure raubt dieser Halbsäure einen Theil dieses Sauerstoffes, und wird alsdann in eine übersaure Schwefelsäure verwandelt, wie folgender Versuch beweist. Bei diesem Versuche ist aber zu bemerken, daß derselbe neulich von einigen geschickten Chemikern ist wiederholt und unrichtig befunden worden. Das Resultat desselben darf daher noch nicht für ausgemacht gehalten werden.

19. Versuch. Man mische, in einer Retorte, wasserfreie Schwefelsäure mit schwarzer Magnesium-Halbsäure, und setze alsdann die Retorte einer höheren Temperatur aus. Es entwickelt sich kein Gas und kein Schwefelsaures, sondern die Schwefelsäure geht, mit Sauerstoff überladen, als übersaure Schwefelsäure, in die Vorlage über.

Diese übersaure Schwefelsäure löst nun Gold, Silber und Quecksilber, leicht und ohne Brausen auf: denn diese Metalle verbinden sich mit dem überflüssigen Sauerstoffe, säuren sich, und verwandeln die übersaure Schwefelsäure in Schwefelsäure, von welcher sie alsdann in der Gestalt von Halbsäuren, leicht aufgelöst werden können.

I

Die Schwefelsäure wird von den meisten Metallen zerlegt. Sie berauben dieselbe eines Theils ihres Sauerstoffes, werden dadurch in Halbsäuren verwandelt, und nachher in der Säure aufgelöst. Auf diese Weise lösen sich das Silber, das Quecksilber, das Eisen, und das Zink, in der wasserfreien Schwefelsäure durch Kochen auf. Die Metalle benehmen der Säure nicht genug Sauerstoff um dieselbe in Schwefel zu verwandeln; sie verwandeln sie blofs in Schwefelsaures, welches, während der Auflösung, in Gasgestalt weggeht. Alle Metalle, Eisen und Zink ausgenommen, werden von der mit Wasser verdünnten Schwefelsäure nicht aufgelöst, weil sie nicht genug Verwandschaft zu dem Sauerstoffe haben, um denselben dem Schwefel, dem Schwefelsauren, oder dem Wasser zu entziehen. Zink und Eisen hingegen, zersetzen, durch Hülfe der Säure, das Wasser, säuren sich, durch den aus dem Wasser getrennten Sauerstoff, und werden dann in der Säure auflösbar, obgleich dieselbe weder konzentrirt noch kochend ist.

20. Versuch. Wenn man eine Mischung von Kohlen und Schwefelsäure einer höheren Temperatur aussetzt: so erhält man kohlengesäurtes Gas und Schwefel, weil der Kohlenstoff eine gröfsere Verwandschaft zu dem Sauerstoffe hat, als der Schwefel.

SIEBZEHNTES KAPITEL.

Die Phlogistiker, oder die sogenannten Stahlianer, halten den Schwefel nicht für einen einfachen Körper. Sie nehmen in demselben ein hypothetisches Prinzipium, das sogenannte Phlogiston an, und behaupten: der Schwefel bestehe aus Schwefelsäure und aus Phlogiston. Während des Verbrennens sagen sie ferner, trenne sich das Phlogiston von dem Schwefel, und die Säure werde frei. Sie haben aber bis jetzo die Existenz des Phlogistons noch nicht bewiesen, viel weniger dasselbe den Sinnen darstellen können. Auch hat es ihnen noch nicht geglückt, zu erklären: wie es zugehe, daß der Schwefel nach dem Verbrennen beträchtlich schwerer ist als vorher, folglich einen seiner Bestandtheile verloren, aber dennoch am Gewichte zugenommen hat. Ferner wird es ihnen schwer zu erklären: wie es zugehe, daß die Luft, in welcher der Schwefel verbrannt wird, genau soviel von ihrem Gewichte verliert, als der Schwefel, während des Verbrennens gewinnt. Hr. Kirwan hat zwar eine Erklärung versucht, aber diese Erklärung geht ganz von der Stahlischen Lehre ab, und ist überdies nicht genugthuend. Stahl erklärte das Verbrennen der Körper, und die Wärme und Flamme, welche dabei entsteht, aus dem Freiwerden des Phlogistons. Hr. Kirwan, hingegen behauptete: das in dem Schwefel und dem Phosphor enthaltene Phlogiston, oder das Wasserstoffgas (denn dieses hält er für das

*Phlogiston) trenne sich, während des Verbrennens
nicht, sondern es vereinige sich mit dem Sauerstoffe,
und daher komme die Zunahme des Gewichtes.
Nach seiner Meinung besteht, Schwefelsäure: aus
Schwefel, aus Wasserstoffgas, und aus Sauerstoffgas. Diese beiden Gasarten machen, nach seiner
Hypothese, fixe Luft, und daher sagt er: die Schwefelsäure bestehe aus Schwefel und aus fixer Luft.
Dafs der Schwefel ganz in der Schwefelsäure enthalten sei, mufs er folglich selbst zugeben, und
diefs ist gerade das Gegentheil von dem was Stahl
behauptete. Ferner kann Hr. Kirwan das Verbrennen des Schwefels gar nicht erklären: denn, wenn
das Phlogiston nicht frei wird, woher entsteht dann
Licht und Wärme? Er giebt zu, dafs der Schwefel, während des Verbrennens, Sauerstoffgas ein-
sauge, aber er glaubt, dafs dieses Sauerstoffgas,
durch seine Verbindung mit dem, in dem Schwefel vorgeblich schon enthaltenen Wasserstoffgas,
fixe Luft mache, und dafs diese fixe Luft in
der Schwefelsäure enthalten sei. Aber dieses hat
er nicht bewiesen. Nach seiner Erklärungsart lassen
sich die Erscheinungen noch weniger begreifen als
nach Stahls Erklärung. Auch hat jetzo Hr. Kirwan seine Hypothese freiwillig aufgegeben.*

Erster Einwurf. Hr. Kirwan sagt: wenn man
    rothen Quecksilber - Präcipitat mit Schwefel
    mischt, und die Mischung, bei einer gelinden
    Hitze, destillirt; so verwandelt sich der Schwe-
    fel in Schwefelsäure, und es findet beinahe
    kein Verbrennen statt. Folglich enthält der

Quecksilberkalch keinen Sauerstoff, sondern
fixe Luft, welche das Verbrennen verhindert,
und folglich besteht die Schwefelsäure, welche
in diesem Versuche entsteht, aus Schwefel und
aus fixer Luft.

'Antwort. *Dieser Versuch, welcher, nach Hrn.*
Kirwan, die antiphlogistische Theorie umstofsen soll,
ist einer der stärksten Beweise für dieselbe. Der
Quecksilberkalch enthält Sauerstoff, welcher mit we-
nig, oder gar mit keinem Wärmestoffe verbunden
ist. Folglich wird auch, bei seiner Verbindung mit
dem Schwefel, wenig oder kein Wärmestoff frei
werden können, und es wird also weder Licht noch
Wärme entstehen, und kein Verbrennen statt fin-
den. Der Sauerstoff geht ganz ruhig aus dem
Quecksilberkalch in den Schwefel über. Dafs sich,
in Hrn. Kirwans Versuche, eine geringe Menge
fixer Luft entwickelte, kam nur daher, weil der ro-
the Präcipitat, dessen er sich bediente, an der Luft
gelegen hatte: denn es ist bekannt, dafs die rothe
Quecksilberhalbsäure, so wie die rothe Bleihalb-
säure, die Eigenschaft hat, die fixe Luft aus der
Atmosphäre einzusaugen. Wenn man das Sauer-
stoffgas aus dem rothen Präcipitat auffängt, ehe
der Präcipitat der Luft ausgesetzt gewesen ist; so
erhält man auch nicht die kleinste Partikel von
fixer Luft.

Ausserdem ist es ganz äusserordentlich schwer,
irgend einen Körper, welcher Sauerstoff enthält, im
Feuer zu behandeln, ohne kohlengesäurtes Gas, oder
fixe Luft zu erhalten. Denn wenn sich nur der

sechstausendste Theil eines Grans Kohlenstoff daran
setzt; so erhält man schon genug fixe Luft um das
Kalchwasser zu trüben, wie Hr. Berthollet bewiesen
hat. Übrigens hat auch Hr. Prof. Gren, (welcher
doch selbst das Phlogiston sehr eifrig vertheidigt)
bewiesen, daſs sich bei dem Verbrennen des Schwefels keine fixe Luft entwickle. Hrn. Grens Versuche sind der Meinung des Hrn. Kirwan gerade zu
entgegen, und die Stahlianer sind, wie man sieht,
unter sich selbst nicht einig.

Zweiter Einwurf. Hr. Kirwan sagt: folgender Versuch des Hrn. Priestley beweist, auf
das Überzeugendste, meine Meinung von dem
Phlogiston. Hr. Priestley brachte Eisen in Berührung mit schwefelsaurem Gas. Das Gas
nahm schnell ab, die Seiten des Gefäſses wurden mit einer schwarzen, ruſsartigen Materie
überzogen, und das Eisen wurde brüchig.
Von sieben Unzen Gas blieben zuletzt 0,300
Unzen übrig, und diese bestanden aus zwei
Drittel fixer Luft, und aus einem Drittel inflammabler Luft. Hier ist offenbar, daſs das
Schwefelsaure sich mit dem Phlogiston, oder
dem Wasserstoffgas des Eisens, verbunden und
in Schwefel verwandelt hat, während die mit
dem Schwefelsauren verbundene fixe Luft frei
geworden ist. Folglich enthält das Eisen Phlogiston oder Wasserstoffgas, und die Schwefelsäure besteht aus Schwefel und aus fixer Luft.
Antwort. Der Versuch, so wie derselbe von
Hrn. Priestley beschrieben wird, gelingt nur dann,

wenn das schwefelsaure Gas etwas Wasser aufgelöst enthält, oder wenn das Eisen feucht ist. Durch
die Zersetzung des Wassers ist die geringe Menge
von inflammabler Luft entstanden, welche nur
0,100 Unzen beträgt. Die fixe Luft ist entstanden,
indem sich der andere Bestandtheil des zerlegten
Wassers, der Sauerstoff mit der Kohle verbunden
hat, von welcher, wie bekannt, das Eisen niemals
frei ist. Wenn man diesen Versuch behutsam wiederholt, so erhält man weder inflammable noch fixe
Luft, sondern das schwefelsaure Gas wird von dem
Eisen in seine Bestandtheile zerlegt. Das Eisen
säuert sich, und der Schwefel verbindet sich mit
der Halbsäure, so dafs alles Gas verschwindet,
Wärmestoff sich entwickelt, und man eine schwarze,
brüchige, geschwefelte Eisenhalbsäure erhält.

ACHTZEHNTES KAPITEL.

VON DEM PHOSPHOR, UND VON SEINER VERBINDUNG MIT DEM SAUERSTOFFE.

Den Phosphor erhält man, in grofser Menge, aus
dem Urin. Die beste Art den Phosphor zu bereiten ist folgende: Knochen erwachsener Thiere werden bis sie weifs sind kalzinirt, alsdann gestofsen
und durch ein feines Sieb geschlagen. Hernach
giest man, mit Wasser vermischte Schwefelsäure
auf dieses Pulver, aber nicht soviel, als nöthig ist
um die Knochen ganz aufzulösen. Der Schwefel
verbindet sich mit der Knochenerde, und macht
eine geschwefelte Kalcherde, oder sogenannte Schwefelleber. Der Sauerstoff verbindet sich mit dem

Phosphor der Knochen, und es entsteht Phosphorsäure, welche sich mit dem Wasser vermischt.
Nunmehr giesst man das Flüssige ab, und läfst dasselbe über dem Feuer abrauchen, um die geschwefelte Kalcherde abzusondern. Man erhält die Phosphorsäure in Gestalt eines weissen und durchsichtigen Glases, welches zerstoßen, und welchem der
dritte Theil seines Gewichtes Kohlenstaub zugesetzt
wird. Der Kohlenstoff raubt der Phosphorsäure
den Sauerstoff, und es entsteht kohlengesäurtes Gas
und Phosphor. Die durch diese Operation erhaltene Phosphorsäure ist niemals rein, und kann daher zu feinen chemischen Untersuchungen nicht
dienen.

Man findet den Phosphor in allen thierischen
Substanzen, und in einigen Pflanzen. Er vereinigt
sich mit dem Sauerstoffe des Sauerstoffgas, das
heisst, er entzündet sich bei einer Temperatur von
32° Réaum.

1. Versuch. Der Phosphor verbindet sich mit
dem Schwefel, wenn man eine Mischung von beiden aus einer trocknen Retorte, in eine Vorlage, in
welcher Wasser ist, überdestillirt. Die Verbindung
ist flüssig, und zerlegt sich im Wasser. Das Wasser wird sauer, und es entsteht geschwefeltes Wasserstoffgas, und gephosphortes Wasserstoffgas, welches im Finstern leuchtet. Das Wasser wird in
seine Bestandtheile zerlegt, und man erhält endlich
Phosphor und Schwefelsäure.

Der Phosphor verbindet sich mit dem Golde,
dem Platinum, dem Silber, dem Kupfer, dem Ei-

sen, dem Zinn und dem Blei. Er macht mit ihnen
gephosphorte Metalle. Den fünf erstgenannten
Metallen benimmt er ihre Dehnbarkeit.

Durch die Verbindung des Phosphors mit dem
Sauerstoffe entsteht das Phosphorsäure und die
Phosphorsäure.

Das beste Mittel reine Phosphorsäure zu erhalten, ist folgendes: Man lässt den Phosphor unter
gläsernen Glocken abbrennen, deren innere Seite
mit reinem Wasser angefeuchtet worden ist. Der
Phosphor nimmt, während des Verbrennens, an
deshalb mit sein Gewicht von dem Sauerstoffe
auf. Stellt die Glocke, unter welcher der Phosphor
abgebrannt wird, auf Quecksilber, so erhält man
die Säure in fester Gestalt, in Gestalt kleiner Flokken, welche der Atmosphäre das Wasser entziehen, wenn sie mit derselben in Berührung gesetzt
werden.

Auch vermittelst der Salpetersäure kann man
Phosphor erhalten.

Verfahren. Man nehme eine tubulirte Retorte,
deren Tubulatur, vermittels eines gläsernen Stöpsels,
verschlossen ist. Man fülle die Retorte mit wasserfreier Salpetersäure zur Hälfte an, und setze sie einer etwas höheren Temperatur aus. Dann werfe
man kleine Stücken Phosphor, durch die Tubulatur,
in die Retorte. Sie lösen sich mit Brausen auf,
und es entwickelt sich salpeterhalbsaures Gas, in Gestalt rother Dämpfe. Man werfe so lange Phosphor
hinein, bis sich derselbe nicht mehr auflöst. Dann
erhöhe man die Temperatur durch Vermehrung des

Feuers, um alle Salpetersäure in Gas zu verwandeln. In der Retorte findet man, nach geendigter Operation, Phosphorsäure, zum Theil in fester, und zum Theil in flüssiger Gestalt, weil der Phosphor die Salpetersäure zerlegt, und sich mit dem Sauerstoffe derselben verbunden hat.

Auch dem kochsalzsauren Gas entzieht der Phosphor den Sauerstoff, bei einer höheren Temperatur.

Das Phosphorsaure enthält weniger Sauerstoff als die Phosphorsäure. Es zeigt sich beinahe immer in Gasgestalt. Um dasselbe zu erhalten, läfst man den Phosphor langsam abbrennen, indem man ihn, auf einem Trichter, welcher über einer gläsernen Flasche steht, der Luft aussetzet. Nach einiger Zeit findet man den Phosphor gesäurt. Das Phosphorsaure Gas, zieht, in diesem Versuche, so wie es allmählig entsteht, auch allmählig die Feuchtigkeit aus der Luft an sich, es verbindet sich mit derselben, und fliefst, als flüfsiges Phosphorsaure in die gläserne Flasche. Dieses Phosphorsaure hat eine so grofse Verwandschaft zu dem Sauerstoff, dafs es sich, durch blofses Aussetzen an die Luft, in Phosphorsäure verwandelt.

Die feste Phosphorsäure schmeckt sauer und scharf. Sie zieht die Feuchtigkeit aus der Luft stark an, und verwandelt sich in eine schwere Flüfsigkeit, in die flüfsige Phosphorsäure.

3. Versuch. Wenn man Phosphor, über dem Quecksilber-Apparat, unter einer mit Sauerstoffgas angefüllten Glocke verbrennt: so wird, während des

Verbrennens, eine beträchtliche Menge Gas einge-
schluckt. Der Phosphor verwandelt sich in Phos-
phorsäure, und nimmt am Gewichte genau um eben
soviel zu, als das Sauerstoffgas abnimmt.

4. Versuch. *War das Sauerstoffgas unter der*
Glocke ganz rein: so wird das Gas, welches nach
dem Verbrennen übrig bleibt, ebenfalls, ganz reines
Sauerstoffgas seyn. Und, wenn man die Dünste
verdichten läfst, so kann man aufs neue Phosphor
darin verbrennen, solange als noch etwas von dem
Gas übrig bleibt.

Ein Gran Phosphor braucht, um zu ver-
brennen, drei Kubikzolle Sauerstoffgas, oder ander-
halb Gran Sauerstoff: daher geben 100 Gran Phos-
phor 250 bis 254 Gran feste Phosphorsäure.

Der Phosphor hat eine gröfsere Verwandschaft
zum Sauerstoffe als die Metalle: daher entzieht er
den metallischen Halbsäuren, z. B. der Kupferhalb-
säure, der Wismuthhalbsäure, und der Quecksilber-
halbsäure, den Sauerstoff; es entsteht Phosphorsäu-
re, und die Metalle werden hergestellt.

Aus dem Sauerstoffgas entwickeln 92 Gran
Phosphor, während des Verbrennens, gerade soviel
Wärmestoff, als nöthig ist um ein Pfund Eis zu
schmelzen.

5. Versuch. *Wenn man das phosphorsaure*
Wasser, welches man nach dem Deliquesciren des
Phosphors an der Luft erhält, aus einer Retorte
destillirt, die mit dem Quecksilber-Apparat verbun-
den ist: so wird das Wasser zerlegt, und man er-
hält Phosphorsäure und gephosphortes Wasserstoff-
gas, welches im Finstern leuchtet.

... Will man mit dem gephosphorten Wasserstoffgas Versuche anstellen, so kann man nicht genug Vorsicht anwenden. Mein Freund, Hr. Pelletier zu Paris, hätte beinahe über solchen Versuchen seine Augen verloren. Er wollte die Natur dieses Gas genauer untersuchen, und machte folgende Versuche mit demselben.

1. Er füllte eine Glocke damit an, und stellte dieselbe über Wasser. Das Gas verband sich nicht mit dem Wasser.

2. Er vermischte, unter der Glocke, das gephosphorte Wasserstoffgas mit gleichen Theilen atmosphärischer Luft. Die Mischung geschah leicht, und ohne irgend etwas merkwürdiges zu zeigen.

3. Er vermischte dieses Gas mit gleichen Theilen Sauerstoffgas, und bemerkte nichts besonderes auffallendes.

4. Er vermischte das Gas, mit gleichen Theilen von salpeterhalbsaurem Gas. Während der Mischung zeigte sich eine dichte, weiße Wolke.

5. Er vermischte endlich, wie in dem dritten Versuch, das gephosphorte Wasserstoffgas mit gleichen Theilen Sauerstoffgas. Dann wollte er eben so viel salpeterhalbsaures Gas unter die Glocke, in die Mischung gehen lassen. Aber in demselben Augenblicke zersprang die Glocke, mit einem heftigen Knalle, in tausend Stücken, von denen einige auf eine Entfernung von mehr als fünf und zwanzig Fuß weggeschleudert wurden. Glassplitter sprangen ihm in beide Augen, und er war lange in Gefahr dieselben zu verlieren.

Die Erklärung dieser Erscheinung ist leicht. Der Sauerstoff vereinigte sich mit dem Salpeterstoffe und mit dem Wasserstoffe: es entstand Wasser und Saspetersäure; und aus den beiden Gasarten entwickelte sich plötzlich eine grofse Menge Wärmestoff, welcher, vermöge seiner Elasticität, die Glocke zerplatzen machte.

In dem gephosphorten Wasserstoffgas ist der Phosphor mit dem Wasserstoffgas nicht innig verbunden. Wenn man dieses Gas, über Wasser, lange aufbewahrt; so fällt der Phosphor zu Boden, und das Wasserstoffgas bleibt rein zurück.

NEUNZEHNTES KAPITEL.
VON DER VERBINDUNG DES KOHLENSTOFFES MIT DEM SAUERSTOFFE.

Die gewöhnliche Holzkohle besteht aus Kohlenstoff, etwas Wasserstoff, etwas Erde und etwas Pottasche. Der Kohlenstoff ist demzufolge eine Kohle, welche von Wasserstoff, Erde und Pottasche vollkommen gereinigt ist.

1. Versuch. Man verbrenne trockne und, in einem verschlofsenen Tiegel, wohl ausgeglühte Kohlen, unter einer, mit Sauerstoffgas angefüllten, und über dem Quecksilber-Apparat stehenden Glocke: so wird das Sauerstoffgas sich zum Theil in kohlengesäurtes Gas verwandeln, indem der Sauerstoff sich mit dem Kohlenstoffe verbindet.

2. Versuch. Bringt man, durch das Quecksilber, unter die Glocke, auf einer Schaale, eine Lö-

sung von Pottasche in Wasser: so wird das entstandene kohlengesäurte Gas von der Pottasche ein-
gesaugt, und das wenige Gas, was noch übrig bleibt,
ist reines Sauerstoffgas. Folglich hat die Kohle,
während des Verbrennens, nichts verloren, sondern
einen Theil des Sauerstoffes aufgenommen. In
dem übrig gebliebenen Sauerstoffgas kann man aufs
neue Kohlen verbrennen, und dies so lange fortsetzen, bis alles Sauerstoffgas ganz aufgezehrt ist.

Das kohlengesäurte Gas, oder die sogenannte
fixe Luft, besteht demzufolge aus Sauerstoff und
aus Kohlenstoff, und beide sind, durch den Wärmestoff, in Gasgestalt verwandelt.

Wenn man Phosphor mit Sauerstoffgas verbindet: so entsteht eine starke Flamme und es entwickelt sich eine grofse Menge Wärmestoff, weil die
Phosphorsäure in trockner Gestalt erscheint, und
folglich wenig Wärmestoff in ihre Mischung aufnimmt. Bei dem Verbrennen der Kohle hingegen
entsteht keine Flamme, sondern ein blofses Glimmen,
und es entwickelt sich wenig Wärmestoff: weil die
Kohlensäure in Gasgestalt erscheint, und folglich
eine grofse Menge Wärmestoff in ihre Verbindung
aufnimmt.

Bei dem Verbrennen der Holzkohle entsteht al-
lemahl Wasser, weil die Kohle Wasserstoffgas in
ihrer Mischung enthält.

3. Versuch. Wenn man Kohlenstaub mit
schwarzer Magnesium - Halbsäure vermischt, und
über diese Mischung Kochsalzsäure abzieht: so erhält man übersaure Kochsalzsäure und kohlenge-

säurtes Gas, indem sich der Sauerstoff der Halbsäure mit dem Kohlenstoffe und mit der Kochsalzsäure verbindet, und das Magnesium ist zum Theil
hergestellt.

4. Versuch. Wenn man übersaure Kochsalzsäure über ausgeglühten Kohlenstaub digerirt: so
erhält man eine Mischung von Kochsalzsäure und
Kohlensäure, indem ein Theil des überflüssigen
Sauerstoffes der übersauren Kochsalzsäure sich mit
dem Kohlenstoffe verbindet.

5. Versuch. Wenn man rothe Quecksilber-
Halbsäure mit Kohlenstaub vermischt, dem Feuer
aussetzt: so erhält man kohlengesäurtes Gas, und
das Quecksilber verliert von seinem Gewichte und
wird hergestellt.

6. Versuch. Wenn man rothe Bleihalbsäure,
oder sogenannten Mennig, mit Kohlenstaub vermischt, dem Feuer aussetzt: so erhält man kohlengesäurtes Gas, und das Blei wird, mit einem Verluste an seinem Gewichte, hergestellt.

7. Versuch. Wenn man, in verschlossenen Gefäfsen, Salpetersäure über Kohlenstaub kochen läfst:
so wird die Salpetersäure in ihre Bestandtheile
zerlegt. Der Sauerstoff derselben verbindet sich
mit dem Kohlenstoffe, und man erhält kohlengesäurtes Gas, Salpeterstoffgas, und salpeterhalbsaures Gas.

8. Versuch. Wenn man Kohlenstaub, welcher
einige Zeit der Luft ausgesetzt gewesen ist, in verschlossenen Gefäßen dem Feuer aussetzt: so erhält
man kohlengesäurtes Gas und Wasserstoffgas, und

weiter nichts; man mag die Operation auch noch
so lange fortsetzen, und die Temperatur noch so
sehr erhöhen. Die Kohle bleibt in der Retorte zurück, und bleibt Kohle, mit allen Eigenschaften
welche dieselbe vorher hatte, außer daß sie etwas
von ihrem Gewichte verloren hat.

9. Versuch. Setzt man diese gereinigte Kohle
einige Zeit der Luft aus: so nimmt sie beinahe ihr
voriges Gewicht wiederum an, und giebt, bei einer
neuen Kalzination, abermals kohlengesäurtes Gas
und Wasserstoffgas.

Wird dieser Versuch, mit derselben Kohle, oft
nacheinander wiederholt: so bemerkt man, daß sie
bei jedem Versuche etwas von ihrem Gewichte mehr
verliert; bis dieselbe zuletzt ganz in kohlengesäurtes Gas und in Wasserstoffgas verwandelt worden ist.

Das erhaltene kohlengesäurte Gas und das erhaltene Wasserstoffgas machen, zusammen genommen, mehr als dreimal das Gewicht der Kohle aus,
welche dieselbe hervorgebracht hat. Demzufolge
hat die Kohle, während sie der Luft ausgesetzt war,
etwas aufgenommen. Und was sie aufgenommen
hat, ist Wasser, welches nachher, während der
Kalzination, in seine Bestandtheile zerlegt wird:
daher das Wasserstoffgas, und der, mit dem Kohlenstoffe verbundene, Sauerstoff des kohlengesäurten Gas.

10. Versuch. Setzt man die kalzinirte Kohle
einer vollkommen trocknen Luft aus, so erhält man
nachher kein Wasserstoffgas mehr, aber dagegen
etwas

etwas Salpeterstoffgas, welches die Kohle aus der Luft aufgenommen hat.

11. Versuch. Legt man die kalzinirte Kohle in Wasser so daſs sie die Luft gar nicht berühren kann: so erhält man nachher Wasserstoffgas in weit gröſserer Menge, als wenn die Kohle der Luft ausgesetzt worden ist.

Folglich hat, wie auch schon oben (im 12, Kapitel) bewiesen worden ist, bei einer hohen Temperatur, der Sauerstoff eine gröſsere Verwandschaft zu der Kohle, als zu dem Wasserstoffe.

Die ganz trockne und völlig wasserfreie Kohle giebt weder Wasserstoffgas noch kohlengesäurtes Gas, wie folgender Versuch beweist.

12. Versuch. Man laſse Kohlenstaub, in einem wohl zugedeckten Tiegel, den man eine halbe Stunde lang rothglühend erhält, vollkommen austrocknen. Sobald der Tiegel soweit abgekühlt ist, daſs man denselben öffnen kann, ohne befürchten zu müſsen, daſs die Kohle sich entzünde, so bringe man diesen, noch heiſsen Kohlenstaub, in eine Retorte von Porcellan. Man fülle die Retorte, bis an den Hals, ganz damit an, und drücke den Kohlenstaub, zu wiederholten malen, fest hinein. Diese Retorte lege man in einen Ofen, verbinde den Hals derselben mit dem Quecksilber Apparat, und verstärke das Feuer, solange bis die Retorte roth glüht. Man wird weiter nichts erhalten, als etwas atmosphärische Luft, welche in dem Halse der Retorte zurück-geblieben war. Von kohlengesäurten Gas und von Wasserstoffgas zeigte sich keine Spur.

K

*Dafs die Kohlensäure aus Kohlenstoff und aus
Sauerstoffe bestehe, ist, zufolge des bisher Gesagten,
unwiderleglich bewiesen. Aber nicht nur die Synthesis
der Kohlensäure, von welcher bisher gehandelt worden ist, beweist diesen Satz, sondern auch die Analysis der Kohlensäure bestätigt diese chemische
Wahrheit: denn da erhält man Sauerstoff und
Kohlenstoff, als die beiden Bestandtheile der Kohlensäure, wie folgender Versuch beweist.*

*13. Versuch. Man setze eine Mischung aus
Phosphor und kohlengesäurter Kalcherde, oder sogenannter Kreide, einer höheren Temperatur aus:
so wird sich der Sauerstoff der Kohlensäure mit
dem Phosphor verbinden; der reine Kohlenstoff
wird, in Gestalt eines schwarzen Pulvers, sich absondern, und man wird etwas phosphorgesäurte Kalcherde erhalten, so wie auch etwas reine Kalcherde;
zum Beweise, dafs sowohl der Kohlenstoff als der
Sauerstoff von der zerlegten Kohlensäure herkommt,
mit welcher die Kalcherde vorher verbunden war.*

*14. Versuch. Wenn man durch vollkommen
reines, über den Quecksilber-Apparat befindliches,
kohlengesäurtes Gas elektrische Funken gehen läfst:
so bemerkt man: 1) dafs das Gas an Umfang zunimmt 2) dafs die allmählige Zunahme des Umfanges noch lange Zeit fortdauert, nachdem man aufgehört hat zu elektrisiren 3) dafs sie endlich nach
einiger Zeit ganz aufhört, ungeachtet man fortfährt
elektrische Funken durchgehen zu lafsen, und dafs
alsdann die gänzliche Zunahme des Umfanges ungefähr den vier und zwanzigsten Theil des an-*

fänglichen Umfanges des kohlengesäurten Gas beträgt. 4) Daſs der, in dem kohlengesäurten Gas befindliche Leiter sich säuert, wenn er von Eisen ist, und daſs er auf das Quecksilber ein schwärzliches Pulver absetzt. 5) Daſs nach der Operation nicht mehr reines kohlengesäurtes Gas unter der Glocke vorhanden ist, sondern kohlengesäurtes Gas mit Wasserstoffgas vermischt, in dem Verhältniſse von 21,5 : 14.

Die Erklärung dieses Versuches ist leicht. Alle Erscheinungen kommen von dem Wasser, welches das kohlengesäurte Gas aufgelöst enthält. Das Wasser wird durch die elektrischen Funken in seine Bestandtheile zerlegt; der Sauerstoff verbindet sich mit dem Eisen, und der Wasserstoff wird in Wasserstoffgas verwandelt, welches man nachher unter der Glocke mit dem kohlengesäurten Gas vermischt findet. Zu bemerken ist, daſs es gar kein kohlengesäurtes Gas giebt, welches nicht mehr oder weniger Wasser aufgelöst enthielte.

Vermittelst des Kohlenstoffes kann man viele braune und schwarze Substanzen entfärben, und vollkommen weiſs machen. Denn die braune Farbe dieser Körper entsteht von dem ihnen beigemischten Kohlenstoffe. Mischt man nun mit diesen Körpern wohl ausgeglühtes Kohlenpulver: so vereinigt sich der in diesen Körpern enthaltene Kohlenstoff mit dem Kohlenpulver, und die Körper werden weiſs.

Dem faulen Fleische benimmt das Kohlenpulver seinen unangenehmen Geruch. Dieser Geruch entsteht von dem geschwefelten und gekohlten Was-

serstoffgas, welches sich bei der Fäulniß thierischer
Theile entwickelt. Nun verbindet sich der Schwefel
und die Kohle mit dem zugesetzten Kohlenpulver,
welches daher auch am Gewichte zunimmt. Das
vollkommen reine Wasserstoffgas hat keinen Geruch.

Auf eben diese Weise kann man verschiedenen
andern unangenehm riechenden oder schmeckenden
Körpern, vermittelst des Kohlenpulvers ihren Geschmack und Geruch benehmen. So verlieren z. B.
faules Wasser, Zwiebeln, Knoblauch, Wanzen,
und andere übelriechende Körper, durch Kohlenpulver ihren Geruch.

Wenn man kohlengesäurtes Wasser mit Kohlenpulver vermischt: so entzieht die Kohle dem
Wasser allen Kohlenstoff so vollkommen, daß das
Kalchwasser von diesem Wasser nun nicht mehr
getrübt wird.

Dem mit geschwefeltem Wasserstoffgas (Schwe-
felleberluft) geschwängerten Wasser, entzieht das
Kohlenpulver allen Schwefel, das Wasserstoffgas
geht ohne Geruch in die Luft, und das Wasser
bleibt rein zurück.

Das gekohlte Wasserstoffgas, oder die sogenannte schwere brennbare Luft, ist eine Auflösung
des Kohlenstoffes in dem Wasserstoffgas. Dieses
Gas hat einen besondern und höchst unangenehmen Geruch.

Da der Schwefel und die Kohle eine sehr große
Verwandschaft mit einander haben: so kann man,
vermittelst des Schwefels das gekohlte Wasserstoffgas zerlegen.

16) Versuch. *Wenn man in eine, mit gekohl-*
tem Wasserstoffgas angefüllte Retorte, zu Pulver
gestossenen Schwefel wirft, und die Retorte einer
höheren Temperatur aussetzt, so sublimirt sich
Schwefel mit Kohlenstoff vermischt, ein Theil des
Schwefels löst sich in dem Wasserstoffgas auf, und
man erhält geschwefeltes Wasserstoffgas.

Von allen Säuren die wir kennen, ist vielleicht
die Kohlensäure am meisten in der Natur verbrei-
tet. Mit der Kalcherde verbunden findet man sie
in der Kreite, in allen Marmorarten, und in den
Kalchsteinen. Giefst man auf die Kreite Schwefel-
säure, oder eine andre Säure, welche eine gröfsere
Verwandschaft zu der Kalcherde hat, als die Koh-
lensäure: so entsteht ein Aufbrausen, und das koh-
lengesäurte Gas entwickelt sich. Bisher hat man
noch kein Mittel entdeckt, um das kohlengesäurte
Gas zu verdichten, und dasselbe in flüfsiger Gestalt
darzustellen. Es verbindet sich mit dem Wasser
nur ungefähr zu gleichen Theilen, und die aus die-
ser Verbindung entstehende Säure ist sehr schwach.
Man erhält auch kohlengesäurtes Gas aus der wei-
nigten Gährung: dann aber enthält es etwas Alko-
hol aufgelöst.

Andere Mittel, das kohlengesäurte Gas zu er-
halten, sind: dafs man Kohle in Sauerstoffgas ver-
brenne, oder dafs man Kohlenstaub mit metallischen
Halbsäuren verbinde. Der Sauerstoff der Halb-
säure verbindet sich mit der Kohle, und macht koh-
lengesäurtes Gas, und das Metall erscheint in me-
tallischer Gestalt.

Eine wohlfeile Methode die Kohlensäure in ihre
Bestandtheile zu zerlegen, würde eine sehr wichtige
Entdeckung für die Menschheit seyn. Man würde
dadurch eine ungeheure Menge von Kohle erhalten,
welche jetzo in den verschiedenen Erden und Stei-
nen versteckt liegt. Durch eine einfache Verwandschaft läfst sich diese Zerlegung nicht mit Vortheil
bewürken. Denn der zerlegende Körper müfste wenigstens eben so viel Verwandschaft zu dem Sauerstoffe haben, das heifst, eben so brennbar seyn, als
die Kohle ist; folglich würde man, in diesem Falle,
blofs eine brennbare Materie gegen eine andere
vertauschen. Wahrscheinlich ist aber eine solche
Zerlegung, vermöge einer doppelten oder dreifachen
Verwandschaft, möglich: wenigstens bewürkt die
Natur täglich eine solche Zerlegung vor unseren
Augen, in der Vegetation der Pflanzen.　　-

　　Während der Verbindung des Sauerstoffes mit
dem Eisen und mit dem Zink, erhält man kohlengesäurtes Gas, weil diese beiden Metalle Kohlenstoff enthalten. Von dem Eisen läfst sich der Kohlenstoff niemals ganz scheiden.

　　Noch ist zu bemerken, dafs die Kohle in dem
Sauerstoffgas, in dem Wasserstoffgas, und sogar in
dem Salpeterstoffgas auflöslich ist.　　·

ZWANZIGSTES KAPITEL.
WIDERLEGUNG EINIGER EINWÜRFE.

Herr Kirwan hält dafür, die Kohle bestehe aus
Wasserstoffgas und aus fixer Luft. Er beweist die-

ses: 3) *durch einen schönen Versuch des Hrn.*
Hermbstädt. *Man fülle eine gebogene, irdene Röh-*
re mit zerriebenem Braunstein, oder schwarzer Mag-
nesium-Halbsäure an, und mache diese Röhre, ver-
mittelst um dieselbe gelegter Kohlen, glühend. An
das eine Ende derselben bevestige man, eine andere
Röhre, welche in ein mit Wasser angefülltes Ge-
fäfs geht. An dem andern Ende der irdenen Röh-
re bevestige man eine mit fixer Luft angefüllte
Blase. Diese fixe Luft wird durch den glühenden
Braunstein geleitet und unter den pneumatischen
Apparat übergetrieben. Nach geendigter Operation
findet man mehr Gas als vorher, weil das kohlenge-
säurte Gas sich mit Sauerstoffgas aus dem Braun-
steine verbindet, und mit demselben vermischt
übergeht.

Bei Wiederholung dieses Versuches, trieb Hr.
Hermbstädt erst alles Sauerstoffgas aus dem Braun-
steine aus. Dann füllte er eine irdene Röhre mit
diesem Braunsteine an, und bevestigte an jedes
Ende der Röhre eine Blase, wovon die eine leer,
die andere aber mit fixer Luft angefüllt war. Nun
trieb er die fixe Luft, durch den glühenden Braun-
stein, wechselsweise aus einer Blase in die andere, und
wiederholte dieses acht mal. Nachher fand er den
Umfang der Luft vermindert, und ein Licht brann-
te nunmehr in derselben Kalchwasser saugte den
vierten Theil derselben ein, und der Rückstand war
schlechter als gemeine Luft.

Die Erklärung dieses zweiten Versuches ist
leicht. Der Braunstein gab, zu Anfange der Ope-

ration, noch eine geringe Menge Sauerstoff von
sich, und nahm nachher eine beträchtliche Menge
kohlengesäurtes Gas auf. Eine Zerlegung der fixen
Luft ist hier gar nicht vorgegangen: folglich beweist dieser Versuch für Hrn. Kirwans Meinung
gar nichts, Aber folgender Versuch zeigt unwiderleglich, daſs das kohlengesäurte Gas nicht aus Wasserstoffgas und Sauerstoffgas bestehe, wie H. Kirwan annimmt.

Versuch. In eine kleine Flasche wurde etwas
Eisenfeile gethan, und nachher ein wenig mit Wasser verdünnte Schwefelsäure darüber gegossen. Sobald das sogenannte reine Phlogiston, oder das
Wasserstoffgas, anfieng sich zu entwickeln, wurde
die Oefnung der Flasche, durch einen Stöpsel, in
welchem eine krumme Glasröhre befestigt war, verschlossen. Das Wasserstoffgas, welches aus der
Röhre kam, wurde, entzündet und brennend, unter
eine groſse, mit Sauerstoffgas angefüllte Glocke ge-
lafsen, die auf Kalchwasser stand. Das Wasserstoffgas brannte nun unter der Glocke, mit einer
gröſseren und hellern Flamme; das Sauerstoffgas
nahm allmählig ab, und das Kalchwasser stieg unter der Glocke in die Höhe. Endlich hörte das
Wasserstoffgas auf zu brennen, und die Glocke
war beinahe ganz mit Kalchwasser angefüllt: aber
das Kalchwasser blieb ganz durchsichtig, und es
sel auch nicht das geringste von der Kalcherde zu
Boden. Folglich war, durch die Verbindung der
brennbaren Luft mit der Lebensluft, keine fixe
Luft entstanden; und folglich besteht die fixe Luft

nicht aus brennbarer Luft und aus Lebensluft, wie Hr. Kirwan vormals behauptete: denn zu seiner Ehre muſs ich sagen, daſs er, aus philosophischer Wahrheitsliebe, diese Hypothese nunmehr aufgegeben, und die aniphlogistische Theorie angenommen hat.

Hr. Priestley hat eine andere Meinung. Er behauptet: die fixe Luft mache einen Bestandtheil der Atmosphäre aus, und der andere Bestandtheil sei die Lebensluft. Ferner behauptet er: daſs so oft man Phlogiston mit der Lebensluft verbinde, so oft entstehe Luftsäure, welche sich niederschlage, und daher nehme die Luft alsdann am Umfange ab. Folgender Versuch beweist unwiderleglich, daſs auch diese Meinung ungegründet ist.

Versuch. Eine gläserne Glocke wurde mit Kalchwasser angefüllt und über Kalchwasser gesetzt. Nachher lieſs man, durch das Kalchwasser, Sauerstoffgas unter die Glocke gehen, solange bis dieselbe ganz angefüllt war. Dann lieſs man salpeterhalbsaures Gas, oder sogenannte Salpeterluft, unter die Glocke, welche nach der Meinung der Phlogistiker, eine mit Phlogiston überladene Salpetersaure ist. Es entstand Salpetersäure, weil, wie Hr. Priestley annimmt, das Phlogiston die Salpetersäure verlieſs und sich mit der Lebenluft verband. Aber das Kalchwasser wurde nicht im mindesten getrübt: es entstand keine fixe Luft: und demzufolge besteht die fixe Luft, oder das kohlengesäurte Gas, nicht aus Lebensluft und Phlogiston.

EIN UND ZWANZIGSTES KAPITEL.

VON DEM DEMANT.

*Unter die einfachen Körper gehört auch der De-
mant. Er zeigt, in allen bisher angestellten Versuchen, die gröfste Aehnlichkeit mit dem Kohlenstoffe, er ist vielleicht ganz reiner Kohlenstoff: denn
wenn man ihn, in verschlossenen und mit Sauerstoffgas angefüllten Gefäfsen, verbrennt; so wird
er ganz in kohlengesäurtes Gas verwandelt. Er
verbrennt wirklich: denn er nimmt am Gewichte
zu, und das Sauerstoffgas wird absorbirt. Versuche haben gezeigt, dafs wenn man den Demant
ganz mit Kohlenpulver umgiebt, derselbe alsdann
nicht verbrennt. Auch verbrennt er nicht ohne den
den Beitritt der Luft. Macquer sah, im Jahr 1771,
den Demant, in seinem Kapellenofen, mit einer
leichten glimmenden Flamme verbrennen. Dieser
Versuch ist seither oft wiederholt worden, vorzüglich im Jahre 1775, von Bucquet.*

*Der Demant bricht das Licht beinahe drei mal
so stark, als er, vermöge seiner Dichtigkeit, thun
sollte. Diese Eigenschaft kommt blofs allein den
durchsichtigen, verbrennlichen Körpern zu. Daher
vermuthete auch schon Newton, a priori, dafs der
Demant ein verbrennlicher Körper seye, und diese
Vermuthung ist nunmehr, durch neuere Versuche,
zu einer unwiderleglichen Wahrheit geworden.*

*Der Demant ist der härteste und der durch-
sichtigste Körper in der Natur.*

ZWEI UND ZWANZIGSTES KAPITEL.

ALGEMEINE BETRACHTUNGEN ÜBER DIE SÄURUNG DES SCHWEFELS, DES PHOSPHORS UND DER KOHLE.

Aus den bisher beschriebenen Versuchen folgt:

Erstens. Daſs die sogenannten brennbaren, oder verbrennlichen Körper, während des Verbrennens am Gewichte zunehmen, und daſs sie, zu gleicher Zeit, sowohl den Umfang als das specifische und absolute Gewicht der Luft, in welcher sie verbrannt werden, vermindern.

Zweitens. Daſs die Zunahme des Gewichts des verbrannten Körpers vollkommen gleich sey, dem Verluste, welchen die Luft an ihrem Gewichte erlitten hat.

Drittens.. Da es eine unumstöſslich erwiesene Wahrheit ist, daſs kein Körper am Gewichte zunehmen kann, wenn nicht seine Maſse vermehrt wird, und daſs das Gewicht keines Körpers abnehmen kann, solange derselbe nicht von seiner Maſse verliert: so folgt auch, daſs der verbrannte Körper, während des Verbrennens, etwas aufgenommen, und daſs hingegen die Luft etwas verloren haben müſse.

Viertens folgt aus diesen Versuchen: daſs die verbrannten Körper durch das Verbrennen die Eigenschaften von Säuren angenommen haben.

Fünftens. Daſs die, durch das Verbrennen entstandene Säuren, schwerer sind als die Körper aus denen dieselben entstehen.

Da diese fünf Sätze unmittelbar aus den Versuchen selbst hergeleitet sind; so folgt ferner, wenn
man logisch richtig schließt, und sich nicht durch
angenomme Vorurtheile die Urtheilskraft selbst ver-
wirrt, daß:

Erstens. Die Stahlianische Meinung von dem
Verbrennen der Körper sowohl den Versuchen, als
der gesunden Vernunft selbst widerspreche: denn es
ist, zufolge der erzählten Versuche, schlechterdings
unmöglich, daß jene Körper, die mit dem Phlogiston verbundene Säure. schon vor dem Verbrennen,
enthalten haben sollen, und es widerspricht der gesunden Vernunft, wenn die Stahlianer behaupten,
der Körper verliere, während des Verbrennens, einen seiner Bestandtheile, das Phlogiston, da er
doch beträchtlich am Gewichte zunimmt. Diese
Zunahme des Gewichtes muß nothwendig eine Ursache haben.

Zweitens, daß die Schwefelsäure, die Phosphorsäure und die Kohlensäure aus zwei verschiedenen
Grundstoffen bestehen, wovon der eine, der Sauerstoff allen gemein ist, und während des Verbrennens sich mit dem verbrannten Körper vereinigt hat.

Drittens. Daß die Lebensluft ein zusammengesetzter Körper seye, welcher aus Sauerstoff und aus
Wärmestoff besteht,

Viertens. Daß der Schwefel, der Phosphor
und die reine Kohle einfache Körper seyen, deren
Verbrennen darin besteht, daß sie dem Sauerstoffgas den Sauerstoff entziehen, und den Wärmestoff

frei machen, welcher durch die Luft in andere Körper übergeht; daher dann die Flamme und die Wärme entsteht.

Fünftens. *Daſs der Schwefel, der Phosphor und die reine Kohle während des Verbrennens keinen ihrer Bestandtheile verlieren, sondern daſs sich noch ein neuer Bestandtheil, der Sauerstoff, mit ihnen vereinige.*

Sechstens. *Daſs demzufolge die Lehre von dem Phlogiston eine Hypothese ist, welche der Vernunft sowohl als der Erfahrung widerspricht: und daſs es gar kein Phlogiston in der Natur geben kann, wenn die Newtonsche Lehre von der Attraktion und von der Schwere wahr ist; denn mit dieser Lehre steht die Lehre vom Phlogiston im offenbaren Widerspruche.*

Siebentens. *Daſs man, ohne die Hypothese vom Phlogiston anzunehmen, alle Erscheinungen sehr leicht erklären kann, und daſs demzufolge diese Hypothese nicht nur ungegründet, sondern auch überflüſsig ist.*

DREI UND ZWANZIGSTES KAPITEL.

VON DER SALPETERSÄURE.

Man erhält die Salpetersäure aus dem Salpeter. Den Salpeter erhält man, durch Auslaugung der Erde alter Gebäude, Keller, Ställe, Scheunen, u. s. w. Die Salpetersäure ist in dieser Erde gemeiniglich mit Kalcherde, Bittererde, Pottasche, und zuweilen

auch mit *Alaunerde* verbunden. *Alle diese Mittelsalze, ausgenommen die salpetergesäurte Pottasche, oder der sogenannte Salpeter, ziehen die
Feuchtigkeit aus der Luft an.*

Die *Erde*, welche den *Salpeter* enthält, wird
ausgelaugt. *Die Lauge wird mit Pottasche gemischt, mit welcher die Salpetersäure eine gröfsere
Verwandschaft hat, als mit den übrigen, in der
Erde enthaltenen Substanzen, mit denen sie verbunden ist. Daher werden diese niedergeschlagen,
und man erhält Salpeter.*

*Aus dem Salpeter erhält man die Salpetersäure,
indem man, aus einer tubulirten Retorte, drei Theile
reinen Salpeter mit einem Theile konzentrirter
Schwefelsäure destillirt. Mit der Vorlage wird der
verbesserte* Woulfische *Apparat verbunden, um die
sich entwickelnden Gasarten aufzufangen. Die Salpetersäure geht in röthen Dämpfen über, weil sie
mit salpeterhalbsaurem, mit dem Sauerstoffe nicht
gesättigtem Gas, überladen ist. Zugleich entwickelt
sich eine grofse Menge Sauerstoffgas, weil, bei einer höheren Temperatur, der Sauerstoff eine gröfsere Verwandtschaft zu dem Wärmestoffe hat, als
zu der Salpeterstoff-Halbsäure, da hingegen
bei der gewöhnlichen Temperatur der Atmosphäre
das Gegentheil statt findet. Ein Theil des Sauerstoffs verläfst die Salpetersäure und dadurch wird
dieselbe in eine Halbsäure, in salpeterhalbsaures
Gas verwandelt. Dieses halbsaure Gas wird wiederum zur Salpetersäure, wenn es allmählig erwärmt wird: aber man verliert alsdann eine grofse*

Menge von Salpetersäure, und behält weiter nichts, als eine mit vielem Wasser vermischte Säure zurück.

Eine wasserfreie Salpetersäure, und mit weniger Verlust erhält man, wenn man eine Mischung aus Salpeter und trocknem, zu Pulver geriebenem Thon, aus einer irdenen Retorte destillirt. Der Thon verbindet sich mit der Pottasche, mit welcher er eine sehr grofse Verwandschaft hat, und es geht eine nur wenig rauchende, das heifst, nur mit wenigem halbsauren Gas, vermischte, Salpetersäure in die Vorlage über. Dieses wenige halbsaure Gas kann man leicht von der Säure trennen, wenn man sie, aus einer Retorte, bei gelindem Feuer destillirt. Man erhält alsdann das halbsaure Gas in der Vorlage, und die Salpetersäure bleibt in der Retorte zurück.

Das salpeterhalbsaure Gas besteht aus 32 Theilen Salpeterstoff, und aus 68 Theilen Sauerstoff. Die Salpetersäure besteht aus 20,5 Theilen Salpeterstoff und aus 79,5 Theilen Sauerstoff. Zwischen dem salpeterhalbsauren Gas und der Salpetersäure, giebt es sehr viele Zwischengrade Säure, je nachdem der Salpeterstoff mehr oder weniger mit dem Sauerstoffe gesättigt ist.

Ist der Salpeter, aus welchem man die Salpetersäure destillirt, nicht ganz rein, so ist oft die erhaltene Salpetersäure mit etwas Schwefelsäure vermischt. Um diese davon zu trennen, setzt man der erhaltenen Salpetersäure einige Tropfen von einer Lösung der salpetergesäurten Schwererde in

*Wasser zu. Die Schwefelsäure verbindet sich mit
der Schwererde, und macht mit derselben ein unauflösliches Mittelsalz, welches zu Boden fällt.
Eben so leicht kann man auch die Kochsalzsäure
von der Salpetersäure trennen, wenn man derselben einige Tropfen von einer Lösung des salpetergesäurten Silbers zusetzt. Die mit der Salpetersäure vermischte Kochsalzsäure verbindet sich mit
dem Silber, und fällt, als ein unauflösliches, kochsalzgesäurtes Silber zu Boden. Nachdem diese beiden Niederschlagungen geschehen sind, destillirt
man die Salpetersäure, solange bis ungefähr sieben achtel der Säure in die Vorlage übergegangen
sind. Dann ist man gewiſs; daſs man eine ganz
reine Salpetersäure besitzt.*

*Die Salpetersäure läſst sich sehr leicht zerle-
gen. Jeder einfache und unzerlegte Körper (der
Demant, das Gold, das Silber, und das Platinum
ausgenommen) raubt ihr einen Theil ihres Sauerstoffes, und einige von diesen Körpern zerlegen
sie ganz.*

*Die spezifische Schwere der Salpetersäure ist
= 1,4043. Sie friert bei 191°. Fahr. Bei dem Gefrieren sieht sie zuerst auf der Oberfläche weiſs
aus, dann zieht sich die Säure zusammen, und die
Oberfläche sinkt in der Mitte. Die gefrorne Salpetersäure fällt in der flüſsigen zu Boden. Die mit
Wasser vermischte Salpetersäure friert bei — 5° Fahr.
Mischt man Schnee mit der Salpetersäure, so wird
die Mischung erst gelb, dann grün, dann blau,
und wenn sie langsam friert, so ist auch das Eis*

blau. Wenn man die Salpetersäure mit Schnee
vermischt, so entwickelt sich Wärmestoff, solange
bis die Mischung bis zu dem Gefrierpunkt der Säure
erkaltet ist, dann verursacht mehr zugemischter
Schnee sogleich Kälte.

Reine Salpetersäure hat eine weiße Farbe, sie
wird aber leicht gelb, oder roth, und dampfend.
Bei der Wärme verflüchtigt sie sich in rothen
Dämpfen. Die rothe Salpetersäure verbindet sich
leicht mit dem Wasser; es entsteht Wärme, und
die Mischung ist blau oder grün.

Die Salpetersäure verbindet sich mit der Kohlensäure. Auch mit der Kochsalzsäure, und aus
dieser leztern Verbindung entsteht die salpetersaure
Kochsalzsäure, oder diejenige Säure, welcher man den
höchst komischen Namen Königswasser gegeben hat.

Die salpetersaure Kochsalzsäure hat einen besondern Geruch und eine orangengelbe Farbe. An
der Sonne entwickelt sich aus derselben Sauerstoffgas, und bei einer höheren Temperatur übersaure
Kochsalzsäure. Wenn man sie mit Wasser mischt,
so entwickelt sich Wärmestoff.

Die salpetersaure Kochsalzsäure verbindet sich
mit den Erden und den Alkalien, und macht mit
denselben gemischte Mittelsalze. Man bereitet diese
Säure auf folgende Weise.

Man gieße Salpetersäure auf Kochsalzsäure.
Die Mischung wird warm und gefärbt; es entsteht
ein Aufbrausen, und es entwickelt sich übersaures
kochsalzgesäurtes Gas. Was zurück bleibt ist übersaure Kochsalzsäure mit dem salpetersauren ver-

L

bunden, oder die salpetersaure Kochsalzsäure. Die
Salpetersäure wird zerlegt. Ein grofser Theil ihres
Sauerstoffs verbindet sich mit der Kochsalzsäure,
und die Salpetersäure wird in Salpetersaures, vielleicht in Salpeterhalbsaures verwandelt. Darum
kann man Kochsalzsäure durch die Beimischung einer sehr geringen Menge von Salpetersäure, in Königswasser verwandeln. Destillirt man die salpetersaure Kochsalzsäure, so erhält man weiter nichts
als Kochsalzsäure: eben dies geschieht auch, wenn
man salpetersaures kochsalzgesäurtes Gold destillirt.

Bei chemischen Versuchen mit der salpetersauren Kochsalzsäure ist es höchst nothwendig anzuge-
ben, vieviel Salpetersäure, und wieviel Kochsalzsäure, in der Mischung enthalten gewesen seie.

Die meisten verbrennlichen Körper haben eine grössere Verwandschaft zu dem Sauerstoffe als der Salpeterstoff: daher zerlegen diese Körper die Salpetersäure, indem sie sich mit ihrem Sauerstoffe verbinden.

Die Salpetersäure besteht aus Sauerstoff und
aus Salpeterstoff. Dies beweist sowohl ihre Analysis als ihre Synthesis.

Analysis der Salpetersäure.

1. Versuch. Wenn man, in verschlofsenen Gefäfsen, oder unter Wasser, Salpeter mit Kohlenstaub vermischt entzündet und verpuffen läfst: so
erhält man kohlengesäurtes Gas, Salpeterstoffgas und
Pottasche. Der Sauerstoff der Salpetersäure vereinigt sich mit dem Kohlenstoffe und dem Wärmestoffe zum kohlengesäurten Gas, der Salpeterstoff
vereinigt sich mit dem Wärmestoffe zum Salpeter-

stoffgas, und die Pottasche wird frei, und bleibt
zurück in der Retorte,

2. Versuch. *Man setze reinen Salpeter, in ei-*
ner Retorte, einer höhern Temperatur aus: so wird
man Sauerstoffgas und nachher Salpeterstoffgas er-
halten, und in der Retorte wird die Pottasche rein
zurück bleiben.

3. Versuch. *Läfst man die Dämpfe der Sal-*
petersäure, oder salpetergesäurtes Gas durch eine
glühende irdene oder gläserne Röhre gehen: so er-
hält man Sauerstoffgas, Salpeterstoffgas, und sal-
peterhalbsaures Gas.

4. Versuch. *Man löse in einer Retorte, über*
dem Feuer, Quecksilber in Salpetersäure auf; man
verstärke das Feuer, solange bis alles Flüfsige über-
gegangen ist, und in der Retorte weiter nichts als
die rothe Quecksilber-Halbsäure zurück bleibt: so
wird man finden: 1) dafs das Quecksilber genau so-
viel am Gewichte zugenommen hat, als es zunimmt
wenn es in dem Sauerstoffgas gesäuert wird.
2) Dafs salpeterhalbsaures Gas, oder eine ihres Sauer-
stoffs zum Theil beraubte Salpetersäure, in die Vor-
lage übergeht. 3) Dafs endlich, wenn man die Opera-
tion solange fortsetzt, bis das Queksilber wiederum her-
gestellt ist, man aus demselben eben so viel Sauerstoff
wieder erhält als die Salpetersäure verloren hatte.

Das salpeterhalbsaure Gas hat folgende Eigen-
schaften:

1) *Wenn es rein ist: so hat es weder Geruch,*
noch Geschmack, noch Farbe, und wird auch in der
gröfsten Kälte nicht flüfsig.

L 2

2) *Ein Kubikzoll dieses Gas wiegt* = 0,5469 *Gran.*

3) *Brennende Körper löschen in demselben aus, und die Thiere können darin nicht Athem holen.*

4) *Es mischt sich nur schwer mit dem Wasser.*

5) *Wenn es mit dem Sauerstoffgas in Berührung gebracht wird: so entwickelt sich Wärmestoff und es entsteht flüsige Salpetersäure, wobei sich rothe Dämpfe zeigen, und sich sehr viel Wärmestoff entwickelt.*

6) *Wird es mit Körpern in Berührung gebracht, mit denen der Sauerstoff eine gröfsere Verwandschaft hat als mit dem Salpeterstoffe: so vereinigen sich diese mit dem Sauerstoffe, und es bleibt Salpeterstoffgas zurück.*

7) *Wasserstoffgas brennt, wenn es mit salpeterhalbsaurem Gas vermischt ist, mit einer grünen Farbe.*

8) *Es verbindet sich mit dem Alkohol, mit der Schwefelnaphtha und mit der Kohle.*

9) *Es verdickt das Baumöl und das Terpentinöl.*

10) *Wenn das salpeterhalbsaure Gas, in hermetisch verschlossenen Röhren, einer höheren Temperatur ausgesetzt wird, so bleibt dasselbe unverändert.*

11) *Mit allen Säuren vereinigt sich dieses Gas. Die Schwefelsäure wird dunkelroth; die Salpetersäure wird schwächer, rauchend, und dunkler an Farbe. Essig wird dunkelroth. Aber die Kochsalzsäure bleibt unverändert.*

Es gehören 16 Theile atmosphärische Luft, und vier Theile Sauerstoffgas dazu, um 74 Theile sal-

peterhalbsaures Gas in Salpetersäure zu verwandeln. Die Vereinigung des Sauerstoffes mit dem salpeterhalbsauren Gas ist ein wirkliches Verbrennen: der Sauerstoff verbindet sich mit dem Gas und der Wärmestoff wird frei.

Auf dieser Eigenschaft des salpeterhalbsauren Gas beruht der Eudiometer, oder dasjenige Instrument, mit welchem man die Güte der Luft prüft, und untersucht, wie viel Sauerstoff in derselben enthalten seie, folglich in wie ferne sie zum Athemholen tauge.

Indessen hat doch die Anwendung dieses Eudiometers einige Schwierigkeiten, welche seinen Gebrauch weniger allgemein gemacht haben, als er außerdem seyn würde. Man ist daher auf Mittel bedacht gewesen, eine andere Art von Eudiometer zu erfinden, um die Güte der Luft zu prüfen. Verschiedene sind vorgeschlagen worden, unter denen die Lösung der geschwefelten Pottasche in Wasser (Schwefelleberauflösung) eines der besten zu seyn scheint.

Wenn man salpeterhalbsaures Gas mit der durchsichtigen und weißen Salpetersäure vermischt, so wird die Säure roth und dampfend; sie wird in Salpetersaures verwandelt. So hat man denn in diesem Versuche einen neuen Beweis, daß das salpetersaure Gas, oder das rothe und dampfende Salpetersaure, von der durchsichtigen und weißen Salpetersäure nur in so ferne verschieden sey, als jenes weniger Sauerstoff enthält denn diese. Auch der folgende Versuch beweist diese Wahrheit.

5. Versuch. Man fülle eine gläserne Flasche

mit durchsichtiger Salpetersäure an, und setze dieselbe an die Sonne. Mit der Ofnung derselben verbinde man eine krumme, gläserne Röhre, welche
unter den Quecksilber-Apparat geht. Nach einigen
Tagen entwickelt sich eine große Menge Sauerstoffgas, und die Säure wird gelblich.

6. Versuch. Setzt man, auf eben diese Weise,
die Salpetersäure der Wärme aus, ohne daß das
Licht Einfluß auf die Säure haben kann; so erhält
man weiter nichts als Dämpfe, der in Gas verwandelten, verflüchtigten Salpetersäure.

7. Versuch. Wenn man auf eben diese Weise,
das Salpetersaure, oder die roth gefärbte Salpetersäure, einer höhern Temperatur aussetzt; so erhält
man salpeterhalbsaures Gas, und ein wenig salpetersaures Gas. In der Flasche bleibt durchsichtige
Salpetersäure zurück.

Das Salpetersaure, oder die sogenannte rothe
Salpetersäure, verliert seine rothe Farbe, wenn man
etwas salpeterhalbsaures Gas, oder etwas Sauerstoffgas, in dasselbe gehen läßt.

Vermittelst aller Metalle, Gold und Platinum
ausgenommen, kann man die Salpetersäure zerlegen. Das Metall raubt der Salpetersäure einen
Theil ihres Sauerstoffs, und verbindet sich mit demselben zu einer Halbsäure; daher entwickelt sich
während der Auflösung salpeterhalbsaures Gas.
Nachher wird das gesäurte Metall in der übrigen
Säure aufgelöst.

8. Versuch. Man vermische Zinnfeile, in einer
Retorte, mit Salpeter, verbinde die Retorte mit dem

Quecksilber-Apparat, und setze dieselbe einer höheren Temperatur aus. Der Salpeter verpuft, und das Zinn säuert sich, mit einer glänzenden Flamme. Man erhält Salpeterstoffgas, mit etwas Sauerstoffgas vermischt.

Die weiße Zinnhalbsäure und die weiße Spiesglanzhalbsäure lösen sich beide in der Salpetersäure nicht auf.

9. Versuch. *Man gieße über Eisenfeile etwas Salpetersäure, so wird das Eisen die Säure sowohl als das mit derselben vermischte Wasser zerlegen, das Eisen wird sich mit dem Sauerstoffe verbinden, in eine schwarze Eisenhalbsäure verwandelt werden, und am Gewichte um 0,30 bis 0,35 zunehmen. Während des Versuches erhält man salpeterhalbsaures Gas mit Wasserstoffgas vermischt.*

10. Versuch. *Wenn man Eisenfeile in Salpetersäure, welche soviel als möglich wasserfrei ist, auflöst, so erhält man kein Wasserstoffgas, sondern blofs allein salpeterhalbsaures Gas. Die schwarze Eisenhalbsäure, welche in diesem Versuche entsteht, wird von demjenigen Theil der Salpetersäure, welcher nicht zerlegt worden ist, aufgelöst, und man erhält salpetergesäurtes Eisen.*

11. Versuch. *Löst man Eisen in wasserfreier Salpetersäure bei einer höheren Temperatur auf; so säuert sich das Eisen viel stärker, und wird in eine gelbe Eisenhalbsäure verwandelt. Wenn man eine Lösung von Pottasche in Wasser dieser Auflösung des Eisens zusetzt, so fällt die gelbe Eisenhalbsäure zu Boden, und das Eisen hat um 0,40 bis 0,50 am Gewichte zugenommen.*

12. Versuch. *Wenn man Eisen in wasserfreier Salpetersäure, bei einer höheren Temperatur auflöst, und alle Säure, durch verstärktes Feuer, gänzlich davon treibt; so wird die Salpetersäure ganz zerlegt. Man erhält Salpeterstoffgas, wie Hr,* Milner *sehr schön gezeigt hat, und das Eisen bleibt, in Gestalt einer rothen Eisenhalbsäure zurück, welche in Säuren nicht auflöslich ist.*

13. Versuch. *Wenn man, in verschlossenen Gefäsen, Salpetersäure über Schwefel destillirt, so wird die Salpetersäure zerlegt, es geht salpeterhalbsaures Gas in die Vorlage über, und der Schwefel wird, durch seine Verbindung mit dem Sauerstoffe, zur Schwefelsäure.*

Auch mit dem Phosphor hat der Sauerstoff, bei einer höheren Temperatur, eine gröfsere Verwandschaft als mit dem Salpeterstoffe. Man kann daher die Salpetersäure auch durch Phosphor zerlegen, und man erhält alsdann salpeterhalbsaures Gas und Phosphorsäure.

14. Versuch. *Man verbinde eine kleine Retorte auf das allergenaueste mit einem Flintenlaufe, dessen anderes Ende unter den Quecksilberapparat geht. Die Retorte setze man in einen Ofen, und den Flintenlauf erhalte man, durch darum gelegte Kohlen, in einer Länge von zwei Schuhen glühend. In die Retorte werfe man gefeiltes Kupfer, giefse über das Kupfer Salpetersäure, und bringe die Säure zum Kochen. Das Kupfer wird sich säuren, indem es die Salpetersäure zerlegt, und das salpeterhalbsaure Gas wird durch den Flintenlauf durch-*

gehen, und sich gröfstentheils in Salpeterstoffgas verwandeln, indem sich noch ein Theil seines Sauerstoffes mit dem glühenden Flintenlaufe verbindet.

15. Versuch. Wenn man salpeterhalbsaures Gas durch eine glühend gemachte gläserne Röhre durchgehen läfst; so wird dieses Gas nicht im mindesten verändert.

Man mag also die Salpetersäure zerlegen wie man will; so erhält man jederzeit Salpeterstoff und Sauerstoff. Es ist demzufolge bewiesen, dafs die Salpetersäure aus diesen beiden Bestandtheilen besteht. Aber auch die Synthesis beweist dieses: sie zeigt, dafs man Salpetersäure erhält, wenn man den Salpeterstoff mit dem Sauerstoffe verbindet.

Synthesis der Salpetersäure.

16. Versuch. Unter eine, auf dem Quecksilber- oder Wasser-Apparat stehende, und mit salpeterhalbsaurem Gas angefüllte Glocke, lafse man Sauerstoffgas gehen. In dem Augenblicke, in welchem die beiden Gasarten sich berühren, entstehen rothe Dämpfe, beide Gasarten verdichten sich und machen zusammen Salpetersäure; dabei wird etwas Wärmestoff frei. Folglich fehlt dem salpeterhalbsauren Gas weiter nichts als etwas Sauerstoff, um sich in Salpetersäure zu verwandeln.

17. Versuch. Wenn man eine Mischung von Sauerstoffgas, Wasserstoffgas und Salpeterstoffgas einer höheren Temperatur aussetzt, so entsteht schwache Salpetersäure, indem sich der Sauerstoff sowohl mit dem Wasserstoffe als mit dem Salpeterstoffe verbindet, mit dem ersten Wasser, und

mit dem zweiten Salpetersäure, folglich eine Mischung von Salpetersäure und Wasser macht.

18. Versuch. Durch eine Mischung von Sauerstoffgas und Salpeterstoffgas lasse man elektrische Funken wiederholt durchgehen; so wird man Salpetersäure erhalten; und wenn eine Lösung von Pottasche in dem Gefäße befindlich ist: so wird man diese in salpetergesäurte Pottasche verwandelt finden

Einige Methoden das Salpeterstoffgas rein zu erhalten sind schon oben angegeben worden. Ausserdem erhält man dieses Gas auch: 1) wenn man thierische Theile, bei einer niedrigen Temperatur, in schwacher Salpetersäure auflöst. Der Salpeterstoff geht unter der Gestalt von Salpeterstoffgas unter den pneumatischen Apparat. 2) erhält man dieses Gas, wenn man Salpeter mit Kohlen verpuffen läßt. In diesem Falle ist aber dasselbe mit kohlengesäurtem Gas vermischt. Dieses kann man nachher, durch eine Lösung von Pottasche, davon trennen, und auf diese Weise das Salpeterstoffgas rein erhalten. 3) Erhält man das Salpeterstoffgas auch aus der Verbindung des Ammoniaks mit metallischen Halbsäuren. Der Wasserstoff des Ammoniaks verbindet sich mit dem Sauerstoffe der Halbsäure; es entsteht Wasser, das Metall wird hergestellt, und der Salpeterstoff des Ammoniaks wird frei. 4) Endlich erhält man auch das Salpeterstoffgas äußerst rein, wenn man die Schwimmblase der Fische, vorzüglich der Karpfen, unter Wasser durchsticht. Diese Blase ist mit reinem Salpeterstoffgas angefüllt.

VIER UND ZWANZIGSTES KAPITEL.

VON DEM KNALLEN UND DEM VERPUFFEN DER KÖRPER.

Wenn man eine Mischung von trocknem Kohlen-pulver und Salpeter einer höheren Temperatur aus-setzt, so entzündet sich die Mischung augenblicklick, mit mehr oder weniger Geräusch. Dieses Geräusch entsteht durch das plötzliche Freiwerden einer grofsen Menge von Wärmestoff. Wird die Mischung an-gefeuchtet, so entsteht kein Verpuffen, denn der frei gewordene Wärmestoff verbindet sich sogleich mit dem Wasser, und verwandelt dasselbe in Gas.

Das Schiefspulver ist der allerverbrennlichste Körper den es giebt. Es besteht aus einer Mischung von Kohle, Salpeter und Schwefel. Die anziehende Kraft, welche diese Mischung zu dem Sauerstoffe, bei einer höheren Temperatur hat, ist so grofs, dafs die Säurung in einem Augenblicke geschieht, wo-durch eine grofse Menge Wärmestoff plötzlich frei wird, welcher die umgebende Luft plötzlich und mit grofser Gewalt ausdehnt, und alle widerstehenden Körper gewaltsam auf die Seite wirft. Wenn man mit Wasser angefeuchtetes Schiefspulver in ver-schlofsenen Gefäfsen entzündet, so erhält man eine Mischung von kohlengesäurtem Gas, Salpeterstoff-gas, und salpeterhalbsaurem Gas. Diese beiden er-sten Gasarten entstehen durch die Zerlegung der Salpetersäure vermittelst der Kohlen; das letzte hingegen vermöge des Schwefels, welcher die Salpe-

tersäure eines Theils ihres Sauerstoffes beraubt und
sich in Schwefelsäure verwandelt hat. Das Knallen
des Schiefspulvers ist der plötzlichen Entwicklung
dieser Gasarten zuzuschreiben. In der Retorte
bleibt schwefelgesäurte Pottasche zurück; nemlich
die Pottasche des Salpeters, verbunden mit der neu
entstandenen Schwefelsäure.

Man kann auch Schiefspulver ohne Schwefel
verfertigen, aber es hat alsdann weniger Gewalt:
denn indem der Schwefel sich säuert verbindet sich
derselbe zugleich mit der Pottasche, und folglich
wird das kohlengesäurte Gas frei, welches sich sonst
mit der Pottasche verbindet, wenn dem Schiefspulver kein Schwefel zugemischt wird. Der Schwefel
dient also, indem er das Entstehen der Gasarten
befördert, da er das salpeterhalbsaure Gas hervorbringt, und die Einsaugung des kohlengesäurten
Gas verhindert. Überdiefs befördert der Schwefel
die Entzündung, indem er sich bei einer weit geringeren Temperatur säuert als die Kohle.

Indem sich der Sauerstoff mit den Körpern
verbindet, verbindet sich zugleich auch mehr oder
weniger Wärmestoff mit denselben. Aller Wärmestoff des Sauerstoffgas wird nicht frei. In der
trocknen Phosphorsäure verbindet sich nur wenig
Wärmestoff mit dem Phosphor, wie schon die feste
Gestalt dieser Säure beweist. In den flüfsigen
Säuren ist mehr Wärmestoff enthalten, und in den
elastischen Säuren, wie z. B. in dem kohlengesäurten Gas, ist Wärmestoff in grofser Menge. In einigen Körpern scheint der Wärmestoff zusammen-

geprefst, kondensirt zu seyn, wie z. B. in den salpetergesäurten, und noch mehr in den übersauren
kochsalzgesäurten Salzen. Eine geringe Kraft ist
'hinreichend um dieses Gas los zu machen, und der
plötzliche Übergang des Wärmestoffes aus dem
gebundenen, in den freien elastischen Zustand,
ist die Ursache des Verpuffens und des Knallens.

FÜNF UND ZWANZIGSTES
KAPITEL.

OB DAS SALPETERSTOFFGAS PHLOGISTON ENTHALTE?

Die Stahlianer behaupten, das Salpeterstoffgas
enthalte Phlogiston. Da sich aber, wie sie selbst
zugeben müfsen, die Gegenwart des Phlogistons in
diesem Gas durch keinen Versuch beweisen läfst:
so schliefsen sie folgendermaafsen; da das salpeterhalbsaure Gas, welches aus Salpeterstoffgas und
Sauerstoffgas besteht, stark phlogistisirt ist, und
auch die Salpetersäure selbst, wenn man sie mit salpeterhalbsaurem Gas verbindet, phlogistisirt wird:
so ist klar, dafs das Salpeterstoffgas Phlogiston enthalten müfse; wenn das salpeterhalbsaure Gas
Phlogiston enthält. Nun beweist aber folgender
Versuch, dafs das salpeterhalbsaure Gas Phlogiston
enthält. Wenn man Schwefel in Salpetersäure digerirt: so wird der Schwefel allmählig zerlegt. Die
Salpetersäure verbindet sich mit dem Phlogiston,
und verwandelt sich in salpeterhalbsaures Gas, und
der Schwefel wird, durch den Verlust des Phlogistons, in Schwefelsäure verwanddlt. Folglich ver-

wandelt sich die Salpetersäure in salpeterhalbsaures
Gas, wenn sich dieselbe mit dem Phlogiston verbin-
det: folglich enthält das salpeterhalbsaure Gas
Phlogiston; und folglich ist klar, dafs auch das
Salpeterstoffgas Phlogiston enthalten müfse.

Antwort. Man sieht leicht ein, dafs hier alles
darauf ankommt, erst zu beweisen, dafs der Schwefel wirklich Phlogiston enthalte. Aber diesen Beweis führen die Stahlianer nicht; sondern sie behaupten: das salpeterhalbsaure Gas enthalte Phlogiston, weil die Salpetersäure den Schwefel seines
Phlogistons beraube, und sich dadurch in salpeterhalbsaures Gas verwandle. Dafs aber der Schwefel Phlogiston enthalte, folge, sagen sie, daraus,
weil man aus demselben salpeterhalbsaures Gas erhalte, wenn man ihn mit Salpetersäure digerire.
Hier ist also ein fehlerhafter Zirkel im Beweisen,
der so lautet: Das salpetersaure Gas enthält Phlogiston, weil es den Schwefel seines Phlogistons be-
beraubt; der Schwefel enthält Phlogiston, weil er
die Salpetersäure in salpeterhalbsaures Gas verwandelt.

Aus der kleinen Menge von kohlengesäurtem
Gas, welche sich im Anfange, bei der Zerlegung
des Salpeters zeigt, schlofs vormals Hr. Kirwan,
dafs das kohlengesäurte Gas einen Bestandtheil der
Salpetersäure ausmache. Dieses kohlengesäurte
Gas entsteht aber nur aus fremden, dem Salpeter
beigemischten Theilen: denn wenn man mit der
Operation aufhört, sobald sich kein kohlengesäurtes
Gas mehr entwickelt, und alsdann den zurück ge-

bliebenen Salpeter im Wasser löst, so erhält man rei-
nen Salpeter, welcher nachher kein kohlengesäurtes
Gas weiter liefert.

SECHS UND ZWANZIGSTES
KAPITEL.

VON DER KOCHSALZSÄURE UND VON DER ÜBER-
SAUREN KOCHSALZSÄURE.

Die *Kochsalzsäure findet man in dem Mineralrei-*
che sehr häufig. Mit Soda, Kalcherde und Bitter-
erde vereinigt, ist sie im Meerwasser vorhanden;
mit der Soda allein im Steinsalze. Bis jetzo kennt
man die Bestandtheile dieser Säure noch gar nicht,
und wir schliefsen blofs aus der Analogie, dafs die-
selbe Sauerstoff enthalte.

Man erhält die Kochsalzsäure, indem man eine
Mischung, aus einem Theile Schwefelsäure und aus
zwei Theilen kochsalzgesäurter Soda, oder sogenann-
tem Kochsalze, in dem Wulfischen Apparate de-
stillirt.

Die Kochsalzsäure kann, bei der gewöhnlichen
Temperatur und bei dem gewöhnlichen Drucke un-
serer Atmosphäre, nicht anders als in Gasgestalt
existiren. Man verdichtet sie, indem man sie mit
Wasser in Berührung bringt, womit sie sich in
grofser Menge verbindet. Dies ist die gewöhnliche
Kochsalzsäure.

Diese Kochsalzsäure kann aber sich mit noch
mehr Sauerstoff verbinden: und diefs geschieht,
wenn man sie über metallische Halbsäuren, vorzüg-
lich über schwarze Magnesiumhalbsäure, über Blei-

*halbsäure, und über Quecksilberhalbsäure destillirt.
Die übersaure Kochsalzsäure, welche man hiedurch
erhält, kann ebenfalls nur in Gasgestalt existiren,
und verbindet sich mit dem Wasser nicht so leicht
wie die Kochsalzsäure. Mischt man mehr von dieser übersauren Kochsalzsäure mit dem Wasser, als
das Wasser aufnehmen kann, so fällt die Säure
in fester Gestalt zu Boden.*

*Die übersaure Kochsalzsäure verbindet sich mit
sehr vielen salzmachenden Grundlagen. Die aus
dieser Verbindung entstehenden Salze verpuffen
mit dem Kohlenstoffe, und mit den Metallen. Diese
Verpuffungen sind um so viel gefährlicher, da der
Sauerstoff in der übersauren Kochsalzsäure mit sehr
viel Wärmestoff verbunden ist, der nun plötzlich
frei wird, und vermöge seiner Elasticität und plötzlichen Ausdehnung, die allergefährlichsten Explosionen verursacht.*

*1. Versuch. Man bringe in eine tubulirte Re-
torte eine Unze schwarze Magnesium-Halbsäure,
oder sogenannten Braunstein. Dann verbinde man
diese Retorte mit dem pneumatischen Apparat.
Nachher giefse man, durch die Tubulatur, in die
Retorte vier Unzen rauchende, oder sechs Unzen gemeine Kochsalzsäure, und verschliefse sogleich die
Öffnung mit einem Stöpsel. Es entwickelt sich eine
grosse Menge eines gelb gefärbten Gas, welches übersaures kochsalzgesäurtes Gas ist, sich mit dem
Wasser verbindet, und alsdann die übersaure Kochsalzsäure ausmacht. Dieser Versuch mufs in einer
etwas niedrigen Temperatur angestellt werden.*

Wenn

Wenn man die Flasche, welche das mit über-
saurem kochsalzgesäurtem Gas geschwängerte Was-
ser enthalten, in Eis stellt: so setzt sich übersaure
Kochsalzsäure in trockner Gestalt, in Gestalt gelber
Flokken, zu Boden.

Die übersaure Kochsalzsäure erhält man wohl-
feiler, wenn man in einer tubulirten Retorte, über
eine Mischung von sechs Theilen schwarzer Magne-
siumhalbsäure, und sechszehn Theilen kochsalzge-
säurter Soda, oder Küchensalz, zwölf Unzen ver-
dünnter Schwefelsäure giefst.

Bei einer Temperatur von + 5° Réaum. ver-
hält sich die specifische Schwere des mit übersaurem
kochsalzgesäurtem Gas geschwängerten Wassers, zu
der spezifischen Schwere des reinen Wassers
= 1003 : 1000.

Dieses übersaure kochsalzgesäurte Wasser, oder
die übersaure Kochsalzsäure schmeckt herbe. Das
Gas hat einen eigenen, widrigen Geruch, und ist,
wenn es eingeathmet wird, das schrecklichste Gift.

Die übersaure Kochsalzsäure in fester Gestalt
nimmt, bei einer nicht sehr erhöhten Temperatur,
die Gasgestalt wiederum an.

Das übersaure kochsalzgesäurte Wasser zerstört
die vegetabilischen Farben. Es braust mit der Lö-
sung der kohlengesäurten Pottasche in Wasser nicht
auf, ob es sich gleich mit dieser Pottasche ver-
bindet.

Die kohlengesäurte Kalcherde wird in der über-
sauren Kochsalzsäure aufgelöst, und aus dieser
Auflösung durch die Laugensalze, und sogar durch

M

das Kalchwasser niedergeschlagen. Die Kalcherde hat demzufolge eine gröfsere Verwandschaft mit der übersauren Kochsalzsäure als die kohlengseäurte Kalcherde.

Um zu beweisen, dafs die übersaure Kochsalzsäure wirklich eine mit Sauerstoff überladene Kochsalzsäure seye, und dafs sie diesen Sauerstoff aus der schwarzen Magnesiumhalbsäure aufgenommen habe, mache man folgenden Versuch.

2. Versuch. *Man setze in verschlossenen Gefäfsen schwarze Magnesiumhalbsäure einer hohen Temperatur aus. Die Halbsäure wird den achten Theil ihres Gewichtes verlieren, und eine grofse Menge Sauerstoffgas wird sich aus derselben entwickeln. Wenn man nun über diese zurückbleibende Magnesium-Halbsäure Kochsalzsäure destillirt, so erhält man weit weniger übersaure Kochsalzsäure, als aus dem nicht kalzinirten Braunstein. Folglich hat die Kochsalzsäure diejenigen Eigenschaften, welche sie durch das Destilliren über Magnesium-Halbsäure erhält, dem während der Destillation mit ihr verbundenen Sauerstoffe zu verdanken.*

3. Versuch. *Eisen und Zink werden in der übersauren Kochsalzsäure ohne Brausen aufgelöst. Der überflüfsige Sauerstoff dieser Säure verbindet sich mit den Metallen und säurt sie, und diese gesäurten Metalle werden alsdann in der zurückbleibenden Kochsalzsäure aufgelöst. Hier entsteht also keine Zerlegung des Wassers, wie bei der Auflösung des Zinks in der gewöhnlichen, mit Wasser verdünnten Kochsalzsäure, und daher erhält man auch kein Wasserstoffgas.*

4. Versuch. Giest man in die übersaure Kochsalzsäure eine Auflösung von salpetergesäurtem
Quecksilber, so erhält man nicht (wie bei der gewöhnlichen Kochsalzsäure) einen sogenannten weissen Präcipitat, oder kochsalzgesäurtes Quecksilber,
sondern, wenn man die Flüßigkeit abrauchen läßt,
so erhält man Sublimat, das heißt, ein übersaures
kochsalzgesäurtes Quecksilber.

5. Versuch. Giest man übersaure Kochsalzsäure auf Quecksilber, so wird die Oberfläche dieses Metalls schwarz gefärbt, und in eine schwarze
Quecksilberhalbsäure verwandelt. Die übersaure
Kochsalzsäure hat hingegen alle Eigenschaften der
Kochsalzsäure angenommen. Folglich hat der über-
flüßige Sauerstoff sich mit dem Metalle zu einer
schwarzen Halbsäure vereinigt, und die übersaure
Kochsalzsäure ist nunmehr in gemeine Kochsalzsäure verwandelt: ein deutlicher Beweis, daß die
übersaure Kochsalzsäure aus Sauerstoff und aus
Kochsalzsäure besteht.

6. Versuch. Läßt man die übersaure Kochsalzsäure länger über dem Quecksilber stehen, so
verbindet sich die entstandene schwarze Quecksilberhalbsäure mit der entstandenen Kochsalzsäure; sie
wird weiß, und es entsteht ein kochsalzgesäurtes
Quecksilber, welches ungefähr eben die Eigenschaften hat, wie das sogenannte sieben mal versüßte
Quecksilber (Panacea mercurialis). Die überste-
hende Flüßigkeit ist blosses Wasser, welches weder
Kochsalzsäure, noch aufgelöstes Salz enthält. Giest
man diese Flüßigkeit ab, und statt derselben neue

übersaure Kochsalzsäure zu, so entsteht anfänglich versüßtes Quecksilber dann weißer Präcipitat, und endlich, wenn man die Flüßigkeit noch einmal abgießt, und statt derselben übersaure Kochsalzsäure zugießt, so erhält man Sublimat, oder das übersaure kochsalzgesäurte Quecksilber.

Man erhält demzufolge in diesem Versuche die ganze Reihe der kochsalzgesäurten Quecksilbersalze, und man bemerkt zugleich, daß dieselben immer äzender werden, je mehr Sauerstoff mit in die Verbindung übergeht.

7. Versuch. Gießt man übersaure Kochsalz-säure auf eine Lösung der geschwefelten Pottasche in Wasser, so entwickelt sich kein Gas, sondern der überflüssige Sauerstoff verbindet sich mit dem Schwefel zur Schwefelsäure, und man erhält Kochsalzsäure.

8. Versuch. Gießt man in übersaure Kochsalzsäure Wasser, welches mit geschwefeltem Wasserstoffgas geschwängert ist, so erhält man eine Mischung von Schwefelsäure, Kochsalzsäure und Wasser: indem sich der überflüssige Sauerstoff mit dem Schwefel, sowohl als mit dem Wasserstoffgas verbindet, und mit dem ersten Schwefelsäure, mit dem zweiten hingegen Wasser macht; daher entsteht auch kein Niederschlag.

9. Versuch. Gießt man in Wasser, welches mit geschwefeltem Wasserstoffgas geschwängert ist, etwas übersaure Kochsalzsäure; so wird es trübe und es schlägt sich ein wenig Schwefel nieder. Gießt man noch mehr übersaure Kochsalzsäure zu;

*so wird der Niederschlag wieder aufgelöst, indem
sich der Schwefel in Schwefelsäure verwandelt.*

10. Versuch. *Mischt man vier Maaß salpeterhalbsaures Gas mit zwei Maaß übersaures kochsalzgesäurtes Gas, so entsteht Salpetersäure; es entwickelt sich Wärmestoff; statt sechs Maaß Gas, behält man nur 1,4 Maaß übrig, und man erhält
salpetersaure Kochsalzsäure, oder Königswasser.*

11. Versuch. *Legt man ein Stückchen Phosphor in übersaure Kochsalzsäure, so erhält man
eine Mischung von Phosphorsäure und von Kochsalzsäure.*

12. Versuch. *Setzt man übersaure Kochsalzsäure dem Sonnenlichte aus; so entwickelt sich
Sauerstoffgas, und es bleibt Kochsalzsäure zurück.
Ein Versuch, den die Stahlianer nach ihrem System unmöglich erklären können; denn wo käme
hier das Phlogiston, oder die inflammable Luft her?*

*Aus allen diesen Versuchen erhellt, sowohl syn-
thetisch als analytisch: daß die übersaure Kochsalzsäure aus Kochsalzsäure und aus Sauerstoff bestehe. Indem die Kochsalzsäure über die schwarze
Magnesium - Halbsäure destillirt wird, verbindet sie
sich mit dem Sauerstoffe der Halbsäure und verwandelt sich in übersaure Kochsalzsäure. Die Magnesiumhalbsäure liefert nachher kein Sauerstoffgas
mehr, da man doch, wenn man sie für sich allein
destillirt, sehr viel Sauerstoffgas aus derselben
erhält.*

13. Versuch. *Man digerire Kochsalzsäure über
frischbereiteter, rother Bleihalbsäure, oder sogenann-*

tem Mennig; so wird die Säure übersäurt, und in übersaure Kochsalzsäure verwandelt. Die Bleihalbsäure verliert von ihrem Gewichte, und wird aus einer rothen Bleihalbsäure in eine weiſse Bleihalbsäure verwandelt, welches ein Beweis ist, daſs sie einen Theil ihres Sauerstoffs verloren hat.

...14.. Versuch. Eben das geschieht, wenn man Kochsalzsäure über frisch bereiteter, rother Queck-silber-Halbsäure digerirt. Der Sauerstoff verläſst das Metall, und verbindet sich mit der Kochsalzsäure;

Die übersaure Kochsalzsäure besteht aus 1,856 Kochsalzsäure, aus 98,105 Theilen Wasser, und aus 0,039 Theilen Sauerstoff...

In der übersauren Kochsalzsäure lösen sich alle Metalle ohne Aufbrausen auf. Das Metall verbindet sich mit dem überflüſsigen Sauerstoffe, es säurt sich, und wird nachher in der entstandenen Kochsalzsäure aufgelöst.

15. Versuch. Wenn man einer Lösung von schwefelgesäurtem Eisen in Wasser, eine Lösung von Pottasche zusetzt, so fällt das Eisen in Gestalt einer schwarzen Halbsäure zu Boden, indem sich die Pottasche mit der Schwefelsäure verbindet. Wird diese schwarze Eisensalbsäure der Luft ausgesetzt, so wird dieselbe erst blau, dann grün, braun, roth, rothgelb, und endlich weiſs, indem sie sich immer mehr und mehr mit Sauerstoff verbindet.

16. Versuch. Löst man Eisen in starker über saurer Kochsalzsäure auf, und schlägt es aus dieser Auflösung durch Pottasche nieder, so ist die nie-

dergeschlagene Halbsäure gelb, folglich ein beinahe mit Sauerstoff gesättigtes Eisen.

17. Versuch. Löst man Eisen in schwächer r übersaurer Kochsalzsäure auf, so hat der, durch die Pottasche verursachte Niederschlag, eine blaue Farbe; und diese wird grün, braun, roth, rothgelb und weiſs, so wie man allmählig mehr und mehr übersaure Kochsalzsäure zusetzt. Folglich gehen hier eben die Veränderungen vor, welche mit dem Eisenkalke an der Luft vorgehen; folglich hängen diese Farben von der gröſseren oder geringeren Menge des mit dem Eisen verbundenen Sauerstoffes ab; und folglich ist die schwarze Eisenhalbsäure nur darin von andern Eisenhalbsäuren verschieden, daſs sie weniger Sauerstoff enthält, als die übrigen Eisenhalbsäuren.

18. Versuch. Wird das Kupfer aus seiner Auflösung durch Ammoniak niedergeschlagen, so hat der Niederschlag eine blaue Farbe, welche an der Luft grün wird. Gieſst man aber auf diesen blauen Niederschlag übersaure Kochsalzsäure, so nimmt derselbe sogleich eine grüne Farbe an.

19. Versuch. Die rothe, geschwefelte Quecksilberhalbsäure, oder der sogenannte Zinnober, wird von der übersauren Kochsalzsäure zerlegt. Die Quecksilberhalbsäure verbindet sich mit der übersauren Kochsalzsäure, und es entsteht übersaures kochsalzgesäurtes Quecksilber, oder sogenannter Sublimat: der Schwefel sondert sich ab, und fällt zu Boden.

20. Versuch. Giest man Ammoniak in über-

saure Kochsalzsäure; so verliert diese Säure ihre
Farbe, ohne dafs etwas niedergeschlagen wird.

21. Versuch. Wenn man Schwefelsaures mit
übersäurter Kochsalzsäure verbindet, so erhält man
eine Mischung von Schwefelsäure und von Kochsalzsäure, und dabei entwickelt sich sehr viel Wärmestoff.

SIEBEN UND ZWANZIGSTES KAPITEL.

VON DEM SÄUREN DER KÖRPER IN DER ÜBERSAU-REN KOCHSALZSÄURE.

In der übersauren Kochsalzsäure ist der Sauerstoff
mit der Kochsalzsäure nicht innig verbunden.
Bringt man daher andere Körper, vorzüglich solche,
die eine sehr grofse Verwandschaft zu dem Sauerstoffe haben, das heifst, verbrennlich sind, mit der
übersauren Kochsalzsäure, bei einer höheren Temperatur in Verbindung, so rauben sie der Säure
den überflüfsigen Sauerstoff, und säuren sich. Dabei entwickelt sich Wärmestoff in grofser Menge,
daher entsteht Licht und Wärme. Hr. Westrumb
hat dieses durch eine Reihe vortreflicher Versuche
bewiesen, von denen folgende die vorzüglichsten
sind, denen ich noch einige wenige andere beifü-
gen werde.

1. Versuch. In dem übersauren kochsalzgesäurten Gas, brennt ein Wachslicht mit heller Flamme,
indem sich der Sauerstoff mit dem Wachse verbindet, und der Wärmestoff frei wird.

2. Versuch. Läſt man das überſaure hochsalz-
geſäurte Gas durch Wasser gehen, so wird die
Flamme noch lebhafter: denn das Wasser verbindet sich mit einem Theile der Kochsalzsäure, die
übrige Säure enthält daher ein noch gröſseres Über-
maaſs von Sauerstoff.

3. Versuch. Der Phosphor täurt sich in dem
übersauren kochsalzgesäurten Gas mit einer hellen
Flamme, und man erhält eine Mischung von Phosphorsäure und Kochsalzsäure.

4. Versuch. Das geschwefelte Spiesglanz wird
von dem übersauren kochsalzgesäurten Gas zerlegt.
Der überflüſsige Sauerstoff verbindet sich mit dem
Schwefel und mit dem Metalle, mit dem ersten zur
Schwefelsäure, und mit dem zweiten zur Spiesglanzhalbsäure, welche leztere sich nachher mit der übrigen übersauren Kochsalzsäure verbindet, und übersauren kochsalzgesäurten Spiesglanz oder sogenannte
Spiesglanzbutter macht.

5. Versuch. Wirft man Zinnober, oder geschwefelte Quecksilberhalbsäure, in übersaures kochsalzgesäurtes Gas, so täurt sich der Schwefel, und die
Quecksilberhalbsäure verbindet sich mit der übersauren Kochsalzsäure zu einem übersauren kochsalzgesäurten Quecksilber, oder zu Sublimat. Aller in
dem Gas enthaltene Wärmestoff wird frei, und daher wird die gläserne Flasche, in welcher man die
Operation vornimmt, rothglühend und springt, von
der plötzlichen Ausdehnung des Wärmestoffs,
welcher seine Elasticität wieder erhält. Den mit
Schwefelsäure vermischten Sublimat findet man,

nach geendigter Operation, auf dem Boden des Ge-
fäſses, in trockner Gestalt.

6. Versuch. *Wiederholt man diesen Prozeſs,*
so, daſs man Holzspäne mit dem Zinnober mischt
so verbindet sich der Wasserstoff des Holzes zum
Theil mit dem Sauerstoffe zu Wasser, und man
findet daher die Oberfläche des Holzes zu Kohle
verbrannt.

7. Versuch. *Der Schwefel säuert sich in dem*
übersauren kochsalzgesäurten Gas, und vermischt
sich mit demselben als schwefelsaures Gas. Es ent-
wickelt sich wenig Wärmestoff, weil beide Körper
in Gasgestalt bleiben.

8. Versuch. *Der Kamphor säurt sich in die-*
sem Gas, und verwandelt sich in eine Flüſsigkeit,
in ein Oel. Es entwickelt sich etwas Wärmestoff,
weil ein Theil desselben, der mit dem Sauerstoffe
verbunden war, frei wird.

9. Versuch. *Nelkenöl säurt sich, es entwickelt sich*
Wärmestoff, und es entsteht Kochsalzsäure mit
etwas Wasser vermischt. Das gesäurte Oel ist
etwas weniger flüſsig als das ungesäurte.

10. Versuch. *Terpentinöl säurt sich, und wird*
dadurch dicker und in ein gelbes Harz verwandelt.
Es entwickelt sich Wärmestoff, und es entsteht
etwas Wasser.

11. Versuch. *Alkohol säuert sich und verwan-*
delt sich zum Theil in ein Harz, dabei entsteht
etwas Wasser.

12. Versuch. *Spiesglanz säurt sich, und es ent-*
wickelt sich dabei sehr viel Wärmestoff, weil kein

Gas zurück bleibt; denn das gesäurte Spiesglanz löst sich in der übersauren Kochsalzsäure auf, und es entsteht übersaures, kochsalzgesäurtes Spiesglanz, oder sogenannte Spiesglanzbutter, in trockner Gestalt.

13. Versuch. *Das Arsenik säurt sich, und während der Säurung entwickelt sich sehr viel Wärmestoff. Nach geendigter Operation bleibt übersaures, kochsalzgesäurtes Arsenik, oder sogenannte* Arsenikbutter *zurück.*

14. Versuch. *Das Wismuth säurt sich ebenfalls, mit Entwicklung des Wärmestoffes, und die dadurch entstandene Wismuthhalbsäure verbindet sich mit der entstandenen Kochsalzsäure, zum kochsalzgesäurten Wismuth.*

Eben dies geschieht auch mit dem Nickel, dem Koholt, dem Zink, dem Zinn, dem Blei, dem Kupfer, und dem Eisen. In allen diesen Versuchen bemerkt man Licht und Wärme.

15. Versuch. *Endlich säurt sich in dem übersauren kochsalzgesäurten Gas auch die Kohle, mit Licht und Wärme. Man erhält Kohlensäure und Kochsalzsäure.*

Alle diese Versuche beweisen:

1) *Daſs das Verbrennen eines Körpers weiter nichts ist als seine Säurung, oder seine Verbindung mit dem Sauerstoffe: denn wenn man das übersaure kochsalzgesäurte Gas, dem Lichte aussetzt, und dasselbe seines überflüſsigen Sauerstoffes, nach der Methode des Hrn. Berthollet, beraubt; so brennt kein Körper mehr in demselben.*

2) *Daſs das übersaure kochsalzgesäurte Gas aus*

Kochsalzsäure und aus Sauerstoff bestehe: denn in
allen diesen Versuchen werden die Körper gesäurt,
und Kochsalzsäure oder kochsalzgesäurtes Gas bleibt
zurück, entweder allein oder in einer neuen Verbindung.

ACHT UND ZWANZIGSTES
KAPITEL.

BEANTWORTUNG EINIGER EINWÜRFE.

Herr Kirwan machte vormals folgenden Einwurf,
Er sagte: Dafs der Braunstein in Feuer Sauerstoffgas liefert, daraus folgt nicht, dafs er dieses
Gas in seiner Mischung enthalte, sondern nur, dafs
der Braunstein eine Gasart enthält, die fähig ist
im Feuer sich in Sauerstoffgas zu verwandeln.
Wahrscheinlich ist aber dieses Gas fixe Luft, denn:
1) Liefert der Braunstein allemal zuerst fixe Luft,
und das Sauerstoffgas kommt erst hinterher. 2) Wenn
man Braunstein, mit Eisenfeile vermischt, in einem
Flintenlaufe dem Feuer aussetzt: so erhält man
sehr viel fixe Luft. Hr. Hermbstädt erhielt aus
vier Theilen Braunstein mit zwei Theilen Eisen,
eine Mischung von fixer Luft und Wasserstoffgas.

Antwort. Der Braunstein liefert im Anfange
etwas fixe Luft, theils, weil derselbe jederzeit mehr
oder weniger mit kohlengesäurter Kalcherde vermischt ist, theils, weil diese Versuche in einem eisernen Flintenlaufe gemacht wurden, und das Eisen
wie bekannt, immer mit etwas Kohlenstoffe gemischt ist.

Hrn. Hermbstädts Versuch ist leicht zu erklä-
ren: die fixe Luft kam von der mit dem Eisen
vermischten Kohle, und das Wasserstoffgas kam,
aus dem, mit der nicht genug getrockneten Mischung
verbundenen Wasser.

Nun aber sei es mir erlaubt, die wichtigen
Einwürfe des Hrn. Westrumb, *mit Freimüthigkeit,*
und Bescheidenheit, zu widerlegen.

Hr. Westrumb *sagt:* „Es würde sich nichts
„gründliches einwenden lassen, wenn die gemeine
„Salzsäure nie anders, als unter den angegebenen
„Bedingungen, brennbare Luft hervorbringen könnte.
„Die gemeine luftförmige Salzsäure giebt, wenn sie
„mit Eisen, Zink, Phosphor, Schwefel und Kohle,
„mit Weingeist, Olivenöl, Terpentinöl und Wachs
„in Berührung kommt, brennbare Luft. Woher
„nehmen die Metalle, der Phosphor, der Schwefel
„und die Kohle hier das Wasser, um Säurestoff
„zur Bildung der Kalke und der Säuren zu erhal-
„ten? Und woher kommt die brennbare Luft, da
„in allen diesen Stoffen kein Wasserstoff seyn soll
„und seyn darf?„

Antwort. *Das Wasserstoffgas, welches sich in*
diesen Versuchen entwickelt, kommt von dem Was-
ser, welches die luftförmige Salzsäure, so wie die
meisten Gasarten, aufgelöst enthält. Wenn Hr.
Westrumb, *bei Wiederholung dieser Versuche, sich*
die Mühe nehmen will, die luftförmige Salzsäure
vorher von allem Wasser zu reinigen, indem er die-
selbe durch Röhren gehen läfst, welche trocknes,
kaustisches, vegetabilisches Laugensalz enthalten,

'und auch die Metalle, den Phosphor und den
Schwefel wohl zu trocknen: so wird er kein Wasserstoffgas erhalten. Die Kohle enthält Wasser,
und muſs daher, vor dem Versuche, in verschlossenen Gefäſsen, wohl ausgeglüht werden, *)

,,Der reine Braunsteinkalk liefert keine Luft-
,,säure. Er giebt sie nur, in so ferne er luftsaure
,,Erden, Kalk oder Schwererde euthält, oder selbst
,,mit luftsaurem Braunsteinkalk verunreinigt ist.,,

Diese Behauptung stimmt mit meiner eigenen
Erfahrung vollkommen überein, und bestätigt dasjenige, was ich oben gegen Hrn. Kirwan erinnert habe.

,,Phlogistische Luft giebt der Braunstein, wenn.
,,man ihn langsam erhitzt.,,

Hier sehe ich mich genöthigt zu widersprechen.
Ich habe, mit einigen Freunden, Hrn. Westrumbs

---

*) Hr. Berthollet sagte: er habe Gelegenheit gehabt, sehr oft
übersaure Kochsalzsäure, in ungleich gröſserer Menge zu
bereiten; als die Menge seye, von welcher hier Hr.
Westrumb spreche: (J'ai eu occasion de preparer un grand
nombre de foi des quantités d'acide muriatique oxigéné in-
comparablement plus considerables que telle dont parle
M. Westrumb. Wer Hrn. Bertholletts ungeheuern Apparat
zum Bleichen gesehen hat, der wird auch nicht an der
Wahrheit dieser Behauptung zweifeln. Aber ich begrei-
fe nicht, wie Hr. Westrumb dieses ein etwas hartes Kom-
pliment nennen kann. Hr. Berthollet wollte gewiſs Hrn.
Westrumb nicht beleidigen: denn ich weiſs, aus seinem eigenen Munde, daſs er Hrn. Westrumb auſserordentlich
hoch schätzt, und daſs er seine Schriften alle in deut-
scher Sprache gelesen hat.

*Versuch wiederholt, und eben so wie er gefunden,
daſs man in diesem Falle etwas Salpeterstoffgas
oder sogenannte phlogistische Luft erhält. Aber
wir fanden auch, bei einer genaueren Untersuchung,
daſs dieses Gas nicht aus dem Braunstein kommt.
Bei einer niedrigen Temperatur zerlegt der Braunstein die atmosphärische Luft, und nimmt aus derselben noch mehr Sauerstoff auf, daher dann der
andere Bestandtheil der atmosphärischen Luft, das
Salpeterstoffgas in die Vorlage übergeht. Hört
man mit dem Versuche auf, sobald kein Salpeterstoffgas mehr übergeht, so hat der Braunstein am
Gewicht nicht abgenommen, sondern zugenommen.
Bei einer höheren Temperatur verliert der Braunstein den Sauerstoff wieder, den er bei einer niedrigen Temperatur aufgenommen hatte. Hierin
verhält sich der Braunstein völlig so wie das Quecksilber. Folglich fällt der Einwurf des Hrn. Westrumb,
wegen der Nichtentstehung der Salpetersäure weg;
denn der Braunsteinkalch enthält keinen Salpeterstoff. Ausserdem giebt Salpeterstoff und Sauerstoff,
nicht durch einfache, sondern durch doppelte Verwandschaft Salpetersäure: denn die atmosphärische
Luft besteht auch aus Sauerstoff und aus Salpeterstoff, wie Hr. Westrumb selbst zugeben wird; aber
deswegen ist die atmosphärische Luft keine Salpetersäure.*

„Die dephlogistisirte Salzsäure übertrifft in der
„Eigenschaft entzündete Körper brennend zu erhal-
„ten die Lebensluft bei weitem. Sie entzündet
„selbst Körper, welche die Lebensluft nur dann

„brennend erhalten kann, wenn man sie ihr ent-
„zündet darbietet. Von diesen grofsem Unterschie-
„de in den Eigenschaften beider Gasarten mufs es
„eine Ursache geben. Diese Ursache kann aber
„nicht am Sauerstoffe selbst liegen, sondern sie
„mufs ihren Grund in der grofsen Neigung der
„Säure zum Brennstoffe haben.„

 Dieser scharfsinnige Einwurf, so scheinbar derselbe auch ist, läfst sich dennoch leicht beantworten.
Lebensluft besteht aus Sauerstoff und aus Wärmestoff. Dephlogistisirte Salzsäure, in Gasgestalt, besteht aus Kochsalzsäure, aus Sauerstoff und aus
Wärmestoff. Nun hat aber der Sauerstoff eine
gröfsere Verwandschaft zum Wärmestoffe als zu
der Kochsalzsäure; er ist also in dem Sauerstoffgas
in einer engeren Verbindung als in der dephlogistisirten Salzsäure, und läfst sich daher von dem
Sauerstoffgas schwerer trennen als von der dephlogistisirten Salzsäure. Dafs der Sauerstoff eine
gröfsere Verwandschaft zum Wärmestoffe hat als
zu der Kochsalzsäure erhellt aus dem Versuch des
Hrn. Berthollet, welcher dephlogistisirte Salzsäure
in gemeine Salzsäure verwandelte, indem er sie gelinde am Sonnenlichte erwärmte, wobei der Sauerstoff die Salzsäure verliefs, und mit dem Wärmestoffe als Sauerstoffgas wegging. Nun wird man
also auch leicht einsehen, warum sich die Körper
in der dephlogistisirten Salzsäure leichter säuren,
als in dem Sauerstoffgas.

 Indem ich in Hrn. Westrumbs Aufsatz weiter
fortlese, bemerke ich, mit grofsem Vergnügen, dafs

ich-

ich mit einem Gegner streite, dem es lediglich um
Wahrheit zu thun ist, und bei welchem sich keine
Spur von Rechthaberei zeigt: denn ich stofse hie
und da auf Stellen, wo er offenherzig gesteht, dafs
er sich geirrt habe. Mit einem solchen Gegner zu
streiten ist lehrreich; denn der Streit wird nicht
lange dauern, sondern Er entweder oder ich, aber
gewifs Einer von uns beiden, wird zuletzt zu der
Meinung des Andern übergehen. Ich bringe indessen der Wahrheit ein Opfer, indem ich gestehe,
dafs ich in meinem vorigen Streite mit Hrn.
Westrumb, über die Auflöslichkeit des Eisens im
reinem Wasser, durch seine Versuche vollkommen
überzeugt worden bin, dafs meine Meinung ungegründet war. Nun fahre ich in dem gelehrten
Streite fort.

„Enthielte die dephlogistisirte Salzsäure wirk-
„lich dephlogistisirte Luft, so müfste man aus rei-
„ner Luft und gemeinem Salzgas, dephlogistisirtes
„zusammensetzen können. Nie wird man aber so
„dephlogistisirte Salzsäure bilden, man wähle nun
„auch eine Proportion beider Stoffe, welche
„man will.„

Dies geschieht darum nicht, weil, wie ich oben
schon erinnert habe, der Sauerstoff eine gröfsere
Verwundschaft zum Wärmestoff hat als zu der
Salzsäure, und daher nicht jenen verläfst, um sich
mit dieser zu verbinden. Indessen glaube ich ein
Mittel gefunden zu haben, um diese Verbindung
zu bewirken. Dieses besteht darin, dafs man dem
Sauerstoffe einen Theil des Wärmestoffs raubt, mit

welchem derselbe verbunden ist; und ich habe wirklich etwas dephlogistisirte Satzsäure in Gasgestalt
erhalten, indem ich eine Mischung von Salzgas und
Lebensluft in eine kaltmachende Mischung setzte.
Doch muß ich den Versuch noch wiederholen, welches ich im künftigen Winter zu thun gedenke.

„Würde zur Bildung der dephlogistisirten Salz-
„säure durchaus Sauerstoff oder reine Luft erfor-
„dert; so könnte, wie Hr. Gren erinnert, und ich
„aus eigener Erfahrung weiß, der, lange in ver-
„schlofsenen Gefäßen geglühte und seiner Lebens-
„luft beraubte Braunstein, keine brennstofsleere
„Säure mit Salzgeist geben.„

Aber dieses geschieht nicht. Einer meiner
Freunde hat den Versuch oft wiederholt, und gefunden, daß man aus dem ausgeglühten Braunstein zwar noch etwas, aber nur äußerst wenig dephlogistisirte Salzsäure erhält; weit weniger als aus
dem nicht ausgeglühten. Diese wenige übersaure
Kochsalzsäure ist dem zurückbleibenden Sauerstoffe
zuzuschreiben; denn im bloßen Feuer, oder vermöge des Wärmestoffs, kann man nicht allen Sauer
stoff aus dem Braunsteine austreiben. Auch ist
schon oben, als von den Verwandschaften die Rede
war, erinnert worden: daß man sich eine unrichtige
Vorstellung von den Verwandschaften machen würde, wenn man annehmen wollte, in allen Fällen
beraube der neue Körper den andern des ganzen
Bestandtheils, mit welchem der neue Körper sich
verbindet. Dies geschieht auch hier nicht. Der
Sauerstoff setzt sich zwischen dem Wärmestoffe und

dem Braunsteine ins Gleichgewicht. Zieht man
nachher über diesem geglühten Braunstein Kochsalzsäure ab, so wird dieser zurückgebliebene Sauerstoff
mit dem Wärmestoffe Sauerstoffgas machen, indem
sich ein Theil der Kochsalzsäure mit dem Braunsteine verbindet: folglich geschieht hier eine Zerlegung durch doppelte Verwandschaft. *) Die übrigen Einwürfe sind weniger wichtig, und daher übergehe ich sie. **)

NEUN UND ZWANZIGSTES KAPITEL.

ÜBER DIE WIRKUNG DES SAUERSTOFFS AUF DIE FARBEN DER KÖRPER.

Ich habe oben schon durch einige Versuche bewiesen, daſs man, vermittelst der übersauren Kochsalz-

---

*) Arrêtons-nous un moment, pour remarquer, que ce n'est
point par une affinité simple, que l'acide marin enleve
l'air vital à la chaux de manganèse. Ce n'est que parce-
qu'une portion de cet acide dissout la manganèse, et en
chasse la partie de l'air vital qui est superflue à la nou-
velle combinaison, que l'autre portion peut s'unir avec cet
air vital privé en partie du principe de l'élasticité. Berthollet.

**) S. 147. steht: ,,sonderbare Zusammensetzung! wird man
,,ausrufen, und mich auf die neue Beobachtung, die Bil-
,,dung der Salpetersäure aus der brennbaren und Lebens-
,,luft verweisen.,, Hier ist ein kleiner Irrthum. Salpetersäure besteht nicht aus brennbarer und Lebensluft, sondern
aus der Grundlage der phlogistisrten Luft, oder dem
Salpeterstoffe, und aus der Grundlage der Lebensluft,
oder dem Sauerstoffe.

säure, in den Farben der metallischen Halbsäuren,
eben die Veränderung in kurzer Zeit hervorbringen kann, welche diese Halbsäuren, durch das Aussetzen an die Luft, in einer weit längeren Zeit erleiden. Eben diese Veränderung bringt die übersaure Kochsalzsäure auch auf den Farben der
Pflanzen hervor. Alle vegetabilische Farben werden durch diese Säure zerstört. Der Sauerstoff verbindet sich mit der vegetabilischen Substanz; diese
wird gesäurt, und die übersaure Kochsalzsäure ist
in Kochsalzsäure umgeändert.

Grüne Theile der Pflanzen werden von der
übersauren Kochsalzsäure bald gelb, bald weifs,
bald röthlich. Jeder Theil der Pflanze wird schnell
in diejenige Farbe verändert, die derselbe, allmählig und langsam, an der Luft annimmt. Die Blätter der immergrünen Pflanzen, z. B. die Blätter
der Stechpalme, bleiben auch in der übersauren
Kochsalzsäure lange Zeit grün, und werden endlich
gelblich, wie sie zuletzt auch an der Luft werden.

Die Veränderungen der Farben der Pflanzen
an der Luft hängen demzufolge von dem Sauerstoffe ab, welcher sich aus der Atmosphäre mit ihnen
verbindet. Aber diese Verbindung geschieht langsam und allmählig, weil der Sauerstoff beinahe
eben so grofse Verwandschaft zu dem Würmestoffe
hat, als zu den Farbetheilen der Pflanzen. In der
übersauren Kochsalzsäure geschieht diese Veränderung schnell, weil der Sauerstoff eine gröfsere Verwandschaft zu den Farbetheilen der Pflanzen hat,
als zu der Salzsäure.

Daher kann man sich der übersauren Kochsalzsäure bedienen, um die Farben zu prüfen, und
in kurzer Zeit zu erfahren, welche Veränderung
dieselben in langer Zeit an der Luft erleiden werden. Die Farbe des Indigo z. B. ist eine sehr beständige Farbe; daher wird auch dieselbe von
der übersauren Kochsalzsäure nur äußerst schwer
zerstört.

Pflanzen, welche man an einem finstern Ort
aufbewahrt, werden weiß und verlieren ihre Farbe.
An dem Sonnenlichte erhalten sie Farbe, und dann
entwickelt sich aus ihnen Sauerstoffgas, da hingegen
an einem finstern Orte der Sauerstoff mit ihnen
verbunden bleibt, und die Farbe zerstört. Den
Sauerstoff erhalten die Pflanzen, indem sie das
Wasser zerlegen, wie unten bewiesen werden soll.
Darum sind auch die weiß gewordenen Pflanzen
weit weniger brennbar, weil sie schon mit Sauerstoff
verbunden sind.

Die Farben der thierischen Körper werden von
der übersauren Kochsalzsäure nicht ganz zerstört:
thierische Theile werden gelb. Weiße Seide und
weiße Wolle wird von dieser Säure gelb gefärbt:
aber weiße thierische Theile werden auch allmählig
an der Luft gelb, wie man an dem Elfenbein sieht,
und an der weißen Seide.

Die Bemerkung, daß Verbindung mit dem
Sauerstoffe die Pflanzen entfärbe, ist von der
größten Wichtigkeit, und erklärt eine Menge der
sonderbarsten Erscheinungen in der Natur. Alle
Theile der Pflanzen sind weiß, solange sie nicht

dem Lichte ausgesetzt werden, welches aus ihnen
Sauerstoffgas entwickelt, und sie dadurch färbt.
Das innere Holz eines Baumstammes, wohin das
Licht nicht dringt, ist weiß. Schimmel, welcher an
einem finstern Orte wächst, ist weiß, und färbt sich
wenn er an das Licht kommt. Die Blätter sind,
wenn dieselben zuerst ausbrechen, bleich, und werden nachher dunkler. Die im Kelche noch einge-
wickelten Blumen sind weiß, ehe sie an das Licht
kommen. Das Tuch ist, wenn es aus der Indigo-
küpe kommt, grün, und wird erst an der Luft blau.
Vegetabilische Aufgüsse und Dekokte nehmen an
der Luft eine dunklere Farbe an. Die Oelfarben
der Gemälde sind weit heller solange sie frisch sind,
und werden dunkler wenn man sie der Luft
aussetzt. . .

    Alle diese Erscheinungen hängen von dem
Sauerstoffe der Atmosphäre ab. Körper, mit denen
der Sauerstoff eine größere Verwandschaft hat als
mit dem Wärmestoffe, nehmen Sauerstoff auf, und
werden heller von Farbe. Körper, mit denen der
Sauerstoff eine geringere Verwandschaft hat als mit
dem Wärmestoffe, verlieren den Sauerstoff mit dem
sie verbunden sind, und werden dunkler an Farbe.

    1. Versuch. Wenn das Tuch aus der Indigo-
küpe kommt, so ist es grün, und wird an der Luft
blau, indem es Sauerstoff verliert. Mit verdünnter
übersaurer Kochsalzsäure wird es wieder grün.
Setzt man es der Luft aus, so wird es abermals
blau. Giest man stärkere, unverdünnte, übersaure
Kochsalzsäure auf, und verbindet man folglich sehr

viel Sauerstoff mit der Indigofarbe; so wird sie gelb, und läfst sich nachher nicht wieder blau machen.

2. Versuch. Wenn man Veilchentinktur (oder Veilchensyrup) in einer wohl verstopften Flasche, an einem finstern Orte verwahrt, so verliert sie ganz ihre Farbe. Setzt man sie aber nachher, unter einer Glocke, in Berührung mit dem Sauerstoffgas, so erhält sie ihre violette Farbe augenblicklich wieder. Andere Gasarten bringen diese Wirkung nicht hervor. Läfst man die Tinktur lange in dem Sauerstoffgas, so verbindet sich zuviel Sauerstoff mit derselben, und sie wird gelb.

Dekokte von gelben, oder rothen Pflanzenrinden, werden an der Luft trübe, sauer, und bedecken sich mit einer Haut, welche erst schwarzbraun, dann purpurbraun, nachher braunroth, dann orangefarb, und endlich gelb wird. Hat sie diese Farbe erlangt, dann geht keine Veränderung mehr vor. Diese Veränderung der Farbe kommt von der Menge von Sauerstoff, welcher sich mit dem Dekokte verbindet, und immerfort, bis zur Sättigung zunimmt. Man erhält sehr gute Farben, wenn man das gesäurte Dekokt, auf welchem Grade der Säurung man will, einkocht und trocknet.

3. Versuch. Man bereite ein starkes Chinadekokt und setze dasselbe der Luft aus: so kann man aus demselben eine sehr gute braune, eine kastanienbraune, eine rothe, und eine purpurrothe Farbe erhalten, je nachdem man es mehr oder weniger sich säuren läfst.

4. Versuch. Man koche das Chinadekokt ein,
sobald dasselbe bereitet ist, und man wird die braune Farbe erhalten. Giest man auf dieselbe, allmählig, verdünnte- übersaure Kochsalzsäure; so
kann man alle Nüanzen der Farbe hervorbringen,
welche die Luft hervorbringt, und endlich erhält
man eine sehr schöne und solide gelbe Farbe. Ein
deutlicher Beweis, dass diese Nuanzen von der Verbindung des Sauerstoffs abhängen. *)

5. Versuch. Die rothe und die braunrothe
Chinarinde ist, im kochenden Wasser sowohl, als im
Alkohol, unauflöslich: aber die gelbe Farbe löst sich
im Alkohol auf, und hat alle Eigenschaften eines
Harzes.

6. Versuch. Man giesse auf den schönsten
Karmin übersaure Kochsalzsäure; so wird er im
Augenblick seine Farbe verlieren, und weiss werden.

Aus diesen Versuchen kann man folgende
Schlüsse ziehen:

1. Wenn sich der Sauerstoff mit den vegetabilischen Substanzen verbindet, so verändert er ihre
Farben.

2. Wenn sich die Farbe der vegetabilischen
Substanzen verändert, so haben sie Sauerstoff erhalten, oder Sauerstoff verloren.

---

*) Zuweilen mißlingt dieser Versuch. Man kann ihn aber
auf folgende Weise anstellen, und dann gelingt er immer. Man vermische die Farbe mit kochendem Wasser,
fülle mit diesem Wasser eine Flasche, und setze die Flasche unter eine, mit übersaurem kochsalzgesäurtem Gas
angefüllte Glocke.

3. Wenn sie Sauerstoff erhalten, so wird die Farbe gemeiniglich heller: wenn sie Sauerstoff verlieren, so wird ihre Farbe gemeiniglich dunkler.

4. Die violetten, purpurrothen, braunen und blauen vegetabilischen Farben, sind mit dem Sauerstoffe nicht gesättigt. Wie diese Farben entstehen, soll unten gezeigt werden.

5. Mit dem Sauerstoffe gesättigte vegetabilische Substanzen sind gelb oder weifs.

6. Die vegetabilische Substanzen verändern durch ihre Verbindung mit dem Sauerstoffe, nicht blofs ihre Farbe, sondern auch ihre Natur. Sie nähern sich mehr der Natur eines Harzes, je mehr sie mit dem Sauerstoffe verbunden worden sind.

7. Vermittelst der übersauren Kochsalzsäure kann man aus den Pflanzen alle die Farben bereiten, welche die Natur aus ihnen bereitet.

Thierische Substanzen, welche weifs sind, nehmen an der Luft Sauerstoff an, und werden gelb. Da aber das Schwefelsaure eine gröfsere Verwandschaft zu dem Sauerstoffe hat, als die thierischen Substanzen: so kann man sie wieder weifs machen, wenn man sie mit Schwefelsaurem wäscht.

Die grünen Farbetheile der Pflanzen werden weifs von der übersauren Kochsalzsäure: aber wenn man diese Säure damit kocht, so werden sie gelb.

7. Versuch. Mischt man eine Auflösung des Indigo in verdünnter Schwefelsäure, mit übersaurer Kochsalzsäure, so wird ihre Farbe mehr oder weniger dunkelgelb, je nachdem mehr oder weniger Was-

ser in der Mischung ist: Läfst man die Feuchtigkeit abrauchen, so erhält man eine dunkelbraune
Substanz,

8. Versuch. Läfst man in die Auflösung von
Indigo sehr viel übersaures kochsalzgesäurtes Gas
gehen, so wird die Farbe ganz zerstört und der
Rückstand ist weifs.

9. Versuch. Läfst man in einen Galläpfel-
Aufgufs eine grofse Menge übersaures kochsalzgesäurtes Gas gehen, so wird die Farbe dunkler,
braungelb; und es entsteht ein schwarzer Niederschlag, welcher beinahe ganz reiner Kohlenstoff ist.

10. Versuch. Behandelt man einen Aufgufs
des Sumach auf eben diese Weise, so erhält man
einen ähnlichen schwarzen Niederschlag, nur nicht
in so grofser Menge.

Die übersaure Kochsalzsäure bringt zufolge dieser Versuche, auf die Farbetheile der Pflanzen
nicht immer gleiche Wirkung hervor. In einigen
Verbindungen zerstört der Sauerstoff die Farbe
gänzlich und die vegetabilische Substanz wird weifs.
Aber diese weifse Farbe wird wieder gelb, und zuweilen schwarz, wenn man die Substanz einer höhern Temperatur aussetzt.

Diese Erscheinungen lafsen sich erklären, wenn
man annimmt, dafs die dunkle Farbe, sie mag gelb,
braun oder schwarz seyn, jederzeit von dem Kohlenstoffe herkomme, und dafs diese Farbe sich jederzeit zeige, so oft der Kohlenstoff frei wird und in
keiner Verbindung ist. Da nun die vegetabilischen
Substanzen Kohlenstoff mit Wasserstoff verbunden

enthalten, so wird der Kohlenstoff jederzeit frei werden, wenn entweder der Substanz Sauerstoff zugesetzt wird, wodurch Wasser entsteht; oder wenn der Substanz der Wasserstoff entzogen wird. In beiden Fällen wird der Kohlenstoff frei, und der Körper nimmt eine schwarze Farbe an.

Um dieses zu erläutern, will ich von jedem Falle ein Beispiel anführen.

11. Versuch. Man löse Zucker in Wasser auf; lasse in diese Auflösung übersaures kochsalzgesäurtes Gas gehen, und dampfe nachher die Flüssigkeit bis zur Trockne ab, so erhält man einen schwarzen Bodensatz, welcher sich in allen Versuchen als verbrannten Zucker zeigt, das heißt, als Zucker der seinen Wasserstoff verloren hat, und von dem nur der Kohlenstoff zurück geblieben ist. In diesem Versuche hat sich also der Sauerstoff der übersauren Kochsalzsäure mit dem Wasserstoffe des Zuckers zu Wasser verbunden, und die Kohle ist frei geworden: daher die braunschwarze Farbe.

12. Versuch. Hr. Lavoisier hat bewiesen, daß Oel aus Wasserstoff und aus Kohlenstoff besteht. Setzt man aber das Öl einer höheren Temperatur aus, so entwickelt sich eine beträchtliche Menge Wasserstoffgas, und das Öl wird braun, weil es den Wasserstoff verloren hat, mit welchem die Kohle verbunden war, daher nun die Kohle frei geworden ist und dem Öl eine dunkle Farbe giebt. Iedes Öl wird braun, und sogar schwarz, durch das Kochen, und es entwickelt sich aus demselben Wasserstoffgas.

Man mag also aus einer organischen Substanz den
Wasserstoff entfernen auf welche Weise man will;
so nimmt die Substanz jederzeit eine schwarze,
braune, oder gelbe Farbe an: je nachdem man sie
mehr oder weniger des Wasserstoffs beraubt.

Wenn man die Substanz einer höheren Temperatur solange aussetzt, bis aller Wasserstoff sich
entfernt hat, so bleibt zuletzt die reine Kohle zurück
und der Rückstand ist schwarz.

Verbindet man übersaure Kochsalzsäure mit
vegetabilischen Substanzen: so vereinigt sich der
Sauerstoff mit dem Wasserstoffe zu Wasser; die
Kohle wird frei und der Körper nimmt daher eine
schwarze Farbe an.

Eben so wie die übersaure Kochsalzsäure, wirkt
auch die Salpetersäure. Substanzen, welche mit
derselben in Berührung gebracht werden, nehmen
eine gelbe, braune oder schwarze Farbe an. Die
Salpetersäure wird zum Theil zerlegt, der Sauerstoff verbindet sich mit dem Wasserstoffe der Substanzen zu Wasser, und der Kohlenstoff wird frei:
daher die dunkle Farbe. Auf diese Weise verwandelt die Salpetersäure Indigo in eine braune Substanz, und Guajaköl in eine Kohle.

Wenn eine vegetabilische Substanz, durch Verbindung mit dem Sauerstoffe, alles ihres Wasserstoffs beraubt und braun geworden ist, so kann sie
alsdann, durch neue Verbindung mit dem Sauerstoffe, abermals farbenlos werden. Denn nun verbindet sich der Sauerstoff mit der Kohle zum kohlengesäurten Gas, und die Substanz wird abermals

weiß, weil sie die Kohle verliert, die ihr die
Farbe gab. Dies geschieht z. B. wenn man Zucker
mit Salpetersäure behandelt. Der Zucker wird anfänglich braun, indem sich der Sauerstoff der Salpetersäure mit dem Wasserstoffe des Zuckers
verbindet, wodurch der Kohlenstoff frei wird.
Setzt man aber die Operation fort, so entwickelt
sich kohlengesäurtes Gas, und die Auflösung des
Zuckers ist abermals ohne Farbe. Eben das geschieht mit dem Indigo, wenn man denselben,
durch die übersaure Kochsalzsäure, dunkelbraun
gefärbt hat. Er verliert auch diese Farbe, wenn
noch mehr von dieser Säure zugegossen wird.

Durch Verbindung mit der übersauren Kochsalzsäure werden die riechenden Oele dick, nehmen
die Natur eines Harzes an, und werden specifisch
schwerer. Dieses geschieht, indem ihnen der Sauerstoff einen Theil ihres Wasserstoffes raubt. Darum
werden sie, durch diese Operation, braun und zuweilen schwarz.

Läßt man elektrische Funken durch Öl gehen,
so entwickelt sich Wasserstoffgas, und etwas Kohlenstoff setzt sich zu Boden. Durch den elektrischen
Funken verwandelt sich der in ihnen enthaltene
Wasserstoff in Wasserstoffgas.

DREISSIGSTES KAPITEL.
THEORIE DES BLEICHENS.

Da die übersaure Kochsalzsäure, wie oben bemerkt worden ist, alle vegetabilischen Farben in

kurzer Zeit eben so verändert, wie die Luft in
einer längern Zeit thut, so bleicht sie, auch die
Leinwand in kurzer Zeit, indem der Sauerstoff
derselben, sich mit den färbenden Theilen der
Leinwand und der Baumwolle verbindet, und dieselben säurt und farbenlos macht, welches an der
Luft erst nach einer langen Zeit geschieht. Hr.
Berthollet suchte diesen Grundsatz im Großen an-
zuwenden, und machte die Entdeckung, daß man,
vermittelst der übersauren Kochsalzsäure, in kurzer
Zeit, leinene und baumwollene Tücher und Zeuge
schön weiß bleichen könne. Diese Entdeckung ist
von der größten Wichtigkeit. Sie erspart Zeit und
Handarbeit, und der Apparat zum Bleichen nimmt
weniger Raum ein, als der bisher gewöhnliche.
Auch sind schon solche Bleichen in Schottland, in
England, in Frankreich und in der Schweiz ange-
legt worden, welche den besten Fortgang haben:
denn Hr. Berthollet hat seine Entdeckung nicht geheim gehalten, sondern die Beschreibung des Ver-
fahrens, mit einer edlen Uneigennützigkeit, öffentlich bekannt gemacht; ob er gleich, wie ich zuver-
lässig weiß, eine große Summe hätte gewinnen können, wenn er anders hätte verfahren wollen. Zugleich hat Hr. Berthollet mit dieser Entdeckung
noch eine andere verbunden, nemlich: daß man
alle gefärbte Leinwand und Kattun, durch die
übersaure Kochsalzsäure entfärben kann, so daß
dieselben wieder eben so weiß werden, als sie waren ehe sie gefärbt wurden.

 Wenn man durch die übersaure Kochsalzsäure

Flachs färbt, es sei nun unter der Gestalt von Zwirn, oder von Leinwand, so verliert die Säure ihren überflüsigen Sauerstoff, und diejenigen Theile, welche ihr den Sauerstoff geraubt haben, sind nun fähig, sich mit den Alkalien zu verbinden. Wenn man daher, oft nach einander, die Leinwand mit der übersauren Kochsalzsäure verbindet, und nachher in einer alkalischen Lauge auswäscht, so werden alle Farbetheile allmählig aufgelöst, und der Flachs wird weiß.

Das Bleichen besteht demzufolge darin: daß man, vermittelst des Sauerstoffs, die mit dem Flachs verbundenen Farbetheile in dem Alkali der Waschlauge auflöslich mache. Nun thut aber die übersaure Kochsalzsäure, in kürzerer Zeit, was das Aussetzen an die Luft auf der Wiese in längerer Zeit thut.

Kocht man ungebleichten Zwirn mit einer Auflösung von reiner oder kaustischer Pottasche, so erhält die Lauge eine gelbliche Farbe und verliert ihren ätzenden Geschmack. Kocht man den nehmlichen Zwirn in einer zweiten Lauge, so bemerkt man die nehmlichen Erscheinungen, aber in geringerem Grad. Oft ist noch eine dritte Lauge nothig, um alle in der Pottasche auflöslichen Theile, welche der Zwirn enthält, von demselben zu trennen. Sobald aber der Zwirn erschöpft ist, so wird die in Wasser gelöste Pottasche weiter nicht mehr von demselben verändert, und die Pottasche verändert auch die Farbe des Zwirns nicht weiter.

Man feuchte nachher diesen Zwirn mit über-

saurer Kochsalzsäure an, so wird er anfangen weiß
zu werden. Nachher koche man ihn abermals mit
kaustischer Lauge, so wird das Alkali abermals seine Kaustizität verlieren, und die Lauge wird eine
dunkle Farbe annehmen, wie die ersten Laugen.

Nunmehr hat man zwei alkalische Auflösungen: eine, welche mit den färbenden Theilen des
Zwirns gesättigt worden ist, ehe derselbe noch mit
der übersauren Kochsalzsäure verbunden worden
war, und die andere nachher.

Giest man eine Säure in diese alkalischen
Auflösungen, so werden sie trübe, das Alkali verbindet sich mit der Säure, und die aufgelösten Farbetheile setzen sich, in Gestalt eines braungelben
Niederschlags, zu Boden. Sondert man durch Filtriren, diesen Bodensatz ab, und trocknet denselben,
so erhält man ein schwarzes Pulver. Diejenigen
Farbetheile welche das Alkali für sich aufgelöst
hatte, sind etwas weniger schwarz als die anderen:
doch scheint dieses von einigen beigemischten fremden Theilen her zu kommen; denn in allen Versuchen zeigen sich beide Niederschläge als eine
und dieselbe Substanz.

Folglich enthält der Zwirn Farbentheile, welche
man ihm durch das bloße Waschen mit Lauge sogleich rauben kann, und andere, die erst mit Sauerstoff verbunden werden müssen, um die Natur der
ersten anzunehmen.

Nachdem die zweiten Farbetheile mit Sauerstoff
verbunden worden sind, so verhalten sie sich in
allen Versuchen vollkommen so wie die ersten.

Beide

*Beide können daher unter dem gemeinschaftlichen
Namen der Farbetheile des Flachses begriffen
werden.*

*Die Farbetheile des Flachses röthen blaue Pflan-
zensäfte nicht. In dem Wasser lösen sie sich nur
äufserst schwer auf: aber mit einer Lösung von reiner Pottasche in Wasser verbinden sie sich leicht;
mit der kohlengesäurten Pottasche etwas schwerer.
50 Gran kohlengesäurte Pottasche lösen 75 Gran
Farbetheile auf: aber wenn man diese 50 Gran
kaustisch macht, und die Kohlensäure über dem
Feuer heraustreibt, so lösen sie 100 Gran Farbetheile
auf. Daher thut die reine Lauge bei dem Bleichen
so gute Dienste.*

*Setzt man zu einer alkalischen Auflösung der
Farbetheile Kalchwasser: so entsteht ein Niederschlag, welcher aus Kalcherde und Farbetheilen
besteht. Die Farbetheile des Flachses haben demzufolge eine gröfsere Verwandschaft mit der Kalcherde, als mit der Pottasche; und daher darf man
der Lauge, wecker man sich zum Bleichen bedient,
keinen Kalk zusetzen, damit nicht die aufgelösten
Farbetheile auf die Leinwand niedergeschlagen
werden.*

*Verbindet man die gesättigte alkalische Auflö-
sung der Farbetheile mit metallischen Auflösungen;
so fällt die metallische Halbsäure, vereinigt mit
den Farbetheilen, zu Boden.*

*Die Farbetheile des Hanfs haben dieselben Ei-
genschaften, wie die Farbetheile des Flachses. Hanf
sowohl als Flachs verlieren, während des Bleichens,*

*den vierten, zuweilen sogar den dritten Theil ihres
Gewichts.*

*Die Farbetheile der Baumwolle haben andere
Eigenschaften. Sie lösen sich leichter in dem Alkali auf, und sind nicht schwarz, sondern hellgelb.*

*Giefst man übersaure Kochsalzsäure in eine ge-
sättigte, alkalische Auflösung der Farbetheile, so
verliert die Auflösung ihre dunkle Farbe, und nach
dem Abrauchen erhält man einen gelben Rückstand.*

*Wenn man den Flachs durch das Alkali soviel
als möglich von seinen Farbetheilen befreit, und
ihn dann mit übersaurer Kochsalzsäure anfeuchtet,
so wird er weifs, ob er gleich, wie oben bewiesen
worden ist, noch Farbetheile enthält, die nunmehr
in dem Alkali auflöslich geworden sind. Wenn
man nicht, durch Kochen mit alkalischer Lauge,
auch diese Farbetheile noch von dem Flachse trennt,
so wird derselbe nach und nach wieder gelb, vorzüglich, wenn er der Wärme ausgesetzt wird.*

*Die färbenden Theile sind in allen Pflanzen
mit den Fasern verbunden. Wenn man Holzspäne
mit Wasser kocht, so erhält man ein Dekokt von
mehr oder weniger dunkler Farbe. Ein Dekokt der
Rinde ist viel dunkler von Farbe, und enthält weit
mehr Farbetheile, welche mit den Farbetheilen des
Flachses grofse Aehnlichkeit haben. Wenn man
alle Farbetheile von der Rinde absondert, so bleiben
nur noch ungefärbte Fasern zurück, welche ungefähr zwei Drittheile von dem Gewichte der ganzen
Rinde ausmachen. Die Rinde hat eine dunklere
Farbe als das Holz, weil sie mehr Kohlenstoff ent-*

hält, indem sie der Luft ausgesetzt ist, so daſs sich
der Wasserstoff mit dem Sauerstoffe der Luft zu
Wasser verbinden kann, wodurch die Kohle frei wird.

Aus Allem dem bisher Gesagten erhellt:

1. Daſs das Bleichen darin bestehe, daſs man
den Flachs oder den Hanf seiner Farbetheilen beraube, welche ungefähr den vierten Theil seines Gewichtes ausmachen.

2. Daſs nur ein Theil dieser Farbetheile in den
Alkalien auflösbar ist.

3. Daſs aber auch die übrigen auflösbar werden,
wenn man sie mit Sauerstoff verbindet. Daher
setzt man die zu bleichende Leinwand dem Regen
und dem Thaue aus, und begieſst dieselbe von Zeit
zu Zeit mit Wasser, oder man befeuchtet sie mit
übersaurer Kochsalzsäure. Darum wechselt man
auch mit der Lauge und mit dem Aussetzen an die
Luft ab, um durch die Lauge die auflösbar ge-
machten Farbetheile von der Leinwand abzusondern.

Die übersaure Kochsalzsäure wirkt auf die Far
betheile, entweder indem sie sich mit ihnen bloſs
verbindet; dann werden sie weiſs: oder indem sie
einen Theil des mit den Farbetheilen verbundenen
Wasserstoffs in Wasser verwandelt; dann wird ihre
Farbe dunkler: oder auch auf beide Weise zu gleicher Zeit, und da hängt dann die Farbe davon ab,
welche von den beiden Wirkungen stärker ist.

Wenn durch die übersaure Kochsalzsäure eine
gelbe oder braune Farbe entsteht; so kommt dieſs
daher, weil, durch Verbindung des Sauerstoffes der
Säure mit dem Wasserstoffe die Kohle frei wird,

O 2

und es geschieht dann eben das, was geschieht, wenn man einen organischen Körper einer starken Hitze aussetzt, so daſs der Wärmestoff sich mit dem Wasserstoffe verbinden, und diesen, in Gestalt des Wasserstoffgas, von dem Körper trennen kann, wodurch die Kohle ebenfalls frei, und der Körper braun wird. Die Salpetersäure und die Schwefelsäure bringen ähnliche Wirkungen hervor, indem sich ein Theil ihres Sauerstoffs mit dem Wasserstoffe der Körper verbindet. Auch wirken die stark gesäurten oder ätzenden metallischen Halbsäuren, auf eben diese Weise, auf thierische Substanzen.

Aber nicht nur zu dem Bleichen des Flachses, des Hanfs und der Baumwolle, kann man sich der übersauren Kochsalzsäure bedienen. Sie läſst sich noch auſserdem zu einer Menge nützlicher Anwendungen gebrauchen, von denen ich einige anführen will.

Man kann, in den Papiermühlen, die Lumpen von grober und schlechter Leinwand, aus denen das Löschpapier verfertigt wird, in derselben bleichen, und dann geben diese Lumpen ein sehr schönes und weiſses Papier.

Gelb gewordene Kupferstiche werden in dieser Säure gebleicht, und sind dann schöner weiſs als da sie neu waren; zugleich verschwinden alle Dintenflecke.

Alte gedruckte Bücher, welche durch die Zeit gelb geworden sind, können so gebleicht werden, daſs das Papier weiſser wird, als dasselbe jemals vorher gewesen war.

EIN UND DREISSIGSTES KAPITEL.

VON DER SALPETERSAUREN KOCHSALZSÄURE.

Wenn man rauchende Kochsalzsäure mit halb so viel am Gewichte wasserfreier Salpetersäure vermischt, so entsteht ein Aufbrausen, es entwickelt sich reines übersaures kochsalzgesäurtes Gas, und die Flüfsigkeit nimmt eine dunkelrothe Farbe an. Diese Flüfsigkeit ist die salpetersaure Kochsalzsäure, welche aus Salpetersaurem und aus Kochsalzsäure besteht, und, in der barbarischen Sprache der Alchemisten, Königswasser genannt worden ist, weil sie die Eigenschaft hat, das Gold, den sogenannten König der Metalle, aufzulösen.

Während der Mischung der Salpetersäure mit der Kochsalzsäure verbindet sich ein Theil des Sauerstoffes der Salpetersäure mit der Kochsalzsäure, und geht in Gestalt von übersaurem kochsalzgesäurtem Gas hinweg. Die Salpetersäure wird dadurch, dafs sie ihren Sauerstoff zum Theil verliert, in salpeterhalbsaures Gas verwandelt, und bleibt mit dem Theil der Kochsalzsäure, welcher nicht in übersaures Gas verwandelt worden ist, und mit dem Theil der Salpetersäure die ihren Sauerstoff nicht verloren hat, verbunden zurück, und macht das Königswasser aus.

Das salpeterhalbsaure Gas löst sich leicht und in grofser Menge, in der salpetersauren Kochsalzsäure auf, noch leichter als in der Salpetersäure, mit welcher verbunden es die rauchende Salpetersäure, oder das Salpetersaure ausmacht.

1. *Versuch. Giest man wasserfreie Koch-salzsäure auf das Salpetersaure, so hören die rothen Dämpfe des Salpetersauren sogleich auf, sich zu zeigen, es entsteht ein Aufbrausen, und es entwickelt sich übersaures kochsalzgesäurtes Gas.*

2. *Versuch. Giest man wasserfreie, rauchende Kochsalzsäure, auf weise und von allem salpeter-halbsauren Gas befreite Salpetersäure, so entsteht das übersaure kochsalzgesäurte Gas in viel gröfserer Menge. Denn, da die salpetersaure Kochsalzsäure nur eine gewisse, bestimmte Menge salpeterhalbsau-res Gas aufgelöst enthalten kann; so folgt, dafs eine gröfsere Menge von diesem Gas entstehen wird, wenn die Salpetersäure keines aufgelöst enthielt, als wenn schon einiges in der Salpetersäure enthalten war. Nun ist aber das übersaure kochsalzgesäurte Gas, welches sich entwickelt, jederzeit im Verhält-nisse mit dem salpeterhalbsauren Gas, welches sich in der Flüfsigkeit bildet; folglich mufs man, in diesem zweiten Versuche, übersaures kochsalzgesäurtes Gas in gröfserer Menge erhalten, als in dem ersten.*

3. *Versuch. Wartet man solange bis sich kein übersaures kochsalzgesäurtes Gas mehr entwickelt, und sättigt dann die zurückbleibende, rothgefärbte salpetersaure Kochsalzsäure mit kohlengesäurter Pott-asche; so entwickelt sich, zugleich mit dem kohlen-gesäurten Gas, salpeterhalbsaures Gas.*

4. *Versuch. Wenn man Wasser mit der sal-petersauren Kochsalzsäure mischt, oder wenn die-selbe Wasser aus der Luft aufnimmt, so verliert sie ihre Farbe, ob sie gleich noch eben so viel sal-*

peterhalbsaures Gas enthält als vorher, wie man 'erfahren kann, wenn man sie mit dem Alkali
sättigt.

Die salpetersaure Kochsalzsäure entsteht vermöge einer doppelten Verwandschaft. Während der
Verbindung der Salpetersäure mit der Kochsalzsäure entwickelt sich Wärmestoff, weil diese Verbindung, wie beinahe alle Verbindungen, nicht so
viel Wärmestoff aufnehmen kann als die verbundenen Körper einzeln aufnahmen. Dieser frei gewordene Wärmestoff verbindet sich mit dem Sauerstoffe der Salpetersäure, und das entstandene Sauerstoffgas geht, mit einem Theile der Kochsalzsäure,
als übersaures kochsalzgesäurtes Gas hinweg. In
der zurückbleibenden Mischung von Salpetersäure
und Kochsalzsäure bleibt das entstandene salpeterhalbsäure Gas aufgelöst.

Demzufolge besteht die salpetersaure Kochsalzsäure, aus Salpetersäure, aus Kochsalzsäure und
aus salpeterhalbsaurem Gas.

Bei einer höheren Temperatur erhält man aus
der salpetersauren Kochsalzsäure abermals übersaures kochsalzgesäurtes Gas.

5. Versuch. Giest man Quecksilber in salpetersaure Kochsalzsäure, so zerlegt es die Salpetersäure,
indem es sich mit dem Sauerstoffe derselben verbindet. Dadurch entsteht neues salpeterhalbsaures Gas,
welches nun nicht länger aufgelöst bleiben kann,
da die Säure schon damit gesättigt ist. Daher entwickelt sich salpeterhalbsaures Gas während der
Auflösung, und es entsteht übersaure Kochsalzsäure,

welche aber nicht in Gasgestalt weggeht, sondern sich mit dem gesäurten Quecksilber zum übersauren kochsalzgesäurten Quecksilber, oder zu dem sogenannten Sublimat, verbindet.

Die salpetersauro Kochsalzsäure löst beinahe alle Metalle auf, und es entwickelt sich, während der Auflösung, salpeterhalbsaures Gas, Folglich werden die Metalle in dieser Säure auf Kosten der Salpetersäure gesäurt, und sind nicht fähig den Sauerstoff von der Kochsalzsäure zu trennen.

ZWEI UND DREISSIGSTES KAPITEL.

VON DEM AMMONIAK.

Man erhält das Ammoniak, oder das sogenannte flüchtige Alkali, vorzüglich durch Destillation der thierischen Substanzen. Der Salpeterstoff, den sie enthalten, verbindet sich mit dem Wasserstoffe, und aus dieser Verbindung entsteht das Ammoniak. Man erhält dasselbe, bei der Destillation thierischer Substanzen, mit Wasser und Oel vermischt, und mit Kohlensäure verbunden. Um es von allen diesen fremden Körpern zu reinigen, verbindet man es anfänglich mit Kochsalzsäure, und trennt es nachher von dieser Säure, indem man Kalcherde oder Pottasche zusetzt. Im allerreinsten Zustande kann das Ammoniak nicht anders als in Gestalt eines Gas existiren. Dieses Gas hat einen beissenden Geruch. Kaltes Wasser verbindet sich mit demselben leicht. Diese Mischung von Wasser und

Ammoniakgas nannten die alten Chemisten und Alchemisten flüchtigen Salmiakgeist; *denn sie gaben allen Körpern den Namen von Geist, welche sie mit ihren Händen nicht fassen konnten.*

Die Analysis sowohl als die Synthesis, *die Zerlegung sowohl als die Zusammensetzung des Ammoniaks, beweist;* dafs das Ammoniak aus Salpeterstoff und aus Wasserstoff besteht.

1. Versuch. *Man fülle eine Glocke mit Ammoniakgas an, und setze dieselbe über den Quecksilber-Apparat. Dann lasse man elektrische Funken wiederholt durch das Gas gehen, so wird das Gas zerlegt werden, es wird mehr als die Hälfte am Umfange zunehmen, der Wasserstoff wird sich mit dem Sauerstoffe der Quecksilberhalbsäure verbinden, mit welcher das Quecksilber jederzeit bedeckt ist. Aus dieser Verbindung entsteht Wasser; unter der Glocke bleibt Salpeterstoffgas rein zurück, und dieses nimmt einen zweimal gröfseren Umfang ein, als der Umfang war, den das Ammoniakgas einnahm. Überhaupt ist es eine Regel, beinahe ohne Ausnahme, dafs ein zusammengesetzter Körper jederzeit eine geringere Fähigkeit hat Wärmestoff aufzunehmen, und folglich einen kleinern Umfang, unter gleichen Umständen, einnimmt, als ein einfacher Körper, der mit dem Wärmestoffe ververbunden ist.*

2. Versuch. *Man bringt in eine kleine gläserne Retorte* wohl getrocknetes *salpetergesäurtes Ammoniak. Man verbindet den Hals der Retorte, vermittelst einer Röhre, mit einer Flasche, welche mit*

218

Eis *umgeben wird., und diese Flasche oder Fla-schen, werden mit dem pneumatischen Apparat ver-bunden. Nach geendigter Destillation findet man das salpetergesäurte Ammoniak zum Theil zerlegt, und man erhält salpeterhalbsaures Gas, und sehr viel Wasser, weit mehr Wasser, als das Kristalli-sations-Eis des salpetergesäurten Ammoniaks. Dem-zufolge ist in diesem Versuche Wasser entstanden, und folglich enthält das salpetergesäurte Ammoniak Wasserstoff. Aber das salpetergesäurte Ammoniak besteht aus Salpetersäure und aus Ammoniak. Da nun die Salpetersäure keinen Wasserstoff enthält, so muß der Wasserstoff in dem Ammoniak enthal-ten seyn.*

3. Versuch. *Giest man übersaure Kochsalzsäu-re auf reines Ammoniak, so entsteht ein Aufbrau-sen, und es entwickelt sich reines Salpeterstoffgas. Der überflüssige Sauerstoff der Kochsalzsäure ver-bindet sich mit dem Wasserstoffe, als dem andern Bestandtheile des Ammoniaks, und es entsteht Was-ser. Die ihres überflüssigen Sauerstoffs beraubte Kochsalzsäure verbindet sich mit dem Ammoniak, welches noch unzerlegt geblieben ist, und man erhält kochsalzgesäurtes Ammoniak.*

4. Versuch. *Giest man übersaure Kochsalzsäu-re auf kohlengesäurtes Ammoniak, so sind die Er-scheinungen dieselben, ausgenommen daß sich, mit dem Salpeterstoffgas vermischt, kohlengesäurtes Gas entwickelt*

5. Versuch. *Man nehme eine ganz kleine Re-torte, man fülle dieselbe mit trocknem Quecksilber*

an, und lasse nachher Ammoniakgas durch das
Quecksilber gehen, so daß die Retorte bis an den
Hals, welcher unterwärts gekrümmt und mit dem
Quecksilber-Apparat verbunden ist, angefüllt wird.
Dann bringe man, unter dem Quecksilber, ein
Stück weißen Bleikalk in die Retorte, so daß die
Bleihalbsäure an den Boden der Retorte, in das
Gas fällt, und das Quecksilber nicht berührt. Bringt
man nachher die Flamme eines Wachslichts unter,
die Stelle wo die Bleihalbsäure liegt, und erwärmt
dieselbe, so sieht man, daß die Bleihalbsäure in
ein Bleikorn sich verwandelt, wobei zugleich einige
Tropfen Wasser entstehen, und statt des Ammoniakgas weiter nichts als Salpeterstoffgas zurückbleibt, welches einen größern Umfang hat, als das
Ammoniakgas, aus welchem es entstanden ist, und
daher das Quecksilber aus dem Halse der Retorte
heraustreibt. In diesem Versuche hat man eine
vollständige Zerlegung des Ammoniaks. Der eine
Bestandtheil desselben, der Wasserstoff, verbindet
sich mit dem Sauerstoffe der Bleihalbsäure, und
aus der Verbindung entsteht Wasser; der andere
Bestandtheil, der Salpeterstoff, bleibt in Gasgestalt
zurück. Folglich besteht das Ammoniak aus Salpeterstoff und aus Wasserstoff. Vor dem Versuche
muß das Ammoniakgas, von allem Wasser, welches dasselbe aufgelöst enthalten könnte, durch
trockne Pottasche wohl gereinigt werden.

6. Versuch. Man lasse unter eine, auf trocke-
nem Quecksilber stehende, und mit übersäurem
hochsalzgesäurtem Gas angefüllte Glocke, wohl ge-

trocknetes *Ammoniakgas* gehen, so entsteht im Augenblick eine kleine, *weiße Flamme.* Der überflüssige Sauerstoff verbindet sich mit dem *Wasserstoffe* des Ammoniaks, und *Wassertropfen* zeigen sich in Menge an der inneren Seite der Glocke. Dieser schöne *Versuch* zeigt, gleichsam in einem Augenblicke, die *Zerlegung* des Ammoniaks, sowohl als die Zusammensetzung des *Wassers.*

7. Versuch. *Hr.* van Marum *hat, durch die Elektricität, aus dem Ammoniakgas Wasserstoffgas erhalten.* *)

8. Versuch. *Wenn man Ammoniak mit schwarzer Magnesium-Halbsäure digerirt, so wird das Ammoniak zerlegt, und man erhält Wasser und Salpeterstoffgas,* wie schon Scheele *bemerkt hat.*

9. Versuch. *Man löse Kupferhalbsäure in Ammoniak auf, und man trockne das erhaltene Ammoniak-Kupfer sorgfältig. Dann nehme man eine gläserne Röhre, welche an dem einen Ende verschlossen, und an dem andern gekrümmt ist, so daß sie mit dem pneumatischen Apparat verbunden werden kann. In diese Röhre bringe man das Ammoniak-Kupfer, und erwärme dasselbe. Es entstehen Wassertropfen, man erhält Salpeterstoffgas, und das Kupfer wird hergestellt,* wie *Hr.* Berthollet *gezeigt hat.*

Das sogenannte *Knallgold* ist eine Verbindung der Goldhalbsäure mit dem Ammoniak. *Wird es erwärmt: so verbindet sich der Wasserstoff des*

---

*) *Déscription d'une grande machine électrique.* p. 123.

Ammmoniaks mit dem Sauerstoffe der Goldhalbsäure; es entsteht Wasser, das Gold ist hergestellt,
und es entwickelt sich plötzlich eine grofse Menge
Salpeterstoffgas; daher das Knallen. Es entwickelt
sich dabei so viel Wärmestoff, dafs das entstandene
Wasser in Dämpfen weggeht.

Die Auflösungen einiger metallischen Halbsäuren in den Säuren, werden durch das Ammoniak
in metallischer Gestalt niedergeschlagen. Das Ammoniak wird zerlegt, der Wasserstoff verbindet sich
mit dem Sauerstoffe der metallischen Halbsäuren,
es entsteht Wasser, das Metall wird hergestellt, und
der Salpeterstoff geht in Gasgestalt weg, so dafs
man ihn unter dem pneumatischen Apparat auffangen kann. Dieses geschieht vorzüglich mit den
Auflösungen der Halbsäuren des Quecksilbers.

Wenn man die Quecksilberhalbsäuren, aus ihren Auflösungen in Säuren, durch Pottasche niederschlägt, und die niedergeschlagene Halbsäure
nachher mit Ammoniak behandelt, so wird das
Metall hergestellt, indem das Ammoniak zerlegt
wird, und man erhält Wasser und Salpeterstoffgas.
Aber bemerkenswerth scheint mir zu seyn, dafs sich
in diesen Versuchen nur wenig Salpeterstoffgas entwickelt, bei weitem nicht soviel als in dem Ammoniak enthalten ist, weil ein Theil des Salpeterstoffs
sich mit dem Sauerstoffe vereinigt, wodurch Salpetersäure entsteht, wie folgender Versuch beweist.

10. Versuch. Man giefse auf schwefelgesäurtes
Quecksilber reines Ammoniak. Man hört ein Ge-
zische, wie wenn ein glühendes Eisen in Wasser ge-

taucht wird. Das schwefelgesäurte Quecksilber wird schwarz. Es entwickelt sich Salpeterstoff, aber nur in geringer Menge. Wird nun der Niederschlag durch Filtriren abgesondert und gewaschen, so bleibt laufendes Quecksilber zurück. Das Wasser, dessen man sich zum Waschen bediente, wird abgeraucht, und man erhält ein weifses Pulver, welches salpetergesäurtes Ammoniak enthält, welches man, vermittelst des kalten Wassers, absondern kann. Auch erhält man etwas salpetergesäurtes Quecksilber. Man darf auf diese salpetergesäurten Salze nur einen Tropfen Schwefelsäure giefsen, so riecht man die Dämpfe der Salpetersäure. In diesem Versuche ist Salpetersäure entstanden, indem das Ammoniak zerlegt wurde. Über die Bestandtheile des Ammoniaks und der Salpetersäure kann demzufolge kein Zweifel mehr übrig bleiben. Aber es giebt noch wichtigere Versuche, welche die Wahrheit dieser Theorie beweisen.

11. Versuch. Man löse übersaures kochsalzgesäurtes Quecksilber, oder sogenannten Sublimat, in Wasser, und schlage aus dieser Lösung die Quecksilber-Halbsäure, vermittelst einer Lösung von reiner, oder sogenannter kaustischer Pottasche in Wasser, nieder. Die niedergeschlagene Halbsäure sondere man ab und wasche sie. Dann giefse man reines Ammoniak auf dieselbe. Es entsteht ein kleines Geräusch und Entwicklung von Salpeterstoffgas; die rothe Quecksilberhalbsäure verwandelt sich in schwarze Halbsäure, und zum Theil in laufendes Quecksilber. In der Flüfsigkeit bleibt ein drei-

faches Salz, nemlich ein salpetergesäurtes Ammo-
niak-Quecksilber, zurück. Folglich hat ein Theil
des Wasserstoffes des Ammoniaks mit dem Sauerstoffe der Halbsäure sich zum Wasser verbunden;
aber der größere Theil des Wasserstoffs des Ammoniaks hat sich mit dem übrigen Sauerstoffe der
Halbsäure zur Salpetersäure vereinigt, und diese
neu entstandene Salpetersäure hat dasjenige, was
von dem Ammoniak und von der Quecksilberhalbsäure noch unzerlegt zurück geblieben ist,
aufgelöst; daher das dreifache salpetergesäurte Salz.

Zufolge dieser und einiger anderer Versuche,
welche unten erzählt werden sollen, ist also die Entdeckung gemacht, Ammoniak zu bereiten, indem
man die Salpetersäure durch Körper zerlegt, welche
eine große Verwandschaft zu dem Sauerstoffe haben; und Salpetersäure zu bereiten, indem man
das Ammoniak durch gesäurte Körper zerlegt.

Daß sich aus dem Knallgolde, während des
Knallens, wirklich Salpeterstoffgas entwickelt, beweist folgender Versuch:

12. Versuch. Man fülle eine kleine Retorte,
mit reinem, und durch Kochen von aller Luft be-
freitem Wasser an, und bringe in dieselbe etwas
Knallgold. Den Hals der Retorte verbinde man
mit einer Vorlage, und die Vorlage mit dem pneumatischen Apparat. Man destillire das Wasser
über, und wenn die Retorte trocken ist, so wird das
Knallgold verknallen, ohne daß die Retorte zer-
bricht. Man öfnet die Retorte unter Wasser, um

das Gas aufzufangen, welches in derselben enthalten ist, und man wird finden, daß dieses Gas Salpeterstoffgas ist.

13. Versuch. Wenn man Knallgold einer sehr gelinden Wärme langsam aussetzt, so entwickelt sich daraus das Ammoniakgas, und es bleibt eine Goldhalbsäure zurück, welche ihre Eigenschaft zu knallen verloren hat.

14. Versuch. Wenn man, in einer verschlossenen gläsernen Röhre, Ammoniakgas elektrisirt, so nimmt das Gas am Umfange zu, und beide Bestandtheile trennen sich. Man findet, durch diesen Versuch, daß sich im Ammoniak das Gewicht des Salpeterstoffs zu dem Gewichte des Wasserstoffs verhält = 121 : 29; oder hundert Theile Ammoniak bestehen, aus 80,66 Theilen Salpeterstoff, und aus 19,34 Theilen Wasserstoff.

15. Versuch. Destillirt man wasserfreie Salpetersäure über reines kochsalzgesäurtes Ammoniak, oder sogenannten Salmiak, so wird das Ammoniak ganz, und die Salpetersäure zum Theil zerlegt, und man erhält salpeterkalbsaures Gas, Salpetersäure, und Salpeterstoffgas. Von dem Ammoniak ist keine Spur mehr übrig.

16. Versuch. Man verbinde eine Retorte, in welcher Ammoniak enthalten ist, mit einem Flintenlaufe, der mit gestoßener schwarzer Magnesiumkalbsäure angefüllt ist, und den Flintenlauf verbinde man mit dem Luft-Apparat. Man mache den Flintenlauf glühend, und erwärme nachher die Retorte, welche das Ammoniak enthält, mit einem

bren-

brennenden Wachslichte. — Das Ammoniakgas wird durch die glühende Magnesium-Halbsäure gehen, und unter dem pneumatischen Apparate wird man salpeterhalbsaures Gas erhalten. Durch diese Operation ist das Ammoniak zerlegt und in Salpetersäure verwandelt worden, indem sich der Wasserstoff des Ammoniaks mit dem Sauerstoffe der Halbsäure verbunden hat.

17. Versuch. Bedient man sich zu diesem Versuche, statt des Flintenlaufs, einer Röhre von Porzellan: so erhält man salpetergesäurtes Ammoniak in Gasgestalt, Wasser, und Salpeterstoffgas. Welch ein herrlicher Versuch! Er beweist, zu gleicher Zeit, die Bestandtheile des Wassers, die Bestandtheile der Salpetersäure, und die Bestandtheile des Ammoniaks.

18. Versuch. Wenn man schwefelgesäurtes Eisen, oder sogenannten grünen Vitriol, wohl kalzinirt, das heißt, über dem Feuer alles Kristallisationseis und alle Säure davon trennt, den Flintenlauf mit dem kalzinirten Vitriol anfüllt, und das Ammoniakgas durchgehen läßt, so erhält man salpeterhalbsaures Gas.

19. Versuch. Füllt man den Flintenlauf mit schwefelgesäurter Alaunerde an, von welcher man durch das Feuer alles Kristallisationseis getrennt hat, oder mit sogenanntem kalzinirtem Alaun: so wird zwar das Ammoniak in seine Bestandtheile zerlegt, aber es entsteht keine Salpetersäure. Man erhält Wasserstoffgas; geschwefeltes Wasserstoffgas, weil die Schwefelsäure zerlegt worden ist; wirk-

P

lichen Schwefel, und Wasser, welches in Dämpfen weggeht.

20. Versuch. *Man giefse auf halbverglaste Bleihalbsäure, (Bleiglätte) eine geringe Menge Ammoniak, und digerire die Mischung, in einem verschlossenen Gefäfs, im Sandbade. Nach einiger Zeit findet man das Ammoniak zerlegt, und man erhält salpetergesäurtes Ammoniak.*

Diese Versuche sind hinreichend, um die Zerlegung des Ammoniaks in seine beiden Bestandtheile, in Salpeterstoff und in Wasserstoff, zu beweisen. Ich werde nunmehr von seiner Zusammensetzung aus diesen beiden Bestandtheilen handeln.

21. Versuch. *Setzt man eine, mit Wasser verdünnte Auflösung des Kupfers in Salpetersäure, in einer Retorte dem Feuer aus, und verbindet man den Hals der Retorte mit einem Flintenlaufe, welcher mit kleinen Stücken von Eisen angefüllt ist, und glühend erhalten wird: so erhält man, unter dem pneumatischen Apparat, mit welchem das andere Ende des Flintenlaufs verbunden ist, Ammoniakgas. Die Salpetersäure und das Wasser werden beide in ihre Bestandtheile zerlegt, und der Salpeterstoff der Salpetersäure verbindet sich mit dem Wasserstoffe des Wassers.*

22. Versuch. *Wenn man, unter einer Glocke, über Quecksilber, geschwefeltes Wasserstoffgas mit Salpeterstoffgas vermischt, so erhält man Ammoniakgas, wie Hr. Kirwan bemerkt hat.*

23. Versuch. *Wenn man Zinn in Salpeter-*

säure in einer Retorte auflöst, welche mit einer, mit
Eis umgebenen und mit dem Woulfischen Apparat
verbundenen Vorlage, in Verbindung gebracht ist:
so bemerkt man, daſs, sobald die Retorte erwärmt
wird, sich Gas entwickelt, welches aber nicht bis zu
dem pneumatischen Apparat gelangt, sondern in
eine neue Verbindung übergeht. Es entsteht nehmlich Ammoniak, indem sich der Salpeterstoff der
Salpetersäure mit dem Wasserstoffe des zerlegten
Wassers verbindet. In der Retorte findet man salpetergesäures Ammoniak mit der Zinnhalbsäure
verbunden.

34. Versuch. Wenn man die Zinnhalbsäure,
welche sich aus der Auflösung des Zinns in Salpetersäure von selbst niederschlägt, mit Pottasche
reibt, so bemerkt man einen Geruch von Ammoniak, zufolge einer Beobachtung des Hrn. Higgins.

25. Versuch. Wenn man einen Theil schwefelgesäurtes Eisen in vier Theilen Wasser auflöst,
und durch diese Auflösung salpeterhalbsäures Gas
gehen läſst: so verbindet sich das Gas mit der Auflösung, und die Auflösung nimmt eine dunkelrothe
Farbe an. Es entsteht Ammoniak, aus der Verbindung des Salpeterstoffs der Salpetersäure mit
dem Wasserstoffe des Wassers, und die Flüſsigkeit
enthält salpetergesäures Ammoniak.

Daſs bei der Auflösung des Zinns in Salpetersäure Ammoniak entstehe, ist oben, in dem 23. Versuch, schon gezeigt worden: aber weit leichter und
auffallender ist der folgende Versuch.

25. Versuch. Man feuchte Zinnfeile mit schwa-

cher Salpetersäure an, lafse die Mischung ein paar Minuten stehen, und mische alsdann Pottasche oder reine Kalckerde damit, so wird man sogleich den Geruch des Ammoniaks bemerken.

27. Versuch. Man vermische gefeiltes Zink mit einer Auflösung von salpetergesäurtem Kupfer, und werfe nach einiger Zeit ein wenig reine Pottasche, oder sogenanntes Weinsteinsalz hinein: so wird man den Geruch des Ammoniaks bemerken.

28. Versuch. Man vermische Salpetersäure mit Eisenfeile, Schwefel und ein wenig Wasser in einem Gefäfs, und verschliefse dasselbe. Nach einigen Stunden öffne man die Flasche, so wird man einen starken Geruch von Ammoniak bemerken, und ein blau gefärbtes Papier wird eine grüne Farbe annehmen.

29. Versuch. Man bevestige in einer zylindernen, gläsernen, und oben verschlossenen Röhre, ein Stückhen blau gefärbtes Papier. Dann fülle man die Röhre mit Quecksilber und stürze sie über Quecksilber um. Hierauf lafse man etwas Salpeterstoffgas unter die Röhre gehen, und bringe nachher mit Wasser befeuchtete Eisenfeile durch das Quecksilber unter die Röhre, in das Salpeterstoffgas. Das Wasser wird durch das Eisen zerlegt, es entwickelt sich Wasserstoff, dieser verbindet sich mit dem Salpeterstoffe, es entsteht Ammoniak, und in zwei bis drei Tagen bemerkt man, dafs das blaue Papier in der Röhre grün gefärbt ist.

30. Versuch. Man tauche ein blaues Papier in eine Auflösung von salpetergesäurtem Kupfer.

Das Papier wird roth werden. Dieses rothgefärbte Papier setze man unter die, mit Salpeterstoffgas an' gefüllte und über Quecksilber stehende Röhre, in welcher sich das angefeuchtete Eisen befindet (Vers. 29.). *Das Papier wird seine rothe Farbe verlieren, und in einigen Tagen wiederum blau werden.*

31. Versuch. *Bringt man angefeuchtete Eisenfeile in salpeterhalbsaures Gas: so wird das Wasser, sowohl als das Gas, noch schneller zerlegt, und man erhält Ammoniak in wenigen Stunden. Das salpeterhalbsaure Gas verliert seinen Salpeterstoff, und ist nun mit Sauerstoff so überladen, daſs, nach geendigtem Versuche, ein Licht in demselben mit heller Flamme brennt.*

Auch gelingt der Versuch, wenn man mit Wasser angefeuchtete Eisenfeile der atmosphärischen Luft aussetzt. Es entsteht ebenfalls aus dem Salpeterstoffe der Luft und dem Wasserstoffe des Wassers, Ammoniak: aber dieser Versuch erfordert weit längere Zeit.

Hieraus folgt: daſs, wenn, an der Luft oder unter der Erde, das Eisen rostig wird, jederzeit Ammoniak entsteht. Darum findet man in der Erde das Ammoniak so häufig, vorzüglich in Kohlenminen und bei Vulkanen. Auch entsteht allemal Ammoniak, wenn Eisen, Wasser und Schwefel, in der atmosphärischen Luft gemischt werden. Darum ist auch, wie Austin *bemerkt, das von* Scheele *empfohlene Eudiometer unrichtig: denn es verschwindet ein Theil des Salpeterstoffs, indem er sich in Ammoniak verwandelt.*

*Daſs das Ammoniak aus Salpeterstoff und aus
Wasserstoff besteht, ist, zufolge dieser Versuche,
eine ausgemachte Wahrheit.*

DREI UND DREISSIGSTES
KAPITEL.

VON DEM GESCHWEFELTEN WASSERSTOFFGAS.

Schon einigemal habe ich des geschwefelten Wasserstoffgas, und einiger seiner vorzüglichsten Eigenschaften erwähnt. Dieses Gas ist aber so merkwürdig,
und so allgemein in der Natur verbreitet, daſs ich
es für nöthig halte, demselben ein eigenes Kapitel
zu widmen. Viele Chemisten geben diesem Gas
den Namen Leberluft, obgleich weder Leber noch
Luft in demselben vorhanden ist. Solche Benennungen, welche sich aus den barbarischen Zeiten
der Wissenschaft herschreiben, dienen weiter zu
nichts als die Begriffe zu verwirren. Es würde daher eine unverzeihliche Anhänglichkeit an das Alte
und Hergebrachte, und eine unphilosophische Hart-
näckigkeit verrathen, wenn man sich nicht sollte ge-
neigt finden lassen, solche unsinnige Benennungen,
gegen richtigere und bestimmtere zu vertauschen.
Die Benennung Geschwefeltes Wasserstoffgas bezeichnet die Natur dieser Gasart auf einmal; denn
es ist Wasserstoffgas, welches geschwefelt, das heiſst,
mit Schwefel verbunden ist.

Um das geschwefelte Wasserstoffgas zu bereiten, macht man erst geschwefelte Pottasche, oder
sogenannte Schwefelleber, *durch die Lösung des*

Schwefels im Feuer, oder durch Schmelzen. Diese
geschwefelte Pottasche wird zu einem groben Pulver
zerstoßen. Mit diesem Pulver wird eine gläserne
Flasche angefüllt, welche mit einem Stöpfel verschlossen wird, der eine krumme Röhre enthält,
welche unter den pneumatischen Apparat geht.
Die Glocken auf dem Apparat werden mit heifsem
Wasser angefüllt. Giefst man alsdann eine Säure
auf die geschwefelte Pottasche, so entwickelt sich
das geschwefelte Wasserstoffgas. Das Wasser unter der Glocke mufs warm seyn, weil warmes Wasser weniger von diesem Gas aufnimmt als kaltes,
und man daher auf diese Weise weniger Gas verliert. Durch Quecksilber darf man dieses Gas nicht
gehen lassen; denn es wird von dem Quecksilber
zum Theil zerlegt.

Das geschwefelte Wasserstoffgas entsteht durch
Zerlegung des Wassers; und die Säure, welche auf
die geschwefelte Pottasche gegossen wird, bringt nur
in so ferne geschwefeltes Wasserstoffgas hervor, als
dieselbe mit Wasser vermischt ist.

1. Versuch. Aus der trocknen geschwefelten
Pottasche erhält man kein geschwefeltes Wasserstoffgas, wenn man sie einer höhern Temperatur
aussetzt, sondern der reine Schwefel sondert sich, in
Gasgestalt, von der Pottasche ab und sublimirt sich.
Wenn man hingegen die geschwefelte Pottasche mit
ein wenig Wasser anfeuchtet, und alsdann dieselbe
einer höheren Temperatur aussetzt, so erhält man
geschwefeltes Wasserstoffgas in grofser Menge, weil
das Wasser zerlegt wird. In der Retorte bleibt

schwefelgesäurte Pottasche zurück, weil der Sauer-
stoff des Wassers, durch seine Verbindung mit dem
Schwefel, Schwefelsäure bildet, welche sich mit der
Pottasche vereinigt. Das entstandene Wasserstoff-
gas löst einen Theil des Schwefels auf, und geht
unter den pneumatischen Apparat als geschwefeltes
Wasserstoffgas.

2. Versuch. *Eisenfeile, Schwefel und Wasser,*
geben, wenn man die Mischung gelinde erwärmt,
geschwefeltes Wasserstoffgas.

3. Versnch. *Löst man einen künstlichen Schwe-*
felkies, aus drei Theilen Eisen und einem Theil
Schwefel, in schwacher Schwefelsäure auf, so erhält
man geschwefeltes Wasserstoffgas.

4. Versuch. *Wirft man gepulverten Schwefel*
in eine Auflösung des Eisens in schwacher Schwe-
felsäure: so löst das Wasserstoffgas, welches sich
während der Auflösung entwickelt, Schwefel auf,
und man erhält geschwefeltes Wasserstoffgas.

In der Natur wird das geschwefelte Wasser-
stoffgas auf eben diese Weise, und zwar in grofser
Menge, hervorgebracht. Wenn in dem Innern der
Erde Wasser mit Schwefel und Eisen in Berührung
kommt, so wird das Wasser zerlegt, und es ent-
wickelt sich Wärmestoff und geschwefeltes Wasser-
stoffgas. Daher entstehen die heifsen Quellen, die
mineralischen Schwefelwasser, und die Vulkane.
Darum findet man keine Vulkane mitten im Lan-
de, sondern jederzeit in der Nähe des Meers, weil
das Wasser nothwendig erfordert wird, um die vul-
kanische Explosionen hervor zu bringen. Ferner ist

nun deutlich, warum der Schwefel und das Ammoniak so häufig unter den vulkanischen Produkten
sich finden. Letzteres entsteht aus dem Wassersto*-
fe des zerlegten Wassers, und dem Salpeterstoffe, welcher im Innern der Erde, in verfaulten thierischen
und vegetabilischen Substanzen häufig sich findet.

Viele Pflanzen enthalten Schwefel, welcher sich
aus denselben als geschwefeltes Wasserstoffgas entwickelt, indem, durch die Vegetation, das Wasser
in seine Bestandtheile zerlegt wird. Daher kommt
der unangenehme Geruch des Knoblauchs, der
Zwiebeln, und des Wassers, in welchem Kohl gekocht worden ist. Dieses Wasser verhält sich mit
den metallischen Auflösungen eben so wie das mit
geschwefeltem Wasserstoffgas geschwängerte Wasser.

Auch die Eyer enthalten Schwefel, und daher
entsteht, während des Kochens, der Eier, der Geruch des geschwefelten Wasserstoffgas, indem durch
die Wärme ein Theil des Wassers zerlegt wird.
Eben so entsteht auch das geschwefelte Wasserstoffgas bei der Fäulniß thierischer Theile. In der
Fäulniß wird das Wasser zerlegt, und es entsteht
Ammoniak, und Wasserstoffgas, welches leztere
sich mit einem Theile des in den Thieren enthaltenen Schwefels verbindet.

Das Wasser verbindet sich mit dem geschwefelten Wasserstoffgas, und wenn das Wasser Luft
enthält, so wird dieses Gas zum Theil zerlegt, indem sich der Sauerstoff der Luft mit dem Wasserstoffe des Gas verbindet.

Daß das Sauerstoffgas das geschwefelte Wasser-

stoffgas zerlegt, hat Bergmann *entdeckt. Der Wasserstoff verbindet sich mit dem Sauerstoffe, es entsteht Wasser, und der aufgelöste Schwefel wird niedergeschlagen. Darum findet man Schwefel bei allen schwefelhaltigen Mineralwassern. Auch die atmosphärische Luft wird durch das geschwefelte Wasserstoffgas zerlegt. Der Sauerstoff verbindet sich mit dem Wasserstoffe des Gas, und das Salpeterstoffgas bleibt rein zurück.* Scheele *bediente sich dieser Methode, um die Güte der Luft zu prüfen, und zu bestimmen, in welchem Verhältnisse das Sauerstoffgas und das Salpeterstoffgas in derselben vorhanden sey. Aber diese Methode ist unrichtig; denn es entsteht zugleich etwas Ammoniak, aus der Verbindung des Salpeterstoffs der Luft mit dem Wasserstoffe des Gas.*

Von dem Salpetersauren, sowohl als von der übersauren Kochsalzsäure, wird das geschwefelte Wasserstoffgas zerlegt, indem sich der Sauerstoff mit dem Wasserstoffe verbindet. Das Salpetersäure besteht, wie oben bewiesen worden ist, aus Salpetersäure, welche salpeterhalbsaures Gas aufgelöst enthält. Dieses salpeterhalbsaure Gas wird durch das geschwefelte Wasserstoffgas zerlegt," und man erhält zuletzt reines Salpeterstoffgas, und eine mit Wasser und Schwefel vermischte Salpetersäure.

Auch das Schwefelsaure zerlegt das geschwefelte Wasserstoffgas. Abermals ein Versuch den die Stahlianer nach ihrer Hypothese unmöglich erklären können. Denn wie kann die mit Phlogiston schon überladene Säure noch mehr Phlogiston auf-

*nehmen? Eben so wenig können sie erklären, wie
es zugehe, daſs ein mit Phlogiston überladener
Körper, wie das rothe Salpetersqure, und ein von
Phlogiston ganz freier Körper, wie die übersaure
Kochsalzsäure, gleiche Wirkungen hervorbringen.
Nach den Grundsätzen der* pneumatischen *Chemie
ist hingegen die Wirkung des Schwefelsauren auf
das geschwefelte Wasserstoffgas leicht zu erklären.
Es verbindet sich nehmlich ein Theil des Sauerstoffs
des Schwefelsauren, mit dem Wasserstoffe des Gas,
es entsteht Wasser, und der in dem Wasserstoffgas
aufgelöste Schwefel fällt zu Boden. Aus allen
Versuchen erhellt, daſs in dem Schwefelsauren der
Schwefel lange nicht so innig mit dem Sauerstoffe
verbunden ist als in der Schwefelsäure: daher zerstört auch das Schwefelsaure die vegetabilischen
Farben, auf gleiche Weise wie die übersaure Kochsalzsäure.*

*Alle geschwefelten Körper verwandeln sich an
der Luft in schwefelgesäurte Körper, und dieses
geschieht, vermöge des Wassers, welches sie aus
der Luft anziehen. Wenn man daher geschwefelte
Körper mit etwas Wasser anfeuchtet, so geht dieselbe Veränderung, aber weit schneller, mit ihnen
vor. Das Wasser wird zerlegt, und es entwickelt
sich geschwefeltes Wasserstoffgas. Auch entwickelt
sich allemal zugleich eine gröſsere oder geringere
Menge von Wärmestoff.*

VIER UND DREISSIGSTES KAPITEL.

VON DEM ATHEMHOLEN DER THIERE, UND VON DER THIERISCHEN WÄRME.

Das Athemholen ist das wichtige Geschäft, durch welches die Natur das Leben der Thiere, und zum Theil auch der Pflanzen, erhält. Unter den verschiedenen Klassen von Thieren findet hierin eine grofse Verschiedenheit statt. Einige athmen Luft ein, andere athmen Wasser ein; einige athmen sehr viel Luft ein, andere nur wenig. Allgemein bemerkt man, dafs die Werkzeuge der Cirkulation des Blutes mit den Werkzeugen des Athemholens im Verhältnisse stehen. Die Vögel *haben die ausgedehntesten Werkzeuge zum Athemholen. Bei ihnen steht eine sehr grofse Lunge mit verschiedenen Höhlen in Verbindung, und die Luft dringt bis in das Innere der Knochen. Bei ihnen findet man das Herz in zwei Kammern getheilt, von denen jede mit einem Ohr versehen ist, und ihr Blut ist wärmer als das Blut aller übrigen Thiere. Die Lunge der vierfüfsigen Saugthiere, ist weniger ausgedehnt als die Lunge der Vögel, und in der Brusthöhle eingeschlossen. Ihr Herz besteht ebenfalls aus zwei Herzkammern und zwei Herzohren, aber ihr Blut ist nicht so warm als das Blut der Vögel. Die Lungen der* kriechenden Thiere *und der eierlegenden vierfüfsigen Thiere sind häutig, und bestehen aus kleinen Blasen, welche mit Muskelfasern umgeben sind. Nur ein Theil ihres Bluts geht durch*

die Lunge; das übrige geht unmittelbar aus einer Herzkammer in die andere. Ihr Blut hat noch
weniger Wärme. Die Insekten haben, statt der
Lungen, besondere Gefäfse in verschiedenen Theilen
des Körpers. Ihr Herz ist häutig und hat eine kaum
merkliche Bewegung. Ihr Blut ist weder roth noch
warm. Die Schaalenthiere, welche im Wasser sich
aufhalten, die Seekrebse und die Fische athmen
keine Luft, sondern Wasser ein.

Bei allen Thieren, welche Luft einathmen, findet man die Werkzeuge des Athemholens in dem
Innern des Körpers; bei den Thieren welche Wasser
einathmen, findet man diese Werkzeuge aufsen am
Körper und in die Augen fallend. Bei einigen
eierlegenden vierfüfsigen Thieren, welche den ersten
Theil ihres Lebens im Wasser zubringen, bemerkt
man, dafs solange dieser Zeitpunkt dauert, ihre
Werkzeuge zum Athemholen äufserlich sind, und
dafs sie, nachher, wenn sie in der Luft sich aufhalten, diese Werkzeuge verlieren, und Lungen in
dem Innern des Körpers haben.

Je vollkommener das Athemholen bei den Thieren ist, um desto mehr sind die Werkzeuge dessel-
versteckt. Bei den Vögeln ist das Athemholen am
allervollkommensten und die Luft geht sogar bis in
das Innere der Knochen hinein.

Je vollkommener das Athemholen bei den Thieren ist, desto gröfser ist ihr Herz. Das Herz eines
Vogels ist acht bis neun mal gröfser als das Herz
eines Fisches von gleichem Gewichte. Das Herz
eines Menschen, welcher 150 Pfund wiegt, ist zehn

Unzen schwer. Hingegen das Herz einer Karpfe, welche 4920 Gran schwer ist, wiegt nur neun Gran. Demzufolge verhält sich das Gewicht eines Menschenherzens, zu dem Gewichte eines Karpfenherzens = 546 : 247.

Junge Thiere athmen mehr ein als erwachsene Thiere. Daher ist das Herz aller jungen Thiere, im Verhältnisse gegen ihren Körper, gröfser als das Herz der erwachsenen Thiere.

Je gröfser das Herz der Thiere ist, desto gefräfsiger sind sie. Dieses gilt auch von den Fischen. Das Gewicht des Herzens eines Hechts verhält sich zu dem Gewichte des Herzens einer Schleie, wenn alle übrigen Umstände gleich sind, = 6 : 4.

Bei den Thieren welche Luft einathmen, geschieht das Ausathmen durch eben die Öffnung durch welche das Einathmen geschieht; hingegen bei denjenigen Thieren, welche Wasser einathmen, geht das Wasser durch eine andere Oeffnung wiederum weg, als durch welche es eingeathmet worden ist.

Thiere welche Wasser einathmen, athmen weit schneller als die Thiere welche Luft einathmen.

Je vollkommener das Athemholen der Thiere ist, desto gröfser ist die Menge des Blutes, welches in ihnen cirkulirt.

Während des Athemholens verbindet sich Sauerstoff mit dem Blute, und Wasserstoff nebst Kohlenstoff werden aus dem Blute abgesondert. Bei den Thieren welche Wasser einathmen, wird, vermöge der Organisation ihrer Werkzeuge des

Athemholens, der Sauerstoff aus dem Wasser abgesondert. Bei denjenigen Thieren, welche Luft einathmen; wird der Sauerstoff aus dem in der Atmosphäre enthaltenen Sauerstoffgas abgesondert.
Da nun sowohl das Wasser als die Luft nur eine
gewisse, bestimmte Menge Sauerstoff enthalten: so
sterben die Fische in dem Wasser, und die Landthiere in der Luft, sobald der, in dem Wasser oder
in der Luft enthaltene Sauerstoff, aufgezehrt ist:
daher muſs das Wasser sowohl als die Luft von
Zeit zu Zeit erneuert werden, wenn beide zu dem
Athemholen tüchtig seyn sollen.

Von dem Athemholen der Thiere welche Wasser einathmen, werde ich an einem undern Orte
sprechen. Hier will ich bloſs allein von dem Athemholen solcher Thiere handeln, welche Luft einathmen.

Das Athemholen geschieht in den Lungen.
Die Substanz der Lungen besteht aus einer auſserordentlich dünnen Zellenhaut. Ihre Dicke beträgt
kaum den tausendsten Theil eines Zolles, wie Hales
bewiesen hat. Diese Zellenhaut bildet eine unzählige Menge kleiner Zellen, welche alle mit Luft angefüllt sind. In diese Zellen ergieſsen die feinsten
Enden der Arterien das aus der rechten Kammer
des Herzens kommende Blut, und die feinsten Enden der Venen nehmen dasselbe, nachdem es in
diesen Zellen der Berührung der Luft ausgesetzt
gewesen ist; wiederum auf; und führen es in die
linke Kammer des Herzens zurück.

Bei dem Einathmen wird die äuſsere, den Kör-

per umgebende Luft, in die Lunge eingesogen, und
in dem Ausathmen wird eben diese Luft, aber verändert und mit Wasser vermischt, wiederum aus
der Lauge ausgehaucht. Bei dem Einathmen wird
die ganze Brusthöle ausgedehnt, vorzüglich gegen
beide Seiten und unterwärts. Die beweglichen Rippen heben sich ein wenig auswärts und das Zwergfell senkt sich nieder. Im Ausathmen ziehen sich
die Rippen wiederum zurück, und das Zwergfell
hebt sich wieder in die Höhe.

Nach dem natürlichen Tode, in dem Zustande
des völligen Ausathmens, enthalten die Lungen eines erwachsenen Menschen, im Durchschnitte, 109
Kubikzolle Luft, zufolge der Versuche des Hrn.
Goodwin.

Die Menge Luft, welche auf einmal eingeathmet wird, beträgt, zufolge der genauen Versuche
des Hrn. Menzies, 40 Kubikzolle. Die Lungen enthalten, demzufolge, nach dem Einathmen, 149 Kubikzolle Luft. Folglich verhält sich die Ausdehnung der Lungen nach dem Ausathmen, zu ihrer
Ausdehnung nach dem Einathmen $= 109 : 149$,
oder wie $4,7769 : 6,5299$. Der Unterschied ist also
nur $1,7530$, nicht einmal zwei Kubikzolle. Ein un-
beträchtlicher Unterschied, welcher unmöglich eine
so grofse Veränderung in den Blutgefäfsen der
Lunge verursachen kann, als Haller annimmt.
Folglich ist die Ausdehnung der Lungen nicht der
Zweck des Athemholens, wie Haller vermuthete.

Die Menge der ausgeathmeten Luft ist niemals
ganz der Menge der eingeathmeten Luft gleich.

Es

Es geht, während des Athemholens, $\frac{1}{16}$ bis $\frac{1}{15}$ ver loren.

Die atmosphärische Luft, welche eingeathmet wird, besteht aus kohlengesäurtem Gas, aus Salpeterstoffgas, und aus Sauerstoffgas. Durch das Athemholen wird die Menge des kohlengesäurten Gas vermehrt, die Menge des Sauerstoffs nimmt ab, und die Menge des Salpeterstoffgas bleibt unverändert. Wenn hundert Theile atmosphärische Luft eingeathmet werden, welche bestehen, aus 80 Theilen Salpeterstoffgas, aus 18 Theilen Sauerstoffgas, und aus 2 Theilen kohlengesäurtem Gas: so erhält man, nach dem Ausathmen, nur 98 Theile, und diese bestehen nunmehr, aus 80 Theilen Salpeterstoffgas, aus 5 Theilen Sauerstoffgas, und aus 13 Theilen kohlengesäurtem Gas.

Die atmosphärische Luft besteht gemeiniglich, aus 27 Theilen Sauerstoffgas, aus 72 Theilen Salpeterstoffgas, und aus 1 Theil kohlengesäurtem Gas. Nun athmet ein erwachsener Mann, von gewöhnlicher Größe, jedesmal 40 Kubikzolle Luft ein, und er athmet achtzehn mal in jeder Minute: folglich athmet er 720 Kubikzoll Luft in jeder Minute ein. Nun enthalten diese 720 Kubikzolle $\frac{27}{100}$, oder 194,4 Kubikzolle Sauerstoffgas, welches durch das Athemholen verändert wird. Bei jedem Athemzuge werden 0,500 Theile der eingeathmeten atmosphärischen Luft in Kohlensäure verwandelt. Folglich erzeugen sich, in jeder Minute, in den Lungen eines Mannes von gewöhnlicher Größe, 36 Kubikzolle kohlengesäurtes Gas, und in einem Tage erzeugen sich

51840 Kubikzolle, oder 3,9697 Pfund kohlengesäurtes Gas, in den Lungen eines jeden Menschen.

Nach wiederholtem Einathmen und Ausathmen derselben Luft, wird die Menge des Sauerstoffgas immer kleiner, hingegen die Menge des kohlengesäurten Gas immer gröfser, und zuletzt wird die Luft ganz untüchtig zum Athemholen.

1. Versuch. Unter eine, mit Sauerstoffgas angefüllte, und über dem Quecksilber-Apparat stehende Glocke, setze man ein Meerschweinchen. Im Anfange wird das Thier sehr frei Athem holen, aber nach einiger Zeit wird demselben das Athemholen schwer werden, endlich wird es, mit grofsen Beängstigungen, an Konvulsionen sterben. Nimmt man das Thier unter der Glocke hinweg, und bringt man eine Auflösung von Pottasche unter dieselbe, so wird die Pottasche sehr viel kohlengesäurtes Gas einsaugen, welches durch das Athemholen des Thieres entstanden ist. Etwas Sauerstoffgas ist noch unter der Glocke zurückgeblieben, und man kann ein anderes Thier unter dieselbe bringen, welches ebenfalls eine Zeit lang athmet, und dann stirbt. So kann man endlich, durch das Athemholen, alles Sauerstoffgas in kohlengesäurtes Gas verwandeln. Man darf nur, so oft ein Thier gestorben ist, die Kohlensäure von der Pottasche einsaugen lafsen, und das übergebliebene Sauerstoffgas unter eine kleinere Glocke bringen.

Versuche haben bewiesen, dafs nicht die Zunahme des kohlengesäurten Gas, sondern die Abnahme des Sauerstoffgas, die Luft zu dem Athem-

*holen untüchtig macht. Das kohlengesäurte Gas ist
nur schädlich, in so ferne es, durch seine Schwere,
das Eindringen des Sauerstoffgas in die Lunge verhindert.*

*Das Blut, welches, durch die Lungenarterie,
aus der rechten Herzkammer in die Lunge kommt,
hat eine schwarze Farbe. Dasjenige Blut hingegen,
welches, durch die Venen, aus der Lunge in die
linke Herzkammer kommt, sieht hochroth aus. Demzufolge wird, durch das Athemholen, die schwarze
Farbe des Blutes in eine rothe verändert.*

2. Versuch. *Wenn man das schwarze, venöse
Blut, auch aufser dem Körper, der Luft, oder dem
Sauerstoffgas aussetzt, so wird es ebenfalls roth.*

3. Versuch. *Die unmittelbare Berührung der
Luft ist nicht einmal nothwendig; sondern eben
diese Veränderung in der Farbe des venösen Blutes
erfolgt auch, wenn das schwarze Blut in einer Blase
eingeschlossen der Luft ausgesetzt wird. Hieraus
erhellt, wie es möglich ist, dafs die Luft die Farbe
des Blutes in der Lunge verändern kann, da sie
doch nicht unmittelbar, sondern nur durch das
Zellengewebe, auf das Blut wirkt.*

*Das, in der atmosphärischen Luft enthaltene,
Sauerstoffgas ist die Ursache dieser Veränderung
der Farbe des Blutes, wie die Versuche beweisen.
Auf welche Weise aber diese Veränderung der Farbe zu erklären sey, und auf welche Weise das
Sauerstoffgas eigentlich bei dem Athemholen wirke,
davon wollen wir unten ausführlich sprechen, wenn
wir vorher erst die Erscheinungen, welche sich bei*

dem 'Athemholen zeigen, ausführlich werden beschrieben haben.

Nur soviel wollen wir hier, im Allgemeinen bemerken; dafs das venöse Blut, welches aus der rechten Herzkammer in die Lunge kommt, in derselben,
durch den Beitritt der Luft, eine Veränderung leidet,
durch welche es reizend wird, und nun vermögend.
ist, die linke Herzkammer zum Zusammenziehen zu
reizen. Venöses Blut, welches von der Luft nicht
berührt worden ist, reizt die linke Herzkammer
nicht zum Zusammenziehen, obgleich es fähig ist,
die rechte Herzkammer zu reizen. Diefs ist die
eigentliche Ursache des Todes der Ertrunkenen und
Erhängten: dafs nemlich schwarzes, venöses, von
der Luft nicht berührtes Blut, in die linke Herzkammer kommt, wodurch die Bewegung dieser Herzkammer aufhört, weil dieselbe nicht mehr zum Zusammenziehen gereizt wird.

Sobald das Athenholen nicht gehörig von statten geht, ist das arterielle Blut mehr oder weniger
schwarz; und wenn das Athmholen ganz aufhört,
so bleibt auch alles Blut schwarz. Diejenigen Stellen, wo das Blut, aus den äufsersten Enden der
Arterien, in die äufsersten Enden der Venen übergeht, liegen, an einigen Theilen des Körpers, so
nahe unter der Haut, dafs man die Farbe des Blutes deutlich durchscheinen sehen kann: z. B. an den
Wangen, den Lippen, unter den Nägeln, an der
inneren Seite des Mundes, und an der Eichel des
männlichen Gliedes. Bei Personen, welche eine
grofse Lunge haben und stark Athem holen, so wie

auch in einer Luft, welche viel Sauerstoffgas enthält, sind diese Stellen hochroth. Bei Personen, bei denen das Athemholen nicht so gut von statten geht, oder welche in einer schlechten Luft athmen, die wenig Sauerstoffgas enthält, sind diese Stellen blaß, gelb, blau, oder violett. Z. B. im Frost der Wechselfieber; zum Theil auch bei skorbutischen Personen, deren Gesicht gelb, und deren Zahnfleisch blau aussieht. Bei Ertrunkenen oder Erhängten, bei denen das Athemholen ganz aufgehört hat, findet man das Gesicht, die Lippen, die Haut unter den Nägeln und die Eichel des männlichen Gliedes, violett oder dunkelblau gefärbt. Auch neugebohrne Kinder sehen oft so aus, aber sie verlieren diese Farbe nachdem sie einige Tage Athem geholt haben. *) Ein Mädchen lebte lange Zeit ohne alles Athemholen, weil die Lungenarterie kein Blut durchließ, und die Zirkulation durch die ovale Oeffnung geschah. Sie sah über den ganzen Körper gelb aus. Ihre Lippen und Nägel, ja sogar die Konjunktiva des Auges war gelb. Sie gieng äußerst langsam, und war genöthigt bei jedem dritten Schritte stille zu stehen. Sie hatte ein unaufhörliches Herzklopfen und eine unbeschreibliche Schwäche in allen Gliedern. Sie konnte nicht ohne große Schwierigkeit schlucken, und war beinahe immer verstopft. Im Winter, und vorzüglich bei dem Nordwinde, nahmen alle diese Zufälle zu, und in einem solchen Anfälle starb sie. Ihre Stimme war leise und ge-

---

*) Will. Hunter in med. obs. and inquiries. Vol. 6. p. 283.

brochen, und der Puls klein und schnell. Ihr Blut
war schwarz. *) Auch wenn das Blut, wegen eines
Polypen im Herzen, nicht frei zirkulirt, sieht der
Kranke gelb aus. **) Ein neugebohrnes Kind, bei
welchem die Lungenarterie ganz verwachsen war,
und bei welchem nur ein kleiner Theil des Blutes
aus der Aorta, durch eine umgekehrte Bewegung
des ductus arteriosus, in die Lungenarterie und in
die Lunge kam, lebte dreizehn Tage, sah über den
ganzen Körper schwarz aus, hatte heftiges Herzklopfen, und starb an Konvulsionen. Hier geschah
die Zirkulation durch die ovale Öffnung, aber das
Kind starb dennoch. ***) In einem andern Falle
liefs die Lungenarterie sehr wenig Blut durch, der
Kranke lebte dreizehn Jahre und sah ganz schwarz
aus: ****) Personen, welche in eingeschlossener Luft
leben, die wenig Sauerstoffgas enthält, sehen immer bleich aus.

Ein Theil des eingeathmeten Sauerstoffgas
wird, während des Athemholens, in Wasser verwandelt, und geht bei dem Ausathmen als Wasser
fort. Das Wasser ist sichtbar, sobald die Temperatur unter 40° Réaum. ist. In einer verdichteten
Luft, bei einem stärkeren Drucke der Atmosphäre,
in unterirdischen Höhlen, ist das Wasser auch bei
einer Temperatur von 53° sichtbar.

*) Tacconi in Comment. Institut. Bononiens. T. 6. p. 64.
**) Medical. observ. and inquiries. Vol. 6. p. 42.
***) Med. obs. and inqu. Vol. 6. p. 291.
****) Ibid. p. 299.

Das Athemholen steht mit der Zirkulation des Blutes in dem allergenauesten Verhältnisse. Daher ist auch zwischen dem Pulse und dem Athemholen die genaueste Übereinstimmung. Je schneller das Athemholen ist, desto schneller ist der Puls; und umgekehrt. Man zählt zwischen dem Einathmen und dem Ausathmen vier bis fünf Pulsschläge. Bei drei gesunden, sitzenden Personen, von verschiedener Länge, waren des Morgens die Pulsschläge = 65; 72; 116 und das Einathmen = 17; 19; 30. Die mittlere Zahl der Pulsschläge und der Einathmungen, in einer gegebenen Zeit, sind demzufolge mit einander im Verhältnisse. Floyer *) zählte, nach starker Bewegung des Körpers, 90 Pulsschläge und 30 Einathmungen in einer Minute, und bei eben der Person, nach völliger Ruhe, nur 19 Einathmungen in derselben Zeit. Bei einer Schwangern zählte er 98 Pulsschläge und 37 Einathmungen. Bei Kindern rehnet er drei Pulsschläge auf eine Einathmung; im Fieber, 4 Pulsschläge auf jede Einathmung; in heftigen Entzündungsfiebern 130 Pulsschläge und 60 Einathmungen; bei asthmatischen Personen auf 16 Pulsschläge nur eine Einathmung. Ein Trompeter, der zwei Minuten lang anhaltend fortblies, hatte neun bis zehn Pulsschläge auf jede Einathmung. **)

Je mehr Blut aus dem Herzen in die Lunge kommt, desto öfteres Athemholen ist nöthig; je we-

---

*) Floyer pulse-watih T. 2. p. 345.
**) Hales haemast. p. 100.

niger, desto langsameres. Langsames Athemholen,
und Seufzen, zeigt eine Anhäufung des Blutes in
der Lunge an. Es ist gemeiniglich mit einem
schnellen, aber kleinen Puls verknüpft, weil alsdann
wenig Blut auf einmal aus dem Herzen kommt.
Oft kommt auf 100 Pulsschläge nur eine Einathmung, und die hundert Pulsschläge bringen nur
zwei Unzen Blut. *).

Je kleiner die Einathmung, desto schneller ist
dieselbe. Solche schnelle und unvollkommene Einathmungen finden gemeiniglich kurz vor dem
Tode statt.

Einige haben geglaubt, dass die Menschen unter dem Wasser leben könnten, wenn nur die ovale
Oeffnung des Herzens offen bliebe. Aber diese
Meinung ist ungereimt. Der Mensch kann nicht
leben, wenn nicht sein Blut in Berührung mit der
Luft kommt. Das Blut des Foetus berührt die Luft
in der Lunge der Mutter, darum kann der Foetus
auf diese Weise leben; aber nicht so der erwachsene Mensch. Die Folgen einer solchen Zirkulation
durch die ovale Oeffnung, ausser dem Leibe der
Mutter, sind oben gezeigt worden, durch Beispiele
von Personen, bei denen die Lungenarterie, ganz
oder doch grösstentheils, verwachsen war.

Eine der merkwürdigsten Erscheinungen in der
thierischen Ökonomie ist das Athemholen des Foetus, oder des Kindes im Mutterleibe. Seine Lunge
ist ausser dem Körper, es ist die Plazenta.

---

*) De Haen rat. medendi lib. 2, p. 138.

Man hat lange vermuthet, daß das Blut der
Mutter, aus den Arterien des Uterus in die Plazenta komme, daß diese Arterien mit den Nabelvenen des Foetus anastomosiren, daß durch dieselben das arterielle Blut der Mutter dem Foetus zugeführt werde, und daß dieses Blut, nachdem es in
dem Foetus zirkulirt, und denselben genährt habe,
durch die Nabelarterie und durch die Venen des
Uterus, der Mutter, wiederum zugeführt werde.
Aber eine solche Anastomosis der Gefäße findet
zwischen der Mutter und dem Foetus nicht statt.
Wäre dieß; so müßte: 1) eine jede Veränderung
in der Zirkulation des Blutes der Mutter eine ähnliche Veränderung in der Zirkulation des Foetus
hervorbringen. Aber dies geschieht nicht. Raub-
thiere jagen, während ihrer Schwangerschaft, so
wie sonst: Stuten laufen wie vorher; und Jagdhun-
de jagen, ohne daß dieses den Jungen schadet, mit
denen sie trächtig sind. So auch bei den Menschen.
2) Fände eine solche Anastomosis statt: so müßte
alles, was in der Zirkulation des Blutes der Mutter
eine beträchtliche Veränderung verursacht, eine
noch beträchtlichere Veränderung in der Zirkulation des Foetus veranlassen. Wenn die Mutter ein
Purgirmittel nimmt, oder sich betrinkt, so müßte
der Foetus ein Fieber bekommen. Wenn die Mutter
an der Schwindsucht krank ist, so müßte der Fötus
ein hektisches Fieber mit auf die Welt bringen.
Aber dieß geschieht nicht. 3) Wenn eine Anastomosis der Gefäße statt fände: so müßte, nach
Durchschneidung der Nabelschnur, eine tödtliche

Verblutung der Mutter entstehen. Aber die Verblutung ist sehr gering, und das Blut fliefst nur aus demjenigen Theile der Schnur, welcher mit dem Kinde verbunden ist. 4. *Folgender Versuch beweist deutlich, dafs keine Anastomosis vorhanden ist. Wenn man die Nabelvenen durchschneidet, so blutet sich der Foetus zu Tode. Wollte man hiegegen einwenden: dafs in diesem Falle nicht alles Blut von dem Foetus, sondern wenigstens die Hälfte von der Mutter komme, und dafs, da der Foetus, im Verhältnisse gegen die Mutter, nur wenig Blut enthält, er auch die Folgen der Verblutung zuerst fühlen müfse: so läfst sich hierauf antworten: wenn diese Erklärung wahr wäre, so müfste nach Unterbindung der Nabelarterie die Verblutung fortfahren; aber sie hört auf, sobald die, zwischen der Ligatur in der Arterie und der Öffnung in der Vene enthaltene Menge von Blut, ausgeflossen ist.* 5) *Röderers Beobachtung beweist, dafs keine Anastomosis der Gefäfse zwischen der Mutter und dem Foetus statt findet. Er öffnete eine Frau, welche, im sechsten Monate der Schwangerschaft, an einer Verblutung starb. Die Blutgefäfse des Kindes waren voll, die der Mutter hingegen leer.* Büffon *liefs eine schwangere Hündin zu Tode bluten, und als er sie nach dem Tode öffnete, waren die Jungen lebendig und munter.* Dr. Young *zu Edinburgh liefs eine schwangere Hündin zu Tode bluten, und fand, ziemlich lange nachher, bei der Öffnung, die Jungen noch lebendig, obgleich die Gefäfse der Mutter beinahe ganz leer waren. Auch*

ist bekannt, dafs der, in den Membranen einge-
schlossene Foetus, einige Zeit, obgleich von der Mutter getrennt, leben kann. *)

Das Blut der Mutter kommt, durch die Arte,
rien des Uterus, in die Plazenta, es ergiefst sich
in das Zellengewebe. derselben, und kehrt, durch
die Venen des Uterus, wiederum in die Mutter zurück. Das Blut des Foetus kommt in die Plazenta
durch die Nabelarterie, ergiest sich in andere Zellen des schwammigten Gewebes derselben, welche
mit den vorigen Zellen in Verbindung stehen, und
kehrt, durch die Nabelvenen wiederum in den Fötus zurück. **) Die Plazenta besteht beinahe ganz
aus solchen Zellen, welche theils mit der Mutter,
theils mit dem Foetus in Verbindung stehen. Bei
den Kühen, und andern wiederkäuenden Thieren,
anastomosiren die Gefäse der Mutter und des Foetus nicht nur nicht, sondern sie laufen nicht einmal
neben einander. Durch die Injektion wird immer
nur ein Theil der Plazenta angefüllt; nie geht die
feinste Injektion, in der Plazenta einer Kuh, von
einem Theile der Plazenta in den andern über:
sondern man kann beide Theile von einander trennen. Bei dem Menschen ist es etwas verschieden.
Die Gefäse der Mutter laufen in denjenigen Theil
der Plazenta, welcher dem Kinde gehört, und die
Aeste beider Gefäse laufen neben einander. Da-

---

*) Harvey de generat. p. 353. Vesal. de h. c. fabrica lib. 7.
c. 19. p. 569.
*) J. Hunter observations on certain parts of the animal
oeconomy. p. 134.

her scheint die menschliche Plazenta einfach zu
seyn: ob gleich dieselbe in der That doppelt ist.
Injicirt man die menschliche Plazenta durch die
Arterien des Uterus; so schwillt sie an, und die
Injektion kommt durch die Venen des Uterus zurück. Injicirt man die Plazenta durch die Venen
des Uterus: so kommt die Injektion durch die Arterien des Uterus zurück, welches ein Beweis ist, dafs
die Venen des Uterus keine Klappen haben. Die
Arterien endigen sich in Zellen, wie die Arterien
des männlichen Gliedes; und mit diesen Zellen sind
die Venen in Verbindung. Aber keine Injektion
kann (ohne Zerreifsung der Gefäfse) bis in die Nabelschnur gebracht werden. Sprüzt man die Plazenta durch die Nabelschnur ein: so schwillt die
Plazenta an, und die Einsprüzung kommt durch
die Nabelvene zurück; aber es geht nichts davon in
die Gefäfse der Mutter, oder in den Uterus. Die
Nabelarterien und Nabelvenen des Foetus zertheilen
sich in der Plazenta in kleine Äste; sie anastomosiren öfters unter einander, und ihre kleinen Äeste
gehen in die Zellen der mütterlichen Gefäfse.

Das Blut der Mutter kommt also in die Plazenta durch die arterias utero-placentales, die sich
in Zellen ergiefsen. Aus diesen Zellen wird es von
den venis placento-uterinis aufgenommen, und zu
der Mutter zurück gebracht. Das Blut des Foetus
kommt in die Plazenta durch die Nabelarterien,
welche kleine Äste bis in die Zellen der mütterlichen Gefäfse verbreiten, und sich in Venen endigen, welche durch die Nabelvene das Blut nach dem
Foetus zurück führen.

In dem Foetus ist das Blut der Aorta und der
linken Herzkammer arteriell, oder roth; denn: 1) es
reizt die linke Herzkammer zum Zusammenziehen,
und dieses kann nur durch arterielles Blut gesche-
ben; 2) es ist fähig, die verschiedenen Sekretionen
des Körpers zu versehen, welches ebenfalls nur
durch arterielles Blut geschehen kann. Woher aber
ist dieses Blut arteriell? — Nicht von den Lungen des
Foetus, denn diese haben keine Verbindung mit der
atmosphärischen Luft: sondern von der Plazenta,
welche bei dem Foetus die Stelle der Lungen vertritt.
Das Blut des Fötus wird aber nur zum Theil gereinigt: denn in jeder Zirkulation geht nicht alles Blut
des Foetus nach der Plazenta; ein Theil geht, durch
die ovale Öffnung des Herzens, aus einer Herzkammer in die andere. Bei einigen Thieren findet,
während des ganzen Lebens, eine solche partielle
Reinigung statt: z. B. bei den Fröschen, und bei
einigen andern Amphibien, deren Herz einfach ist.

Das Blut des Foetus geht also nicht unmittelbar
durch die Plazenta nach der Mutter; und das Kind
stirbt daher plötzlich, wenn, während der Geburt,
die Nabelschnur gedrückt, und die Zirkulation des
Blutes des Kindes vor und nach der Plazenta unterbrochen wird. Bei Kindern, die, durch eine verhinderte Zirkulation in der Nabelschnur, während
der Geburt sterben, findet man: 1) die Substanz
der Lungen dichte und roth. 2) Die Herzkammern,
und die Herzohren, enthalten eine beträchtliche
Menge schwarzes Blut. 3) Der ductus arteriosus
enthält etwas Blut. 4) Das Gehirn sieht natürlich

254

aus. 5) Der ductus venosus ist leer. Demzufolge stirbt der Foetus, während der Geburt (wenn durch einen Zufall die Zirkulation mit der Plazenta unterbrochen wird) nicht durch Extravasation, oder durch Anhäufung des Blutes in irgend einem Theile des Körpers; nicht durch einen Druck des Blutes auf das Gehirn; nicht aus Mangel des Blutes im Herzen: sondern aus Mangel von arteriellem Blute aus der Nabelvene.

Man kann hierüber folgenden Versuch anstellen. Während das Kind auf den Knien des Geburtshelfers liegt, werden drei Unterbindungen um die Nabelschnur gemacht, und alle drei zugleich feste zugezogen. Die Nabelschnur wird alsdann, zwischen den beiden Unterbindungen, die zunächst am Nabel sind, durchgeschnitten; und so wird eine gewisse Menge arterielles und venöses Blut zwischen den andern beiden Ligaturen zurück gehalten. Nun wird die gallertartige Substanz der Nabelschnur von den Gefässen getrennt, die Gefäße werden entblöst, und eine Punktur, mit der Spitze einer Lanzette, wird in die Arterie gemacht, welche das Blut, das im Foetus zirkulirt hat, nach der Plazenta zurück bringt. Eine ähnliche Punktur wird in die vena umbilicalis gemacht, nahe bei der Punktur in der Arterie; so, dafs man das, aus der Vene ausfliefsende Blut, leicht mit dem Blute, welches aus der Arterie ausfliefst, vergleichen kann. Das aus der Arterie fliefsende Blut ist schwarz, wie venöses Blut; das aus der Vene fliefsende Blut ist hingegen rothes arterielles Blut.

Aus dem Gesagten folgt: daß das Blut des Foetus, in der Plazenta, (welche statt der Lunge dient) gereinigt wird. Die Blutgefäße der Mutter ramificiren sich über die Zellen der Plazenta, wie die Äste der Lungenarterie über den Zellen der Lunge. Das zu dem Leben taugliche, arterielle Blut der Mutter, kommt in Berührung mit dem untauglichen Blute, welches im Foetus zirkulirt hat. Vermöge einer doppelten Verwandschaft bekommt das Blut des Foetus einen Theil des Sauerstoffes, welchen das arterielle Blut der Mutter enthält, und das Blut der Mutter nimmt dagegen einen Theil des Kohlenstoffes aus dem Blute des Foetus auf. Das gereinigte und mit Sauerstoff versehene Blut des Foetus geht nun wieder zurück, und zirkulirt in dem Foetus, und das Blut der Mutter geht durch die vena cava zum Herzen zurück, und von da in die Lunge, wo dasselbe an der Luft aufs neue gereinigt wird.

Bei dem Athemholen des Foetus habe ich mich vorsätzlich lange aufgehalten: denn dieser Gegenstand ist von der höchsten Wichtigkeit, und ich werde künftig, in meiner Physiologie, sehr viele, bisher noch nicht erklärte Erscheinungen in der thierischen Oekonomie, hieraus erklären.

Ohne Sauerstoffgas kann kein Thier leben. Zu dem Leben der Thiere wird nothwendig erfordert, daß das Blut derselben, von Zeit zu Zeit, mittelbar oder unmittelbar, mit dem Sauerstoffgas, oder mit der atmosphärischen Luft, welche Sauerstoffgas enthält, in Berührung komme. Dieses ist eine Re-

gel ohne Ausnahme. Die Schaale des Eyes hat
eine unzählige Menge kleiner Öffnungen, durch
welche Luft in das Ey eindringt. Daher bemerkt
man, daß die Henne, während des Brütens, die
Eyer öfters umwendet; und daß diejenigen Hen-
nen, welche zu feste aufsitzen, schlechte Brüthennen
sind. Wenn man, bei dem künstlichen Ausbrüten
der Eyer, dieselben in einen Kasten einschließt,
und den Zutritt der Luft verhindert: so kommen
keine Hühngen aus den Eyern, wie Réaumur gezeigt hat. Auch dürfen die Poren der Eier nicht
verstopft werden, wenn das Brüten gelingen soll;
das Ey darf nicht mit Fett oder Öl beschmiert werden. Man hat hierüber folgende Versuche angestellt:
Einige Eyer wurden, nachdem dieselben neun
Tage unter der Henne gelegen hatten, mit einer
Auflösung von Gummi bestrichen, und nacher noch
zehen Tage unter die Henne gelegt. Am neunzehn-
ten Tage wurden diese Eyer aufgebrochen, und da
fand man die jungen Hühner todt, und nicht größer
als sie am neunten Tage gewöhnlich zu seyn pflegen. Viele Eyer wurden, beinahe zu allen Zeiten
des Brütens aufgebrochen, und da fand man: daß
beinahe das ganze Blut des Küchleins in dem Chorion, oder in derjenigen Membran zirkulirt, welche
das Weiße mit dem Gelben umgiebt. Dieses Chorion wird durch eine doppelte, äußerst zarte Mem-
brane von der Schaale getrennt. Die Nabelgefäße
des Küchleins laufen, nachdem sie aus dem Un-
terleibe gekommen sind, eine ziemliche Strecke ohne
Äste zu bilden. Endlich theilen sie sich in drei

große

grofse Äste. Ein Ast der Arterie, begleitet von einem Aste der Vene, läuft gerade nach der Spitze
des Eies, und dort zertheilt sich derselbe, auf eine
schöne Weise, in sehr viele kleine Aste. Eine andere grofse Arterie und Vene gehen nach jeder
Seite zu oben dieser Membran, beinahe in gerader
Linie nach der Mitte des Eies. Diese geben Äste
nach allen Richtungen, nicht nur vorwärts, zu der
erstbeschriebenen Arterie und Vene, die sich nach
ihnen zurück beugen: sondern auch rückwärts, nach
dem breiten Ende des Eies; so dafs diese Membran,
oder das sogenannte Chorion, wie ein Netz von
Blutgefäfsen aussieht. Die Venen sind viel dicker
als die Arterien. Man kann die letzteren, durch
das sichtbare Pulsiren, leicht unterscheiden; und
noch mehr, durch den merkwürdigen Umstand, dafs
das Blut in den Arterien, vorzüglich an den Stellen wo dasselbe in das Chorion eintritt, dunkelbraun und schwärzlich, in den Venen hingegen
schön roth ist.

An dem breiten Ende des Eies ist Gas enthalten, welches, zufolge einiger Versuche, die ich mit
demselben angestellt habe, Wasserstoffgas zu seyn
scheint. Zu Anfange des Brütens ist die Blase,
welche dieses Gas enthält, sehr klein; nachher aber
nimmt dieselbe am Umfange zu. Wenn das Huhn
die Schaale bricht, so nimmt dieses Gas beinahe
den dritten Theil des Eies ein. Die Gefäfse im
Chorion erscheinen zuerst auf demjenigen Theil,
welcher mit diesem Gas in Berührung steht, und
dort sind sie auch am dichtsten.

R

Malpighi *hielt dafür: das Gelbe des Eies seye
dem Küchlein was die Plazenta dem Foetus ist.
Aber das Gelbe des Eies ist nicht die Plazenta,
denn:* 1) *die Plazenta ist klein, solange der Foetus
noch ein Embrion ist, und sie ist am gröſsten, wenn
der Foetus ausgewachsen ist: das Gelbe hingegen ist
am gröſsten wenn das Küchlein am kleinsten ist,
und am kleinsten wenn das Küchlein die Schaale
verlaſsen will. Ausserdem ist das Gelbe mitten im
Ei, und kommt nicht in Berührung mit der äuſseren Luft, und es ist gar keine Zirkulation in demselben: auch kommt im Ei kein Blut der Mutter in
Berührung mit dem Blute des Küchleins. Weder
das bloſse Auge, noch die stärksten Vergröſserungs-
gläser, zeigen auch nur die geringste Spur von
Blutgefäſsen in dem Gelben des Eies: obgleich einige Schriftsteller behauptet haben, man sehe eine
unendliche Menge von Gefäſsen in dem Gelben.
Diese Gefäſse finden sich bloſs allein in der Membran, welche das Gelbe umgibt.*

Soviel auch in den neuesten Zeiten zu der
Erläuterung des Athemholens gethan worden ist:
so hat dennoch diese wichtige Lehre immer noch einige Schwierigkeiten, und über die Theorie des
Athemholens sind die Chemiker noch nicht ganz
einig.

Die Herren Lavoisier und Crawford *halten dafür: daſs, bei dem Athemholen sich gekohltes Wasserstoffgas aus dem venosen Blute absondere, und
sich mit dem Sauerstoffgas der atmosphärischen
Luft verbinde; daſs der Verbindung der Kohle mit*

dem Sauerstoffgas die Entstehung des kohlengesäurten Gas zuzuschreiben sei, welches sich bei dem
Ausathmen findet; dafs, ferner, aus der Verbindung des Wasserstoffgas mit dem Sauerstoffgas der
Atmosphäre die Wasserdämpfe entstehen, welche
sich bei dem Ausathmen zeigen; dafs endlich die
veränderte Farbe des Blutes, aus der schwarzen in
die rothe, blofs allein von dem Verluste des gekohlten Wasserstoffgas herkomme, und dafs kein Sauerstoff mit dem venösen Blute in Verbindung
übergehe.

Um mich von der Wahrheit dieser Theorie zu
überzeugen, habe ich eine Reihe genauer Versuche
angestellt, welche in Roziers Journal de Physique,
Août 1790 beschrieben, und seither von andern Chemikern wiederholt worden sind. *) Aus diesen Versuchen erhellt: dafs der Sauerstoff sich wirklich mit
dem venösen Blute verbindet, und dafs die rothe
Farbe des arteriellen Blutes nicht sowohl von dem
Verluste des gekohlten Wasserstoffgas, als vielmehr von der Verbindung mit dem Sauerstoffe
herkommt.

Meine Theorie des Athemholens ist kürzlich
folgende: Während des Athemholens wird das
Sauerstoffgas der Atmosphäre zersetzt. Ein Theil
des Sauerstoffes verbindet sich mit dem venösen
Blute, und verwandelt seine dunkle Farbe in eine

---

*) Man sehe die Abhandlung, welche Hr. Hassenfratz der
Königl. Akademie zu Paris über meine Versuche vor-
gelegen hat. Annales de Chimie, Août 1791.

R 2

hellrothe Farbe. Ein anderer Theil des Sauerstof-
fes verbindet sich mit dem Kohlenstoffe, welcher
aus dem venösen Blute abgesondert wird, und er-
zeugt kohlengesäurtes Gas. Ein dritter Theil des
Sauerstoffes verbindet sich mit dem Kohlenstoffe,
des schwärzlichen Schleims, welcher sich in den
Ästen der Lunge in grofser Menge absondert: die-
ser erzeugt ebenfalls kohlengesäurtes Gas. Ein vier-
ter Theil des Sauerstoffes verbindet sich mit dem,
aus dem venösen Blute abgesonderten Wasserstoff-
gas, und erzeugt Wasser, welches sich bei dem
Ausathmen zeigt. Der Wärmestoff des zerlegten
Sauerstoffgas bleibt zum Theil mit demjenigen
Sauerstoffe verbunden, welcher sich mit dem venö-
sen Blute verbindet; darum ist auch die Menge
des Wärmestoffes gröfser in dem arteriellen Blute,
als in dem venösen, wie Hr. Crawford bewiesen hat.
Ein anderer Theil des Wärmestoffes geht in die
Verbindunng des kohlengesäurten Gas über. Ein
dritter Theil desselben verbindet sich mit den ent-
standenen Wasserdämpfen.

Demzufolge sind die Wirkungen *des Athemho-*
lens folgende:

1) Das venöse Blut verliert gekohltes Wasser-
stoffgas und saugt Sauerstoffgas ein. Dadurch er-
hält es eine rothe Farbe, so wie die metallischen
Halbsäuren, das salpetersaure Gas, und einige an-
dere Körper, durch ihre Verbindung mit dem Sauer-
stoffe, eine rothe Farbe erhalten.

2) Die Fähigkeit des Blutes (capacitas) nimmt
zu: denn die Fähigkeit aller Körper wird gröfser,

wenn dieselben mit dem Sauerstoffe verbunden werden.

3) Das Sauerstoffgas der Atmosphäre wird zum Theil von dem venösen Blute eingesogen; zum Theil durch den Kohlenstoff des Blutes, und den Kohlenstoff des Schleims der Lunge, in kohlengesäurtes Gas umgeändert; und zum Theil, durch den Wasserstoff des venösen Blutes, in Wasser verwandelt.

Die Produkte, welche durch das Athemholen entstehen, sind:

1) Eine flüssige, thierische Halbsäure; arterielles Blut.

2) Kohlengesäurtes Gas.

3) Wasser.

4) Eine kleine Menge ungebundener Wärmestoff.

Aus dem Gesagten erhellt: dafs die Güte der atmosphärischen Luft, oder die Fähigkeit derselben das Athemholen zu unterhalten, von der gröfseren oder geringeren Menge des Sauerstoffgas abhängt, welches in ihrer Mischung enthalten ist: denn dieses ist der einzige Bestandtheil der Luft, der da fähig ist, das Leben der Thiere zu unterhalten.

Genaue Versuche mit Fontanas Eudiometer haben gelehrt: dafs die Menge des, in der Atmosphäre enthaltenen Sauerstoffgas, kleine Veränderungen abgerechnet, beinahe immer ungefähr gleich ist; dafs diese Menge im Winter, und nahe an der See, etwas gröfser ist, als im Sommer, und an Örtern, welche in einiger Entfernung von der See liegen; daſs diese Menge in Städten, und an Örtern, wo viele Menschen beisammen wohnen, oder sich einige Zeit beisammen aufhalten, geringer ist als auf dem Lande, oder an solchen Orten, wo wenige Menschen sich beisammen aufhalten; daſs endlich Winde, welche von ungesunden, oder morastigen Gegenden herkommen, die Menge des Sauerstoffgas in der Luft vermindern, und dadurch die Luft ungesund machen.

Bei dem Athemholen eines gesunden Menschen erzeugt sich ungefähr vier Gran Wasser in jeder Minute, und 2449 Gran in jeder Stunde.

Bei dem Athemholen eines gesunden Menschen erzeugen sich in den Lungen 36 Kubikzolle kohlengesäurtes Gas in jeder Minute; und in jedem Tage erzeugen sich 51840 Kubikzolle, oder 3,9697 Pfunde kohlengesäurtes Gas, wie oben ist bewiesen worden.

Die Menge von Wärmestoff, welche in einem Tage, mit dem Sauerstoffe verbunden, in das Blut eines gesunden Menschen übergeht, wäre fähig, 74,2789 Pfunde Eis zu schmelzen.

Ein gesunder Mensch braucht zum Athemholen ungefähr fünf Kubikfuſse atmosphärische Luft, oder ungefähr 1,25 Kubikfuſse Sauerstoffgas, in jeder Stunde.

Da in der atmosphärischen Luft bloſs allein das Sauerstoffgas zum Athemholen dienlich ist: so hat man versucht, das Athemholen kranker, und vorzüglich schwindsüchtiger Personen, zu erleichtern, indem man sie in Zimmern athmen lieſs, welche

mit reinem und unvermischtem Sauerstoffgas angefüllt waren. Anfänglich versprach man sich viel
von diesem Mittel; aber die Erfahrung hat bald
bewiesen, daſs dasselbe höchst schädlich ist, und
daſs schwindsüchtige Personen in dem Sauerstoffgas zwar freier athmen, als in der athmosphärischen
Luft, aber, daſs sie auch weit früher sterben; so
wie ein Licht in dem Sauerstoffgas mit hellerer
Flamme brennt, als in der atmosphärischen Luft,
aber sich dagegen weit schneller verzehrt. Die Natur hat uns daher, mit groſser Weisheit, in der
atmotphärischen Luft das Sauerstoffgas nicht rein
einzuathmen gegeben.

Versuch. Setzt man ein Thier unter eine mit
Sauerstoffgas angefüllte Glocke, so wird das Athemholen schneller, die Brust dehnt sich mehr als gewöhnlich aus, das Herz und die Arterien ziehen
sich stärker und schneller zusammen als in dem natürlichen Zustande. Bald nachher ist das Thier in
einem fieberhaften Zustande. Sein Puls wird
schneller, seine Augen werden roth und treten aus
dem Kopfe hervor, der Schweiſs läuft über seinen
ganzen Körper herunter, seine thierische Wärme
nimmt beträchtlich zu, und es dauert nicht lange,
ehe alle Symptome des heftigsten Entzündungsfie-
bers sich zeigen, und die Lungen in Brand übergehen, an welchem das Thier stirbt.

Bei der Lungenschwindsucht nimmt das schon
vorhandene Fieber beträchtlich zu, wenn die Kranken reines Sauerstoffgas einathmen, und durch
dasselbe werden die Kranken in kurzer Zeit aufge-

rieben. Weit besser ist es, wenn man Kranke, die
an der Lungenschwindsucht leiden, eine unreinere
Luft einathmen läfst, als die gewöhnliche Luft der
Atmosphäre; eine Luft, welche weniger Sauerstoffgas enthält.

Hingegen thut das Einathmen des Sauerstoffgas vortrefliche Dienste gegen die venerische Krank-
heit, gegen die Skropheln, die Hypochondrie, die
Bleichsucht, gegen asthmatische Zufälle, und gegen
alle chronische Krankheiten, welche aus Schwäche
entstehen.

Der, während des Athemholens, mit dem venösen Blute verbundene Sauerstoff verbreitet sich,
vermöge der Zirkulation in den Arterien, durch
alle Theile des Körpers. Er verbindet sich mit dem
Körper, und der Wärmestoff wird frei. Daher
entsteht die thierische Wärme, vermöge welcher alle
Thiere eine höhere Temperatur haben, als das Medium, in welchem sie leben.

Je gröfser die Lungen eines Thieres sind, desto
gröfser ist seine thierische Wärme. Am gröfsten
ist diese Wärme bei den Vögeln, deren Athemholen unter allen Thieren am vollkommensten ist, indem die Luft sogar bis in das Innere der Knochen dringt.

Bei denjenigen Thieren, welche keine Lungen
haben, ist die thierische Wärme sehr gering.

Die thierische Wärme eines jeden Thieres steht
im geraden Verhältnifse mit der Menge von Sauerstoffgas, welche dasselbe, in einer bestimmten Zeit,
einathmet.

Wenn ein Thier in einem wärmeren Medium Athem holt, so ist der Unterschied zwischen der Farbe seines venösen und seines arteriellen Blutes nicht so grofs, als wenn dasselbe in einem kälteren Medium Athem holt.

In einem kalten Medium verbraucht ein Thier zum Athemholen weit mehr Luft, in derselben Zeit, als in einem warmen Medium.

Menschen, deren Brust breit und ausgedehnt ist, haben wärmeres Blut, und sind stärker und gesünder als andere Menschen, weil sie besser Athem holen. Daher sind breitschulterigte Menschen allemal gesunde und starke Menschen: Personen hingegen, deren Brust enge ist, sind allemal schwächliche und kränkliche Menschen.

Heftige Bewegung des Körpers in freier Luft, und das durch diese Bewegung verursachte schnellere Athemholen, disponirt den Körper zu Entzündungskrankheiten, indem dadurch die thierische Wärme übermäfsig vermehrt wird.

Demzufolge entsteht die thierische Wärme durch die Zerlegung des mit dem Blute verbundenen Sauerstoffgas.

In dem Fieberfroste ist das Athemholen klein und langsam: in der Hitze des Fiebers ist dasselbe schnell und stark. Entsteht ein Schweifs bei dem Fieber, so verbindet sich ein Theil des entwickelten Wärmestoffes, mit dem, aus der Verbindung des Sauerstoffes und des Wasserstoffes entstandenen Wasser, und die Fieberhitze nimmt ab.

FÜNF UND DREISSIGSTES
KAPITEL.

Die grofse Menge von kohlengesäurtem Gas, welche immerfort, durch das Verbrennen des Kohlenstoffes, durch das Athemholen der Thiere, durch die Gährung shleimigter Körper, und durch das Verfaulen organisirter Substanzen entsteht, wird gröfstentheils durch die Vegetation der Pflanzen wiederum zerlegt. Während der Vegetation zerlegen die Pflanzen das Wasser und die Kohlensäure. Sie verbinden sich mit dem Kohlenstoffe und mit dem Wasserstoffe, so wie auch mit einer kleinen Menge Sauerstoff, und der gröfste Theil des entwickelten Sauerstoffes geht in die Atmosphäre zurück.

Dafs die Pflanzen das Vermögen haben, das kohlengesäurte Gas in seine Bestandtheile zu zerlegen, davon kann man sich durch einen Versuch überzeugen. Man setze unter einer mit destillirtem Wasser, unter einer mit gemeinem Wasser, und unter einer mit kohlengesäurtem Wasser angefüllten Glocke, Pflanzen dem Sonnenlichte aus. Diejenigen Pflanzen, welche mit destillirtem Wasser, mit gekochtem Wasser, oder mit gemeinem Wasser bedeckt sind, werden wenig oder gar kein Sauerstoffgas liefern. Diejenigen Pflanzen hingegen, welche mit dem kohlengesäurten Wasser bedeckt sind, liefern Sauerstoffgas in grofser Menge an dem Sonnenlichte, indem die Kohlensäure zerlegt wird, der Kohlenstoff derselben sich mit der Pflanze verbindet,

und das Sauerstoffgas sich entwickelt. Die Menge
des Sauerstoffgas, welche sich aus Blättern von einerley Pflanzen entwickelt, verhält sich unter dem
gemeinen Wasser, und unter dem kohlengesäurten
Wasser = 2 : 528.

Hr. Ingenhouß hat bewiesen: daß die Pflanzen
an dem Sonnenlichte Sauerstoffgas; und im Finstern
kohlengesäurtes Gas liefern. Das letztere leugnet
Hr. Senebier. Er zeigt: daß aus den Pflanzen
kein kohlengesäurtes Gas sich entwickle, daß aber
die Pflanzen, wenn sie krank sind, Sauerstoffgas in
kohlengesäurtes Gas verwandeln können, weil in
diesem Falle sich das Sauerstoffgas mit dem Kohlenstoffe verbindet, welchen die kranke Pflanze absetzt. Auch ist alsdann dieses kohlengesäurte Gas,
welches aus einer Zerlegung der Pflanze entsteht,
nicht rein, sondern mit Wasserstoffgas und mit Salpeterstoffgas gemischt.

Sollen die Pflanzen, in der Finsterniß, kohlen-
gesäurtes Gas hervorbringen: so wird, nach Hrn.
Senebier, unumgänglich erfordert, daß sie mit dem
Sauerstoffgas in Berührung seyen: ein deutlicher
Beweis, daß nur der Kohlenstoff und nicht das
kohlengesäurte Gas, aus der Pflanze kommt. Setzt
man Pflanzen in Wasserstoffgas, oder in Salpeter-
stoffgas, an einen finstern Ort: so entsteht kein
kohlengesäurtes Gas; setzt man aber Pflanzen in
Salpeterstoffgas, an das Sonnenlicht: so wird das
Salpeterstoffgas in atmosphärische Luft verwandelt.
Setzt man Pflanzen in kohlengesäurtem Gas dem
Sonnenlichte aus, so wird dieses Gas allmählig in

*Sauerstoffgas verwandelt, solange die Pflanzen ge-
sund bleiben; Kohlenstoff entwickelt sich aus den
Pflanzen nur dann, wenn dieselben krank sind.*

*Die Saamen der Pflanzen keimen nicht, solange
sie nicht mit Wasser befeuchtet, und mit dem
Sauerstoffgas in Berührung sind. Während des
Keimens und Wachsens der Pflanzen wird das
Sauerstoffgas zum Theil in kohlengesäurtes Gas verwandelt. Im Wasserstoffgas, im Salpeterstoffgas,
und im kohlengesäurten Gas, keimen die Saamen
gar nicht, wenn diese Gasarten nicht mit Sauerstoffgas vermischt sind. Wasserstoffgas und Salpeterstoffgas zerstören sogar in den Saamen der Pflanzen die Kraft zu keimen gänzlich.*

*Zu dem Leben und zu dem Wachsthum der
Pflanzen ist die Gegenwart des Sauerstoffgas unumgänglich nothwendig. In jeder andern Art von
Gas sterben die Pflanzen, wenn sie nicht dem Sonnenlichte ausgesetzt sind, welches aus ihnen Sauerstoffgas entwickelt, wodurch die schädliche Wirkung
dieser Gasarten zum Theil aufgehoben wird.*

*Setzt man Pflanzen in Wasserstoffgas dem
Sonnenlichte aus: so bemerkt man weiter keine Veränderung, als daß der Umfang des Wasserstoffgas
abnimmt. Dieses geschieht: weil aus der Verbindung des Wasserstoffes, mit dem aus der Pflanze
entwickelten Sauerstoffe, Wasser entsteht.*

*Aus allen Pflanzen entwickelt sich Sauerstoff-
gas an dem Sonnenlichte, und aus den Versuchen
des Hrn. Ingenhouß folgt: daß die Entwicklung
des Sauerstoffes von folgenden Umständen abhängt:*

1) von dem Umfange der Pflanze, im Verhältnisse mit dem Umfange des Gas, in welches dieselbe eingeschlossen ist. 2) Von der Eigenschaft, welche die Pflanze hat, mehr oder weniger Sauerstoffgas zu liefern. 3) Von der Intensität des Lichtes, und von der Länge der Zeit, in welcher dasselbe auf die Pflanzen wirkt.

Die Intensität des Lichtes hat einen grofsen Einflufs auf die Menge des Sauerstoffgas, welches die Pflanzen in einer gegebenen Zeit hervorbringen. Ist das Licht zu schwach, so entwickelt sich kein Sauerstoffgas; und eben so wenig, wenn das Licht zu stark ist, Diesem Umstande schreibt Hr. Ingenhonfs es zu, dafs seine Versuche in Italien nicht gelungen sind.

Gegen die Meinung des Hrn. Senebier, hat Hr. Ingenhoufs bewiesen: dafs die Blätter der Pflanzen, nicht nur wenn sie krank sind, sondern zu allen Zeiten, an dem Lichte Sauerstoffgas, und in der Finsternifs kohlengesäurtes Gas liefern. In der Finsternifs saugen die Blätter der Pflanzen das Sauerstoffgas aus der Atmosphäre ein, und geben dasselbe, als kohlengesäurtes Gas, wiederum von sich. Die Vegetation der Pflanzen verursacht also in der Atmosphäre eine beständige Zirkulation. Bei Tage zerlegen sie das kohlengesäurte Gas, welches dieselbe enthält, verbinden sich mit dem Kohlenstoffe desselben, und athmen reines Sauerstoffgas aus. Bei der Nacht athmen sie Sauerstoffgas ein, und athmen kohlengesäurtes Gas aus.

Alle Blumen liefern, zu jeder Zeit, und sogar

an dem Sonnenlichte, kohlengesäurtes Gas. Hierin
sind also die Blumen der Pflanzen von den Blättern
wesentlich verschieden.

In einer gegebenen Zeit, erzeugen die Pflanzen,
so wie die Thiere, eine weit gröfsere Menge kohlengesäurtes Gas, in dem Sauerstoffgas, als in der atmosphärischen Luft. Auch leben die Pflanzen, unter übrigens gleichen Umständen, länger in dem
Sauerstoffgas, als in der atmosphärischen Luft.

So wie die Thiere den Schlaf vonnöthen haben,
um ihre erschöpften Kräfte herzustellen: so haben
auch die Pflanzen, die Finsternifs vonnöthen, um
den Überflufs von Kohlenstoff, welcher sich während des Tages mit ihnen verbunden hat, des
Nachts wiederum abzusetzen.

Aber nicht nur das kohlengesäurte Gas wird
durch die Vegetation der Pflanzen zersetzt, sondern
auch das Wasser. Die Versuche des Hrn. Ingenhoufs beweisen: dafs der gröfste Theil des Sauerstoffgas, welches die Pflanzen am Sonnenlichte liefern, von der Zerlegung des Wassers herkommt.
Der Wasserstoff verbindet sich mit der Pflanze,
und der Sauerstoff wird frei, und geht in Gasgestalt weg.

Aus dieser Verbindung des Wasserstoffes mit
dem Kohlenstoffe entsteht die Kohle der Pflanzen,
die Öle, und alle übrigen verbrennlichen Theile der
Pflanze. Wenn man, in einem pneumatisch-che-
mischen Apparat, Pflanzentheile, z. B. Holz, destillirt: so erhält man allemal eine Mischung von kohlengesäurtem Gas, und von Wasserstoffgas. Die

Menge beider Gasarten ist aber, nach der Pflanze welche man destillirt, und nach dem Grade des Feuers verschieden, bei welchem man destillirt. Bei sehr vielen Pflanzen findet man das kohlengesäurte Gas und das Wasserstoffgas beständig in demselben Verhältnisse.

Aus Hrn. Lavoisiers Versuchen erhellt: daß diejenigen Pflanzen, welche kein Öl enthalten, aus Kohlenstoff und aus Wasser bestehen; daß, während der Destillation, durch den Kohlenstoff das Wasser zerlegt wird; und daß man daher kohlengesäurtes Gas, und Wasserstoffgas erhält. Bei den Pflanzen welche Öl enthalten, ist es anders. Diese Pflanzen bestehen, aus Kohlenstoff, aus Wasser, und aus Öl (welches letztere eine innige Verbindung des Wasserstoffes mit dem Kohlenstoffe ist). Destillirt man Pflanzen welche Öl enthalten; so erhält man weit mehr Wasserstoff als aus den übrigen: weil hier ein Theil des Wasserstoffes aus dem Öle kommt.

Wenn man, durch eine Destillation bei einer sehr niedrigen Temperatur, das Wasser von den Pflanzen trennt: so erhält man nachher kein kohlengesäurtes Gas und kein Wasserstoffgas mehr aus denselben. Die Kohle zerlegt das Wasser nur bei einer hohen Temperatur, und nicht bei einer niedrigen. Man kann daher bei der Destillation der Pflanzen, die Produkte der Destillation nach Gefallen ändern; je nachdem man den Grad der Temperatur abändert.

Versuch. Man setze Holzspäne, in dem pneu-

matischen Apparat, einer starken Hitze aus; so wird
man kohlengesäurtes Gas und Wasserstoffgas in
grofser Menge erhalten; weil, in diesem Falle, die
Temperatur hoch genug ist, um dafs die Kohle das,
in dem Holze enthaltene Wasser, zerlege.

Versuch. Man setze dieselben Holzspäne in
eben dem Apparat, einem äufserst gelinden Grade
von Feuer aus, den man allmählig und langsam
vermehrt: so geht Wasser in die Vorlage über, und
die Späne werden vollkommen trocken. Vermehrt
man nun den Grad der Wärme; so erhält man
beinahe gar kein kohlengesäurtes Gas, und nur
äufserst wenig Wasserstoffgas.

Demzufolge enthalten die Pflanzen kein Kohlengesäurtes Gas und kein Wasserstoffgas in ihrer
Mischung: sondern sie enthalten Kohlenstoff und
Wasser. Eben so wenig enthalten die vegetabilischen Säuren kohlengesäurtes Gas in ihrer Mischung:
sondern sie enthalten Kohlenstoff und Wasser, welches letztere während der Destillation zerlegt wird.

Ohne Wasser und ohne kohlengesäurtes Gas
ist gar keine Vegetation möglich. Diese beiden
Körper zerlegen sich wechselsweise während der Vegetation. Der Wasserstoff verläfst den Sauerstoff,
um sich mit dem Kohlenstoffe zu verbinden, woraus
Öle, Harze, u. s. w. entstehen. Zugleich entwickelt
sich, in grofser Menge, der Sauerstoff des Wassers
und der Kohlensäure; er verbindet sich mit dem
Lichtstoffe, und geht, zufolge der Versuche der
Herren Priestley, Ingenhoufs und Senebier, als
Sauerstoffgas in die Luft.

Zufolge

Zufolge der schönen Versuche des Hrn. Succow,
liefern die Schwämme an dem Sonnenlichte kein
Sauerstoffgas unter dem Wasser, sondern sie zerlegen das Wasser, und geben kohlengesäurtes Gas
und Wasserstoffgas. Daſs sie das Wasser wirklich
zerlegen, erhellt daraus: daſs sie kein Wasserstoffgas geben, wenn sie nicht unter Wasser sind, wie
folgende Versuche beweisen.

Versuch. Man setze, in eine mit atmosphärischer
Luft angefüllte, und über Kalkwasser stehende Glocke, einige Schwämme (*Agaricus deliciosus* Linn.)
Dann setze man sie dem Brennpunkte eines Brennspiegels so lange aus, bis sie, unter anhaltenden Dämpfen, fast ganz zusammengeschrumpft sind. Die atmosphärische Luft wird zerlegt. Der Kohlenstoff der
Schwämme vereinigt sich mit dem Sauerstoffe der
Luft; es erzeugt sich kohlengesäurtes Gas, welches
das Kalkwasser trübt, und das Salpeterstoffgas
bleibt zurück.

Versuch. Man setze eben solche Schwämme
unter einer, über dem Wasser stehenden und mit
atmosphärischer Luft angefüllten Glocke, dem Sonnenlichte aus. Die Luft wird zerlegt; der Sauerstoff derselben wird in kohlengesäurtes Gas verwandelt; und das Salpeterstoffgas bleibt rein, und ohne
alle Beimischung von Wasserstoffgas, unter der
Glocke zurück.

Der Graf Morozzo hat bemerkt, daſs Pflanzen,
welche an den Ufern der Sümpfe wachsen, zuweilen
mit einer schwärzlichen Kruste bedeckt sind. Dieses
schwarze Pulver ist der Kohlenstoff, den das ge-

S

kohlte *Wasserstoffgas,* welches sich aus den Sümpfen
entwickelt, auf diese Pflanzen absetzt.

SECHS UND DREISSIGSTES
KAPITEL.

ÜBER DIE FORTPFLANZUNG DES SCHALLS IN VER-
SCHIEDENEN ARTEN VON GAS.

In dem *Sauerstoffgas* pflanzt sich der Schall am
weitesten fort, und er ist in dieser Art von Gas am
hellsten, am stärksten, und hat einen höhern Ton
als in den übrigen Gasarten.

In dem salpeterhalbsauren Gas verhält sich der
Schall beinahe eben so, wie in dem Sauerstoffgas,
und pflanzt sich eben so weit fort.

In dem kohlengesäurten Gas ist der Schall dunkler, und sein Ton niedriger als in der atmosphärischen Luft; auch pflanzt sich derselbe nicht so
weit fort.

In dem *Wasserstoffgas* ist der Schall sehr dunkel, sein Ton unbestimmt, und er pflanzt sich nur
auf eine sehr kleine Entfernung fort.

Wenn die Fortpflanzung des Schhalls in der
atmosphärischen Luft = 1,000 ist: so ist dieselbe
in dem Sauerstoffgas = 113,5; in dem salpeterhalbsauren Gas = 125,0; in dem kohlengesäurten Gas = 82,0; in dem *Wasserstoffgas* = 23,4.

SIEBEN UND DREISSIGSTES KAPITEL.

Die neuen Entdeckungen der antiphlogistischen
Chemie verbreiten ein grofses Licht über die dunkle
Lehre der Meteorologie. Wir sehen täglich, dafs
Wasser in der Atmosphäre in die Höhe steigt, und,
als Nebel, Regen, Schnee oder Hagel wiederum her-
abfällt. Aber die Erklärung dieser täglich vorkom-
menden Erscheinung ist nichts desto weniger sehr
schwer, und es hat dieselbe eine Menge von ungegrün-
deten Hypothesen veranlafst.

Das Wasser löst sich in der atmosphärischen
Luft auf zweierlei Weise: vermöge des Feuers, und
ohne Feuer. Mit dem Feuer verbunden ist das
Wasser in Gestalt gehobener Dämpfe (deren Unterschied von entstehenden Dämpfen ich oben schon erklärt habe) oder in Gestalt von Wassergas, mit der
atmosphärischen Luft vermischt. Ausserdem enthalten aber noch die verschiedenen Gasarten, aus denen die atmosphärische Luft besteht, Wasser, in
flüfsiger Gestalt, aufgelöst.

Das Hygrometer, oder dasjenige Instrument, mit
welchem man den Grad der Feuchtigkeit der atmosphärischen Luft abmifst, zeigt nur an, wieviel Wasser in flüfsiger Gestalt in der atmosphärischen Luft
enthalten ist: aber es zeigt nicht an, wieviel Wasser in der Gestalt von Eis, oder in der Gestalt von
Gas, die Luft enthält. Eine Luft kann daher, zufolge der Grade, welche das Hygrometer anzeigt,

sehr trocken zu seyn scheinen, und dennoch sehr viel
Wasser in Gasgestalt enthalten. Daher kommt es,
dafs eine sehr trockne Luft, bei starker Erkältung,
auf einmal feucht wird; und so entsteht oft, aus
einer sehr trocknen Luft ein plötzlicher Regen von
viel tausend Zentnern Wasser. Daher kommt es
auch, dafs in einer trocknen Luft, kalte Körper mit
Feuchtigkeit bedeckt werden; dafs der Rauch sichtbar wird, sobald derselbe an einen kalten Ort gelangt; dafs sich auf Flaschen, welche, aus einem
kalten Keller, in ein warmes Zimmer gebracht werden, Feuchtigkeit ansetzt; dafs, im Winter, die
Fenster der warmen Zimmer, inwendig mit Feuchtigkeit beschlagen werden; dafs hingegen, wenn,
nach einer langen Kälte, auf einmal warme Witterung eintritt, alsdann die verschlossenen Fenster
solcher Zimmer welche nicht geheizt werden, aus-
wendig feucht sind.

Wenn also eine mit Wassergas angefüllte, durchsichtige, und, zufolge des Hygrometers, trockne Luft,
eine Erkältung leidet, so verdichtet sich das Wassergas zu Wasser, zu kleinen Tropfen, und die Luft
wird undurchsichtig: denn obgleich diese kleinen Wassertropfen selbst durchsichtig sind, so wird doch das
Licht, indem es durch die Luft in die Wasserkügelchen, und aus den Wasserkügelchen wiederum in die
Luft geht, auf mannichfaltige Weise gebrochen, und
daher wird die Luft undurchsichtig, und das Wasser
erscheint in derselben, in Gestalt eines Rauchs, oder
eines Nebels. Daher scheint das Wasser zu rauchen, wenn dasselbe wärmer ist als die Luft, welche

es umgibt; daher erscheint, im Winter, die Luft
welche aus einem warmen Keller kommt, in Gestalt
eines Rauchs; daher kann man in der Kälte das
Wasser sehen, welches durch das Athemholen der
Thiere entsteht; und daher scheinen Thiere im
Winter zu rauchen, wenn sie sich durch starke Ar-
beit erhitzt haben, und in Schweiß gerathen sind.
So sehen wir auch, daß, in den Thälern, in welchen durch die Sonne und durch das erwärmte
Erdreich, die Luft erwärmt worden ist, am Abend
ein Nebel entsteht, sobald, durch die Abwesenheit
der Sonne, die Luft wiederum kalt wird. So entsteht auch der Thau, indem das aufgelöste Wasser,
aus der, zunächst an der Erde liegenden, und er-
wärmten Schichte von Luft, durch die darüber liegende, kältere Luftschichte, niedergeschlagen wird.

So oft sich Wasser in Dämpfe verwandelt, entsteht Kälte; denn es verbindet sich mit demselben
eine beträchtliche Menge Wärmestoff, ohne daß
seine Temperatur dadurch erhöht wird. Dieser
Wärmestoff wird den benachbarten Körpern entzogen, und daher entsteht die Kälte. Aus dieser Ursache bemerkt man, daß bei einer sehr hellen Luft,
wenn die Atmosphäre sehr viel Wasser in Gasgestalt aufnimmt, das Wetter meistens kühl oder kalt
ist. Der trockne Nordostwind ist daher allemal zugleich ein sehr kalter Wind. Wenn hingegen die
Luft in den obern Regionen kälter wird, und das
in derselben, in Gasgestalt enthaltene Wasser, die
Form von Wasserbläschen wiederum annimmt, so
wird eine große Menge von Wärmestoff frei; nem-

sich aller der Wärmestoff welcher erfordert wurde,
um das Wasser in Gasgestalt zu erhalten. Sobald
die Luft undurchsichtig wird, sobald Wolken entstehen, bemerkt man eine drückende Hitze, welche
oft beinahe unerträglich ist. Wenn der Regen fällt,
so wird die Luft wiederum abgekühlt; denn, indem
der Regen durch die warme Luft und auf die erwärmte Erde fällt, verdunstet derselbe zum Theil
aufs Neue, und daher entsteht abermals Kälte.

Auf eine andere Art entsteht der Regen durch
die Verbindung des Wasserstoffes mit dem Sauerstoffe, vermöge des elektrischen Funkens. Dieses
geschieht vorzüglich bei Gewittern, und beinahe alle
Gewitterregen entstehen auf diese Weise. Im
Grossen geht hier genau eben das vor, was in dem
Versuche der Herren Troostwyk und Deimann im
Kleinen vorgeht. Die Gewitter entstehen vorzüglich
bei heisser Witterung und im Sommer. Durch die
Wärme, welche vor dem Gewitter hergeht, wird sehr
viel Wasser zerlegt, dessen Sauerstoff sich zum
Theil mit den Pflanzen verbindet, und dessen Wasserstoff grösstentheils in die Höhe steigt, und, wegen
seiner ausserordentlichen Leichtigkeit, bis in die
höheren Regionen der Atmosphäre gelangt. Dort
trifft nun dieser Wasserstoff eine grosse Menge
Sauerstoff an, und durch den elektrischen Funken
des Blitzes wird diese Mischung entzündet und in
Wasser verwandelt. Daher fällt bei den Gewittern
eine so so grosse Menge von Regen auf einmal, und
daher fängt es nicht eher an zu regnen als bis es
geblitzt hat. Da nun aber, so oft, aus der Verbin-

dung des *Wasserstoffes* mit dem *Sauerstoffe*, *Was-*
ser entsteht, allemal eine grofse Menge Wärmestoff
frei wird: so bemerkt man auch, dafs ein Gewitterregen allemal warm ist. *Wenn das Gewitter vorbei*
ist, so wird die Luft kühl: weil alsdann ein grofser
Theil des gefallenen Wassers sich wiederum in Gas
verwandelt, folglich eine grofse Menge Wärmestoff
einsaugt. Der Regen hört auf, sobald es aufhört zu
blitzen: weil alsdann kein Wasser weiter entsteht.

Wenn die Temperatur der Atmosphäre bis zum
Gefrierpunkt abnimmt, so gefriert das in derselben
enthaltene Wasser, es verwandelt sich in kleine
Kristalle von Eis, und fällt als Schnee *herunter.*
Da aber allemal, so oft sich Wasser in Eis verwan-
delt, eine grofse Menge Wärmestoff frei wird, wel-
cher mit dem Wasser gebunden, dasselbe in flüfsi-
ger Gestalt erhielt: so bemerkt man auch allemal,
dafs die Temperatur der Luft wärmer wird, wenn
es anfängt zu schneien, als sie vorher war. Bei
sehr kaltem Wetter schneiet es nicht. Um die Ent-
stehung des Schnees zu zeigen, mache man folgen-
den Versuch.

Versuch. *Man löse, in warmem Wasser, soviel*
Kochsalzgesäurtes Ammoniak, (Salmiak) *als dasselbe*
nur lösen kann. Diese Lösung giefse man in ein
tiefes, gläsernes Gefäfs, welches vorher erwärmt
worden ist. Nachher lafse man dieselbe, an einer
ruhigen Luft, allmählig erkalten. Bald bilden sich
an der Oberfläche kleine Kristalle. Diese kleinen
Kristalle sind spezifisch schwerer als die Flüfsigkeit
in welcher sie schwimmen, sie fallen daher langsam

zu Boden. Aber, indem sie fallen, werden sie merklich größer, und. sie gelangen auf den Boden des Gefäßes, in Gestalt zahlreicher und großer Flokken. Und, was sehr merkwürdig ist, diese Kristallisation führt sehr schnell fort, in einer Flüssigkeit, welche nicht genug übersättigt ist, um sich von selbst zu kristallisiren. Ein entstandener Kristall determinirt sogleich die ganze Flüssigkeit zum Kristallisiren.

Eben diess geschieht auch in der Luft, wenn es schneiet. Wenn erst einige kleine Wassertropfen durch die Kälte kristallisirt worden sind, so hat die Kristallisation ihren Anfang genommen. Wenn nachher diese kleinen Eiskristallen, vermöge ihrer spezifischen Schwere, anfangen zu fallen, so fährt die Kristallisation fort, und das übrige, in der Luft enthaltene Wasser, welches sonst noch nicht würde von selbst kristallisirt seyn, kristallisirt sich nunmehr, weil die Kristallisation einmal angefangen hat. Die Kristallen des Schnees haben jederzeit die Gestalt von regelmäßigen Sechsecken, oder die Gestalt eines sechseckigten Sterns. Diese Gestalt der Kristalle bemerkt man deutlich, wenn der Schnee bei ruhiger Luft fällt, und wenn die Temperatur der Erde nicht hoch genug ist, um die Kristalle, so wie sie fallen, zu schmelzen. Ist aber die Atmosphäre in Bewegung, so stoßen sich diese Kristalle an einander, ihre kleinen Spitzen werden abgebrochen, und man kann ihre eigenthümliche Gestalt nicht länger erkennen.

So, wie aber ein kleiner, in einer gesättigten Lösung entstandener Kristall, die ganze Lösung zum. Kristallisiren determinirt; so kan auch ein jeder anderer, kleiner und spitziger Körper, welcher in eine solche gesättigte Lösung gebracht wird, die Kristallisation determiniren. Aus dieser Ursache bedient man sich, in den Manufakturen, in denen man Mittelsalze kristallisirt, kleiner Stöcke oder Fäden, welche in die Lösung der Salze gebracht werden, und den Kristallen gleichsam zum Kerne dienen. Eben diefs geschieht auch in der Luft, und man bemerkt daher, dafs sich der Reif um die Äste der Bäume, und um andere spitzige Körper ansetzt.

Die Entstehung des Hagels ist nicht so leicht zu erklären. Es finden hier zwei grofse Schwierigkeiten statt. Erstens, die Entstehung dieser Lufterscheinung an und für sich; und zweitens, der Umstand, dafs der Hagel niemals im Winter, und niemals bei der Nacht entsteht.

Zu der Entstehung des Hagels scheint die Elektricität sehr viel beizutragen; denn die Hagelwetter sind allemal zugleich Gewitter, und wenn es bei anhaltendem Regen anfängt zu blitzen, so verwandelt sich der Regen sogleich in Hagel. Der Hagel entsteht in den höhern Regionen der Luft, und wahrscheinlich hagelt es deswegen niemals im Winter, weil blofs allein in einer warmen Jahrszeit die oberen Regionen der Luft unter dem Gefrierpunkt kalt sind.

Im Frühling und im Herbst fällt der Graupenhagel, welcher aus kleinen, mit Schnee bedeckten Hagelkörnern besteht, folglich ein Mittelding zwischen Schnee und Hagel ist.

Die Wasserhose *besteht aus einer Wolke, welche die Gestalt einer beinahe senkrechten Säule angenommen hat. Oben ist sie gemeiniglich trichterförmig, und scheint sich mit dem darüber stehenden Gewölke zu verbinden. Unten endigt sie sich in eine Spitze, welche, mehr oder weniger, der Erde nahe ist. Diese Wolke wirft weit um sich her, oft auf eine grofse Entfernung, Regen, und zuweilen auch Hagel. Die Luft, welche die Wasserhose umgibt, ist in gröfser Bewegung. Sie reifst Bäume mit den Wurzeln aus, wirft Gebäude um, und zieht alles mit sich, was nicht fähig ist, einen sehr starken Widerstand zu leisten. Entsteht die Wasserhose auf dem Meer, so erhebt sich das Wasser um viele Fufse, und macht einen Kegel, dessen Axe in der Verlängerung der Axe der Wasserhose liegt.*

Da man auf der Oberfläche einer elektrisirten Flüfsigkeit etwas ähnliches bemerkt, wenn man aus derselben einen Funken zieht: so hat man auch die Wasserhose für eine elektrische Erscheinung gehalten. Aber, aufserdem dafs es unbegreiflich ist, wie eine säulenförmige Wolke einen Funken aus dem Wasser sollte ziehen können, so dauert ein elektrischer Funke nur einen Augenblick, hingegen die Erhebung des Wassers unter der Wasserhose dauert solange die Wasserhose dauert.

Die Wasserhose läfst sich sehr leicht auf folgende Weise, ohne alle Hülfe der Elektricität, erklären. Man stelle sich zwei Luftzüge in entgegengesetzter Richtung vor. Diese beiden Luftzüge theilen der Luftmasse, durch welche sie getrennt sind,

eine schnelle kreisförmige Bewegung, um eine beinahe senkrechte Axe mit. Geht nun diese kreisförmige Bewegung sehr schnell vor sich, so erhalten die
kleinsten Theile der Luft, welche durch diese Bewegung fortgerissen werden, sehr bald eine beträchtliche Centrifugalkraft, welche, indem sie dieselben
von der Axe der Rotation entfernt, den Druck vermindert, den diejenigen Theilchen vorher litten, welche nahe bei der Axe sind. Die erste Wirkung
dieses verminderten Drucks ist, daſs dadurch die
Luft bei der Axe mit Wasser übergesättigt wird,
daher läſs dieselbe eine gewisse Menge Wasser fahren, sie verliert ihre Durchsichtigkeit, und erscheint
in Gestalt eines säulenförmigen Gewölkes. Die
Wassertheilchen erhalten eine gröfsere Centrifugalkraft als die Lufttheilchen, weil sie gröfser und
schwerer sind, und, indem sie Luft mit sich fort-
reiſsen, helfen sie noch überdieſs den Druck, welchen
die Centraltheile leiden, zu vermindern. Da nun
diese dem Drucke der Atmosphäre in der Axe der
Rotation nicht länger widerstehen können, so ver-
statten sie der Luft an den beiden Enden der Axe
den Zutritt, wie in einer luftleeren Röhre. Da nun
aber die eindringende Luft bald eben das Schicksal
hat, wie die Luft, an deren Stelle sie tritt, so entsteht ein beständiger Luftzug. Die Luft, indem sie
durch die Axe durchgeht, verliert ihre Durchsichtigkeit, unterhält die Undurchsichtigkeit der säulenförmigen Wolke, und geht in horizontaler Richtung
davon. Daraus entsteht der Regen, den die Wasserhose um sich her verbreitet. Die Luft, welche,

an den beiden Enden der Axe, zufliest, reifst die
Gegenstände, die ihr nicht widerstehen können, mit
sich fort. Entsteht die Wasserhose auf dem Meere,
so wird sich das Wasser in die Höhe heben, und
wie in eine Saugpumpe eingezogen werden. *)

Das Geräusch, welches mit dem Donner *ver-*
bunden ist, hat man bis jetzo noch nicht genug-
thuend erklärt. Man weifs, dafs der Blitz weiter
nichts ist als ein starker elektrischer Funke. Aber
es ist noch nicht ausgemacht, ob dieser Funke jeder-
zeit von der Erde aus der Atmosphäre gelockt wird,
oder ob nicht derselbe zuweilen von der Atmosphäre
aus der Erde gelockt werde. Das Geräusch des
Donners, *ist nicht der Lärm einer elektrischen Ex-*
plosion, und das Rollen des Donners ist nicht das
Echo dieser Explosion. Die Wolken sind nicht im
Stande Widerstand zu thun, und den Schall zurück
zu werfen, wie feste Körper zu thun pflegen. Ein
Kanonenschufs auf dem Meere, weit vom Ufer,
wird nur einmal und ohne Rollen gehört; hingegen
rollt der Donner auf dem Meere wie auf dem Lan-
de. Könnten die Wolken den Schall zurück wer-
fen und ein Echo verursachen: so müfste auch auf
dem Meere ein Kanonenschufs zurückgeworfen wer-
den. So oft plötzlich eine grofse Wolke entsieht, so
oft entsteht auch Blitz und Donner. Wenn im
Sommer, bei trocknem und warmem Wetter, sich
der Wind nach Südwest dreht, so hört man einen

---

*) Mémoires sur les principaux phénomènes de la Météorolo-
gie Par. M. Monge.

Donnerschlag, und sogleich ist der, vorher reine
und heitere Himmel, mit Wolken bedeckt. So wie
sich das Gewitter nähert, und die Donnerschläge
auf einander folgen, entstehen mehr und mehr neue
Wolken, welche vorher nicht da waren, und welche
nicht von dem Winde hergebracht worden sind.
Bald wird die Luft um den ganzen Horizont undurchsichtig; es entsteht ein Regen, welcher mit der
Anzahl und der Stärke der Donnerschläge im Verhältnisse steht; und die Entstehung der Wolken,
sowohl als der Regen, hört nicht eher auf, als bis
der Donner aufgehört hat.

Man hat viele Beobachtungen vom Donner bei
ganz heiterm und unumwölktem Himmel. Der Donner ist demzufolge nicht eine Folge des Blitzes; er
ist die Folge der Entstehung einer grofsen Wolke.
Indem sich das Wassergas in der Atmosphäre,
durch plötzliche Erkältung, in Wasser verwandelt,
nimmt es einen neun hundert mal kleinern Raum
ein als vorher; es entsteht ein Vacuum; die oberen
Schichten und die Nebenschichten drängen sich zu
und füllen den leeren Raum an; und indem sie
auf einander fallen, entsteht das Geräusch. Eben
diefs geschieht täglich, im Kleinen, wenn man
schnell ein Etui aufmacht, dessen Deckel gut pafst.
Indem sich der Deckel über dem Vorstofs hinbe-
wegt, wird die innere Luft ausgedehnt, und sobald
das Etui geöffnet ist, dringt die äufsere Luft schnell
herein, um den leeren Raum auszufüllen, und so
entsteht das Geräusch, welches man hört. So knallt
auch eine Peitsche; denn der Zwick der Peitsche,

welcher platt und löffelförmig ist, wird schnell zu-
rückgezogen; er reifst eine kleine Menge Luft mit
sich; es entsteht ein Vacuum; aus der umgebenden
Luft schlägt sich etwas Wasser nieder; und es ent-
steht eine kleine Wolke, welche man sieht, wenn
der Hintergrund dunkel ist; die umgebende Luft
drängt sich zu, um den leeren Raum auszufüllen;
daher das Klatschen. Mit einem ähnlichen Ge-
räusch zerplatzt die Blase auf der Glocke der
Luftpumpe.

Die Irrwische entstehen in sumpfigten Gegen-
den, und sind weiter nichts als gephosphortes Was-
serstoffgas, welches sich aus verfaulten Thieren und
Pflanzen entwickelt.

Eben so sind die Sternschnuppen gephosphortes
Wasserstoffgas, welches sich in der Luft von selbst
entzündet, das heißt, mit dem Sauerstoffe verbin-
det. Sternschnuppen entstehen nur bei warmer
Witterung, weil eine hohe Temperatur erfordert
wird, um den Phosphor in Gas zu verwandeln.

ZWEITER ABSCHNITT.

VON DEN UNZERLEGTEN KÖRPERN.

Von den einfachen Körpern unterscheiden sich die
unzerlegten Körper dadurch, daß wir die Bestand-
theile dieser Körper zwar noch nicht kennen, aber
doch mit Wahrscheinlichkeit hoffen dürfen, diesel-
ben einst kennen zu lernen: da hingegen die einfa-
chen Körper, aller Wahrscheinlichkeit nach, wirklich

einfach *sind, und daher niemals weiter werden zerlegt werden können.*

ERSTES KAPITEL.

VON DEN LAUGENSALZEN.

*Die Laugensalze haben einen scharfen, brennenden
ätzenden Geschmack; sie zerstören thierische Theile,
mit denen sie in Berührung kommen, indem sie dieselben auflösen; sie färben blaue Pflanzensäfte
grün; und lösen sich im Wasser mit Erhöhung der
Temperatur. Aus der Atmosphäre nehmen sie
Wasser und kohlengesäurtes Gas auf; und lösen
die Erden auf.*

Es giebt drei Laugensalze: die Pottasche, die
Soda, *und das* Ammoniak.

Die reine Pottasche *ist weiß, trocken, fest; sie
schmeckt scharf; brennt die Haut, färbt die blauen
Pflanzensäfte grün und braust mit den Säuren
nicht auf. In verschlossenen Gefäßen einer höheren Temperatur ausgesetzt, wird sie weich, und
fließst sobald das Gefäss glüht. In einem heftigen
Feuer verwandelt sie sich in Gas und verfliegt.
Während des Verfliegens verbindet sie sich mit
dem Wasser und dem kohlengesäurten Gas der Atmosphäre, und daraus entsteht allmählig eine flüssige kohlengesäurte Pottasche, welche schwerer ist als
die Pottasche und mit Säuren aufbraust.*

*Reine Pottasche löst sich leicht, und mit erhöh-
ter Temperatur, im Wasser. Es entsteht dabei ein
unangenehmer Geruch. Die Lösung ist ohne Farbe
und durchsichtig. Mit der Kieselerde schmilzt die*

Pottasche zu einem durchsichtigen Glas. Verbindet man viel Pottasche, mit wenig Kieselerde so entsteht ein weiches Glas, welches im Wasser sich löst, und auch aus der Atmosphäre das Wasser anzieht. Die Lösung dieses weichen Glases im Wasser nennt man Kieselwasser (liquor silicum). Nach einiger Zeit fällt aus dieser Lösung ein Theil der Erde zu Boden. Auch die Säuren schlagen aus dem Kieselwasser die Erde nieder, indem sie sich mit der Pottasche verbinden.

Mit den Ölen vereinigt sich die Pottasche und macht dieselben lösbar im Wasser; sie macht dieselben zu Seifen. Auch die mit Schwefel verbundene, oder geschwefelte, Pottasche, ist im Wasser lösbar.

Die Pottasche erhält man aus der Asche der verbrannten Pflanzen. Die Asche beträgt ungefähr den zwanzigsten Theil des Gewichtes der Pflanze. Aus der Asche erhält man die Pottasche, indem man über die Asche Wasser gießt, wodurch die Pottasche, welche im Wasser lösbar ist, gelöst wird, und die im Wasser nicht lösbare Erde, als der andere Bestandtheil der Asche, zurück bleibt. Das Wasser gibt alsdann durch Abdampfen die Pottasche. Die auf solche Weise erhaltene Pottasche ist jederzeit, mehr oder weniger, mit Kohlensäure verbunden. Denn, da die Pottasche erst dann entsteht, wenn, durch den Zusatz von Sauerstoff (aus dem Wasser, oder aus der Atmosphäre) die vegetabilische Kohle in kohlengesäurtes Gas verwandelt wird: so ist jedes Partikel der Pottasche, in dem

Augen-

Augenblicke da dieselbe entsteht, mit einer Partikel von kohlengesäurtem Gas in Berührung, und, vermöge der Verwandschaft, welche zwischen beiden statt findet, verbinden sie sich mit einander. Die Kohlensäure ist schwer von der Pottasche ganz zu trennen; obgleich dieselbe unter allen Säuren mit der Pottasche die geringste Verwandschaft hat. Das beste Mittel ist: die Pottasche im Wasser zu lösen; zwei oder dreimal soviel am Gewichte reine Kalcherde (ungelöschten Kalch) der Lösung zuzusetzen, und diese Mischung, in verschlossenen Gefäsen, zu filtriren und abzudampfen. Diese reine, von Kohlensäure freie Pottasche, zieht das Wasser aus der Luft sehr stark an, und dient daher, um die Luft, oder die verschiedenen Arten von Gas auszutrocknen, und von dem Wasser, welches in ihnen gelöst ist, zu befreien.

Die reine Pottasche löst sich in dem Alkohol, da hingegen die mit Kohlensäure verbundene Pottasche in dem Alkohol nicht lösbar ist. Hr. Berthollet bedient sich daher des Alkohol, um eine ganz reine Pottasche zu erhalten.

Die Asche aller Pflanzen enthält mehr oder weniger Pottasche; aber nicht in jeder Pflanzenasche findet man die Pottasche gleich rein. Beinahe immer ist dieselbe mit verschiedenen andern Mittelsalzen gemischt, welche man leicht von der Pottasche absondern kann. Die Erde, welche in der Asche, nach dem Verbrennen der Pflanzen, zurück bleibt, war ganz unstreitig schon in den Pflanzen enthalten, ehe dieselben verbrannt wurden. Die

T

*Pottasche hingegen entsteht höchst wahrscheinlich
erst während des Verbrennens; denn man kann
durch keine andere Mittel Pottasche aus den Pflanzen erhalten, als indem man dieselben mit Körpern
in Verbindung bringt, welche Sauerstoff und Salpeterstoff enthalten: nemlich entweder durch das Verbrennen, oder durch die Verbindung mit der Salpetersäure. Demzufolge ist die Pottasche höchst
wahrscheinlich ein Produkt, und kein Edukt, wie
einige Schriftsteller geglaubt haben.*

*Aus der Asche solcher Pflanzen, welche an dem
Ufer des Meeres, oder in der Nähe von Salzquellen
wachsen, erhält man die Soda. Diese, durch Verbrennen der Pflanzen erhaltene Soda, ist beinahe
immer mit Kohlensäure gesättigt. Sie zieht nicht,
wie die Pottasche, die Feuchtigkeiten aus der Luft
an. Im Gegentheil wird sie an der Luft trocken,
und ihre Kristalle verwandeln sich in ein weißes
Pulver. Auch die Soda ist höchst wahrscheinlich
ein Produkt, und vor dem Verbrennen in den
Pflanzen nicht enthalten.*

*Die Soda hat einen beißenden Geschmack; sie
färbt die blauen Pflanzensäfte grün; sie wird in
einem heftigen Feuer in Gas verwandelt, und zieht
alsdann das Wasser und die Kohlensäure aus der
Atmosphäre an. Sie löst sich im Wasser, mit erhöhter Temperatur, und mit einem unangenehmen
Geruch. Sie macht mit den Ölen Seifen, und verbindet sich mit dem Schwefel leicht. Mit der Kieselerde fließt sie im Feuer zu Glas. Sie schmilzt
leichter mit der Kieselerde als die Pottasche. Mit
den Säuren braust die reine Soda nicht auf.*

Die reine Soda ist von der reinen Pottasche in
ihren Eigenschaften weiter nicht verschieden; außer
daß die Pottasche eine größere Verwandschaft
zu den Säuren hat als die Soda. Aber die Verbindungen anderer Körper mit der Soda sind von
der Verbindung eben dieser Körper mit der Pottasche sehr verschieden.

Unter die Laugensalze wird auch das Ammoniak
gerechnet, welches man durch Verbrennen aus den
thierischen Körpern und aus einigen Pflanzen erhält. Das Ammoniak gehört aber nicht mehr unter
die unzerlegten Körper; denn seine Bestandtheile
sind bekannt, und von denselben ist oben schon
ausführlich gehandelt worden.

ZWEITES KAPITEL.

VON DEN ERDEN.

Die Bestandtheile der Erden sind ganz unbekannt.
Man findet sie selten rein. Die Kalkerde ist beinahe immer mit Kohlensäure gesättigt, und macht mit
derselben die Kreite, die Kalkspathe und einige
Marmorarten aus. Zuweilen findet man sie auch
mit Schwefelsäure gesättigt, z. B. im Gyps; zuweilen mit Spathsäure, in dem Flußspathe. In dem
Meerwasser findet man sie mit Küchensalz verbunden, als kochsalzgesäurte Kalkerde-Soda. Reine
Kalkerde ist gräulich weiß und hat einen beißenden ätzenden Geschmack. Ihre spezifische Schweere
= 2,3000. Sie färbt blaue Pflanzensäfte grün. Sie
schmilzt, auch in dem stärksten Feuer, an und für
sich nicht: aber leicht, wenn sie mit Alaunerde ver-

mischt ist. In der Atmosphäre sättigt sie sich bald
mit Kohlensäure und mit Wasser; dabei wird die
Temperatur erhöht, die Kalkerde wird schwerer, und
sie verliert den ätzenden Geschmack. In dem Wasser
löst sich die reine Kalkerde sehr schnell, die Temperatur wird erhöht, und man bemerkt ein Leuchten; das Wasser wird dabei in Gas verwandelt.
Dieses Gas hat einen besonderen Geruch, und färbt
blaue Pflanzensäfte grün. Sowohl aus der Atmosphäre als aus dem Wasser nimmt die reine Kalkerde, wenn sie mit diesen Körpern in Berührung
gebracht wird, sehr viel Wasser auf, und verbindet
sich mit demselben zu einem festen Körper. Der
Wärmestoff, welcher sich bei dem sogenannten
Löschen der Kalkerde (oder bei der Verbindung
des Wassers mit der Kalkerde) entwickelt, kommt
aus dem Wasser, und entsteht daher, weil sich das
Wasser mit der Kalkerde in fester Gestalt (als Eis)
verbindet, wodurch aller der Wärmestoff frei wird,
welcher nothig war um das Eis in der Gestalt von
Wasser zu erhalten. Kalcherde mit Eis verbunden
heißt gelöschter Kalk. Diese mit Eis verbundene
Kalkerde löst sich im Wasser ohne erhöhte Temperatur, und ohne Brausen. Ein Theil derselben löst
sich in 680 Theilen Wasser. Dieses ist das sogenannte Kalkwasser. Die Lösung der Kalcherde in
Wasser ist klar, durchsichtig, und ihre spezifische
Schweere ist von der spezifischen Schweere des reinen Wassers wenig verschieden. Sie schmeckt
ätzend, löst die thierischen Theile auf, und färbt
die blauen Pflanzensäfte grün. Setzt man sie, in

verschlossenen Gefäfsen, einer höheren Temperatur
aus: so erhält man reines Wasser, und reine Kalkerde. Das Kalkwasser bedeckt sich an der Luft
mit einer Haut, die allmählig dichter und fester
wird. Nimmt man die Haut hinweg, so entsteht
eine neue; und so immer fort, solange bis alles
Wasser verdampft ist. Diese Haut wird Kalkrahm
genannt; sie ist Kreite, oder kohlengesäurte Kalkerde. Die reine Kalkerde verbindet sich leicht mit
der Kieselerde, und aus dieser Verbindung entsteht
der Mörtel. Mit der Kalkerde schmilzt die Kieselerde im Feuer.

Die Bittererde findet man in vielen mineralischen Wassern, meist mit der Schwefelsäure verbunden, als schwefelsaure Bittererde. Man findet
sie auch, in grofser Menge, in dem Meerwasser,
mit Kochsalzsäure verbunden, als kochsalzgesäurte
Bittererde. Auch macht diese Erde einen Bestandtheil vieler Steine aus.

Die Bittererde wird niemals rein in der Natur
gefunden. Blak hat diese Erde entdeckt. Reine
Bittererde ist weifs und hat keinen Geschmack.
Ihre spezifische Schwere ist = 2,330. Sie färbt
blaue Pflanzensäfte grün. Auch in dem stärksten
Feuer schmilzt sie nicht, sondern sie zieht sich zusammen; so dafs z. B. ein Kubus, aus einer
Mischung von Bittererde und Wasser, der Sonne
ausgesetzt, seine Form behält, aber weit kleiner
wird. Nach dem Erwärmen der Bittererde bemerkt
man, dafs sie leuchtet. Wenn sie der atmosphärischen Luft ausgesetzt wird, so verändert sie sich

erst nach langer Zeit. Zehen Gran Bittererde wogen, nachdem sie zwei Jahre lang der Luft ausgesetzt gewesen waren, 10⅛ Gran. Sie löst sich weder in dem kalten, noch in dem kochenden Wasser; oder wenigstens nur äufserst schwer: ein Theil Bittererde in 7692 Theilen Wassers. Mit der Kieselerde sowohl, als mit der Alaunerde, schmilzt sie im Feuer.

Die Schwererde findet sich nicht sehr häufig, und niemals rein. Mit Schwefelsäure verbunden macht sie die schwefelgesäurte Schwererde, oder den sogenannten Schwerspath. Zuweilen, aber selten, findet man sie mit Kohlensäure verbunden, in Gestalt einer kohlengesäurten Schwererde.

Die spezifische Schwere der reinen Schwererde ist $= 4{,}200$. Bergmann hat sie entdeckt. Die reine Schwererde ist weifs und hat keinen Geschmack. In irdenen Gefäfsen einer höheren Temperatur ausgesetzt, wird sie bläulicht, und in einer sehr hohen Temperatur schmilzt sie. An der Luft nimmt sie am Gewichte zu, weil sie sich mit der Kohlensäure der Atmosphäre verbindet. Ein Theil Schwererde löst sich in 900 Theilen Wasser. Diese Lösung färbt die blauen Pflanzensäfte grün. Sie wird an der Luft mit einem Häutchen bedeckt, welches immer wieder von neuem erscheint, wenn das schon entstandene weggenommen wird.

Die Alaunerde findet man sehr häufig in der Natur, und zuweilen rein, wie z. B. im Thon. Bei einer höheren Temperatur schmilzt sie nicht, sondern wird hart. Sie verbindet sich mit den Säuren.

Die Kieselerde, *findet man ebenfalls sehr häu-*
fig, und ziemlich rein in dem Quarz. Im Feuer,
an der Luft, und im Wasser, ist sie unveränder-
lich. Mit *Pottasche und mit* Soda *geschmolzen*
wird sie zu Glas.

    Die Harterde *findet sich in dem Diamantspath.*
Hr. Klaproth *hat sie entdeckt.* Sie *unterscheidet*
sich von der Kieselerde dadurch, daß sie sich mit
den Laugensalzen nicht zusammen schmelzen läfst.

    Die Zirkonerde *ist ebenfalls eine Entdeckung*
des berühmten Hrn. Klaproth. *Sie löst sich leicht*
in Säuren auf, aber sie verbindet sich nicht mit
den Laugensalzen.

DRITTES KAPITEL.
VON DEN METALLEN.

Die *metallischen Körper zeichnen sich aus durch*
ihre Schwere, durch ihre Undurchsichtigkeit, Zähig-
keit, Dehnbarkeit und ihr Verhalten bei einer höhe-
ren Temperatur. Sie *sind alle bis jetzt noch un-*
zerlegt und ihre Bestandtheile sind noch nicht ent-
deckt; künftig aber wird man sie wahrscheinlich
auch noch zerlegen und zusammensetzen. Einige
Metalle *verändern sich am Lichte, in verschlosse-*
nen durchsichtigen Gefäfsen, und verlieren ihren
metallischen Glanz. Alle *lösen sich in Wärme-*
stoff, leichter oder schwerer, und kristallisiren nach
dem Erkalten. Bei *einer sehr erhöhten Temperatur,*
z. B. *in dem Brennpunkte des Brennspiegels, ver-*
wandeln sie sich in Gas. Alle *verändern sich,*
wenn sie, bei einer erhöhten Temperatur, mit dem

*Sauerstoffe in Berührung gebracht werden. Einige
schneller (unvollkommene Metalle) andere langsamer
(vollkommene Metalle). Sie säuren sich, oder verbrennen, und rauben der Atmosphäre den Sauerstoff. Einige säuren sich mit einer Flamme, z. B.
das Zink, das Arsenik, das Eisen, das Gold und
das Silber; zum Theil auch das Blei, das Zinn
und das Spiesglanz. Sie verbinden sich mit dem
Sauerstoffe, verlieren ihre metallischen Eigenschaften und verwandeln sich in Halbsäuren. Diese
Halbsäuren werden, bei einer hohen Temperatur,
entweder in Gas verwandelt, oder sie fliessen zu einem feuerfesten Glase. Je mehr Sauerstoff mit den
Metallen verbunden wird, desto durchsichtiger und
schwerflüssiger sind ihre Gläser. Mit einigen Metallen hat der Sauerstoff eine geringere Verwandschaft als der Würmestoff. Diese, (z. B. die
Quecksilberhalbsäuren) werden durch eine erhöhte
Temperatur hergestellt, und man erhält Sauerstoffgas.*

*Die metallischen Körper, Gold ausgenommen,
findet man selten in metallischer Gestalt. Sie sind
beinahe immer mit Sauerstoff mehr oder weniger
gesättigt, oder mit Schwefel, Arsenik, Schwefelsäure,
Kochsalzsäure, Kohlensäure oder Phosphorsäure
verbunden. Die Metallurgie sowohl als die Dozi-
masie lehrt, wie man sie von diesen Körpern trennen müsse. Je mehr die Metalle mit Sauerstoff
verbunden sind, desto feuerfester sind sie: je weniger sie mit Sauerstoff verbunden sind, desto flüchtiger sind sie auch.*

Wahrscheinlich gibt es weit mehr Metalle als wir kennen. Alle diejenigen, welche eine grö̈sere Verwandschaft zu dem Sauerstoffe haben, als zum Kohlenstoffe, können nicht hergestellt, nicht in den metallischen Zustand gebracht werden. Sie erscheinen uns in Gestalt metallischer Halbsäuren, die wir für Erden halten. Wahrscheinlich ist diefs der Fall mit der Schwererde; denn sie kommt in vielen Eigenschaften mit den Metallen überein. Vielleicht sind alle Erden unherstellbare Metalle.

Wir kennen bis jetzt achtzehn Metalle. Das Arsenik, das Molybden, das Wolfram, das Uranium, das Magnesium, das Nickel, das Kobolt, das Wismuth, das Spiesglanz, das Zink, das Eisen, das Zinn, das Blei, das Kupfer, das Quecksilber, das Silber, das Platinum, und das Gold.

VIERTES KAPITEL.

VON DER ZERLEGUNG DES SAUERSTOFFGAS DURCH DIE METALLE.

*W*enn ein Metall einer höheren Temperatur ausgesetzt ist; wenn seine kleinsten Theile, bis auf einen gewissen Punkt, durch den Wärmestoff getrennt sind; und wenn ihre Verwandschaft der Anziehung gegen einander bis auf einen gewissen Punkt aufgehoben ist: so wird das Metall fähig, das Sauerstoffgas zu zersetzen, und sich mit dem Sauerstoffe zu verbinden, wodurch der Wärmestoff frei wird.

Bei einer gewissen Temperatur hat der Sauerstoff eine grö̈sere Verwandschaft zu den Metallen *als zu dem Wärmestoffe. Daher haben alle Metalle (Gold, Silber und Platinum ausgenommen) die Eigenschaft, das Sauerstoffgas zu zersetzen, sich mit dem Sauerstoffe zu verbinden, und den Wärmestoff frei zu machen. Die höhere Temperatur wird nur deswegen erfordert, um die kleinsten Theile des Metalls desto besser zu trennen, und ihre anziehende Kraft gegen einander geringer zu machen. Wenn man die kleinsten Theile auf irgend eine andere Weise trennt, z. B. durch Feilen, Auflösen in Säuren und Niederschlagen aus denselben; oder durch Amalgamation: so wird die höhere Temperatur nicht erfordert.*

Die mit dem Sauerstoffe verbundenen Metalle haben ihren metallischen Glanz verloren; sie sind in ein erdigtes Pulver verwandelt, welches schwerer ist, als das Metall, aus dem es entstand. Am Gewichte hat das Metall mehr oder weniger zugenommen, je nachdem sich während der Säurung mehr oder weniger Sauerstoff mit dem Metalle verbunden hat.

Die Verwandschaft des Sauerstoffs zu den Metallen ist nicht viel gröfser als seine Verwandschaft zu dem Wärmestoffe. Daher werden die Metalle, indem sie sich, an der Luft, oder in dem Sauerstoffgas säuren, niemals ganz mit dem Sauerstoffe gesättigt; das heifst: es verbindet sich selten, oder niemals, soviel Sauerstoff mit dem Metalle, als dasselbe aufnehmen kann; selten soviel als nöthig ist, um das Metall in eine Säure zu verwandeln. Nur soviel Sauerstoff verbindet sich mit dem Metalle.

nm wieviel die Verwandschaft des Sauerstoffes zu
dem Metalle gröfser ist, als die Verwandschaft des
Sauerstoffes zu dem Würmestoffe. Es entstehen
keine vollkommenen Säuren, sondern Halbsäuren,
die man vormals, mit einem sehr unschicklichen
Namen, metallische Kalke nannte, und auf diese
Weise die Kalkerde und die metallischen Halbsäuren in Eine Klasse setzte, die doch Körper von
sehr verschiedener Natur sind.

Bei einer sehr hohen Temperatur, bei der Glühhitze, hat der Sauerstoff eine gröfsere Verwandschaft zu dem Kohlenstoffe als zu den Metallen.
Er verläfst also die Metalle, verbindet sich mit der
Kohle, und erzeugt Kohlensäure. Auf diese Weise
werden die metallischen Halbsäuren durch die Kohle hergestellt.

Unter allen Gasarten taugt keine zur Säurung
der Metalle als das Sauerstoffgas. Die atmosphärische Luft säurt die Metalle nur, in so fern sie
Sauerstoffgas enthält. Versuche beweisen, dafs
während der Säurung sich der Sauerstoff mit dem
Metalle verbindet, und das Gewicht desselben vermehrt. Da sich aber nur die Grundlage des Sauerstoffgas, und der Sauerstoff, mit dem Metalle verbindet: so wird der Würmestoff frei; und daher
entsteht Wärme und Flamme. Die Metalle nehmen am Gewichte zu, nach Verhältnifs der Menge
des Sauerstoffes, mit dem sie sich verbinden: und
bei der Herstellung nehmen die Metalle wiederum
am Gewichte ab, indem sie den Sauerstoff verlieren, welcher mit ihnen verbunden war. Die Luft,

in welcher ein Metall gesäuert worden ist, dient weder zum Verbrennen noch zum Athemholen.

Da alle Metalle dieselben Erscheinungen zeigen, wenn sie gesäurt werden: so ist wahrscheinlich, daß die Ursache dieser Erscheinungen auch bei allen Metallen eine und dieselbe ist, und nicht bei jedem Metalle verschieden, wie vormals Hr. Kirwan behauptete.

Werden die Metalle auf irgend eine andere Art gesäurt, als in dem Sauerstoffgas, so geht dieselbe Veränderung mit ihnen vor. Demzufolge ist wahrscheinlich, daß die Säurung der Metalle, sie geschehe durch die Luft, durch das Feuer, durch das Wasser, oder durch die Säuren, weiter nichts ist, als eine Verbindung des Sauerstoffes mit dem Metalle.

Die metallischen Halbsäuren sind unter einander verschieden: 1) vermöge der größeren oder geringeren Menge von Sauerstoff, welchen sie enthalten. 2) vermöge der mehr oder weniger engen Verbindung, in welcher der Sauerstoff mit dem Metalle steht. Einige metallische Halbsäuren verlieren den mit ihnen verbundenen Sauerstoff durch die bloße Berührung des Wärmestoffes; da hingegen andere metallische Halbsäuren den mit ihnen verbundenen Sauerstoff in einer höheren Temperatur nicht verlieren. 3) Der Sauerstoff ist, in den metallischen Halbsäuren, nicht nur in größerer oder geringerer Menge, sondern auch mit mehr oder weniger Wärmestoff verbunden, vorhanden. 4) Jede metallische Halbsäure kann mehr oder weniger mit Sauerstoff

gesättigt seyn; das heifst: von der geringst möglichen Menge, bis zu der gröfsten Menge, die das Metall aufnehmen kann, oder bis zum Sättigungspunkte.
5) Die Menge des Sauerstoffes, die sich mit dem
Metalle verbindet, hängt von der Temperatur ab,
in welcher das Metall mit dem Sauerstoffe in Berührung gebracht wird. Je höher die Temperatur
ist, desto mehr Sauerstoff verbindet sich mit dem
Metalle. 6) Die achtzehn bekannten Metalle, haben
sehr verschiedene Grade von Verwandschaften zu
dem Sauerstoffe. Diejenigen Metalle deren Grad
von Verwandschaft bekannt ist, folgen nach einander auf diese Weise: Magnesium, Zink, Eisen,
Kupfer, Quecksilber, Silber, Gold.

Die Herstellung der metallischen Halbsäuren
geschieht, indem man die Halbsäure mit einer Substanz verbindet, welche eine gröfsere Verwandschaft
zu dem Sauerstoffe hat als das Metall; wie z. B.
mit Kohle, Fett, u. s. w. Am besten geschieht
die Herstellung in verschlossenen Gefäfsen, damit
die Kohle, vermöge des Sauerstoffes der Halbsäure,
brennen mufs. Man erhält alsdann Kohlensäure.
Von einigen metallischen Halbsäuren wird der
Sauerstoff durch den Wärmestoff allein schon getrennt; von einigen durch ein anderes Metall; von
den meisten durch den Wasserstoff; und vielleicht
von allen durch den Kohlenstoff.

FÜNFTES KAPITEL.

VON DER AUFLÖSUNG DER METALLE IN DEN SÄUREN.

Die Metalle sind in den Säuren auflösbar, bloss allein vermöge ihrer Verwandschaft mit dem Sauerstoffe, mit welchem sie sich, während der Auflösung, sättigen.

Die Metalle können sich mit den Säuren nicht verbinden, wenn sie nicht vorher gesäurt, oder mit Sauerstoff verbunden sind. Es wird ferner erfordert, dass die Metalle, um mit den Säuren in Verbindung überzugehen, mit einer gewissen, bestimmten Menge von Sauerstoff verbunden seien. Enthalten sie weniger Sauerstoff; so verbinden sie sich mit den Säuren nur schwer: enthalten sie mehr Sauerstoff; so trennen sie sich leicht von den Säuren.

Dieser, zur Auflösbarkeit nöthige Grad von Säurung, ist nicht nur bei verschiedenen Metallen, in Rücksicht auf dieselbe Säure, sehr verschieden, sondern auch bei jedem Metalle für jede verschiedene Säure verschieden. Der jedem Metalle zur Auflösbarkeit nöthige Grad von Säurung ist noch für wenige Metalle bestimmt.

Bei jeder Auflösung des Metalls in einer Säure verbindet sich das Metall mit dem Sauerstoffe, und zerlegt entweder die Säure selbst, oder das Wasser, welches mit der Säure verbunden ist; oder es nimmt den Sauerstoff aus der Atmosphäre auf. Wird das Wasser zerlegt, so entwickelt sich mehr oder weniger Wasserstoff. Die Säure bleibt bei der

Anflösung unzerlegt, und kann nach der Auflösung noch eben so viel Laugensalz sättigen als vorher. Wird die Säure zerlegt, so entwickelt sich der andere Bestandtheil der Säure, z. B, aus der Salpetersäure Salpeterstoff; oder die eines Theils ihres Sauerstoffes beraubte Säure selbst, verbunden mit dem Wärmestoffe, welcher zugleich frei wird: daher das salpetersaure Gas und das schwefelsaure Gas, welches bei metallischen Auflösungen entsteht. Nimmt das Metall, bei seiner Auflösung, den Sauerstoff aus der Atmosphäre: so bleibt sowohl das Wasser als die Säure unverändert, wie z. B. bei der Auflösung des Kupfers in der Essigsäure geschieht.

Die Kochsalzsäure, und die vegetabilischen Säuren, deren Grundlagen eine gröfsere Verwandschaft zu dem Sauerstoffe haben, als die Metalle, werden durch die Metalle nicht zerlegt, und während der Auflösung nehmen die Metalle aus dem Wasser, oder aus der Atmosphäre, den nöthigen Sauerstoff auf. Daher entwickelt sich bei diesen Auflösungen allemal entweder Wasserstoffgas, oder gar kein Gas. Diese Säuren befördern die Zerlegung des Wassers durch die Metalle so sehr, das heifst: sie vermehren die Verwandschaft des Sauerstoffes zu dem Metalle so sehr, dafs diejenigen Metalle, welche an und für sich auch bei der höchsten Temperatur das Wasser nicht zerlegen, durch die Säuren fähig werden, diese Zerlegung zu bewirken, wie z. B. das Zinn, das Kupfer, u. s. w.

Es gibt einige Fälle, wo das Wasser und die

Säure zugleich durch das Metall zerlegt werden,
z. B. bei der Auflösung des Zinns in der Salpetersäure. Das Zinn hat eine so große Verwandschaft
zu dem Sauerstoffe, und braucht zu seiner Sättigung so viel davon, daß, nachdem es sich mit dem
Sauerstoffe der Salpetersäure verbunden, und diese
in Salpeterstoffgas verwandelt hat, es auch noch
das Wasser zerlegt und Wasserstoffgas entwickelt.
Diese beiden, aus ihren vorigen Verbindungen getrennten einfachen Körper, vereinigen sich; daraus
entsteht Ammoniak, und es entwickelt sich gar kein
Gas aus der Auflösung. Es scheint die Entstehung
des Ammoniaks bei der Auflösung des Zinns in
der Salpetersäure immer statt zu finden: denn
wenn man in diese Auflösung reine Kalcherde,
oder reine Pottasche wirft, so entwickelt sich Ammoniak.

  Aus dem Gesagten erhellt: daß bei jeder metallischen Auflösung, bei welcher die Säure zerlegt
wird, sehr viel Säure nöthig ist. Denn erstens wird
ein Theil Sauerstoff erfordert, welcher sich mit dem
Metalle verbindet und dasselbe säurt; und nachher
ein anderer Theil Säure, um dieses gesäurte Metall
aufzulösen. Wenn man daher einem Metall nur
soviel Säure zusetzt, als zu seiner Säurung nöthig
ist: so wird es nur gesäurt, und nicht aufgelöst.
So verwandeln einige Tropfen Salpetersäure, auf
Zinn, Spiesglanz, Wismuth oder Zink getröpfelt,
diese Metalle sogleich in weiße, pulverigte, trockne
Halbsäuren.

  Dadurch, daß man den, zum Säuren der Metalle

talle nöthigen *Theil der Säure, von dem zum Auf-*
lösen nothigen Theil genau unterscheidet, kann man
erklären, warum ein Metall, welches eine sehr grofse
Verwandtschaft zum Sauerstoffe hat, die Säure den-
noch nicht ganz zersetzt, und derselben nicht genug
Sauerstoff raubt, um ganz damit gesättigt zu wer-
den: denn, wäre es mit dem Sauerstoffe überladen,
so könnte es sich mit dem nicht zerlegten Theile
- der Säure nicht verbinden, und es würde keine Auf-
lösung entstehen. Aber, statt das dafs Metall sich
sättigen sollte, wird dasselbe von der Säure aufgelöst,
sobald es auf den gehörigen Grad der Säurung ge-
kommen ist; und die Säure wird weiter durch das
Metall nicht zerlegt, weil die Verwandtschaft der
metallischen Halbsäure zu der Säure nunmehr
gröfser ist, als zu dem Sauerstoffe. Verschie-
dene Umstände, vorzüglich eine höhere Tempera-
tur, ändern diese Verwandtschaften. Sie vermeh-
ren die Verwandtschaft des Metalls zu dem Sauer-
stoffe, und, indem sich nun dasselbe mit dem Sauer-
stoffe sättigt, so verbindet es sich entweder nicht
mit der Säure, oder es trennt sich davon, wenn es
vorher mit derselben verbunden war. Der erste
Fall findet statt, wenn man Metalle mit Säuren,
bei einer sehr hohen Temperatur, digerirt; den zwei-
ten Fall bemerkt man bei metallischen Auflösungen,
wenn dieselben einer hohen Temperatur ausgesetzt
werden.

Die meisten metallischen Auflösungen verbinden
sich, wenn sie der Luft ausgesetzt werden, schneller
oder langsamer mit dem Sauerstoffe der Atmo-

sphäre; dadurch werden die Metalle, welche in ihnen enthalten sind, mit Sauerstoff übersättigt; sie
trennen sich daher aus der Auflösung, und fallen
zu Boden. Nicht eine einzige metallische Auflösung bleibt unverändert, wenn sie der Luft ausgesetzt wird.

Da die Metalle, mit den Säuren nicht anders
verbunden bleiben können, als wenn sie bis auf einen
gewissen bestimmten Punkt gesäurt sind: so ist
leicht einzusehen, dafs, wenn man in eine metallische Auflösung ein anderes Metall legt, welches eine
gröfsere Verwandtschaft zu dem Sauerstoffe hat als
das aufgelöste Metall, jenes Metall nothwendig dem
aufgelösten seinen Sauerstoff wegnehmen, und sich,
statt des andern, in der Säure auflösen mufs. Das
vorher aufgelöste Metall wird unter einer mehr oder
weniger metallischen Gestalt niederfallen, nachdem
es mehr oder weniger seines Sauerstoffes beraubt
worden ist. So wird das Silber durch das Kupfer, und das Kupfer durch das Eisen niedergeschlagen.

Wie einfach, wie schön, und wie genugthuend
ist nicht diese Theorie der metallischen Auflösungen, wenn man sie mit der unverständlichen, ver-
wickelten Hypothese vergleicht, welche die Auflösung der Metalle durch den Verlust des Phlogistons
erklärt! Hier ist weiter nichts als eine einfache,
ungeschmückte Erzählung von Thatsachen; in der
Stahlianischen Theorie ist hingegen alles voll von
Hypothesen: das Phlogiston, ein hypothetisches Element, dessen Gegenwart in den Metallen noch durch

*keinen einzigen. Versüch bewiesen ist, reiset, zufolge
der Lehre der Stahlianer, von einem Metalle in das
andere über, ohne dafs man weifs woher es kommt,
wohin es geht, und wo es bleibt.*

*Allgemein, kann' man Alles, was bei den metallischen Auflösungen vorgeht, auf folgende Weise
ausdrücken. Es heifse das Metall M, die Säure
R, der Sauerstoff S, das Wasser W.*

Das Gewicht der Säure, oder R = 1,000.

*Das Gewicht des aufzulösenden Metalls, oder
M = a.*

*Das Verhältnifs, welches zwischen der Säure
und dem Metalle statt finden mufs, wenn das Metall ganz aufgelöst werden soll = b.*

*Da nun jede einfache Säure aus Sauerstoff,
aus der Grundlage der Säure, und aus Wasser besteht; so heifse das in der Säure enthaltene Wasser, oder $W = \frac{a}{q}$; der Sauerstoff oder $S = \frac{1}{r}$ die
Grundlage der Säure, oder $G = \frac{1}{s}$.*

*Da ferner jedes Metall, bei solchen Auflösungen, bei denen die Säure selbst zerlegt wird, sich
auf Unkosten der Säure säurt, oder derselben einen
Theil ihres Sauerstoffes raubt, so heifse dieser Sauerstoff, welcher, vor der Auflösung die Säure verläfst
und sich mit dem Metalle verbindet $= \frac{a}{p}$.*

*Vor der Auflösung ist demzufolge M + R
$= M + (S + W + G) = a + \frac{1}{r} + \frac{a}{q} + \frac{1}{s}$.
Während der Auflösung hat das Metall sich mit
einem Theile des Sauerstoffes $= \frac{a}{p}$ verbunden, und
ein Theil der Grundlage der Säure $= \times$ ist in die
Luft gegangen: folglich ist, nach der Auflösung,*

das Metall, oder $M = a + \frac{a}{p}$ und die Säure, oder $R = S - \frac{a}{p} + W + G - \times$.

Nach der Auflösung ist demzufolge $M + R =$
$(M + \frac{a}{r}) + (S - \frac{a}{p} + W + G - \times) =$
$= (a + \frac{a}{u}) + (\frac{1}{r} - \frac{a}{p} + \frac{g}{q} + \frac{1}{t} - \times)$.

Man nehme z. B. die Auflösung des Eisens in
der Salpetersäure. Salpetersäure, deren ein Theil
mit zwei Theilen Wasser verdünnt ist, löst den
fünften Theil ihres Gewichtes Eisen auf, und aus
Versuchen erhellt, daß 1,000 Eisen, von der Salpetersäure = 0,290 Sauerstoff aufnimmt, ehe es sich
in der Säure auflöst. Ferner besteht die Salpetersäure, ehe sie mit Wasser verdünnt wird, aus:
0,500 Wasser; 0,250 Sauerstoff; und 0,250 Salpeterstoff. Folglich ist hier:

$R = 1,000$; und, wegen der Verdünnung mit
zwei Theilen Wassers, $R + W = 1,000 + 2,000 =$
$3,000$; M, oder $a = 0,200$; $b = 5,000$; $\frac{a}{q} = 0,500$,
folglich $q = 2$; $\frac{a}{r} = 0,250$; folglich $r = 4$; $\frac{1}{t} =$
$0,250$, folglich $t = 4$; $\frac{a}{p} = \frac{2,9}{100} = 0,058$; und $p =$
$\frac{1,00}{0,29} = 3,448$.

Vor der Auflösung des Eisens in der verdünnten Salpetersäure ist demzufolge $M + R + W$
$= 0,200 + (0,250 + 0,500 + 0,250) + 2,000$.
Oder, wenn das Wasser in der Säure zu dem übrigen Wasser gerechnet wird, so ist $M + (R - \frac{a}{q})$
$+ (W + \frac{a}{q}) = 0,200 + 0,500 + 2,500 = 3,200$.
Während der Auflösung verbindet sich das Eisen
mit 0,058 Sauerstoff, und ein Theil des Salpeterstoffes = $\times$ = 0,058, geht als Salpeterstoffgas in
die Luft. Folglich besteht die Auflösung, nachdem

sie geendigt ist, aus $(M + \frac{s}{p}) + (R - 2\frac{s}{p})$
$+ W = (0,200 + 0,058) + (0,192 + 0,192 +$
$0,500) + 2,000.$ Oder $M + R + W = 0,258$
$+ 0,384 + 2,500 = 3,142.$ Folglich ist $= 0,058$
während der Auflösung verloren gegangen, und soviel beträgt das entwichene Salpeterstoffgas.

Mit dieser Rechnung stimmen die angestellten
Versuche des Hrn. Lavoisier auf das allergenaueste
überein, wenn das Eisen in der Salpetersäure, bei
einer niedrigen Temperatur von 25° bis 30° Réaumur, aufgelöst wird. Denn diese Rechnung ist, so
wie jede andere Rechnung, welche sich auf die Verwandtschaften der Körper gründet, nur für einen bestimmten Grad der Temperatur richtig, weil sich
bei jedem Grade der Temperatur auch die Grade
der Verwandtschaften verändern.

Je höher die Temperatur ist, welcher ein Metall ausgesetzt wird, desto grösser ist auch seine
Verwandtschaft zu dem Sauerstoffe. Eisen, welches
bei einer Temperatur von 25°, nur $= 0,290$ Sauerstoff aufnimmt, kann bei einer höheren Temperatur
$= 0,390$ und mehr aufnehmen. Wahrscheinlich
kommt dieses daher, weil, bei einer höheren Temperatur, die kleinsten Theile des Metalls weiter von
einander entfernt werden, wodurch ihre Verwandtschaft der Verbindung unter einander stärker getrennt wird. Hieraus lassen sich einige höchst son-
derbare Erscheinungen erklären. Wirft man in
eine schon gesättigte Auflösung des Eisens in Salpetersäure noch mehr Eisen, und setzt man alsdann die Auflösung einer höheren Temperatur aus:

310

so wird das schon aufgelöste Eisen, durch das neu
hinzu gekommene niedergeschlagen. Das zugesetzte
Eisen säurt sich auf Kosten der Säure, diese kann
daher nun nicht mehr soviel Eisen aufgelöst enthalten als vorher, und daher fällt das aufgelöste
Eisen, als schwarze, oder als gelbe Eisenhalbsäure,
zu Boden.

SECHSTES KAPITEL.

VON DER NIEDERSCHLAGUNG DER METALLISCHEN KÖRPER DURCH EINANDER AUS IHREN AUFLÖ- SUNGEN IN DEN SÄUREN. *)

Aus den Erscheinungen, welche sich bei dem Niederschlagen der Metalle durch einander zeigen,
kann man berechnen, wieviel Sauerstoff sich mit
dem Metalle verbindet, ehe sich dasselbe in der
Säure auflöst. Wenn z. B. 31 Pfunde Kupfer erfordert werden, um 100 Pfund Silber mit metallischem
Glanze niederzuschlagen, so folgt hieraus, daß
31 Pfund Kupfer sich mit alle dem Sauerstoff verbinden, welcher mit 100 Pfund Silber verbunden
war. Folglich enthalten 31 Pfund Kupferhalbsäure
eben so viel Sauerstoff als 100 Pfund Silberhalbsäure enthalten. Demzufolge verhält sich die Menge
des Sauerstoffs in der Silberhalbsäure zu der Menge
des Sauerstoffes in der Kupferhalbsäure = 31 : 100.
Wenn also ein Metall, aus seiner Auflösung, durch
ein anderes Metall, in metallischer Gestalt nieder-

*) Lavoisier Mémoires de l'Acad. Roy. des Sciences 1782.
p. 512.

geschlagen wird: so verhält sich die Menge des Sauerstoffes in der fällenden Halbsäure zu der Menge des Sauerstoffes in der gefüllten Halbsäure umgekehrt wie sich die Menge des fällenden Metalls zu der Menge des gefärbten Metalls verhält.

So braucht man, z. B. um 100,000 Silber aus der Auflösung in der Salpetersäure niederzuschlagen, 135,000 Quecksilber. Da nun 100,000 Quecksilber = 8,000 Sauerstoff aufnimmt, um in der Salpetersäure lösbar zu werden: so brauchen 100,000 Silber = 10,800 Sauerstoff, um in der Salpetersäure lösbar zu seyn.

Man gebraucht 334,00 Blei, um 100,00 Silber aus der Salpetersäure niederzuschlagen. Folglich brauchen 100,00 Blei = 4,615 Sauerstoff, um in der Salpetersäure lösbar zu seyn.

100,000 Theile Platinum brauchen = 81,690 Theile Sauerstoff in der salpetersauren Kochsalzsäure.

100,000 Theile Gold brauchen = 43,612 Theile Sauerstoff in eben dieser Säure.

100,000 Theile Eisen brauchen = 30,000 Theile Sauerstoff in der Schwefelsäure.

100,000 Theile Kupfer brauchen = 36,000 Theile Sauerstoff in der Schwefelsäure.

100,000 Theile Koholt brauchen = 29,190 Theile Sauerstoff in der Salpetersäure.

100,000 Theile Magnesium brauchen = 21,176 Theile Sauerstoff in der Salpetersäure.

100,000 Theile Zink brauchen = 19,637 Theile Sauerstoff in der Salpetersäure.

100,000 *Theile Nickel brauchen* = 24,721 *Theile Sauerstoff in der Salpetersäure.*

100,000 *Theile Spiesglanz brauchen* = 13,746 *Theile Sauerstoff in der salpetersauren Kochsalzsäure.*

100,000 *Theile Zinn brauchen* = 14,000 *Theile Sauerstoff in der salpetersauren Kochsalzsäure.*

100,000 *Theile Arsenik brauchen* = 11,739 *Theile Sauerstoff in der Salpetersäure.*

100,000 *Theile Arsenik brauchen* = 24,743 *Theile Sauerstoff in der salpetersauren Kochsalzsäure.*

100,000 *Theile Silber brauchen* = 10,800 *Theile Sauerstoff in der Salpetersäure.*

100,000 *Theile Wismuth brauchen* = 9,622 *Theile Sauerstoff in der Salpetersäure.*

SIEBENTES KAPITEL.

VON DEM ARSENIK.

*M*an findet es zuweilen rein, in schweren, schwarzen Maſsen; dann verwandelt es sich, bei einer höheren Temperatur, ganz in Gas, mit einem unangenehmen Knoblauchsgeruche. Zuweilen findet man es mit Silber; zuweilen als weiſse Arsenikhalbsäure; zuweilen mit Schwefel vereinigt, als gelbe geschwefelte Arsenikhalbsäure (Opperment); oder als rothe geschwefelte Arsenikhalbsäure (Realgar); oder mit Eisen (Mispickel). Das reine Arsenik verwandelt sich, bei einer höheren Temperatur, ganz in Gas, und sublimirt sich in verschlossenen Gefäſsen. In offenen Gefäſsen säurt es sich, mit einem Knoblauchsgeruche, und mit blauer Flamme. Die Halbsäure heiſst im gemeinen Leben weiſser Arsenik.

Die Halbsäure hat einen beifsenden Geschmack.
Sie ist ein heftiges Gift. Bei einer mäfsigen Temperatur verfliegt sie auf dem Feuer: bei einer höheren Temperatur sublimirt sie sich in ein durchsichtiges Glas. Diese weifse verglaste Arsenikhalbsäure verliert ihre Durchsichtigkeit an der Luft, und verwittert zum Theil. Die Arsenikhalbsäure löst sich in dem Wasser, und durch das Abdampfen dieser Lösung erhält man Kristalle: Mit den Erden fliest die Arsenikhalbsäure, bei einer höheren Temperatur, und verglast dieselben. Soda und Pottasche lösen die Halbsäure auf, aber nicht den Arsenik. Diese Auflösungen werden durch Säuren zerlegt.

Der Arsenik wird von der Schwefelsäure, wenn sie kochend ist, in eine Halbsäure verwandelt, aber nicht aufgelöst. Es verbindet sich der Sauerstoff der Schwefelsäure mit dem Arsenik, es entwickelt sich schwefelsaures Gas, und es sublimirt sich etwas Schwefel. Bei einer niedrigen Temperatur hat die Schwefelsäure auf den Arsenik gar keine Wirkung. In der kochenden Schwefelsäure löst sich auch die Arsenikhalbsäure auf, aber nach dem Erkalten fällt dieselbe nieder.

Die Salpetersäure säurt den Arsenik, und löst, bei einer höheren Temperatur, die Halbsäure auf. Das salpetergesäurte Arsenik zieht das Wasser aus der Luft an, es verpufft nicht auf Kohlen, und wird weder von dem Wasser noch von den Säuren zersetzt. Die Soda und die Pottasche zersetzen es; aber nur bei einer höheren Temperatur, und durch

doppelte Verwandtschaften. Mit der Pottasche ent-
steht salpetergesäurte Pottasche, und arsenikgesäurte
Pottasche; so auch mit der Soda. Mit dem Salpe-
ter verpufft das Arsenik und man erhält arsenik-
halbsaure Pottasche und reine Pottasche.

Die Kochsalzsäure verbindet sich mit dem Ar-
senik bei einer höheren Temperatur, aber nicht bei
einer niedrigen. Auch die Arsenikhalbsäure wird
von dieser Säure aufgelöst. Beide Auflösungen
werden von den Laugensalzen zerlegt.

Die arsenikgesäurte Pottasche schmilzt bei einer
nicht sehr hohen Temperatur, und wird durch blofses
Schmelzen nicht zerlegt; auch verändert sie sich
nicht an der Luft. Sie ist weit lösbarer im Was-
ser als die Arsenikhalbsäure, und sie löst sich im
Wasser von einer höheren Temperatur in gröfserer
Menge auf, als in dem Wasser von einer niedrigen
Temperatur. Keine Säure zerlegt dieses Salz durch
einfache Verwandtschaft; aber wohl durch doppelte
Verwandtschaft. So z. B. das schwefelgesäurte Ei-
sen; die Schwefelsäure verbindet sich mit der Pott-
asche, und die Arsenikhalbsäure mit der Eisenkalb-
säure. Die Kohle zerlegt dieses Salz.

Die salpetergesäurte Soda wird durch die Arse-
nikhalbsäure, bei einer höheren Temperatur, zerlegt,
und in arsenikgesäurte Soda verwandelt. Auch das
salpetergesäurte Ammoniak wird von der Arsenik-
halbsäure zerlegt, und in arsenikgesäurtes Ammoniak
verwandelt.

Die kochsalzgesäurte Soda und Pottasche wer-
den von der Arsenikhalbsäure nicht zerlegt, und

nur langsam und schwer trennt diese Halbsäure
das Ammoniak von dem kochsalzgesäurten Ammoniak.

Die Arsenikhalbsäure verbindet sich leicht mit
dem Schwefel zur gelben geschwefelten Arsenikhalbsäure, welche im Wasser nicht lösbar ist. Wird
diese geschwefelte Arsenikhalbsäure geschmolzen, so
nimmt dieselbe eine rothe Farbe an, und wird feuerfester als sie vorher war. Beide geschwefelten Halbsäuren, die rothe sowohl als die gelbe, werden durch
Kalkerde, Soda und Pottasche zerlegt, welche sich
mit dem Schwefel verbinden: aber dennoch wird
auch die geschwefelte Soda sowohl als die geschwefelte Pottasche gegenseitig von der Arsenikhalbsäure
zerlegt.

Die Arsenikhalbsäure wird in Arseniksäure verwandelt, wenn man sie mit übersaurer Kochsalzsäure, oder mit Salpetersäure destillirt. Macquer
bemerkte schon 1746, daß, wenn man eine Mischung
von weißer Arsenikhalbsäure und von Salpeter einem starken Feuer aussetze, man eine arsenikgesäurte Pottasche erhalte. Den Grund dieser Erscheinung kannte er nicht. Die Arsenikhalbsäure
raubt der Salpetersäure einen Theil ihres Sauerstoffes, sie verwandelt sich dadurch in eine Säure,
und verbindet sich nachher mit der Pottasche des
Salpeters.

Das beste Mittel die Arseniksäure rein zu erhalten besteht darin, daß man die weiße Arsenikhalbsäure in drei mal ihrem Gewichte Kochsalzsäure auflöse. Während diese Auflösung kocht,

giest man zwei mal soviel Salpetersäure zu als das
Gewicht der Arsenikhalbsäure beträgt. Die Salpetersäure wird zerlegt, ihr Sauerstoff verbindet sich
mit der Halbsäure und verwandelt dieselbe in eine
Säure, und der Salpeterstoff geht als salpeterhalbsaures Gas fort. Die Kochsalzsäure verwandelt sich
in kochsalzgesäurtes Gas, welches man in verschlossenen Gefäfsen, aufffangen kann. Geschieht die
Operation im offenen Feuer, und wird das Feuer so
lange verstärkt bis der Tiegel glüht, so bleibt reine
Arseniksäure zurück. Nach Stahls Hypothese kann
man diese Erscheinungen unmöglich erklären. Denn
zufolge dieser Hypothese ist das salpeterhalbsaure
Gas eine mit Phlogiston überladene Salpetersäure.
Wo soll aber dieses Phlogiston herkommen, welches
die Salpetersäure aufgenommen hat? Gewifs nicht
aus der Arsenikhalbsäure, denn die Stahlianer behaupten, es fehle dieser Halbsäure an Phlogiston.
Hier kommt man also mit der Hypothese vom Phlogiston abermals nicht aus!

Es gibt, aufser dieser, noch verschiedene andere
Methoden, den Arsenik in eine Säure zu verwandeln. Eine der besten ist diejenige welche Scheele
erfunden hat. Sie besteht darin, dafs man übersaure Kochsalzsäure, über Magnesiumhalbsäure, in
eine Vorlage destillire, in welcher weifse Arsenikhalbsäure, mit reinem Wasser bedeckt, befindlich
ist. Die Kochsalzsäure nimmt noch mehr Sauerstoff aus der Magnesiumhalbsäure auf. Die Arsenikhalbsäure in der Vorlage zerlegt die übersaure
Kochsalzsäure, sie verbindet sich mit dem Sauer-

stoffe derselben, und wird in Arseniksäure verwandelt. Die übersaure Kochsalzsäure verwandelt sich in gewöhnliche Kochsalzsäure. Man trennt beide Säuren, indem man, bei gelinder Wärme, welche gegen das Ende des Prozesses verstärkt werden muſs, die Mischung destillirt. Die Kochsalzsäure geht in die Vorlage über, und die Arseniksäure bleibt, in weiſser und fester Gestalt, in der Retorte zurück.

Die Arseniksäure ist weit weniger flüchtig als die Arsenikhalbsäure. Die Arseniksäure enthält zuweilen etwas weiſse Arsenikhalbsäure aufgelöst, welche nicht genug gesäurt ist. Diese kann man in Säure verwandeln, wenn man Salpetersäure über der Arseniksäure solange destillirt, bis kein salpeterhalbsaures Gas mehr in die Vorlage übergeht.

Hr. Pelletier bereitet die Arseniksäure, indem er das salpetergesäurte Ammoniak durch die Arsenikhalbsäure zerlegt. Man erhält arsenikgesäurtes Ammoniak. Aus diesem treibt man, durch Erwärmen, das Ammoniak aus, und die Arseniksäure bleibt zuletzt rein in der Retorte zurück.

Die Arseniksäure ist eine weiſse, metallische, feste, im Wasser lösbare, und in der Glühhitze feuerfeste Säure, welche durch die Verbindung des Sauerstoffes mit dem Arsenik entsteht. Ihr Geschmack ist beiſsender als der Geschmack der Arsenikhalbsäure. Sie ist feuerfest, da hingegen die Halbsäure flüchtig ist. Im Feuer schmilzt sie zu einem durchsichtigen Glase. Sie röthet die blauen Pflanzensäfte nur wenig. An der Luft zieht sie

das Wasser aus der Atmosphäre an. Ein Thei
verglaste Arseniksäure löst sich in zwei Theilen
Wasser. Sie verbindet sich leichter mit der Kalkerde als mit der Schwererde und der Bittererde.
Die arsenikgesäurte Soda und Pottasche werden
durch Kalcherde, Bitterde nnd Schwererde zerlegt.

Wenn man eine Mischung von Arseniksäure
und Ammoniak einer gelinden Wärme aussetzt, so
verwandelt sich die Arseniksäure in Arsenikhalbsäure. Denn das Ammoniak wird in seine Bestand.
theile zerlegt. Der Wasserstoff desselben verbindet
sich mit dem Sauerstoffe der Säure zu Wasser; der
Salpeterstoff geht fort; und die Arsenikhalbsäure
bleibt, in dem entstandenen Wasser aufgelöst,
zurück.

Die spezifische Schwere des Arseniks ist $= 8,308$;
der verglasten Arsenikhalbsäure $= 5,000$; der
weißen Arsenikhalbsäure $= 3,706$; der Arsenik
säure $= 3,391$.

ACHTES KAPITEL.

VON DEM MOLYBDEN.

Das Molybden findet man selten rein. Beinahe
immer ist es mehr oder weniger geschwefelt. Es ist
sehr schwer rein zu erhalten, und von dem Sauerstoffe gänzlich zu trennen. Man hat es daher gemeiniglich als Molybdenhalbsäure und als Molybdensäure. Das reine Molybden erscheint in Gestalt
von Körnern, die sehr schwer zu schmelzen sind.
An der Luft verwandelt es sich in Molybdenhalbsäure, welche weiß und flüchtig ist, und, durch

Verbindung mit noch mehr Sauerstoff, in die Mo-
lybdensäure übergeht. Die Salpetersäure wird durch
das Molybden zerlegt, und dieses wird, durch diese
Zerlegung, in Halbsäure oder in Säure verwandelt.
In einer Lösung der Soda und der Pottasche in
Wasser, wird das Molybden gesäurt und aufgelöst.
Es verbindet sich das Molybden mit dem Blei, dem
Kupfer, dem Eisen und dem Silber, und macht mit
diesen Metallen körnigte, brüchige Mischungen.
Mit Schwefel verbunden macht es die Molybdenmi-
ner. Bei einer höheren Temperatur verfliegt er
ganz in weifsen Dämpfen. Wenn Soda, Pottasche,
oder Erden, mit dem geschwefelten Molybden ge-
schmolzen werden, so lösen sie sowohl den Schwefel
als das Metall. Wird Molybden mit kochender
Schwefelsäure gemischt, so wird die Säure zerlegt,
das Metall wird gesäurt, und die Schwefelsäure
wird in schwefelsaures Gas verwandelt. Mit der
Kochsalzsäure verbindet sich das Molybden nicht.

Wird das geschwefelte Molybden mit Arsenik-
säure destillirt: so wird die Säure zerlegt. Ein
Theil des Schwefels verwandelt sich in schwefelsau-
res Gas, ein anderer Theil des Schwefels verbindet
sich mit dem, seines Sauerstoffes beraubten Arsenik,
und sublimirt sich als gelbe geschwefelte Arsenikhalb-
säure. Das Molybden wird zum Theil zur Molyb-
densäure, und der gröfste Theil des Molybdens
bleibt als reines Molybden zurück.

Das Molybden kann, durch Verbindung mit
dem Sauerstoffe, in eine Säure verwandelt werden.
Man bringt in eine Retorte etwas Molybdenminer

(geschwefeltes Molybden) so wie sie gewöhnlich
gefunden wird. Darauf giefst man fünf bis
sechs Theile einer, mit dem vierten Theil Wasser vermischten Salpetersäure und destillirt. Der
Sauerstoff der Salpetersäure verbindet sich mit dem
Molybden und mit dem Schwefel; dadurch wird das
Molybden zur Molybdensäure, und der Schwefel
zur Schwefelsäure. Nach geendigter Operation destillirt man über den Ruckstand noch einmal soviel
Salpetersäure abermals ab. Dieser Prozefs wird
vier bis fünf mal wiederholt. Wenn sich keine
rothen Dämpfe von salpetersaurem Gas mehr zeigen, so ist das Molybden so sehr gesäurt als es nur
immer seyn kann, und man findet in der Retorte
nie Molybdensäure in Gestalt eines weifsen Pulvers.
Diese Säure ist im Wasser sehr wenig löslar, und
man kann sie mit warmem Wasser stark auswaschen, ohne dafs man befürchten darf viel davon
zu verlieren. Man mufs dieses thun, um die Molybdensäure von den letzten Theilen der Schwefelsäure zu reinigen, welche noch damit verbunden
seyn könnten.

Die Molybdensäure erscheint in Gestalt eines
weifsen Pulvers. Sie schmeckt säurlich und verfliegt über dem Feuer, in Gestalt von weifsen Dämpfen. Sie schmilzt zum Theil im Tiegel. Sie löst
sich in dem warmen Wasser: ein Theil in 480 Theilen Wasser. Die Lösung schmeckt säurlich und
metallisch, sie röthet die blauen Pflanzensäfte; zerlegt die Lösung der Seife im Wasser, und schlägt
den Schwefel aus den geschwefelten Laugensalzen
nieder.

nieder. *An der Kälte wird sie blau und dick, an
der Wärme flüßig. Die Molybdensäure löst sich,
bei einer höheren Temperatur, in der wasserfreien
Schwefelsäure. Die Lösung wird an der Kälte blau
und dick, an der Wärme flüßig. Bei starker Hitze
verfliegt die Schwefelsäure, und die Molybdensäure
bleibt zurück.*

*Die Salpetersäure hat auf die Molybdensäure
keine Wirkung.*

*In der Kochsalzsäure löst sich die Molybden-
säure auf. Diese Auflösung giebt, durch Destillation, übersaure Kochsalzsäure, und ein blaues
Residuum.*

*Die Molybdensäure zerlegt, bei erhöhter Tempe-
ratur, die salpetergesäurte Soda, die salpetergesäurte Pottasche, die kochsalzgesäurte Soda, die kochsalzgesäurte Pottasche, die kohlengesäurte Soda und
die kohlengesäurte Pottasche. Dabei entstehen molybdengesäurte Soda, und molybdengesäurte Pottasche.
Sie zerlegt auch die salpetergesäurte Schwererde,
und die kochsalzgesäurte Schwererde. Die aus dieser
Zerlegung entstehende molybdengesäurte Schwererde
ist im Wasser lösbar.*

*Die Molybdensäure löst viele Metalle auf, und
wird blau, indem sie denselben einen Theil ihres
Sauerstoffes überläßt.*

*Setzt man eine Mischung aus Molybdensäure
und Ammoniak einer gelinden Wärme aus, so wird
das Ammoniak in seine Bestandtheile zerlegt. Der
Wasserstoff desselben verbindet sich mit dem Sauerstoffe der Säure, es entsteht Wasser, es entwickelt*

X

sich Salpeterstoffgas und die Säure wird in' eine
Halbsäure verwandelt. -

NEUNTES KAPITEL.

VON DEM WOLFRAM.

Die *spezifische Schwere des Wolframs ist = 7,600.*
Es schmilzt schwer im Feuer. In Schwefelsäure,
Salpetersäure, Kochsalzsäure, und salpetersaurer
Kochsalzsäure löst es sich nicht auf. Es verbindet
sich leicht mit dem Eisen und mit dem Silber. Es
säurt sich leicht, zu einer gelben Halbsäure, die
durch Wärme blau wird, und in Säuren unauflös-
lich, in Laugensalzen hingegen lösbar ist.

Man findet das Wolfram niemals rein, sondern
jederzeit in Gestalt einer wolframgesäurten Kalk-
erde. Diese verändert sich nicht durch die Wärme,
Sie knistert und zerfällt im Feuer zu einem Pulver,
welches nicht schmilzt. Im Wasser ist sie nicht
lösbar. Durch Schwefelsäure wird sie nur zum
Theil zersetzt. Zwölf Theile Salpetersäure zersetzen
einen Theil von der wolframgesäurten Kalkerde.
Auch durch die Kochsalzsäure wird sis zersetzt.

Um die Wolframsäure aus der wolframgesäur-
ten Kalkerde zu scheiden, mischt man einen Theil
Woflrammiuer mit vier Theilen kohlengesäurter
Pottasche, und läfst das Gemische in einem Tiegel
schmelzen. Nachdem es erkaltet ist, wird es ge-
stofsen, und zwölf Theile kochendes Wasser darauf
gegossen. Dann giefst man Salpetersäure zu. Diese
verbindet sich mit der Pottasche, mit welcher sie
eine gröfsere Verwandtschaft hat. Dadurch wird

die Wolframsäure frei, und fällt sogleich in fester Gestalt zu Boden. Nun wird abermals Salpetersäu-re zugegossen und bis zur Trockenheit destillirt. Dieses wiederholt man so lange, bis sich keine ro-then Dämpfe mehr zeigen. Dann ist das Wolfram völlig gesäurt.

Will man die Wolframsäure rein haben, so muſs man die Wolframminer mit der kohlengesäur-ten Pottasche in einem Tiegel von Platina schmel-zen laſsen, damit sich die Erde des Tiegels mit der Säure nicht vermischen könne.

Setzt man eine Mischung von Wolframsäure und Ammoniak einer gelinden Wärme aus, so wird das Ammoniak in seine Bestandtheile zerlegt. Der Sauerstoff der Säure verbindet sich mit dem Was-serstoffe des Ammoniaks, der Salpeterstoff geht als Salpeterstoffgas fort, und die Wolframsäure wird in Wolframhalbsäure verwandelt.

Die Wolframsäure erscheint in Gestalt eines weiſsen Pulvers. Ein Theil derselben löst sich in zwanzig Theilen kochenden Wassers. Die Lösung schmeckt sauer, und röthet die blauen Pflan-zensäfte.

Mit der Schwererde macht die Wolframsäure wolframgesäurte Schwererde, ein im Wasser nicht lösbares Salz; mit der Bittererde macht sie die wolf-ramgesäurte Bittererde, ein sehr schwer lösliches Salz. Sie verbindet sich auch mit den Laugensalzen, und bildet damit die wolframgesäurte Soda und die wolframgesäurte Pottasche, deren Natur noch wenig untersucht ist.

X 2

Das wolframgesäurte Ammoniak zersetzt sich bei
erhöhter Temperatur, und die Wolframhalbsäure
bleibt als ein gelbliches Pulver zurück.

Mit der Schwefelsäure vermischt, wird die Wolframsäure, bei erhöhter Temperatur, blau; mit der
Salpetersäure und mit der Kochsalzsäure wird sie
zitronengelb. Die geschwefelten Laugensalze shlägt
sie mit einer grünen Farbe nieder.

ZEHNTES KAPITEL.

VON DEM URANIUM.

Das Uranium ist ein vom Hrn. Klaproth entdecktes
Metall, welches sich in der sächsischen Pechblende
findet. Seine spezifische Schwere ist $=$ 6,440.

Die Uraniumhalbsäure löst sich in der Schwefelsäure nur unvollständig, in der Salpetersäure
gänzlich auf. In der Kochsalzsäure löst sie sich
unvollkommen auf, aber sehr leicht in der salpetersauren Kochsalzsäure. Aus der Auflösung in den
Säuren wird die Uraniumhalbsäure von den Laugensalzen mit einer gelben Farbe niedergeschlagen.
Kohlengesäurte Laugensalze schlagen sie mit einer
weißlichen Farbe nieder. Mit den Laugensalzen
schmilzt diese Halbsäure im Feuer nicht zusammen,
und dadurch unterscheidet sie sich von der Wolframhalbsäure.

EILFTES KAPITEL.

VON DEM MAGNESIUM.

Das Magnesium findet man gemeiniglich in Gestalt
einer schwarzen Halbsäure, welcher man den sehr

unschicklichen Namen Braunstein gegeben hat, da
sie doch weder braun noch ein Stein ist. Scheele
hat die Magnesiumhalbsäure sogar in der Asche der
Pflanzen gefunden, und man findet eine geringe
Menge davon beinahe in jeder Kohle.

Das Magnesium ist weiß, brüchig, hart, un-
schmelzbar im Feuer. An der Luft einer höheren
Temperatur ausgesetzt, säurt es sich, und verwandelt sich in eine Halbsäure, welche anfänglich weiß
ist, und nachher schwarz wird. Auch ohne erhöhte
Temperatur säurt sich das Magnesium an der Luft,
und zwar sehr schnell.

Die schwarze Magnesiumhalbsäure gibt dem
Glase, wenn sie damit geschmolzen wird, eine violette
Farbe. Giest man auf diese Halbsäure flüfsiges
Ammoniak, so entsteht ein leichtes Aufbrausen, das
Ammoniak wird zerlegt, es entwickelt sich Salpeterstoffgas, der Wasserstoff des Ammoniaks verbindet
sich mit dem Sauerstoffe der Halbsäure, es entsteht
Wasser, und das Magnesium wird zum Theil hergestellt, und nimmt eine weiße Farbe an. Bei einer Temperatur von 60° bis 80° Réaum. ist das
Aufbrausen weit stärker, man erhält Salpeterstoffgas in grofser Menge, und das Magnesium wird
ganz hergestellt.

Aus der schwarzen Magnesiumhalbsäure entwickelt sich, bei einer höheren Temperatur, eine
grofse Menge Sauerstoffgas, indem der Wärmestoff
den Sauerstoff von dem Magnesium trennt. Wenn
man diese Halbsäure, in einer Retorte von Porzellan, erwärmt: so entwickelt sich Salpeterstoffgas, so-

lange bis die Retorte anfängt zu glühen. Sobald aber die Retorte glüht, erhält man Sauerstoffgas.

Wenn sich aus der schwarzen Magnesiumhalbsäure im Feuer sehr viel Sauerstoffgas entwickelt hat, so verliert sie ihre schwarze Farbe und wird braun. Die schwarze Halbsäure ist zu sehr mit Sauerstoff überladen, als dafs sie in den Säuren aufgelöst werden könnte. Soll sie aufgelöst werden, so mufs sie vorher einen Theil des Sauerstoffes verlieren, welcher mit ihr verbunden ist. Daher entwickelt sich eine grofse Menge Sauerstoffgas, wenn man schwarze Magnesiumhalbsäure in Schwefelsäure auflöst. Wenn die Säuren auf die Halbsäuren nicht wirken wollen, so darf man nur der Mischung einen Körper zusetzen, welcher eine grofse Verwandtschaft zu dom Sauerstoffe hat, um denselben der Halbsäure zu entziehen, z. B. Zucker oder Gummi. Wenn die Säure, in welcher die Magnesiumhalbsäure aufgelöst wird, eine grofse Verwandtschaft zu dem Sauerstoffe hat, wie z. B. die Kochsalzsäure, so verbindet sich ein Theil derselben mit dem überflüfsigen Sauerstoffe, und geht in Gasgestalt fort, während sich der andere Theil der Säure mit der Halbsäure vereinigt, welche nunmehr ihres überflüfsigen Sauerstoffes beraubt ist, und folglich sich mit der Säure verbinden kann.

Die rothe Farbe, welche diese Halbsäure dem Glase mittheilt, verschwindet, wenn dem Glase im Flufse etwas Kohlenstoff zugesetzt wird, indem sich alsdann der Sauerstoff, von welchem die Farbe herkommt, mit dem Kohlenstoffe verbindet.

*Das Magnesium entwickelt aus der Schwefel-
säure und aus der Kochsalzsäure Wasserstoffgas,
wenn es in diesen Säuren aufgelöst wird. Denn,
vermöge seiner grofsen Verwandtschaft zu dem Sauerstoffe, zerlegt das Magnesium das Wasser, welches
mit diesen Säuren verbunden ist. Die Salpetersäure zerlegt das Magnesium ebenfalls. Es verbindet
sich mit dem Sauerstoffe derselben, und der Salpeterstoff geht als Salpeterstoffgas fort. Auch mit dem
Salpeter verpufft es, indem es sich mit dem Sauerstoffe der Salpetersäure verbindet. Hingegen verpufft die schwarze Magnesiumhalbsäure mit dem
Salpeter nicht, weil sie schon mit Sauerstoff gesättigt ist, und demzufolge die Salpetersäure nicht zerlegen kann.*

*Das schwefelgesäurte Magnesium kristallisirt und
ist durchsichtig. Es gibt im Feuer Sauerstoffgas.
Die Laugensalze schlagen daraus eine Magnesiumhalbsäure nieder. Giest man reines flüfsiges Ammoniak in eine Lösung des schwefelgesäurten Mag-
nesiums in Wasser: so wird die Magnesiumhalbsäure
in Gestalt brauner Flocken niedergeschlagen, und
kleine Luftblasen steigen aus der Flüfsigkeit in die
Höhe. Eben diefs geschieht im luftleeren Raume,
und der Niederschlag nimmt eine weifse Farbe an,
welche sich an der Luft nicht verändert. Dieser
Niederschlag ist hergestelltes Magnesium. Der Sauerstoff hat sich mit dem Wasserstoffe des Ammoniaks
vereinigt und Wasser gebildet. Die Luftblasen sind
Salpeterstoffgas, der andere Bestandtheil des Ammoniaks.*

In der Salpetersäure löst sich das Magnesium
auf und es entwickelt sich dabei salpetersaures Gas.
Die schwarze Magnesiumhalbsäure wird von der
Salpetersäure nicht angegriffen, außer wenn man
einen Körper zusetzt, welcher der Halbsäure einen
Theil des überflüssigen Sauerstoffs raubt, z. B.
Zucker. Das Salpetersaure löst die Halbsäure auf.
Es raubt derselben einen Theil des Sauerstoffs, verwandelt sich in Salpetersäure, und löst alsdann die,
nun nicht mehr mit Sauerstoff überladene Magnesiumhalbsäure auf.

Die Kochsalzsäure löst das Magnesium auf.
Die Auflösung ist dunkelbraun, aber sie verliert
diese Farbe bei einer höheren Temperatur. Wasser
schlägt die Halbsäure daraus nieder, so wie auch
die Laugensalze. Wenn Kochsalzsäure über schwarze Magnesiumhalbsäure destillirt wird, so entsteht
übersaure Kochsalzsäure, indem sich die Kochsalzsäure mit dem Sauerstoffe der Halbsäure verbindet.

Spathsäure und Kohlensäure lösen das Magnesium schwer auf.

Wird die schwarze Magnesiumhalbsäure mit
Salpeter destillirt, so entwickelt sich Salpetersäure,
und das Magnesium bleibt mit der Pottasche, unter
der Gestalt einer grünen Masse, zurück. Grün ist
die Masse, wegen des Eisens, welches die schwarze
Halbsäure enthält, und von welchem sie sich niemals ganz trennen läßt.

Destillirt man kochsalzgesäurtes Ammoniak mit
der schwarzen Magnesiumhalbsäure, so wird das
Ammoniak zum Theil zerlegt. Man erhält daher
Wasser und Salpeterstoffgas.

ZWÖLFTES KAPITEL.

VON DEM NICKEL.

*Das Nickel findet man niemals rein in der Natur.
Bald ist es geschwefelt, bald mit Arsenik gemischt,
bald auch mit andern Metallen, vorzüglich mit Kobolt und mit Eisen. Im Feuer ist es beständig und
fließt sehr schwer. In einem heftigen Feuer säurt
es sich zu einer grünen Halbsäure, und schmilzt
endlich zu einem gelben durchsichtigen Glase, welches eine gelbe verglaste Nickelhalbsäure ist. In den
Säuren löst sich das Nickel auf, und die Auflösung
hat eine dunkelgrüne Farbe. Auch mit dem Schwefel und den geschwefelten Laugensalzen verbindet
sich das Nickel sehr leicht, so wie mit einigen Metallen, z. B. mit dem Arsenik, dem Kobolt und
dem Wismuth.*

*Das schwefelgesäurte Nickel ist ein grünes Salz
in Kristallen. Auch das salpetergesäurte Nickel
kristallisirt sich. Die Laugensalze schlagen die Nickelhalbsäure aus den Auflösungen in Säuren (welche alle grün sind) nieder und lösen dieselbe wiederum auf. Wird Ammoniak in eine Auflösung des
Nickels gegossen: so färbt sich dieselbe blau. Mit
dem Salpeter verpufft das Nickel und säurt sich.
Es zerlegt zum Theil das kochsalzgesäurte Ammoniak.*

DREIZEHNTES KAPITEL.

VON DEM KOBOLT.

*Das Kobolt ist ein weißes, brüchiges Metall, dessen
spezifische Schwere = 7,700 ist. Es schmilzt nach-*

*dem es glüht. Es ist feuerfest, schwerflüssig und
kristallisirt. Es säurt sich an der Luft und in dem
Kapellenofen; dadurch nimmt es am Gewichte zu
und schmilzt bei heftigem Feuer zu einem blauen
Glase. Im Wasser löst es sich nicht. Es verbindet
sich nicht mit den Erden, aber seine Halbsäuren
verbinden sich mit denselben, und machen damit
ein blaues Glas. In einer Lösung der Soda oder
Pottasche in Wasser, löst es sich auf. Es löst sich
in allen Säuren auf. In der Schwefelsäure aber
nur dann, wenn sie wasserfrei und kochend ist.
Der gröfste Theil der Schwefelsäure geht dabei als
Schwefelsaures weg. Das schwefelgesäurte Kobolt
ist lösbar im Wasser, wird durch die Wärme zerlegt, und läfst eine Kobolthalbsäure zurück. Schwererde, Bittererde, Kalcherde und Laugensalze zerlegen das schwefelgesäurte Kobolt, und schlagen den
Kobolt als eine rosenrothe Halbsäure nieder. Aus
100 Theilen Kobolt, welcher in verdünnter Schwefelsäure aufgelöst ist, schlägt die Soda 140 Theile
nieder, und die kohlengesäurte Soda 160 Theile.
Die Zunahme am Gewichte kommt von dem Sauerstoffe der Schwefelsäure, welcher mit dem Kobolt
verbunden bleibt. Bei dem Niederschlagen durch
kohlengesäurte Soda verbindet sich noch etwas Kohlensäure mit dem Niederschlage.*

*Die Salpetersäure löst das Kobolt, bei einer er-
höhten Temperatur, auf, und es entwickelt sich dabei salpeterhalbsaures Gas, indem sich der Sauerstoff
der Salpetersäure mit dem Kobolte verbindet. Die
gesättigte Auflösung ist rosenroth, oder hellgrün,*

und gibt, durch Abdampfen, salpetergesäurtes Kobolt. *Dieses Salz zerfließt an der Luft, es kocht
auf Kohlen (aber es verpufft nicht) und läßt nach
dem Kochen eine dunkelrothe Halbsäure zurück.
Laugensalze und Erden zerlegen das salpetergesäurte Kobolt, und der Niederschlag löst sich in Laugensalzen auf.*

*Die Kochsalzsäure löst das Kobolt nur schwer,
und nur bei einer höheren Temperatur auf. Die
Kobolthalbsäure wird hingegen leicht in der genannten Säure aufgelöst. Das kochsalzgesäurte Kobolt
zerfließt leicht an der Luft.*

*Die salpetersaure Kochsalzsäure löst das Kobolt
besser als die Kochsalzsäure, aber nicht so leicht
als die Salpetersäure auf. Es entsteht daraus die
sympathetische Dinte.*

Eine Lösung von boraxgesäurter Soda (*Borax*)
*mit einem gesäurten Kobolt gemischt, zersetzt das-
selbe, durch doppelte Verwandtschaft, und es entsteht
ein* boraxgesäurtes Kobolt, *welches im Wasser sehr
wenig lösbar ist.*

*Mit dem Schwefel verbindet sich das Kobolt
äußerst schwer.*

VIERZEHNTES KAPITEL.
VON DEM WISMUTH.

*Das Wismuth ist ein gelbliches, weiches, leichtes,
schmelzbases, kristallisirtes Metall. Geschmolzenes
Wismuth säurt sich im Schmelzen, vermöge des
Sauerstoffes der Luft. Neunzehn Theile Wismuth
geben mehr als zwanzig Theile Wismuthhalbsäure.*

Der *Wismuth* säurt sich mit blauer Flamme. Seine Halbsäure ist sehr flüchtig und verwandelt sich bei einer nicht sehr hohen Temperatur in Gas. Wird dieses Gas aufgefangen, so erhält man die sogenannten Wismuthblumen, welche aber keine Blumen, sondern eine metallische Halbsäure sind. Es giebt eine graue, braune und eine glasigte *Wismuthhalbsäure.* Sie wird durch *Wasserstoff* und auch durch *Kohlenstoff* hergestellt, indem ihr diese beiden Stoffe den *Sauerstoff* rauben, mit welchem sie eine gröfsere *Verwandtschaft* haben.

Von dem Wasser wird das *Wismuth* nicht angegriffen. *An der Luft* säurt es sich. *Mit den Erden* verbindet es sich nicht. *Kochende Schwefelsäure* löst es, jedoch schwer, auf, und es entwickelt sich dabei schwefelsaures Gas. Das schwefelgesäurte Wismuth wird durch das *Feuer,* die erdigten Salze, die Laugensalze und das *Wasser* zerlegt.

Die *Salpetersäure* wird von dem Wismuth äufserst schnell zerlegt. Es entwickelt sich dabei *Wärmestoff* und es entsteht salpetersaures Gas. Das salpetergesäurte Wismuth verpufft mit Kohlen, aber schwach. Es verliert sein Kristallisations-Eis an der Luft. Durch Lösung im Wasser schlägt sich eine weifse *Wismuthhalbsäure* nieder, so wie auch wenn die Lösung des salpetergesäurten Wismuth in Wasser durch Laugensalze niedergeschlagen wird: Hundert Theile *Wismuth* geben 115 Theile weifse *Wismuthhalbsäure.*

Die *Kochsalzsäure* löst das *Wismuth* schwer auf, und mit einem sehr unangenehmen Geruch.

Das kochsalzgesäurte Wismuth *kristallisirt sich schwer.*
Wird noch mehr Sauerstoff damit verbunden, so
entsteht das übersaure kochsalzgesäurte Wismuth,
welchem man den komischen Namen Wismuthbutter
beigelegt hat. Das kochsalzgesäurte Wismuth zer.
fliest an der Luft, und wird durch das Wasser
zerlegt.

Salpeter säurt das Wismuth, aber ohne Ver-
puffen.

Das kochsalzgesäurte Ammoniak wird durch
das Wismuth nicht zerlegt, aber wohl durch die
Wismuthhalbsäure. Diese trennt das Ammoniak
ganz davon. Man erhält Ammoniakgas und koch-
salzgesäurtes Wismuth.

Der Schwefel verbindet sich mit dem Wismuth
durch Schmelzen.

FUNFZEHNTES KAPITEL.
VON DEM SPIESGLANZE.

*D*ie *Oberfläche dieses Metalls besteht aus spiefsför-*
migen Kristallen. Man findet es gemeiniglich ge-
schwefelt. Das geschwefelte Spiesglanz ist leicht
flüfsig; es verliert, während des Fliefsens, seinen
Schwefel, der sich in Gas verwandelt: dann säurt
sich das Metall, und verfliegt auch in weifsen Däm-
pfen. Bei einer mäfsigen Temperatur verfliegt der
Schwefel allmählig, und die Spiesglanzhalbsäure
bleibt zurück: doch bleibt mit dieser grauen Spies-
glanzhalbsäure immer noch etwas Schwefel verbun-
den. Sie schmilzt im Feuer zu einem braunen Gla-
se, welches eine verglaste geschwefelte Spiesglanz-

halbsäure ist. Die graue Halbsäure und die ver-
glaste Halbsäure geben mit Kohle und Laugensalz
Spiesglanz. Die Kohle verbindet sich mit dem
Sauerstoffe, das Laugensalz mit dem Schwefel.
Das Spiesglanz säurt sich leicht, wenn es in offenen
Gefäsen geschmolzen wird und verfliegt. Daher
entstehen, in verschlossenen Gefäsen, die sogenann-
Spiesglanzblumen, *welche aber keine Blumen son-*
dern eine Halbsäure sind. Diese Halbsäure schmilzt
zu einem orangefarbenen, sehr schwerflüfsigen Glase.
Die weifse sublimirte Spiesglanzhalbsäure ist im
Wasser etwas lösbar.

Das Spiesglanz säurt sich von selbst an der
Luft. Die kochende Schwefelsäure wird durch das
Spiesglanz zerlegt. Es entstehen Dämpfe von schwe-
felsaurem Gas, es sublimirt sich Schwefel, und es
bleibt Arsenikhalbsäure mit etwas schwefelgesäurtem
Spiesglanze *zurück, welches man durch Wasser*
leicht davon scheiden kann.

Die Salpetersäure wird zum Theil zerlegt, und
der unzerlegte Theil derselben löst alsdann die
entstandene Halbsäure auf. Das salpetergesäurte
Spiesglanz *zerfliefst leicht an der Luft, und zersetzt*
sich auf dem Feuer. Die daraus entstehende Halb-
säure ist weifs und schwer herzustellen.

Die Kochsalzsäure löst das Spiesglanz nur durch
lange Digestion auf. Das Kochsalzgesäurte Spiesglanz *zerfliefst leicht an der Luft. Es schmilzt im*
Feuer und verfliegt. Es wird durch das Wasser
zerlegt. Das übersaure kochsalzgesäurte Spiesglanz,
welchem die alten Chemisten den lächerlichen Na-

*men Spiesglanzbutter beigelegt haben, ist flüfsig und
zerfliefst an der Luft. Es zerfrifst alle thierischen
Theile, die es berührt.*

*Die salpetersäure Kochsalzsäure löst das Spies-
glanz leichter auf als jede der beiden Säuren für
sich thut, weil die Salzsäure durch diese Mischung
zum Theil in übersaure Kochsalzsäure verändert
wird, welche das Spiesglanz sehr leicht auflöst.
Das salpetersaure kochsalzgesäurte Spiesglanz zerfliefst an der Luft.*

*Das geschwefelte Spiesglanz säurt sich weit
schwerer, aber löst sich leichter in den Säuren auf als
das Spiesglanz. Löst man es in salpetersaurer Kochsalzsäure auf, so fällt der Schwefel, in Gestalt eines
weifsen Pulvers, zu Boden.*

*Die schwefelgesäurte Pottasche wird durch das
Spiesglanz zerlegt. Wenn man schwefelgesäurte
Pottasche mit Spiesglanz schmilzt, so entsteht eine
gelbe, glasartige schwefelgesäurte Spiesglanz-Pott-
asche, welche, durch Auflösung im Wasser, die
rothe geschwefelte Spiesglanzhalbsäure (Kermes mi-
nerale) gibt. Das Spiesglanz hat sich mit dem
Sauerstoffe der Schwefelsäure verbunden, und diese
in Schwefel verändert.*

*Die salpetergesäurte Pottasche verpufft mit dem
Spiesglanze, und säurt das Spiesglanz, vermöge des
Sauerstoffes der Salpetersäure. Man findet im
Tiegel Laugensalz, und weifse, durch Salpetersäure
bereitete, Spiesglanzhalbsäure (Antimonium diapho-
reticum).*

Das Spiesglanz läfst sich mit Wismuth und

mit Arsenik verbinden. Der Schwefel kann von
dem geschwefelten Spiesglanze durch alle Körper
getrennt werden, welche eine gröfsere Verwandtschaft zu dem Schwefel als zu dem Spiesglanze haben. Diese sind vorzüglich: Zinn, Eisen, Kupfer
und Silber.

SECHSZEHNTES KAPITEL.
VON DEM ZINK.

Das Zinn ist ein bläulich weifses Metall, welches
sich nicht pülvern läfst. Der Galmey, oder die
Zinkminer, ist eine Zinkhalbsäure. Das geschwefelte Zink wird Blende genannt. Die eisenartige
Zinkminer ist kohlengesäurtes Zink. Hundert Theile
dieser Miner enthalten: 65 Theile Zinkhalbsäure,
28 Theile Kohlensäure, einen Theil Eisen, und
sechs Theile Wasser oder Eis.

Das Zink schmilzt leicht und verfliegt ganz.
Dabei säurt es sich. Wird das Gas aufgefangen,
so erhält man eine Zinkhalbsäure, welche die alten
Chemisten Zinkblumen genannt haben. Bei einer
nicht so hohen Temperatur kristallisirt es sich, nachdem es geschmolzen ist. In einem starken Feuer
säuert es sich mit einer weifsen oder gelblichen
Farbe. Ein Theil Zink giebt 1⅓ Theil weifse Zinkhalbsäure.

Diese Halbsäure ist feuerfest. Im heftigen
Feuer schmilzt sie zu einem gelben Glase. Wenn
sie erwärmt wird, so leuchtet sie im Finstern.
Durch Kohlen läfst sich diese Halbsäure herstellen,
aber nur in verschlossenen Gefäfsen.

An

An der Luft verändert sich das Zink nur wenig. Wasser auf glühenden Zink geworfen wird zerlegt, und man erhält Wasserstoffgas, welches ein wenig Kohlenstoff aufgelöst enthält, der von dem Zink herkommt; denn dieses ist niemals frei von Kohlenstoff.

Eine Lösung von Soda oder Pottasche läst im Kochen die Zinkhalbsäure auf, und durch zugesetzte Säuren kann man sie wiederum davon trennen. Es entwickelt sich, bei der Auflösung des Zinks in Laugensalzen, Wasserstoffgas aus dem Wasser, so daß das Zink von dem Sauerstoffe des Wassers ers gesäurt wird, und sich dann auflöst.

Verdünnte Schwefelsäure löst das Zink auch bei einer niedrigen Temperatur auf. Es entwickelt sich Wärmestoff und es schlägt sich ein schwarzes Pulver nieder, welches gekohltes Eisen (Plumbago) ist. Dabei entwickelt sich viel gekohltes Wasserstoffgas. Ganz wasserfreie Schwefelsäure löst das Zink nicht anders als bei einer höheren Temperatur auf, und es entwickelt sich, während der Auflösung, schwefelsaures Gas. Nach dem Abdampfen erhält man ein weißes schwefelgesäurtes Zink, welches sich kristallisiren läßt. Es schmeckt zusammenziehend, verändert sich wenig an der Luft, und wird von der Alaunerde, der Schwererde, der Bittererde, der Kalcherde, den Laugensalzen und dem Ammoniak zerlegt. Die daraus niedergeschlagene Zinkhalbsäure löst sich in Säuren und in Laugensalzen auf. Wenn man salpetergesäurte Pottasche mit schwefelgesäurtem Zink destillirt, so werden beide zerlegt,

Y

und man erhält Salpetersaures, Salpetersäure, und
Schwefelsäure in fester Gestalt.

Verdünnte Salpetersäure löst das Zink leicht,
auch bei einer niedrigen Temperatur, auf. Es entwickelt sich dabei Wärmestoff und salpeterhalbsaures Gas aus der zerlegten Salpetersäure, und es
wird etwas gekohltes Eisen niedergeschlagen. Die
Auflösung ist anfänglich grünlich gelb, nachher
wird sie durchsichtig. Sie ist ätzend, und löst thierische Substanzen auf. Das salpetergesäurte Zink
läßt sich kristallisiren, es verpufft mit Kohlen, zerfließt an der Luft, schmilzt im Tiegel, und läßt
bei einer höheren Temperatur die Säure fahren.

Die verdünnte Kochsalzsäure löst das Zink
schnell auf. Es entwickelt sich dabei Wasserstoffgas aus dem Wasser, und gekohltes Eisen fällt zu
Boden. Das kochsalzgesäurte Zink läßt sich nicht
kristallisiren. Es gibt durch Destillation kochsalzgesäurtes Gas, und kochsalzgesäurtes Zink in
fester Gestalt, welches sich schmelzen läßt.

Das kohlengesäurte Wasser löst das Zink sowohl als seine Halbsäure auf. An der Luft bedeckt
sich diese Auflösung mit einer Haut, welche kohlengesäurtes Zink ist.

Alle diese Auflösungen werden dusch Erden
und Laugensalze niedergeschlagen. Mischt man
mit den Auflösungen des Zinks kohlengesäurte Laugensalze, so zerlegen sich dieselben, vermöge einer
doppelten Verwandtschaft.

Die schwefelgesäurte Pottasche gibt mit dem
Zink im Tiegel geschwefelte Pottasche, indem sich

*der Zink mit dem Sauerstoffe der Schwefelsäure
verbindet. Alle schwefelgesäurte Salze werden durch
das Zink zerlegt.*

*Mit der salpetergesäurten Pottasche verpufft der
Zink, und säurt sich, wobei eine Flamme entsteht.
Der Versuch ist gefährlich. Es entsteht dabei Pott-
asche und Zinkhalbsäure.*

*Die kochsalzgesäurte Soda, und das kochsalzge-
säurte Ammoniak, werden durch das Zink zerlegt,
und aus dem letztern erhält man Ammoniak.*

*Das Zink zerlegt auch die im Wasser gelöste
schwefelgesäurte Alaunerde, wenn sie kocht, und
man erhält schwefelgesäurtes Zink.*

*Der Schwefel verbindet sich schwer mit dem
Zink, aber die Zinkhalbsäure schmilzt leicht mit
demselben zusammen. Mit den geschwefelten Laugensalzen verbindet sich das Zink nicht, auch nicht
mit dem Arsenik; aber wohl mit der Arsenikhalbsäure, denn, das Zink hat eine größere Verwandtschaft zu dem Sauerstoffe als das Arsenik.*

SIEBZEHNTES KAPITEL.
VON DEM EISEN.

*Das Eisen ist ein leichtes Metall. Es hat eine
weißgraue Farbe. Es ist hart, nicht sehr dehnbar,
und, nach dem Golde, das zäheste Metall. Es kristallisirt, wird magnetisch, schmilzt wenn es mit der
Kieselerde zusammen geschlagen wird, und säurt
sich dabei an der Luft. Man findet es sehr häufig
in der Natur, und, mit dem Magnesium verbunden,
in Thieren und in Pflanzen. Geschwefelt ist das*

Eisen in den Schwefelkiesen; mit Arsenik verbunden in dem Mispickel; mit Kohlensäure verbunden in dem Eisenspath; gephosphort ist es in dem soge-nannten Wassereisen, welches aber kein Wasser enthält. Mit etwas Sauerstoff verbunden macht es den Magnet. Das gegossene Eisen (Gußeisen) ist nicht so dehnbar als das reine Eisen, sondern brüchig: es enthält Sauerstoff und Kohlenstoff, welche es im Gusse angenommen hat; daher seine Eigenschaften. Setzt man das Gußeisen einem heftigen Feuer aus: so geht der Kohlenstoff, mit dem Sauerstoffe verbunden, als kohlengesäurtes Gas weg, und das Gußei z ist in Eisen verwandelt. Der Stahl ist darin von dem Eisen verschieden, daß er Kohlenstoff enthält. Benimmt man dem Gußeisen den Sauerstoff, aber nicht die Kohle, so erhält man Stahl. Der Stahl schmilzt weit leichter als das Eisen. Das Eisen schmilzet sehr schwer.

Das Eisen säurt sich in dem Sauerstoffgas, und verwandelt sich in eine schwarze Eisenhalbsäure. 100 Gran Eisen geben 135 Gran schwarze Eisenhalbsäure, und dabei werden 70 Kubikzolle Sauerstoffgas zerlegt, welche 35 Gran wiegen. Folglich ist die Zunahme des Gewichtes des Eisens, nach geendigter Säurung, gleich der Abnahme des Gewichtes des Sauerstoffgas, welches während des Säurens zerlegt worden ist. Eben so säurt sich das Eisen in der Atmosphäre, wenn man mit dem Stahl Feuer schlägt. Der Funke, welcher entsteht, kommt von dem Wärmestoffe her, der sich aus dem zerlegten Sauerstoffgas entwickelt. Schlägt man Feuer

im luftleeren Raume, oder in irgend einer Gasart
welche kein Sauerstoffgas enthält, so entstehen keine
Funken. Der Stein schlägt zwar kleine Stücker
Eisen von dem Stahl ab; aber diese Stücke sind
nicht gesäurt, und weil sich kein Sauerstoff mit
dem Metalle verbindet, kann sich auch kein Wärmestoff entwickeln, und folglich können keine Funken entstehen.

So wie sich das Eisen in dem Sauerstoffgas
sehr schnell, und mit einer starken Flamme säurt:
so säurt es sich an der Luft hingegen langsam,
ohne Flamme, und ohne merkliche Wärme; weil
sich der Sauerstoff nur langsam entwickelt. Man
bringe etwas Eisenfeile auf einer Schaale über das
Feuer, und rühre sie dabei sorgfältig um: so wird
das Metall spröde, und verwandelt sich nach einigen Stunden in eine schwarze Eisenhalbsäure, welche von dem Magnet nicht so stark angezogen wird,
und um 0,33 mehr wiegt als das Eisen. Hält man
mit dem Feuer nun noch länger an, so säurt sich das
Eisen noch mehr, und die schwarze Eisenhalbsäure
verwandelt sich in eine braune, und endlich in eine
gelbe Eisenhalbsäure, welche noch weit mehr am
Gewichte zugenommen hat, und von dem Magnete
gar nicht mehr gezogen wird.

Da alles Eisen mehr oder weniger Kohlenstoff
enthält, so ist mit den Eisenhalbsäuren jederzeit
auch etwas Kohlensäure verbunden. Diese trennt
man, wenn man die gelbe Eisenhalbsäure, in verschlossenen Gefäßen, einem heftigen Feuer aussetzt.
Dabei entwickelt sich aber auch zugleich ein Theil

des Sauerstoffgas aus der Eisenhalbsäure, und die
gelbe Halbsäure wird in schwarze Eisenhalbsäure
verwandelt. Aber die schwarze Eisenhalbsäure
trennt sich, auch in dem heftigsten Feuer, nicht
von dem mit ihr verbundenen = 0,33 Sauerstoffe.

Auch in dem bloßen Wasser kann man Eisen
säuren; aber nicht auflösen, wie ich vormals, gegen
Hrn. Westrumb, behauptete. Das Wasser wird allmählig zerlegt. Es entwickelt sich Wasserstoff, und
der Sauerstoff verbindet sich mit dem Metalle, zur
schwarzen Eisenhalbsäure, welche, so wie die im
Sauerstoffgas bereitete schwarze Halbsäure, = 0,33
Sauerstoff enthält.

Digerirt man 100 Gran Eisenfeile mit 450 Gran
rother Quecksilberhalbsäure, in verschlossenen Gefäßen, so erhält man 415 Gran hergestelltes Quecksilber, 132 Gran schwarze Eisenhalbsäure, und
etwas kohlengesäurtes Gas, wozu das Eisen den
Kohlenstoff liefert. Ist das Eisen weich und von
Kohlenstoff gereinigt, so erhält man kein kohlengesäurtes Gas, wie Hr. Lavoisier bewiesen hat.

Gießt man schwache Salpetersäure, in geringer
Menge, auf Eisenfeile: so zerlegt das Eisen die
Säure sowohl als das Wasser. Es entwickelt sich
salpeterhalbsaures Gas und Wasserstoffgas, und
das Eisen verwandelt sich in schwarze Eisenhalbsäure. Nimmt man stärkere Salpetersäure, und in
größerer Menge: so entwickelt sich kein Wasserstoffgas, sondern bloß allein salpeterhalbsaures Gas,
und die entstandene Eisenhalbsäure wird in dem
unzerlegten Theile der Salpetersäure aufgelöst. Daß

ein Theil der Säure zerlegt worden ist, erhellt daraus: daſs die Säure nun nicht mehr soviel Laugensalz sättigen, kann als vorher. Schlägt man das Eisen aus dieser Auflösung durch Laugensalz nieder: so fällt es, in Gestalt von schwarzer Eisenhalbsäure, zu Boden. Durch Hülfe einer erhöhten Temperatur, kann man das Eisen in der Salpetersäure auch so sehr mit Sauerstoff sättigen, daſs es als gelbe Eisenhalbsäure niederfällt, welche $=$ 0,50 Sauerstoff enthält. Im Feuer kann man von dieser gelben Halbsäure den übrigen Sauerstoff wiederum trennen, und dann erhält man Sauerstoffgas, und schwarze Eisenhalbsäure, welche nur noch $=$ 0,33 Sauerstoff enthält. Ist die Salpetersäure soviel als möglich von Wasser befreit, und wird sie alsdann mit Eisen gekocht: so wird sie ganz zerlegt, und man erhält nichts als salpeterhalbsaures Gas und gelbe Eisenhalbsäure.

Läſst man, in einer Retorte, wasserfreie Schwefelsäure mit Eisen kochen: so wird die Säure ganz zerlegt, und man erhält Schwefel und gelbe Eisenhalbsäure. Mischt man Wasser mit der Schwefelsäure: so wird sowohl das Wasser als die Säure zerlegt. Das Eisen säurt sich, und es entwickelt sich geschwefeltes Wasserstoffgas. Wird die Säure vier bis fünf mal soviel als ihr Gewicht beträgt, mit Wasser verdünnt: so wird die Schwefelsäure nicht mehr zerlegt, sondern das Eisen säurt sich ganz allein auf Kosten des Wassers, und es entwickelt sich Wasserstoffgas. Schlägt man das Eisen, aus der Auflösung in der Schwefelsäure durch

Laugensalze nieder, so fällt es in Gestalt einer schwarzen Eisenhalbsäure zu Boden.

Bringt man eine Auflösung des Eisens in Schwefelsäure, unter eine mit Sauerstoffgas angefüllte Glocke, so säurt sich das Eisen noch mehr; das Sauerstoffgas nimmt am Umfange ab, und das Eisen fällt als gelbe Eisenhalbsäure zu Boden.

Bringt man die, durch ein Laugensalz aus der Schwefelsäure niedergeschlagene, schwarze Eisenhalbsäure, noch feucht, unter eine mit Sauerstoffgas angefüllte Glocke, so säurt sich dieselbe noch mehr, und verwandelt sich in gelbe Eisenhalbsäure.

Die schwarze Eisenhalbsäure schmilzt mit den Erden zu einem schwarzen Glase. Der Eisenrost ist ein kohlengesäurtes Eisen. Das Verwittern des geschwefelten Eisens, oder der sogenannten Schwefelkiese, geschieht, indem sich der Schwefel mit dem Sauerstoffe der Atmosphäre zur Schwefelsäure verbindet, und nachher das Eisen auflöst.

Das schwefelgesäurte Eisen ist grün und hat einen zusammenziehenden Geschmack. Die Kristalle enthalten mehr als die Hälfte Kristallisations-Eis. Es schmilzt leicht, verliert alsdann dieses Eis, wird roth und zerfließt an der Luft. Durch Destillation erhält man, aus dem schwefelgesäurten Eisen, erst ein säurliches Wasser, dann schwache Schwefelsäure, und endlich Schwefelsaures, weil ein Theil des Sauerstoffes, mit dem Eisen verbunden, zurück bleibt. Diese zurückbleibende Eisenhalbsäure wurde von den alten Chemisten Kolkothar genannt. Das schwefelgesäurte Eisen saugt etwas Sauerstoff aus

der Luft ein, und färbt sich gelb. Es löst sich im
kalten Wasser, ein Theil in zwei Theilen Wassers.
Das schwefelgesäurte Eisen wird zerlegt durch Laugensalze, kohlengesäurte Laugensalze, Erden, und
den zusammenziehenden Stoff der Pflanzen. Aus
der letzteren Verbindung entsteht die Dinte. Auch
der Salpeter wird durch das schwefelgesäurte
Eisen zerlegt. Man erhält Salpetersaures, schwefelgesäurte Pottasche, Eisenhalbsäure und Ammoniak; letzteres aus der Verbindung des Wasserstoffes mit dem Salpeterstoffe der Salpetersäure. Durch
die schwefelgesäurten Laugensalze wird die Lösung
des schwefelgesäurten Eisens schwarz niedergeschlagen, und der Niederschlag ist ein geschwefeltes
Eisen.

Das salpetergesäurte Eisen kristallisirt sich nicht.
Es zerlegt sich durch das Feuer in salpetersaures
Gas, salpeterhalbsaures Gas, und Salpeterstoffgas,
und die Eisenhalbsäure bleibt zurück. Durch die
Laugensalze und die kohlengesäurten Laugensalze
wird es zerlegt.

Verdünnte Kochsalzsäure löst das Eisen auf,
und es entwickelt sich Wasserstoffgas und Wärmestoff. Die Auflösung ist grün. Das Eisen fällt
aus der Auflösung zu Boden, wenn sie der Luft
ausgesetzt ist, weil sich das darin enthaltene Eisen
an der Luft noch mehr säurt. Das kochsalzgesäurte
Eisen kristallisirt sich sehr schwer. Es fließt an der
Luft. Es schmilzt leicht, und wird durch den Wärmestoff zerlegt. Man erhält alsdann kochsalzgesäurtes Gas und Eisenhalbsäure. Durch Laugensalze,

Kalkerde, geschwefelte Laugensalze, Wasserstoffgas,
und durch den zusammenziehenden Stoff wird es
zerlegt.

Das kohlengesäurte Wasser löst das Eisen
leicht auf.

Die schwefelgesäurten Salze werden durch das
Eisen zerlegt. Auch das kochsalzgesäurte Ammo-
niak wird durch das Eisen zerlegt, und man erhält
Ammoniakgas, Wasserstoffgas und kochsalzgesäur-
tes Eisen. Auch die Eisenhalbsäure zerlegt das
kochsalzgesäurte Ammoniak, und zwar bei einer
niedrigen Temperatur.

Das Eisen verbindet sich leicht mit dem Schwe-
fel, dem Arsenik, dem Zinn, dem Kobolt, dem
Spiesglanze und dem Nickel (von welchem es nach-
her schwer zu trennen ist). Aber es verbindet sich
nicht mit dem Wismuth, dem Zink, dem Quecksil-
ber, und dem Blei.

Auch mit dem Kohlenstoffe verbindet sich das
Eisen, und daher entsteht das gekohlte Eisen
(Plumbago) oder das Reifsblei. *In verschlossenen*
Gefäfsen wird es durch die Wärme nicht verän-
dert, aber an der Luft säurt es sich, bei einer hö-
heren Temperatur, und verfliegt beinahe ganz.
Von hundert Theilen bleiben nur zehen Theile Ei-
senhalbsäure zurück. Das gekohlte Eisen zerlegt
die Lösung der Laugensalze im Wasser, und man
erhält gekohltes Wasserstoffgas und kohlengesäurtes
Laugensalz. Schwefelsäure hat wenig Wirkung auf
das gekohlte Eisen. Salpetersäure und Kochsalzsäu-
re haben keine Wirkung darauf. Mit schwefelge-

säurter *Pottasche oder mit schwefelgesäurter Soda*
geschmolzen, wird das gekohlte Eisen ganz zerlegt,
und man erhält geschwefeltes Laugensalz. Salpeter
verpufft damit, auch salpetergesäurte Soda, und
salpetergesäurtes Ammoniak. Das Ammoniakgas
entwickelt sich, mit etwas kohlengesäurtem Gas ver-
bunden. Mit dem Schwefel verbindet sich das ge-
kohlte Eisen nicht.

Aus dem salpetergesäurten *Eisen schlägt das*
Ammoniak eine schwarze Halbsäure nieder, obgleich
das Eisen als braune Halbsäure in dieser Verbin-
dung mit der Salpetersäure vorhanden ist. Diefs
kommt daher, weil das Ammoniak zerlegt wird.
Es entwickelt sich Salpeterstoffgas; und die braune
Eisenhalbsäure wird in schwarze Eisenhalbsäure
verwandelt, indem sich ein Theil des Sauerstoffes
der braunen Halbsäure mit dem Wasserstoffe des
Ammoniaks verbindet und Wasser bildet.

Giefst man Ammoniak auf braune Eisenhalb-
säure, so entsteht ein Aufbrausen, es entwickelt sich
Salpeterstoffgas, und die braune Eisenhalbsäure
verwandelt sich in schwarze Eisenhalbsäure. Diefs
geschieht indem das Ammoniak zerlegt wird. Der
eine seiner Bestandtheile geht in die Luft; der an-
dere verbindet sich mit dem Sauerstoffe und bildet
Wasser.

ACHTZEHNTES KAPITEL.

VON DEM ZINN.

Das Zinn *ist das leichteste Metall. Es ist weich,*
dehnbar, zähe, weifs, glänzend, es schreit im Bruche,

und wenn es erwärmt wird, hat es einen unangenehmen Geruch. Es schmilzt leicht, und verwandelt sich bei starker Hitze in Gas. Wenn es an
der Luft geschmolzen wird, so säurt es sich, und
900 Theile Zinn geben alsdann 1000 Theile Zinnhalbsäure. Sobald es glüht, säurt es sich, mit einer
weifsen Flamme. Die graue Zinnhalbsäure säurt
sich noch mehr, wenn man sie der Wärme aussetzt, sie verwandelt sich alsdann in eine weifse
Zinnhalbsäure, und in heftigem Feuer wird sie zu
einem rothen Glase.

Das Zinn verändert sich nur wenig an der
Luft. Im Wasser löst es sich nicht, aber es säurt
sich ein wenig auf der Oberfläche.

Wasserfreie Schwefelsäure löst, in einer höheren
Temperatur, das Zinn auf, und es entwickelt sich
schwefelsaures Gas. In der schwachen Schwefesäure
wird das Zinn nicht aufgelöst. Das Zinn raubt
der Schwefelsäure soviel Sauerstoff, dafs Schwefel
entsteht, welcher der Auflösung eine brauen Farbe
gibt, und nachher zu Boden fällt. Bei der Wärme
fällt, aus dieser Auflösung, auch das Zinn, als
weifse Zinnhalbsäure, zu Boden. Das in Wasser
gelöste schwefelgesäurte Zinn ist sehr ätzend. Es
kristallisirt sich. Eine höhere Temperatur, und
auch die Laugensalze, schlagen, aus dieser Lösung,
das Zinn, als weifse Zinnhalbsäure, zu Boden.

Die Salpetersäure wird durch das Zinn schnell,
und sogar in der Kälte, zerlegt. Es entwickelt sich
dabei salpeterhalbsaures Gas. Ist aber die Salpetersäure mit Wasser verdünnt, so wird auch das Was-

ter zerlegt; und dann entsteht kein Gas, sondern Ammoniak, aus der Verbindung des Salpeterstoffes der Salpetersäure mit dem Wasserstoffe des zerlegten Wassers. Das Zinn wird dabei in eine weiße Zinnhalbsäure verwandelt, welche sehr viel Sauerstoff enthält, und schwer herzustellen ist. Das salpetergesäurte Zinn *kristallisirt sich schwer, und zerfließt an der Luft.*

Die starke Kochsalzsäure löst das Zinn leicht, auch bei einer niedrigen Temperatur, auf. Es entwickelt sich dabei Wasserstoffgas. Die Auflösung ist gelblich. Das kochsalzgesäurte Zinn *kristallisirt sich, und zerfließt an der Luft.*

Die übersaure Kochsalzsäure löst das Zinn leicht und ohne Aufbrausen auf, weil hier kein Wasser zerlegt wird. Das daraus entstehende Salz ist von dem kochsalzgesäurten Zinn nicht verschieden: denn das Zinn raubt erst der übersauren Kochsalzsäure den überflüßigen Sauerstoff, und verwandelt dieselbe in gewöhnliche Kochsalzsäure, mit welcher nachher das gesäurte Zinn sich verbindet.

Das übersaure kochsalzgesäurte Zinn *hat ganz andere Eigenschaften. Man bereitet dasselbe, indem man übersaures kochsalzgesäurtes Quecksilber* (Sublimat) *mit Zinn destillirt. Bei dieser Destillation verbindet sich zuerst ein Theil Kochsalzsäure mit dem Zinn, und geht in flüßiger Gestalt in die Vorlage über. Dieses ist das* rauchende kochsalzgesäurte Zinn (*Liquor Libavii*). *Nachher sublimirt sich in der Retorte das übersaure kochsalzgesäurte Zinn, in fester Gestalt. Das* rauchende kochsalzgesäurte Zinn *hat eine große Verwandtschaft zu dem Wasser. Bei seiner Verbindung mit demselben entwickelt sich sehr viel Wärmestoff, und es entsteht ein fester Körper. Sieben Theile Wasser, mit zwei und zwanzig Theilen rauchenden kochsalzgesäurten Zinns, werden sogleich zu einem festen Körper. Dieser feste Körper ist übersaures kochsalzgesäurtes Zinn.*

Die salpetersaure Kochsalzsäure verbindet sich mit Aufbrausen mit dem Zinne. Es entwickelt sich Wärmestoff, und es entsteht eine braunrothe Auflösung, die sich in eine Gallerte verwandelt, welche viel ähnliches mit der thierischen Gallerte hat.

Die schwefelgesäurten Salze werden durch das Zinn zerlegt. Das Zinn verbindet sich mit dem Sauerstoffe der Schwefelsäure, es entsteht Schwefel, der Schwefel verbindet sich mit dem Laugensalze, und in dem hieraus entstandenen geschwefelten Laugensalze löst sich die Zinnhalbsäure auf.

Kobolt, Wismuth, Spiesglanz, Zink, Nickel und Quecksilber verbinden sich mit dem Zinn durch Schmelzen; das Quecksilber aber amalgamirt sich damit, bei einer niedrigen Temperatur.

Das Zinn zerlegt das kochsalzgesäurte Ammoniak, und es entwickelt sich Ammoniakgas und Wasserstoffgas.

Mit dem Schwefel entzündet sich das Zinn über dem Feuer, und sie schmelzen zusammen, in eine sehr unschmelzbare Masse.

Das Arsenik verbindet sich schwer mit dem

Zinne, weil es zu flüchtig ist. Aber die arsenikgesäurte Pottasche verbindet sich damit. Es entsteht ein spiesglanzähnliches Metall, und ein Theil des Sauerstoffes verläfst das Arsenik, um sich mit dem Zinne zu verbinden. Das Arsenik kann nachher von dem Zinne nicht mehr ganz getrennt werden.

Hr. Hermbstädt hat ein Mittel entdeckt, das Zinn so sehr mit Sauerstoff zu sättigen, dafs es alle Eigenschaften einer Säure erhält. Diese Zinnsäure wird auf folgende Weise bereitet. Reines Zinn wird in reiner Kochsalzsäure aufgelöst. Diese Auflösung wird nachher so lange mit Salpetersäure gekocht, bis sich kein salpetersaures Gas mehr entwickelt, folglich keine Salpetersäure mehr zerlegt wird. Dann wird die Mischung destillirt. Die Kochsalzsäure und das Salpetersaure gehen in Gasgestalt über; die Zinnsäure bleibt weifse, und in fester Gestalt, in der Retorte zurück. Ein Theil dieser festen Zinnsäure löst sich in drei Theilen Wassers zu einer flüfsigen Säure. Die weifse feste Säure nimmt in der Glühhitze eine gelbe Farbe an, indem sie einen Theil ihres Sauerstoffes verliert. Diese gelbe Zinnhalbsäure ist im Wasser nicht lösbar. Setzt man sie der Luft aus, so nimmt sie abermals Sauerstoff auf, und wird wieder zu einer weifsen Zinnsäure.

NEUNZEHNTES KAPITEL.

VON DEM BLEI.

Das Blei ist ein bläulich weißes, dehnbares Metall. Es ist weich, nicht zähe, schmilzt leicht, ist nicht sehr flüchtig; doch verwandelt es sich bei heftiger Hitze in Gas. Nachdem es geschmolzen ist, kristallisirt es sich bei dem Erkalten in vierseitige Pyramiden. Wird es an der Luft geschmolzen, so säurt es sich, in eine graue Halbsäure, welche in starker Hitze noch mehr Sauerstoff aufnimmt, und dann gelb wird (Massikot). Zuletzt wird sie roth, und heißt alsdann Mennig. Hundert Theile Blei geben 110 Theile rothe Bleihalbsäure. Aus der rothen Bleihalbsäure hat Priestley, bei einer höheren Temperatur, Sauerstoffgas erhalten. In einer starken Hitze fließt die rothe Bleihalbsäure zu einem flüssigen Glase, das alle Tiegel durchdringt. Mit Kieselerde geschmolzen wird dieses Glas gelb, wie ein Topas. Das Blei hat eine sehr geringe Verwandtschaft zu dem Sauerstoffe. Es verbindet sich zwar leicht damit, aber trennt sich davon eben so leicht, und verliert ihn zum Theil bei einer höheren Temperatur: denn die rothe Bleihalbsäure gibt, in verschlossenen Gefäßen, Sauerstoffgas, und ein Theil des Bleies wird hergestellt. An der Luft verbinden sich die Bleihalbsäuren mit etwas Kohlensäure. Das Blei säurt sich an der Luft, vorzüglich wenn dieselbe feucht ist, und verwandelt sich in eine weiße kohlengesäurte Bleihalbsäure (Bleiweiß).

In der wasserfreien Schwefelsäure löst sich das Blei auf, wenn sie kochend ist, und es entwickelt sich

sich schwefelsaures Gas. Es entsteht eine Bleihalb-
säure mit schwefelgesäurtem Blei vermischt. Das
schwefelgesäurte Blei kristallisirt sich und ist ätzend.
Ein Theil löst sich in achtzehn Theilen Wasser.
Wasser, Kalcherde und Laugensalze zerlegen diese
Lösung.

Die Salpetersäure löst das Blei leicht auf. Es
entsteht salpeterhalbsaures Gas, und weiße Bleihalbsäure. In schwächerer Salpetersäure löst sich diese
Halbsäure auf, und es entsteht salpetergesäurtes
Blei. Dieses kristallisirt sich in weiße Kristalle.
Es zerknistert auf dem Feuer und verpufft auf glühenden Kohlen, wobei die Halbsäure hergestellt
wird. Kalkerde und Laugensalze zerlegen das salpetergesäurte Blei. Die Salpetersäure hat eine geringere Verwandtschaft zu der Bleihalbsäure, als
die Schwefelsäure.

Die Kochsalzsäure löst, bei einer höheren Temperatur, das Blei auf. Das kochsalzgesäurte Blei
kristallisirt sich schwer, und zerfließt etwas an der
Luft. Durch Laugensalze und Kalkerde wird dieses sogenannte Hornblei zerlegt. Auch durch die
Schwefelsäure.

Die geschwefelten Laugensalze und die geschwefelte Kalkerde schlagen alle Bleiauflösungen, mit
brauner oder schwarzer Farbe nieder, und es
entsteht ein geschwefeltes Blei, indem sich der Schwefel mit dem Blei verbindet, vermöge einer doppelten
Verwandtschaft.

Alle Bleihalbsäuren lösen sich in allen Säuren
auf. Die rothe Bleihalbsäure verliert dabei ihre Farbe.

Das Blei verpufft nicht mit der salpetergesäurten Pottasche. Aber es wird in eine halbverglaste Bleihalbsäure verwandelt, die man Bleiglätte nennt. Die schwefelgesäurten Salze werden durch das Blei nicht zerlegt. Bei einer höheren Temperatur zerlegt das Blei das kochsalzgesäurte Ammoniak. Wenn man Bleihalbsäuren mit kochsalzgesäurtem Ammoniak reibt, so entwickelt sich Ammoniakgas, und in noch gröfserer Menge entwickelt sich dasselbe bei einer höheren Temperatur. Die Bleihalbsäuren, vorzüglich die halbverglaste Bleihalbsäure, zerlegen das Ammoniak, und es entwickelt sich Salpeterstoffgas.

Durch Kohle, oder durch Wasserstoffgas kann man das Blei aus den Bleihalbsäuren herstellen.

Der Schwefel verbindet sich leicht mit dem Blei, und das, aus dieser Verbindung entstandene geschwefelte Blei schmilzt schwerer als Blei. Mit dem Nickel, dem Magnesium, dem Kobolt und dem Zink verbindet sich das Blei nicht; aber wohl mit Wismuth, Arsenik, Spiesglanz, Quecksilber und Zinn.

Die Soda und die Pottasche lösen die Bleihalbsäuren auf. Auch die Kalkerde hat diese Eigenschaft. Wenn man Kalkwasser über der rothen Bleihalbsäure kochen läfst, oder auf der halbverglasten Bleihalbsäure: so löst sich ein Theil derselben auf: mehr von der letztern, als von der erstern. Die Auflösung der halbverglasten Bleihalbsäure gibt, nach dem Abdampfen, kleine durchsichtige Kristalle, welche im Wasser beinahe gar nicht löslich sind. Durch das geschwefelte Wasserstoffgas,

sowohl als durch die schwefelgesäurten Laugensalze,
werden diese Kristalle zerlegt. Die Schwefelsäure
und die Kochsalzsäure schlugen daraus das Blei
nieder. Thierische Substanzen werden dadurch
schwarz gefärbt, indem das Blei auf diese Substanzen mit schwarzer Farbe, als schwarze Bleihalbsäure, niedergeschlagen wird. Daher kann man thierische Substanzen schwarz färben, wenn man sie in
eine Mischung aus der halbverglasten Bleihalbsäure
und Kalkerde legt.

ZWANZIGSTES KAPITEL.
VON DEM KUPFER.

Das Kupfer hat eine rothe Farbe. Es ist hart,
elastisch, tönend und dehnbar. Auf dem Feuer
wird es blau, gelb, violett. Es schmilzt schwer, und
ist im Flusse mit einer grünen Flamme bedeckt.
Es verwandelt sich in Gas bei heftiger Hitze. Es
säurt sich, während des Schmelzens, an der Oberfläche, und verwandelt sich in eine röthlich-schwar-
ze Kupferhalbsäure, die sich durch Kohlen herstellen läfst. Es säurt sich an der Luft, in einen grünen Rost, welcher ein kohlengesäurtes Kupfer ist.
Soda und Pottasche lösen, bei einer höheren Temperatur, das Kupfer auf. Auch das Ammoniak
löst das Kupfer auf, und diese Auflösung erhält
an der Luft eine himmelblaue Farbe, aber nicht in
verschlossenen Gefäßen.

Wasserfreie und kochende Schwefelsäure löst
das Kupfer auf, und es entwickelt sich schwefelsaures Gas. Das schwefelgesäurte Kupfer kristallisirt

Z 2

zich. Es schmeckt zusammenziehend; es löst sich
an der Wärme in seinem Kristallisations-Eis. Bei
einer sehr hohen Temperatur trennt sich die Schwefelsäure davon. Durch Bittererde, Kalkerde, Laugensalze und kohlengesäurte Laugensalze wird das
schwefelgesäurte Kupfer zerlegt.

Die Salpetersäure löst das Kupfer leicht, auch
bei einer niedrigen Temperatur, auf. Es entwickelt
sich dabei salpeterhalbsaures Gas, und eine braune
Kupferhalbsäure fällt zu Boden. Das salpetergesäurte Kupfer kristallisirt sich in blaue Kristalle.
Es ist ätzend, schmilzt bei 20° Réaum., und verpufft auf glühenden Kohlen. Durch Destillation
verliert es die mit ihm verbundene Salpetersäure,
und verwandelt sich in eine braune Kupferhalbsäure.
Man erhält bei dieser Destillation salpeterhalbsaures Gas und Sauerstoffgas. Das salpetergesäurte
Kupfer zerfließt an der Luft. Es löst sich leicht im
Wasser, und in größerer Menge im warmen als im
kalten Wasser. Die Kalkerde, die Laugensalze, die
geschwefelten Laugensalze, und der zusammenzie-
hende Stoff, schlagen diese Lösung, mit verschiedenen Farben, nieder. Auch durch die Schwefelsäure
wird diese Lösung zerlegt, und man erhält schwefelgesäurtes Kupfer. Durch das Eisen wird diese
Lösung ebenfalls niedergeschlagen, sowohl als durch
das schwefelgesäurte Eisen: denn das Eisen hat
eine größere Verwandtschaft zu dem Sauerstoffe
als das Kupfer.

Die Kochsalzsäure löst, wenn sie stark und kochend ist, das Kupfer auf, und man erhält etwas

Wasserstoffgas. Das daraus entstehende dicke kochsalzgesäurte Kupfer löst sich im Wasser, und nach dem Abdampfen erhält man grüne Kristallen, welche ätzend sind, leicht schmelzen, an der Luft zerfliessen, und sich durch alle die Körper zerlegen lassen, welche das salpetergesäurte Kupfer zerlegen. Durch Schwefelsäure und durch Salpetersäure, wird das kochsalzgesäurte Kupfer nicht zerlegt; aber durch salpetergesäurtes Quecksilber, und durch salpetergesäurtes Silber, vermöge einer doppelten Verwandtschaft. Die Kupferhalbsäure wird in der Kochsalzsäure sehr leicht aufgelöst.

Mit der salpetergesäurten Pottasche verpufft das Kupfer kaum merklich. In dem Tiegel bleibt eine braune Kupferhalbsäure zurück, welche für sich in ein braunes, undurchsichtiges Glas schmilzt.

Das Kupfer zerlegt das kochsalzgesäurte Ammoniak, und man erhält Ammoniakgas, Wasserstoffgas, Salpeterstoffgas und kochsalzgesäurtes Kupfer. Auch die Kupferhalbsäure zerlegt das kochsalzgesäurte Ammoniak, und man erhält kohlengesäurtes Ammoniak. Das Wasserstoffgas stellt das Kupfer, aus den Kupferhalbsäuren, wiederum her.

Mit dem Schwefel verbindet sich das Kupfer leicht. Auch die geschwefelten Laugensalze lösen das Kupfer auf. Das geschwefelte Wasserstoffgas färbt die Oberfläche des Kupfers.

Mit Arsenik, Wismuth, Spiesglanz, Zink, Blei, Zinn, Silber und Gold, verbindet sich das Kupfer aber sehr schwer mit Quecksilber und mit Eisen.

EIN UND ZWANZIGSTES KAPITEL.

VON DEM QUECKSILBER.

Das Quecksilber ist ein flüssiges Metall, welches sich im Feuer, bei einer nicht sehr hohen Temperatur, in Gas verwandelt, und bei einer Temperatur von — 32° R. zu einem festen Körper wird. Durch Schütteln an der Luft verwandelt es sich in eine schwarze Halbsäure, welche, bei einer gelinden Wärme, den aufgenommenen Sauerstoff wieder verliert. Wärmestoff allein verändert das Quecksilber weiter nicht, als dass er dasselbe ausdehnt; aber Wärmestoff mit Sauerstoff verbunden säurt das Quecksilber. Das Quecksilbergas ist sehr elastisch. An der Luft wird das Quecksilber langsam gesäurt, und die schielende Haut, welche sich an der Oberfläche desselben zeigt, ist eine Quecksilberhalbsäure. Während des Säurens nimmt das Quecksilber am Gewicht zu. Am meisten Sauerstoff enthält die rothe Quecksilberhalbsäure. Aus dieser kann man, in verschlossenen Gefäßen, durch den bloßen Wärmestoff das Quecksilber herstellen; und man erhält alsdann Quecksilber und Sauerstoffgas.

Nur die starke Schwefelsäure löst das Quecksilber auf, und nur bei einer höheren Temperatur. Man erhält schwefelsaures Gas und Wasser. Das schwefelgesäurte Quecksilber ist weiß, oder gelblich, und nicht so flüchtig als das Quecksilber. Die Schwefelsäure wird, während der Auflösung des Quecksilbers in derselben, durch doppelte Verwandt-

*schaft zerlegt. Dem schwefelgesäurten Quecksilber
ist gelbe Quecksilberhalbsäure (Turpethum) beige-
mischt; daher die gelbe Farbe dieses Salzes. Die
gelbe Quecksilberhalbsäure läßt sich durch den
Wärmestoff herstellen, und man erhält Quecksilber
und Sauerstoffgas. Das warme Wasser trennt die
Säure von dem schwefelgesäurten Quecksilber.*

*Die Salpetersäure löst das Quecksilber, auch bei
einer niedrigen Temperatur, auf. Man erhält salpeterhalbsäures Gas, und Quecksilberhalbsäure.
Die Lösung des salpetergesäurten Quecksilbers in
Wasser zerfrißt die Haut. Sie kristallisirt nach
dem Abdampfen. Die Kristalle sind ätzend, verpuffen auf glühenden Kohlen, und schmelzen im
Tiegel. Es entwickelt sich dabei salpetersaures Gas
und Wassergas, und die dunkelgelbe Quecksilberhalbsäure nimmt eine orangefarbe, und nachher
eine rothe Farbe an; sie wird in rothe Quecksilberhalbsäure umgeändert, mit welcher aber noch ein
wenig Salpetersäure verbunden bleibt; denn in der
Wärme erhält man aus derselben Sauerstoffgas,
etwas Salpeterstoffgas, und Quecksilber.*

*Aus der Lösung des salpetergesäurten Quecksil-
bers wird, durch das Ammoniak, die Quecksilberhalbsäure grau niedergeschlagen, und diese graue
Halbsäure vereinigt sich, auf dem Filtrum, in Kügelchen von laufendem Quecksilber, wobei sich Salpeterstoffgas entwickelt.*

*Gießet man auf die rothe Quecksilberhalbsäure
Ammoniak, so entsteht ein starkes Aufbrausen,
und die Halbsäure wird erst weiß, und dann*

schwarz. Dieses schwarze Pulver ist, wenn man es
trocknet, lauffendes Quecksilber.

Die Kochsalzsäure hat keine Verwandtschaft zu
dem Quecksilber; aber eine grofse Verwandtschaft
zu der Quecksilberhalbsäure. Giefst man etwas
Kochsalzsäure in eine Lösung von salpetergesäurtem
Quecksilber, so verbindet sich die Kochsalzsäure mit
der Quecksilberhalbsäure und es entsteht ein weifser
Niederschlag, sogenannter weifser Präcipitat, welcher
eine weifse Quecksilberhalbsäure ist. Mit der übersauren Kochsalzsäure entsteht kein Niederschlag,
weil sich diese Halbsäure noch mehr säurt, und
alsdann von der Kochsalzsäure aufgelöst wird.
Das kochsalzgesäurte Quecksilber wird Mercurius
dulcis auch Calomel genannt; das übersaure kochsalzgesäurte Quecksilber nennt man Sublimat. Dieser Sublimat ist sehr flüchtig, er sublimirt sich in
verschlossenen Gefäfsen, kristallisirt sich, und verglast sich zum Theil. An der Luft verändert er
sich nicht. Ein Theil übersaures kochsalzgesäurtes
Quecksilber löst sich in neunzehn Theilen Wasser.
Durch Schwererde, Bittererde, Kalkerde und Laugensalz, wird dieses Salz zerlegt; aber nicht durch
Säuren oder Mittelsalze. Mit dem kochsalzgesäurten
Ammoniak verbindet es sich leicht, und macht alsdann das kochsalzgesäurte Quecksilber-Ammoniak,
welchem die alten Chemiker den barbarischen Namen Sal Alembrot beigelegt haben. Dieses Salz ist
weit lösbarer im Wasser als der Sublimat für sich.
Wismuth, Spiesglanz und Zink zerlegen den Sublimat. Wird er mit dem Spiesglanze destillirt, so

entsteht das übersaure kochsalzgesäuzte Spiesglanz; in der Vorlage erhält man laufendes Quecksilber.

Durch Erden und durch Laugensalze werden die Quecksilbersalze zerlegt, und man erhält Halbsäuren von verschiedenen Farben. Die durch Laugensalze niedergeschlagenen Halbsäuren knallen, wenn sie mit etwas Schwefel vermischt, und langsam erwärmt werden.

Mit dem Schwefel verbindet sich das Quecksilber leicht. Bei einer niedrigen Temperatur entsteht daraus das schwarze geschwefelte Quecksilber (Äthiops mineralis); bei einer höheren Temperatur entsteht das rothe geschwefelte Quecksilber (Zinnober). Die meisten Metalle haben eine gröfsere Verwandtschaft zu dem Schwefel als das Quecksilber: daher zerlegen sie das geschwefelte Quecksilber.

Mit den Metallen amalgamirt sich das Quecksilber.

Die schwefelgesäurten Laugensalze werden durch das Quecksilber zerlegt, und daraus entsteht ein schwarzes geschwefeltes Quecksilber, welches nach einigen Jahren an der Luft roth wird. Mit dem schwefelgesäurten Ammoniak erhält es diese rothe Farbe schneller.

ZWEI UND ZWANZIGSTES KAPITEL.

VON DEM SILBER.

Das Silber ist ein weifses, glänzendes, aufserordentlich dehnbares, zähes, hartes, elastisches, tönendes, kristallisirbares, leichtflüfsiges Metall. In einem

heftigen Feuer verwandelt es sich in Gas. Durch
langes, und oft wiederholtes Schmelzen, kann man
das Silber in eine olivengrüne glasartige Halbsäure
verwandeln. Es ist sehr schwer das Silber zu säuren, und die meisten Silberhalbsäuren lassen sich
durch den blofsen Wärmestoff wieder herstellen.
Man erhält alsdann aus ihnen Sauerstoffgas. Luft
und Wasser haben keine Wirkung auf das Silber;
auch nicht die Laugensalze.

Kochende und starke Schwefelsäure wird
durch das Silber zerlegt, man erhält schwefelsaures
Gas, und es entsteht eine weifse Silberhalbsäure,
welche sich in der Schwefelsäure auflöst. Das schwefelgesäurte Silber kristallisirt sich, schmilzt im Feuer,
ist feuerbeständig, und wird zerlegt durch Laugensalze, Eisen, Kupfer, Zink und Quecksilber. Die
durch die Laugensalze hervorgebrachten Niederschläge können, in verschlossenen Gefäfsen, durch
den blofsen Wärmestoff hergestellt werden.

Die Salpetersäure säurt das Silber leicht, und
löst dasselbe, sogar bei einer niedrigen Temperatur,
auf. Man erhält salpeterhalbsaures Gas, und eine
blaue oder grüne Auflösung, welche aber durchsichtig
wird. Zwei Theile Salpetersäure lösen etwas mehr
als einen Theil Silber auf. Die Auflösung ist
kaustisch und kristallisirt nach dem Abdampfen.
Das salpetergesäurte Silber wird an dem Lichte
schwarz. Es schmilzt im Feuer, verpufft auf glühenden Kohlen und wird hergestellt. In verschlossenen Gefäfsen läfst es sich, auch durch den blofsen
Wärmestoff, herstellen, und man erhält Salpeter-

stoffgas, salpeterhalbsaures Gas, und Sauerstoffgas.
Das salpetergesäurte Silber zerfließt nicht an der
Luft, es löst sich leicht im Wasser, und wird zerlegt durch gesäurte Erden, durch Laugensalze,
durch kohlengesäurte Laugensalze, durch Schwefelsäure, durch Kochsalzsäure und durch die meisten
Metalle. Mit dem Quecksilber entsteht der soge-
ſe Dianenbaum.

   Zerlegt man das salpetergesäurte Silber durch
Kalkerde, oder durch Soda, oder Pottasche: so löst
sich der braune Niederschlag beinahe ganz in dem
Ammoniak auf. Läßt man aber denselben vorher
auf Löschpapier trocknen, so beraubt man ihn dadurch des, während des Niederschlagens, entstandenen salpetergesäurten Salzes, und dann hat er, bei
seiner Verbindung mit dem Ammoniak, andere Eigenschaften. Das Löschpapier saugt dieses salpetergesäurte Salz (vorzüglich die salpetergesäurte Kalkerde) ein. Diese Silberhalbsäure löst sich im Ammoniak nur zum Theil auf. Nach zehen bis zwölf
Stunden zeigt sich auf der Oberfläche eine glänzen-
de Haut. Gießt man nun noch mehr Ammoniak
zu, so löst sich diese Haut wieder auf. Gießt man
die Flüssigkeit ab, und trocknet vorsichtig den schwarzen Niederschlag, oder das sogenannte Knallsilber,
auf Löschpapier, so hat er folgende Eigenschaften:
Drückt man ihn mit einem harten Körper solange
er noch feucht ist, so knallt er heftig, und das Silber ist hergestellt. Ist er aber trocken, so darf man
ihn nur leicht berühren, oder schütteln, so knallt er.
Die Erklärung ist leicht. Das Knallsilber ist eigent-

lich - eine Ammoniak-Silberhalbsäure. Während
des Knallens wird sowohl das Ammoniak als die
Halbsäure zerlegt. Der Wasserstoff des Ammoniaks
verbindet sich mit dem Sauerstoffe der Silberhalbsäure, es entsteht Wasser. Indessen verbindet sich
der Salpeterstoff mit dem Wärmestoffe, und verursacht, vermöge seiner grofsen, auf Ein-mal erhaltenen Elastizität, das Knallen. Füllt man eine kleine
Retorte mit der, von dem schwarzen Niederschlag
abgegossenen Flüsigkeit an, und läfst sie kochen;
so entwickelt sich Salpeterstoffgas, und es entstehen
kleine, undurchsichtige Kristalle, welche einen metallischen Glanz haben. Diese Kristalle knallen, sobald sie berührt werden, ob sie gleich mit Flüsigkeit bedeckt sind. Die Flüsigkeit wird sogar mit
Gewalt weggestofsen, und die gläsernen Gefäfse zerplatzen, mit Gefahr der Umstehenden. In dieser
Auflösung ist das Silber zu sehr gesäurt um Knallsilber zu seyn; aber durch das Kochen zerlegt sich
ein Theil des Ammoniaks; daher das sich entwickelnde Salpeterstoffgas. Ein Theil des Wasserstoffes
verbindet sich mit einem Theile des Sauerstoffes, und
dann entsteht das Knallsilber, das nun im Wasser
nicht mehr lösbar ist, und daher in Kristallen zu
Boden fällt. Das Häutgen entsteht von der Silberhalbsäure, welche von der Luft, vermöge einer gröfseren Verwandtschaft, ihres Ammoniaks beraubt wird.

Soll die Bereitung dieses Knallsilbers gelingen,
so mufs das Silber ganz rein von Kupfer seyn.
Die salpetergesäurten Salze, welche bei den Niederschlagungen des Silbers entstehen, müssen genau ab-

gesondert werden: das Ammoniak muſs ganz frei von Kohlensäure seyn: und die Silberhalbsäure darf keine Kohlensäure aus der Luft aufnehmen. Das Silber knallt weit stärker, wenn die Auflösung durch Kalkerde, als wenn dieselbe durch Laugensalze niedergeschlagen wird.

Die Kochsalzsäure löst das Silber nicht auf, aber wohl seine Halbsäuren. Die übersaure Kochsazsäure löst das Silber auf. Das kochsalzgesäurte Silber ist sehr leicht flüſsig; es ist halb durchsichtig wie Horn: es kristallisirt und ist weiſs. An der Luft geschmolzen zerlegt es sich; es geht durch die Tiegel; es verwandelt sich in Gas; an dem Lichte wird es braun gefärbt; im Wasser ist es nur sehr schwer lösbar. Die Lösung des kochsalzgesäurten Silbers wird zerlegt, durch Laugensalze, durch kohlengesäurte Laugensalze, und durch die meisten Metalle.

Die salpetersaure Kochsalzsäure löst das Silber auf, und schlägt es nieder, so wie es gesäurt wird. Die Erklärung ist folgende: Das Silber wird in dem Salpetersauren aufgelöst, dann nimmt die Kochsalzsäure die Silberhalbsäure aus dem Salpetersauren auf, und schlägt dieselbe als kochsalzgesäurtes Silber nieder, weil das kochsalzgesäurte Silber nicht lösbar ist.

Die Boraxsäure verbindet sich nicht leicht mit dem Silber. Mit der salpetergesäurten Pottasche verpufft das Silber nicht, und es zerlegt das kochsalzgesäurte Ammoniak nicht. Alle Körper, welche sich leicht säuren, geben dem Silber eine braune

Farbe. Das geschwefelte Wasserstoffgas gibt dem Silber eine blaue, oder violette Farbe, und benimmt ihm zum Theil die Dehnbarkeit. ...

Mit dem Schwefel verbindet sich das Silber leicht, und wird dadurch schmelzbarer im Feuer. Der Schwefel geht im Schmelzen weg, und das Silber bleibt. Die geschwefelten Laugensalze lösen das Silber auf, und die Säuren schlagen daraus das Silber nieder.

Das Silber verbindet sich leicht mit dem Arsenik, dem Wismuth, dem Spiesglanze, dem Zink, dem Quecksilber, dem Zinn, dem Blei, dem Eisen, dem Kupfer, und dem Golde; aber schwer mit dem Kupfer und dem Nickel.

DREI UND ZWANZIGSTES KAPITEL.
VON DEM PLATINUM.

Das Platinum ist erst seit der Mitte dieses Jahrhunderts bekannt. Man findet es in Südamerika, in kleinen Körnern. Es ist brüchig und wenig dehnbar. Es wird von dem Magnete gezogen, weil es beinahe niemals ohne Eisen ist. Das Platinum ist sehr hart; es ist das schwerste Metall; es verändert sich auch im heftigsten Feuer nicht. Es schmilzt nicht im Feuer, aber es nimmt am Gewichte zu. Im Brennpunkte des Brennspiegels schmilzt das Platinum, und wird dann dehnbar, aber es säurt sich nicht. Das Platinum wird weder von den Säuren, noch von den Laugensalzen angegriffen, aber es löst sich in der übersauren Kochsalzsäure auf, so wie auch in der salpetersauren Kochsalzsäure. Die Auflösung ist dunkelbraun; sie läfst sich kristallisiren, und ist ein wenig ätzend. Die Kristalle schmelzen im Feuer, und die Säure trennt sich davon. Die Lösung dieser Kristallen wird durch Schwefelsäure, Kochsalzsäure, Laugensalze, und Erden niedergeschlagen. Schlägt man die Auflösung durch Pottasche nieder, so ist der Niederschlag eine mit kochsalzgesäurter Pottasche verbundene Platinumhalbsäure, von welcher man die kochsalzgesäurte Pottasche absondern kann. Wird diese Halbsäure durch Kohle hergestellt: so erhält man ein Klümpgen Platinum. Die Metalle schlugen das Platinum aus seiner Auflösung in metallischer Gestalt nieder.

Mit der salpetergesäurten Pottasche verpufft das Platinum nicht, aber wenn es mit derselben lange digerirt wird, so säurt es sich.

Mit dem Arsenik verbindet sich das Platinum. Auch mit dem Wismuth, dem Spiesglanze, dem Zink, dem Zinn, dem Blei, dem Kupfer, dem Silber und dem Golde; aber nicht mit dem Quecksilber und dem Eisen.

Man hat sich in den lezten Jahren sehr damit beschäftigt, das Platinum zu reinigen und zu schmelzen, um dasselbe für die Künste nützlich und brauchbar zu machen. Aus Amerika wird es nach Europa nicht rein gebracht; es ist jederzeit mit Eisen gemischt. Um es von dieser Beimischung zu reinigen, bedient man sich folgender Mittel. 1) Man löst das Platinum in der salpetersauren Kochsalzsäure auf, schlägt es, aus dieser Auflösung, durch

hochsalzgesäurtes Ammoniak, nieder, und stellt den
Niederschlag, durch einen sogenannten Fluſs aus
Borax, gestoſsenem Glase, und Kohlenpulver, wiederum her. Oder 2) Man setzt die Körner des Platinum einem äuſserst heftigen Feuer aus, so daſs
sie an einander kleben, indem sie auf der Oberfläche geschmolzen werden, und nachher hämmert man
diese zusammenhängenden Körner in einen Klum-
pen. Oder 3) Man befördert das Schmelzen des
Platinum, in einem heftigen Feuer, durch einen Zusatz von Blei. oder Wismuth, und kupellirt nachher
das Metall in einem starken Feuer. Oder 4) Man
befördert das Schmelzen des Platinum durch einen
Zusatz von Arsenik, und verjagt nachher dieses
Metall durch das Feuer. Oder 5) Man schmilzt
das Platinum mit gleichen Theilen eines Metalls,
welches fähig ist, sich in der Salpetersäure aufzulösen. Die hieraus entstehende metallische Mischung
ist sehr brüchig. Man stöſst sie in einem Mörser,
gieſst Salpetersäure über das Pulver und setzt es
damit der Wärme aus. Die Salpetersäure löst das
fremde Metall auf, und das Platinum fällt, in Gestalt eines schwarzen Pulvers, zu Boden. Dieses
Pulver kann in einem starken Feuer geschmolzen
werden. Aber das daraus entstehende Metall läſst
sich nicht gut hämmern.

Eine bessere Methode als alle diese hat Hr.
Janetty zu Paris erfunden. Diese Methode hält er
aber geheim. Ich habe bei ihm Gefäſse aller Art
aus Platina, und sogar sehr schön gearbeitete Uhr-
ketten gesehen.

VIER

369

VIER·UND ZWANZIGSTES KAPITEL.

VON DEM GOLDE.

Das Gold hat eine gelbe Farbe. Es ist weich, un-
elastisch, dehnbar, und kristallisirt sich. Es schmilzt
sobald es glüht. Geschmolzen sieht es grün aus.
Es verändert sich nicht im Feuer; aber es verglast
sich und verfliegt zum Theil in dem Brennpunkte
des Brennspiegels. Das in dem Brennpunkte entstehende Glas hat eine violette Farbe, es ist eine
verglaste Goldhalbsäure.

Der elektrische Funke säurt das Gold. In Säuren löst es sich sehr schwer auf. Luft, Wasser,
Erden, Salze und Schwefelsäure haben keine Wirkung auf das Gold, auch nicht die Kochsalzsäure.
Die Salpetersäure, wenn sie rein ist, löst das Gold
nicht auf; aber wohl wenn sie roth, oder mit salpetersaurem Gas vermischt ist. Übersäurte Kochsalzsäure und salpetersaure Kochsalzsäure lösen das Gold
auf, und aus beiden entsteht dasselbe Goldsalz.
Dieses kochsalzgesäurte Gold ist gelblich; ätzend;
es kristallisirt sich; die Kristalle schmelzen über dem
Feuer und werden roth; an der Luft zerfliessen sie.
Destillirt man die Lösung dieser Kristallen, so erhält man Kochsalzsäure, welche wegen etwas Gold,
das sie aufgelöst enthält, roth aussieht. In der Retorte bleibt kristallisirte Goldhalbsäure zurück. Die
Lösung des kochsalzgesäurten Goldes wird zerlegt,
durch Erden, Laugensalze, und kohlengesäurte Laugensalze. Die hiebei niedergeschlagenen Goldhalb-

A a

-säuren lassen sich durch den blossen Wärmestoff wieder herstellen. Die Goldhalbsäure ist in Schwefelsäure, Salpetersäure, Kochsalzsäure und in Galläpfelsäure auflöslich. Das Ammoniak schlägt das Gold mit gelber Farbe nieder, und dieser Niederschlag knallt. Es ist das sogenannte Knallgold. Drei Theile Gold geben vier Theile Knallgold.

Das Knallgold ist eine Ammoniak-Goldhalbsäure. Wenn man es langsam und vorsichtig erwärmt, so trennt sich das Ammoniak als Ammoniakgas, und es bleibt eine Goldhalbsäure zurück, welche nicht mehr knallt. Läsit man Knallgold im pneumatischen Apparat verknallen, so erhält man einige Tropfen Wasser, Salpeterstoffgas, und hergestelltes Gold: weil das Ammoniak zerlegt wird. Schwefelsäure, geschmolzener Schwefel, Öle und Naphtha benehmen dem Knallgolde seine knallende Eigenschaft, indem sie sich mit dem Ammoniak verbinden. Wird das Knallgold in eine Kugel von Metall eingeschlossen, und der Wärme ausgesetzt, so verknallt es nicht, indem der Sauerstoff die Goldhalbsäure verläsit, und sich mit dem anderen Metalle verbindet. Während des Verknallens wird sowohl das Ammoniak als die Goldhalbsäure zerlegt. Der Wasserstoff des Ammoniaks verbindet sich mit dem Sauerstoffe der Goldhalbsäure, während sich der Salpeterstoff des Ammoniaks, mit dem Wärmestoffe verbunden, als Salpeterstoffgas entwickelt. Das Gold erhält seine metallische Gestalt, und wird hergestellt.

Die Goldhalbsäure hat eine so grosse Verwandt-

schaft zu dem Ammoniak, dafs sie alle Ammoniak-
salze zerlegt, indem sie sich mit dem Ammoniak
verbindet, wodurch die Säure frei wird.

FÜNF UND ZWANZIGSTES
KAPITEL.
BEANTWORTUNG EINIGER EINWÜRFE.

Hr. Kirwan behauptete vormals (Philos. Transact.
1782), alle Metalle enthielten Phlogiston, oder Wasserstoffgas, und zwar aus folgenden Gründen:
1) weil sich aus allen Metallen, bei ihrer Auflösung
in Säuren, Wasserstoffgas entwickelt. 2) Weil,
wenn man der gesättigten Auflösung eines Metalls
ein anderes Metall zusetzt, alsdann das neue Metall
aufgelöst wird, ohne dafs man Wasserstoffgas erhält, indem sich nunmehr das Wasserstoffgas des
neu aufgelösten Metalls, mit dem vorher aufgelösten
Metalle verbindet, wodurch dieses in metallischer
Gestalt niedergeschlagen wird. 3) Weil metallische
Kalke in dem Wasserstoffgas durch blofse Wärme
hergestellt werden können, und dabei das Wasserstoffgas sichtbar einsaugen. 4) Weil sich, in dem
luftleeren Raume, durch blofse Wärme und etwas
Feuchtigkeit, Wasserstoffgas aus den Metallen entwickelt. 5) Weil die Kalke der unvollkommenen
Metalle blofs allein durch Körper welche Wasserstoffgas enthalten hergestellt werden können. Aus
diesen Gründen behauptete Hr. Kirwan: dafs
die Metalle, während der Verkalkung, ihr Phlogiston, oder ihr Wasserstoffgas verlören, und dafs
das Wasserstoffgas, welches sich aus ihnen ent-

wickle, sich mit dem Sauerstoffgas verbinde, und dadurch in fixe Luft verwandelt werde, welche nachher mit dem Metalle in Verbindung übergehe. Demzufolge geht also mit dem Metalle, während der Verkalkung, keine andere Veränderung vor, als eine Umänderung des Wasserstoffgas in fixe Luft. Die Herstellung geschieht, durch Zerlegung der fixen Luft, welche mit dem metallischen Kalk verbunden ist: so dafs das Sauerstoffgas aus dem Kalke ausgetrieben wird, und alsdann das Phlogiston, oder das Wasserstoffgas, allein zurückbleibt.

Antwort. *Das Wasserstoffgas, welches sich während der Auflösung der Metalle in den Säuren entwickelt, entsteht vermöge der Zerlegung des Wassers. Die Metalle verbinden sich mit dem Sauerstoffe des Wassers, und werden kalzinirt; dadurch wird der andere Bestandtheil des Wassers, der Wasserstoff, frei, und geht, mit dem Wärmestoff verbunden, als Wasserstoffgas fort.* Beweise: 1) *Eine gewisse, bestimmte Menge Schwefelsäure, in welcher eine gewisse bestimmte Menge Eisen aufgelöst worden ist, braucht nach der Auflösung noch eben so viel Laugensalz, um gesättigt zu werden, als vor der Auflösung. Demzufolge ist also die Schwefelsäure während der Auflösung nicht im Mindesten verändert, und kein Theil derselben ist zerlegt worden. Folglich kommt weder der Sauerstoff, welcher sich mit dem Metalle verbindet, noch das Wasserstoffgas, welches sich entwickelt, von der Schwefelsäure: sondern beide kommen aus dem Wasser. Denn der Sauerstoff kann nicht aus der Luft kommen, weil*

*die Auflösung auch in luftleeren und verschlosse-
nen Gefäßen statt findet: der Sauerstoff welcher
das Metall kalzinirt, muß also aus dem Wasser
kommen; so wie auch das Wasserstoffgas aus dem
Wasser kommt; denn da einer der Bestandtheile
des Wassers sich mit dem Metalle verbindet, so
muß der andere Bestandtheil nothwendig frei
werden.*

*Daß also einige Metalle, bei ihrer Auflösung
in Säuren, Wasserstoffgas liefern, diefs hängt von
der Zerlegung des Wassers ab. Daß man kein
Wasserstoffgas erhält, wenn man einer metallischen
Auflösung ein anderes Metall zusetzt, diefs hängt
von den Verwandtschaften des Sauerstoffes ab,
der aus dem schon aufgelösten Metalle in das neu-
zugesetzte Metall übergeht. Daß die metallischen
Kalke durch das Wasserstoffgas hergestellt werden
können, und dasselbe sichtbar einsaugen, diefs
kömmt daher: weil sich das Wasserstoffgas mit
dem, in dem metallischen Kalke enthaltenen Sauerstoffe verbindet, woraus Wasser entsteht, und das
Metall bis auf einen gewissen Grad hergestellt wird.
Die geringe Menge von Kohlensäure, welche man
zuweilen erhält, entsteht von dem, in dem Wasserstoffgas aufgelösten Kohlenstoffe. Das Wasserstoffgas, welches aus Zink oder aus Eisen bereitet
wird, enthält jederzeit mehr oder weniger Kohlenstoff aufgelöst, weil Zink und Eisen niemals ganz
rein von Kohlenstoff sind. Dieser Kohlenstoff verräth sich, durch den unangenehmen Geruch, welchen er dem Wasserstoffgas mittheilt.*

Um zu beweisen, dafs die metallischen Halbsäuren fixe Luft enthalten, beschreibt Hr. Kirwan
folgenden Versuch. Er mischte drei Unzen gefeiltes
Blei mit einer halben Unze destillirtem Wasser, in
einer gläsernen Flasche, welche er mit einem einge-
schliffenen Stöpsel verschlofs. Nach einigen Wo-
chen war das Blei gröfstentheils kalzinirt, Der Kalk
wurde getrocknet und nachher destillirt. Während
der Destillation erhielt man daraus sehr viele fixe
Luft. „Hier wurde also" sagt Hr. Kirwan „das
„Blei durch das Wasser verkalkt, das Wasser
„verband sich mit dem Phlogiston des Metalls, es
„wurde absorbirt, und daraus entstand die fixe
„Luft." Diefs ist Hrn. Kirwans Hypothese über
diesen Versuch. Wenn man aber den Versuch
sorgfältig wiederholt, und, statt den Kalk an freier
Luft zu trocknen, die Flüssigkeit in verschlossenen
Gefäfsen abdestillirt: so erhält man nicht die kleinste Partikel von fixer Luft. Auch liefert frisch bereitete Bleiglätte keine fixe Luft. Hrn. Kirwans
Versuch ist demzufolge unrichtig. Hiemit stimmen
auch Hrn. Grens Versuche vollkommen überein.
Er setzte eine, von ihm bereitete Bleihalbsäure, einem starken Feuer aus, und erhielt keine fixe Luft.
Alle Versuche, welche Hr. Gren beschreibt, sind
Hrn. Kirwans Versuche geradezu entgegen. Er
beweist vielmehr unwiderleglich: dafs die fixe Luft
weder durch Verbrennen des Schwefels; noch durch
Verbrennen des Phosphors; noch durch Verbrennen
des durch die Metalle bereiteten Wasserstoffgas;
noch durch Zerlegung der gemeinen Luft und der

Salpeterluft; noch durch Kalzination der Metalle;
noch durch Amalgamation des Bleies, erhalten werden könne. Diese Versuche sind für die antiphlogistische Theorie um so viel wichtiger, da Hr. Gren,
wie bekannt, ein eifriger Vertheidiger der Stahlianischen Lehre und ein heftiger Gegner der antiphlogistischen Theorie ist; so heftig, dafs er sich zuweilen erlaubt, die Vertheidiger dieser, seiner Meinung nach irrigen Theorie, auf eine etwas härtere
Art zurecht zu weisen, als man von einem wahr-
heitliebenden Gelehrten erwarten sollte. Mir selbst
hat er hierüber, in seinem Journal der Physik, eine
derbe Lektion gelesen: aber dieses hindert mich
nicht seine grofsen Verdienste um die Wissenschaft
anzuerkennen. Seine harten Vorwürfe gegen meine
Versuche verzeihe ich ihm gerne, weil ich fühle
dafs sie mich nicht treffen.

DRITTER ABSCHNITT.
VON DEN ZUSAMMENGESETZTEN. KÖRPERN.

ERSTES KAPITEL.
VON DEN ZUSAMMENGESETZTEN SÄUREN UND HALBSÄUREN.

Aufser den einfachen Säuren, von denen bis jetzt
gehandelt worden ist, giebt es noch sehr viele zusammengesetzte Säuren; das heifst, Säuren mit einer zusammengesetzten Grundlage. Vorzüglich gehören unter diese zusammengesetzte Säuren alle Säuren des Pflanzenreiches. Die Pflanzensäuren haben

eine doppelte Grundlage, Wasserstoff und Kohlenstoff. Einige haben sogar eine dreifache Grundlage; Wasserstoff, Kohlenstoff und Phosphor, welche
alle drei mit einer größeren oder geringeren Menge
von Sauerstoff verbunden sind. Auch findet man
in dem Pflanzenreiche Halbsäuren mit einer doppelten und dreifachen Grundlage.

Noch mehr zusammengesetzt sind die thierischen
Säuren. Die meisten haben eine vierfache Grundlage: den Wasserstoff, den Kohlenstoff, den Phosphor, und den Salpeterstoff.

Die vegetabilischen Säuren sind demzufolge unter einander verschieden: 1) Je nachdem ihre
Grundlage mehr oder weniger zusammengesetzt ist.
Das heißt: je nachdem diese Grundlage aus mehr
oder weniger Bestandtheilen besteht. 2) Nach dem
verschiedenen Verhältniße, in welchem die Bestandtheile dieser Grundlage mit einander verbunden
sind. 3) Nach dem verschiedenen Grad von Säurung. Daher kann man auch alle vegetabilischen
Säuren in einander verwandeln, indem man entweder das Verhältniß des Kohlenstoffes zu dem Wasserstoffe verändert; oder indem man das Verhältniß des Sauerstoffes zu beiden abändert. Aus den
Versuchen erhellt: daß Kohlenstoff und Wasserstoff, im ersten Grade der Säurung, Weinsteinsäure geben; im zweiten Grade Sauerkleesäure; im dritten Grade Essigsäure. Zugleich enthält die Essigsäure etwas weniger Kohlenstoff.

Vegetabilische Halbsäuren mit zwei Grundlagen
sind: der Zucker, die verschiedenen Arten von

Gummi, und die Stärke. Ihre beiden Grundlagen sind, der Wasserstoff und der Kohlenstoff, welche mit einander genau verbunden, und durch eine geringe Menge von Sauerstoff in eine Halbsäure verwandelt sind. Nur durch das Verhältniß in der Mischung sind sie unter sich verschieden. Durch Zusetzung von Sauerstoff kann man sie in Säuren verwandeln; und auf diese Weise entstehen die verschiedenen vegetabilischen Säuren. Die Verhältnisse, in denen die verschiedenenen Grundlagen in den vegetabilischen Säuren mit einander verbunden sind, hat man bisher nicht hinlänglich durch Versuche bestimmt.

Thierische Körper enthalten noch ausserdem Salpeterstoff und etwas Phosphor. Die thierischen Säuren können daher, wie die vegetabilischen, verschieden seyn: 1) Nach der Anzahl der Bestandtheile ihrer Grundlage. 2) Nach dem Verhältnifse dieser Bestandtheile. 3) Nach dem Verhältnifse des Sauerstoffes, mit dem sie verbunden sind.

Die thierischen Halbsäuren kennt man noch weniger als die vegetabilischen. Das Blut, die Lymphe, und die meisten thierischen Säfte, sind wirkliche Halbsäuren.

ZWEITES KAPITEL.
VON DEN VEGETABILISCHEN SÄUREN.

Es gibt eilf bis jetzt bekannte vegetabilische Säuren. Die Essigsäure, die Sauerkleesäure, das Weinsteinsaure, das brenzlige Weinsteinsaure, die Zitronensäure, die Apfelsäure, das brenzlige Holzsaure, des brenzlige Schleimsaure, die Galläpfelsäure, die Benzoesäure, und die Kamphersäure.

Alle diese Säuren bestehen aus Wasserstoff, Kohlenstoff und Sauerstoff. Sie enthalten aber deswegen weder Wasser noch Öl, noch Kohlensäure: sondern blofs allein die Bestandtheile dieser Körper. Alle diese Bestandtheile sind, in den vegetabilischen Säuren, in einem gewissen Gleichgewichte, welches nur bei dem Grade der Temperatur unserer Atmosphäre statt finden kann. Erwärmt man sie über den Grad des kochenden Wassers, so hört dieses Gleichgewicht auf. Ein Theil des Sauerstoffes verbindet sich mit einem Theile des Wasserstoffes, und daraus entsteht Wasser. Ein Theil des Kohstoffes verbindet sich mit dem Wasserstoffe, und es entsteht Öl. Ein anderer Theil des Kohlenstoffes verbindet sich mit einem Theile des Sauerstoffes, und hieraus entsteht Kohlensäure. Endlich bleibt noch immer ein Theil des Kohlenstoffes, als Kohle, zurück.

Das Weinsteinsaure erhält man: wenn man gereinigten Weinstein in kochendem Wasser löst, und Kalkerde zusetzt, solange bis das Saure gesättigt ist. Die weinsteinsaure Kalkerde, welche hiedurch entsteht, ist ein beinahe gar nicht im Wasser lösbares Salz, welches auf den Grund der Flüfsigkeit fällt, vorzüglich dann, wenn dieselbe erkaltet ist. Man giefst das Flüfrige ab, wäscht den Niederschlag mit kaltem Wasser aus, und trocknet denselben. Dann giefst man Schwefelsäure zu, welche mit acht bis neun mal ihres Gewichtes mit Wasser verdünnt seyn muß. Man läßt die Mischung zwölf Stunden lang, in einer gelinden Wärme digeriren, und schüttelt sie von Zeit zu Zeit um. Die Schwefelsäure verbindet sich mit der Kalkerde, macht schwefelgesäurte Kalkerde, und das Weinsteinsaure ist frei, Während der Digestion entwickelt sich eine geringe Menge von Gas. Nach zwölf Stunden giest man das Flüssige ab, und wäscht die schwefelgesäurte Kalkerde mit kaltem Wasser aus, um die letzten damit verbundenen Theile des Weinsteinsauren zu trennen. Man giest alles dieses Wasser zusammen, filtrirt, dampft ab, und erhält auf diese Weise das Weinsteinsaure in fester Gestalt. Zwei Pfund reiner Weinstein geben ungefähr zwölf Unzen Saures. Dazu gebraucht man ungefähr acht bis zehen Unzen der stärksten Schwefelsäure, die man mit acht bis neun Theilen Wassers verdünnt.

Die Grundlage des Weinsteinsauren ist Kohlenstoff und Wasserstoff. Diese beiden Grundstoffe sind mit weniger Sauerstoff verbunden als in der Sauerkleesäure. Einige Versuche scheinen zu beweisen, daß auch Salpeterstoff mit der Grundlage des Weinsteinsauren verbunden ist. Setzt man dem Weinsteinsauren Sauerstoff zu, so kann man dasselbe in Sauerkleesäure, Apfelsäure, und in Essigsäure, nach Gefallen umändern. Wahrscheinlich wird bei dieser Umänderung auch das Verhältniß des Kohlenstoffes zu dem Wasserstoffe verändert.

Mit den feuerfesten Laugensalzen macht das Weinsteinsäure zwei Gattungen von Salzen, von verschiedenen Graden der Sättigung. 1) Ein Mittelsalz mit

Säuren übersättigt, die säurliche weinsteinsaure Pottasche (Weinsteinrahm). 2) Mit mehr Pottasche, die
wirkliche weinsteinsaure Pottasche. Mit der Soda
gesättigt macht das Weinsteinsaure die weinsteinsaure Soda, oder das sogenannte Seignettesalz.

Das brenzliche Weinsteinsaure ist eine schwache,
brenzliche Säure, die man aus dem gereinigten Weinstein durch Destillation erhält. Man füllt mit säur-
licher weinsteinsaurer Pottasche, oder mit gepülver-
tem Weinstein, eine gläserne Retorte an, und verbindet dieselbe mit einer gläsernen Vorlage, welche
mit dem pneumatischen Apparat verbunden ist.
Durch allmählig verstärktes Feuer erhält man eine
brenzliche Säure, mit etwas Öl verbunden. Vermittelst des Trichters scheidet man das Öl von der
Säure, und erhält so die Säure freie. Während
der Destillation entwickelt sich eine große Menge
kohlengesäurtes Gas. Das Öl kann man niemals
ganz von den Säuren trennen, auch nicht durch
wiederholte Rektifikation. Über dieß ist die Rektifikation sehr gefährlich, und es entsteht eine Explosion.

Die Apfelsäure findet man in dem Safte der
reifen und unreifen Äpfel, und anderer Früchte.
Um sie zu erhalten, sättigt man den Saft der Äpfel
mit Pottasche oder mit Soda. Auf die gesättigte
Flüßigkeit gießt man eine Lösung von essiggesäur-
tem Blei. Die Apfelsäure verbindet sich mit dem
Blei, und fällt zu Boden. Man wäscht diesen Niederschlag (welcher im Wasser beinahe gar nicht
lösbar ist) aus, und gießt alsdann schwache Schwe-

felsäure darauf. Diese verbindet sich mit dem Blei, und macht ein schwefelgesäurtes Blei, ein ebenfalls nicht lösbares Salz. Dieses Salz kann durch Filtriren von der Apfelsäure geschieden werden. Die Apfelsäure bleibt flüssig zurück. Zuweilen ist dieselbe mit Weinsteinsaurem und mit Zitronensäure gemischt. Die Apfelsänre enthält mehr Suuerstoff als die Sauerkleesäure, aber weniger als die Essigsäure. Ihre Grundlage enthält etwas mehr Kohlenstoff, und etwas weniger Wasserstoff, als die Essigsäure. Man kann die Apfelsäure auch künstlich bereiten, wenn man Zucker mit Salpetersäure behandelt. Nimmt man eine sehr verdünnte Salpetersäure, so entstehen keine Sauerkleekristallen, sondern es enthält die Flüssigkeit zwei Säuren; die Sauerkleesäure und die Apfelsäure: vielleicht auch noch etwas Weinsteinsäures. Um sich davon zu überzeugen, giefse man Kalkwasser auf die Flüssigkeit, so entsteht weinsteinsaure Kalkerde und sauerkleegesäurte Kalkerde, welche beide zu Boden fallen, weil sie nicht lösbar sind. Zugleich entsteht apfelgesäurte Kalkerde, welche gelöst bleibt. Will man die Apfelsäure rein haben, so zerlegt man die apfelgesäurte Kalkerde durch efsiggesäurtes Blei. Das hieraus entstehende apfelgesäurte Blei wird durch Schwefelsäure zerlegt, eben so, als wenn man die Apfelsäure aus dem Apfelsafte absondern wollte.

Die Zitronensäure erhält man durch Auspressung der Zitronen. Man findet sie aber auch in andern Früchten, mit Apfelsäure gemischt. Um sie rein zu erhalten, läfst man durch lange Ruhe, an einem kühlen Orte, die schleimigten Theile sich setzen, und konzentrirt nachher die Säure, durch eine Kälte von — 4° R. Das Wasser gefriert, und die konzentrirte Säure bleibt flüfsig. Auf die. se Weise kann man dieselbe auf den achten Theil ihres Umfanges zurückbringen. Ein zu starker Grad von Kälte würde dieser Operation schaden, weil die Säure sich in Eis eingeschlossen finden wür. de, und man sie nur mit Mühe davon absondern könnte. Noch leichter erhält man die Zitronensäure, wenn man Zitronensaft mit Kalkerde sättigt. Daraus entsteht eine, im Wasser nicht lösbare, zitronengesäurte Kalkerde. Man wäscht sie aus, und giefst Schwefelsäure darauf. Diese verbindet sich mit der Kalkerde, und macht schwefelgesäurte Kalkerde, welche im Wasser beinahe gar nicht lösbar ist. Die Zitronensäure wird frei, und bleibt flüfsig.

Die Zitronensäure verändert sich an der Luft nicht. Im Feuer wird sie zerlegt. Durch die Salpetersäure wird sie nicht in Sauerkleesäure umgeändert.

Das brenzlige Holzsäure hat Hr. Göttling entdeckt. Dieses Saure, welches man aus dem Holze durch Destillation erhält, ist braungefärbt, und mit Öl und Kohlenstoff überladen. Um es zu reinigen, rektifizirt man es durch neue Destillation. Das brenzlige Holzsaure ist sich ungefähr an Eigenschaften gleich, aus welchem Holze es auch gezogen werden mag.

Das brenzlige Schleimsaure erhält man, wenn

man Zucker, oder andere Körper, welche Zucker
enthalten, destillirt. Da alle diese Substanzen stark
schäumen, so darf man nur den achten Theil der
Retorte damit anfüllen. Es entwickelt sich kohlengesäurtes Gas und Wasserstoffgas. Dieses Saure
hat eine gelblich-rothe Farbe. Es löst Laugensalze,
Erden, ja sogar das Gold auf. Auch Silber, Quecksilber, Blei, Kupfer und Zinn werden darin aufgelöst. Seine spezifische Schwere ist = 1,0115. Durch
Rektifikation kann man ihm seine Farbe zum Theil
benehmen. Es besteht aus Wasser und ein wenig
leicht gesäurtem Öle. Es färbt die Haut mit gelben Flecken, welche nicht anders als mit der Ober-
haut selbst sich verlieren. Durch das Gefrieren
kann man dieses Saure verstärken. Wenn man es
mit Salpetersäure behandelt, so wird es theils in
Sauerkleesäure, theils in Apfelsäure verwandelt.
Wenn man langsam und mit mäßigem Feuer destillirt, so entwickelt sich, während der Destillation,
beinahe kein Gas.

Die Saurkleesäure erhält man aus dem ausge-
drückten und kristallisirten Safte des Saurklees
(Oxalis Acetosella). Das Saurkleesalz ist zum Theil
mit Pottasche gesättigt; es ist eine säurliche saurkleegesäurte Pottasche. Die Saurkleesäure erhält
man am reinsten durch Säurung des Zuckers, der
die wahre Grundlage dieser Säure zu seyn scheint.
Man giest auf einen Theil Zucker sechs bis acht
Theile Salpetersäure, und setzt die Mischung einer
gelinden Wärme aus. Es entsteht ein heftiges Aufbrausen, und es entwickelt sich eine große Menge

salpeterhalbsaures Gas. Nachher, wenn man die
Flüßigkeit ruhen läßt, entstehen Kristalle von reiner Saurkleesäure. Man trocknet sie auf Löschpapier, um die letzten Theile der Salpetersäure davon
zu trennen. Um sie recht rein zu erhalten, löst
man sie nochmals in Wasser, und kristallisirt sie
alsdann noch einmal.

Mit Pottasche gibt die Saurkleesäure ein kristallisirbares Salz, welches sehr lösbar im Wasser
ist. Mit der Soda entsteht ein Salz welches sehr
schwer lösbar ist. Mit dem Ammoniak entsteht ein
lösbares Salz. Die Saurkleesäure löst beinahe alle
Metalle und ihre Halbsäuren auf. Das Kupfer
schlägt sie, aus seiner Auflösung, mit grüner Farbe
nieder; das Eisen mit gelber Farbe; das Zink weiß;
auch das Quecksilber und das Silber schlägt sie nieder, aber erst nach einiger Zeit.

Die Flüßigkeit, aus welcher man, durch die
Salpetersäure, Saurkleesäurekristallen erhalten hat,
enthält außerdem noch Apfelsäure, welche nur etwas mehr Sauerstoff enthält, als die Saurkleesäure.
Setzt man der Saurkleesäure noch mehr Sauerstoff
zu, so entsteht Essigsäure.

Die säurliche saurkleegesäurte Pottasche geht,
ohne sich zu zerlegen, in die Verbindung sehr vieler Körper über. Daraus entstehen saurkleegesäurte
Salze mit zwei Grundlagen. So macht sie z. B. mit
der Kalkerde, saurkleegesäurte Pottaschenkalkerde.
Schon Duclos erwähnt der Saurkleesäure, in den
Mémoires de l'Academie 1728. Auch Boerhaave
beschreibt dieselbe, aber Scheelen haben wir
die

*die erste genaue Kenntniſs dieser Säure zu ver-
dunken.*

*Die Grundlage der Eſsigsäure besteht (so wie
die Grundlage des Weinsteinsauren, der Sauerkleesäure, der Zitronensäure, und der Apfelsäure) aus
Wasserstoff und aus Kohlenstoff, welche durch
Sauerstoff gesäurt sind. Aber das Verhältniſs dieser beiden Grundlagen ist verschieden, und es
scheint daſs die Eſsigsäure am meisten Sauerstoff
enthalte. Es ist nicht unwahrscheinlich, daſs die
Eſsigsäure auch ein wenig Salpeterstoff enthält.
Man erhält die Eſsigsäure, indem man den Wein
einer mäſsigen Wärme aussetzt, und etwas Eſsighe-
fen demselben zusetzt. Der geistige Theil des Weins,
welcher aus Kohlenstoff und aus Wasserstoff besteht, wird durch diese Operation gesäurt. Die
Eſsiggährung kann daher ohne den Beitritt der
freien Luft nicht geschehen, und ist allemal mit
Einsaugung des Sauerstoffgas verbunden: darum
darf auch das Gefäſs, wenn man guten Eſsig erhalten will, nur zur Hälfte angefüllt seyn. Die so
entstehende Säure ist flüchtig, mit vielem Wasser
vermischt, und auch mit fremden Theilen. Um sie
rein zu erhalten wird sie destillirt. Während der
Destillation verändert sich die Eſsigsäure; in die
Vorlage geht das Essigsaure über, und die Essigsäure, welche mehr Sauerstoff enthält, bleibt in der
Retorte zurück.*

*Um das Wasser von der Essigsäure zu tren-
nen, läſst man dieselbe, bei — 4° bis — 6° R.
frieren. Das Wasser gefriert, und die Säure bleibt*

Bb

*flüfsig. Der natürliche Zustand der Essigsäure ist
die Gasgestalt, und man erhält sie nicht anders
flüfsig, als wenn man sie mit Wasser verbindet.*

*.. Man erhält die Essigsäure auch, wenn man
dem Weinsteinsauren, der Sauerkleesäure, oder der
Apfelsäure, Sauerstoff zusetzt, indem man sie mit
der Salpetersäure behandelt. Wahrscheinlich verändert sich aber noch überdiefs, in diesem Prozesse,
das Verhältnifs der Grundlagen.*

*·Die meisten Salze, welche aus der Verbindung
der Essigsäure mit verschiedenen Grundlagen entstehen, lafsen sich nicht kristallisiren; und hierin
sind diese Salze von den saurkleegesäurten und
weinsteinsauren Salzen sehr verschieden: denn die
letzteren sind beinahe gar nicht im Wasser lösbar.
Die apfelgesäurten Salze halten zwischen den sauer-
kleegesäurten Salzen und den essiggesäurten Salzen
das Mittel.*

*Wenn man essiggesäurte Pottasche oder essigge-
säurtes Kupfer (Grünspan) mit dem dritten Theile
ihres Gewichtes die Schwefelsäure übergiefst, so erhält
man, durch Destillation, eine sehr starke Essigsäure,
die man konzentrirte Essigsäure nennt. Ob diese
konzentrirte Efsigsäure von der gewöhnlichen verschieden sey, und mehr oder weniger Sauerstoff enthalte, steht noch durch Versuche auszumachen.
Die durch Frost konzentrirte Essigsäure verhält sich
zu der aus dem Grünspan destillirten Essigsäure
$= 1{,}0178 : 1{,}0404$. Man kann diese Säure, auch
ohne Grünspankristallen bereiten, wenn man Kupferhalbsäure in Essigsäure auflöst, die Auflösung ab-*

dampft, solange bis sie trocken ist, und alsdann die Säure überdestillirt.

Um die Benzoesäure zu erhalten, läfst man Kalkwasser über Pulver von Benzoes digeriren, so dafs man die Mischung immerfort umrührt. Nach einer halben Stunde giefst man das Kalkwasser ab und giefst neues zu; und so fährt man fort, solange bis sich das Kalkwasser nicht mehr neutralisirt. Man sammelt alle Flüfsigkeit zusammen, und dampft dieselbe solange ab, bis sie anfängt zu kristallisiren; Dann läfst man sie erkalten, und giefst nachher Kochsalzsäure tropfenweise zu, solange bis kein Niederschlag mehr entsteht. Das was man erhalt ist die feste Benzoesäure.

Die Kamphorsäure hat Hr. Kosegarten entdeckt. Er destillirte acht mal Salpetersäure über Kamphor, dadurch säure er denselben, und verwandelte ihn in eine Säure, die viel ähnliches mit der Saurkleesäure hat. Wahrscheinlich ist die Kamphorsäure eine Mischung von Saurkleesäure und Apfelsäure.

Die Gallapfelsäure erhält man aus den Galläpfeln, indem man sie mit Wasser entweder kocht, oder bei gelinder Wärme destillirt. Die Gallapfelsäure ist zwar eine sehr schwache Säure: doch rothet sie die blauen Pflanzensäfte; zerlegt die geschwefelten Laugensalze; verbindet sich mit allen Metallen, wenn sie vorher in einer andern Säure aufgelöst gewesen sind, und schlägt dieselben, mit verschiedenen Farben, nieder. Das Eisen wird mit einer dunkelrothen oder violetten Farbe niedergeschlagen. Man findet diese Säure in der Eiche, der Weide,

Bb 2

den Irisarten, der Nymphäa, der Chinarinde, der Rinde und Blume des Granatapfelbaumes, und in vielen andern Kölzern und Rinden.

DRITTES KAPITEL.

VON DEN THIERISCHEN SÄUREN.

*E*s *giebt sieben bekannte thierische Säuren: die Milchsäure, die Milchzuckersäure, die Bernsteinsäure, die Raupensäure, die Ameisensäure, die Fettsäure, und die Blausäure.*

Die Milchsäure *ist in der Molke mit etwas Erde verbunden. Man dampft die Molke bis auf den achten Theil ab, filtrirt sie, um den käsigten Theil davon zu scheiden, und setzt Kalkerde zu, die sich mit der Milchsäure verbindet, und die man nachher durch Saurkleesäure davon wieder absondern kann, als welche mit der Kalkerde ein nicht lösbares Salz bildet. Nachdem die sauerkleegesäurte Kalkerde, durch Abgiefsung des Flüfsigen, abgesondert ist, läfst man die Flüfsigkeit bis zur Honigdicke abrauchen. Dann setzt man Alkohol zu, welches die Säure auflöst, und filtrirt nachher, um den Michzucker und die übrigen fremden Substanzen zu scheiden. Das Alkohol trennt man von der Milchsäure durch Abdampfen. Die Milchsäure macht mit den salzmachenden Grundlagen unkristallisirbare Salze, und hat viel ähnliches mit der Efsigsäure.*

Die Milchzuckersäure, *erhält man ebenfalls aus der Molke. Die Molke enthält den Milchzucker, eine Art von Zucker, welche sehr viel ähnliches mit* dem Zucker aus dem Zuckerrohre hat. Diesen Milchzucker säurt man durch Salpetersäure, indem man, zu wiederholten malen, frische Salpetersäure darüber abdestillirt, und die erhaltene Flüssigkeit abraucht. Man läßt sie kristallisiren, und man erhält Sauerkleesäure. Zu gleicher Zeit sondert sich ein weißes, feines Pulver ab, welches sich mit den Laugensalzen, den Erden, und mit einigen Metallen verbinden läßt. Dieses ist die Milchzuckersäure in fester Gestalt. Mit den Metallen macht sie Salze die sehr wenig lösbar sind.

Die Ameisensäure erhält man durch Destillation aus den großen Ameisen (Formica rufa Linn.)

Man destillirt die Ameisen bei gelindem Feuer, und erhält in der Vorlage die Ameisensäure. Sie macht ungefähr die Hülfte des Gewichts der Ameisen aus. Oder man wäscht die Ameisen in kaltem Wasser ab, legt sie nachher auf ein Tuch, und gießt kochendes Wasser darüber. Drückt man die Ameisen gelinde aus, so wird die Säure stärker. Um die Säure zu reinigen, rektifizirt man sie durch wiederholte Destillation, und um sie zu konzentriren läßt man sie gefrieren.

Die Bernsteinsäure erhält man durch Destillation aus dem Bernstein. Destillirt man den Bernstein aus einer Retorte, bei gelindem Feuer: so sublimirt sich die Bernsteinsäure in fester Gestalt, in dem Halse der Retorte. Man darf die Destillation nicht zu lange fortsetzen, sonst geht das Öl über. Nach geendigter Destillation läßt man das saure Salz auf Löschpapier trocknen, und rei-

nigt es nachher, durch wiederholte Auflösung und
Kristallisation.

Ein Theil Bernsteinsäure löst sich in vier und
zwanzig Theilen kalten Wassers. In dem warmen
Wasser löst sie sich leichter. Sie röthet die blauen
Pflanzensafte nur wenig. Die Bernsteinsäure hat
die gröste Verwandtschaft mit der Schwererde, dann
mit der Kalkerde, hierauf mit den Laugensalzen,
dann mit der Bittersalzerde, dem Ammoniak, und
den Metallen. Die bernsteingesäurten Laugensalze
und Erden werden durch die Schwefelsäure; die
bernsteingesäurte Kalkerde wird durch die Saurkleesäure zerlegt. Die Bernsteinsäure vereinigt sich mit
dem Terpentinöl, und löst sich, aber schwer, in dem
Weingeiste auf.

Die Raupensäure hat Hr Chaussier zu Dijon
entdeckt. Man läßt die Puppen der Seidenwürmer
in Alkohol einweichen. Das Alkohol verbindet sich
mit der Säure, ohne die gummigten und schleimigten Theile aufzunehmen. Man läßt das Alkohol
abdampfen, und erhält die reine Raupensäure, deren Eigenschaften noch nicht genug untersucht sind.

Um die Fettsäure zu erhalten, läßt man Talg
in einem eisernen Gefäße schmelzen, wirft gepulverten ungelöschten Kalk darein, und rührt beständig um. Es erhebt sich ein beißender Dampf, und
man muß das Gefäß hoch halten, damit man diesen Dampf nicht in die Lunge ziehe. Endlich vermehrt man das Feuer. Die Fettsäure verbindet
sich mit der Kalkerde, und macht fettgesäurte Kalkerde, welche im Wasser nur sehr schwer lösbar ist.

Um dieses Salz von den fetten Theilen zu trennen, mit denen es verbunden ist, kocht man die Mischung mit vielem Wasser. Die fettgesäurte Kalkerde wird gelöst im Wasser, und das Fett schmilzt und schwimmt oben auf. Läfst man die Lösung ab- rauchen, so erhält man das Salz, welches man, bei einer gelinden Wärme, kalzinirt, wiederum auflöst, und kristallisirt. Um die Säure zu erhalten, giefst man Schwefelsäure auf die fettgesäurte Kalkerde, und destillirt. Die Fettsäure geht alsdann in die Vorlage über.

Die Blausäure erhält man aus dem Berliner- blau, welches ein blaugesäurtes Eisen ist. Wenn man blaugesäurtes Eisen mit der rothen Quecksil- berhalbsäure kocht, so verbindet sich die Blausäure mit der Quecksilberhalbsäure, und aus dieser Verbin- dung entsteht ein kristallisirbares und lösbares Salz. Die Lösung dieses Salzes wird filtrirt, und derselben wird Schwefelsäure und Eisen zugesetzt. Das Eisen verbindet sich mit dem Sauerstoffe des Quecksilbers, wird nachher von der Schwefelsäure aufgelöst, und das Quecksilber fällt, in metallischer Gestalt, zu Bo- den. Dadurch wird die Blausäure frei, und man erhält sie durch Destillation der Mischung. Aber diese Säure ist noch nicht rein, sondern mit etwas Schwefelsäure verbunden. Diese trennt man davon, wenn man die Säure mit Kalkerde destillirt.

Das Eisen schlägt aus dem blaugesäurten Queck- silber das Quecksilber nieder, vermöge seiner gröfse- ren Verwandtschaft zu dem Sauerstoffe. Aber die Quecksilberhalbsäure schlägt aus dem blaugesäurten

*Eisen das Eisen ebenfalls nieder, weil die Blausäu-
re eine gröfsere Verwandtschaft zu der Quecksilberhalbsäure hat, als zu der Eisenhalbsäure.*

*Die Blausäure verbindet sich nicht nur mit
dem Eisen, sondern beinahe mit allen andern Metallen: aber die Laugensalze und die Kalkerde
schlagen die Metalle daraus nieder, wegen ihrer
gröfseren Verwandtschaft.*

*Wenn man kohlengesäurte Pottasche mit blau-
gesäurtem Eisen digerirt, so entfärbt sich dieses.
Läfst man die Flüfsigkeit abrauchen, so erhält man
anfänglich Kristalle von eisenhaltiger blaugesäurter
Pottasche, und nachher Kristallen von kohlengesäurter Pottasche. Das Residuum ist gelblich, und
besteht aus einem blaugesäurten Eisen, welches mit
der Blausäure nicht ganz gesättigt ist. Giefst man
eine Säure auf dieses Residuum, so löst sich die
ungesättigte Eisenhalbsäure auf, die gelbe Farbe
verschwindet und verwandelt sich in eine blaue.
Die Eisenhalbsäure ist demzufolge, mit der Blau-
halbsäure auf zwei verschiedene Arten verbunden:
1) Entweder so, dafs ein Theil derselben nicht gesättigt ist: dann ist die Farbe gelb. 2) Oder in
demjenigen Verhältnifse, aus welchem das Berlinerblau entsteht. Die erste Verbindung kann man
durch alle Säuren in die zweite verwandeln, indem
man durch Säure den nicht gesättigten Theil
auflöst.*

*Wenn man die eisenhaltige blaugesäurte Pott-
asche kocht, so fällt ein Theil der Eisenhalbsäure
zu Boden; aber die Halbsäure fällt nicht rein, son-*

dern als blaugesäurtes Eisen mit Halbsäure überladen. Die Säuren lösen die überflüfsige Halbsäure
auf, und dann entsteht Berlinerblau.

Das blaugesäurte Eisen ist allemal mit einer
beträchtlichen Menge von der Kalkerde, oder von
den Laugensalzen verbunden, denen das Eisen die
Blausäure entzogen hat.

Setzt man eine Mischung aus Säure und aus
blaugesäurtem Laugensalz der Wärme aus, so entwickelt sich Blausäure. Aber mit dem blaugesäurten Eisen, welches zu Boden fällt, bleibt noch eine
beträchtliche Menge Blausäure verbunden. Es geht
daher in diesem Prozesse sehr viel Säure verloren.

Mischt man übersaure Kochsalzsäure mit Blausäure, so wird jene in Kochsalzsäure umgeändert,
und diese erhält einen durchdringenden Geruch,
und scheint flüchtiger zu seyn. Ihre Verwandtschaft zu den Laugensalzen wird dadurch vermindert. Mit den Eisenauflösungen macht sie nun kein
Berlinerblau mehr; sondern einen grünen Niederschlag, der am Lichte, oder mit Schwefelsäure gemischt, blau wird. Diese veränderte Blausäure
verwandelt sich in Ammoniak, wenn man sie mit
feuerfesten Laugensalzen, oder mit Kalkerde vermischt; und alsdann ist die Säure zerstört. Folglich besteht die Blausäure aus Wasserstoff, aus
Kohlenstoff und aus Salpeterstoff. Setzt man
Sauerstoff zu, so enthält die Mischung die Bestandtheile des Ammoniaks und der Kohlensäure.
Wird nun ein Laugensalz, oder Kalkerde, damit verbunden: so geht das Laugensalz mit der

Kohlensäure in Verbindung über, und das Ammoniak wird frei.

Verbindet man, nach Hrn. Berthollets Methode, eine grofse Menge übersaure Kochsalzsäure mit der Blausäure, und setzt nachher diese Blausäure dem Lichte aus, so erhält dieselbe ganz neue Eigenschaften. Sie verbindet sich nicht mehr mit dem Eisen; sie bekommt einen ganz andern Geruch, der aromatisch ist; sie scheidet sich gröfstentheils von dem Wasser, wie ein Öl, und fällt zu Boden. Aber dieser Bodensatz ist nicht entzündbar. Bei einer etwas erhöhten Temperatur verwandelt sie sich in ein Gas, welches sich nicht mit dem Wasser verbindet. Nach einiger Zeit kristallisirt sie sich.

VIERTES KAPITEL.

VON DER BORAXSÄURE UND DER SPATHSÄURE.

Die Boraxsäure *erhält man aus dem Borax, welcher ein mit Soda übersättigtes Mittelsalz ist. Doch findet man sie auch rein in einigen Seen, und das Wasser des* Lago Cherchiaio *in Italien enthält* 94 Gran im Pfunde.

Die Boraxsäure erscheint in fester Gestalt, in kleine dünne Schuppen kristallisirt, die etwas glänzend sind. Sie hat einen schwachen sauren Geschmack, und röthet blaue Pflanzensäfte. Auf dem Feuer schmilzt sie in ein durchsichtiges Glas, welches an der Luft undurchsichtig wird, und sich mit einem weifsen Pulver bedeckt. Löst man dieses Glas in Wasser auf, und kristallisirt es, so erhält man wiederum Boraxsäure. Ein Pfund kochendes

*Wasser löst nur 183 Gran Boraxsäure. Mit der
Kieselerde schmilzt die Boraxsäure zu einem weißen
Glase. Sie verbindet sich mit der Schwererde, der
Bittererde, der Kalkerde und den Laugensalzen.
Sie ist die schwächste Säure, und wird durch alle
Säuren, sogar durch die Kohlensäure aus ihren
Verbindungen getrennt.*

*Um die Boraxsäure zu erhalten, löst man den
Borax in kochendem Wasser auf, filtrirt die Flüssigkeit während des Kochens, und gießt Schwefelsäure
zu, oder jede andere Säure, welche eine größere
Verwandtschaft mit der Soda hat als die Boraxsäure. Diese trennt sich, und nach dem Erkalten erhält man sie kristallisirt. Die Boraxsäure löst sich
auch im Alkohol; und diese Lösung brennt mit
grüner Flamme. Die Metalle löst die Boraxsäure
nur vermöge einer doppelten Verwandtschaft auf.
Die Bestandtheile der Boraxsäure sind unbekannt.*

*Die Spathsäure erhält man, indem man über
Flußspath, in einer bleiernen Retorte, Schwefelsäure
gießt, alsdann die Retorte mit einer bleiernen, halb
mit Wasser angefüllten, Vorlage verbindet. Bei
einem geringen Grade von Wärme entwickelt sich
die Spathsäure in Gasgestalt, und verbindet sich
mit dem Wasser in der Vorlage. Bei der gewöhnlichen Temperatur unserer Atmosphäre ist diese
Säure jederzeit in Gasgestalt. Man sieht sich genöthigt, sich, bei dieser Operation, metallischer Gefäße zu bedienen, weil die Spathsäure die gläsernen Gefäße und die in denselben enthaltene Kieselerde auflöst, sie flüchtig macht, und in Gasge-*

*stalt wegführt. Die Bestandtheile dieser Säure sind
noch unbekannt.*

FÜNFTES KAPITEL.
VON DER ZERLEGUNG DER VEGETABILISCHEN HALB-
SÄUREN DURCH DIE WEINGÄHRUNG.

*D*er süfse Saft der Trauben wird durch die Weingährung in Wein verwandelt; das heifst: in eine
Flüfsigkeit, die, nach geendigter Gährung keinen
Zucker mehr enthält, und aus welcher man, durch
Destillation, ein entzündbares Flüfsiges erhält, das
Alkohol genannt wird. Während der Gährung
entwickelt sich eine grofse Menge reines kohlengesäurtes Gas. Die Produkte der Weingährung sind
demzufolge: kohlengesäurtes Gas und Alkohol.

Der Zucker ist eine vegetabilische Halbsäure,
mit einer doppelten Grundlage. Er besteht aus
acht Theilen Wasserstoff, und 28 Theilen Kohlenstoff, die durch 64 Theile Sauerstoff in eine Halbsäure verwandelt sind.

Um den Zucker gähren zu machen, löse man
denselben in vier Theilen Wassers. Diese Lösung
fängt aber nicht von selbst an zu gähren, sondern
es mufs das Gleichgewicht, welches zwischen den
verschiedenen Theilen der Mischung statt findet,
durch irgend etwas aufgehoben werden. Nachher
geht die Gährung von selbst fort. Man mischt daher ein wenig Bierhefen mit dem gelösten Zucker,
und setzt die Mischung einer Wärme von 15° bis
18° R. aus. Nach ein bis zwei Stunden fängt die
Gährung an; die Flüfsigkeit wird trübe und schäumt;

es entstehen *Luftblasen*, welche auf der *Oberfläche*
zerspringen. Die Menge dieser *Luftblasen* nimmt
zu, und es entwickelt sich schnell eine große Menge sehr reines *kohlengesäurtes Gas*. Der Schaum
ist die zugesetzte *Bierhefe*, welche sich absondert.
Nach einiger Zeit hört die Wärme und die Bewe-
wegung der *Flüfsigkeit*, und die Entwicklung des
Gas auf, und man erhält in den *Gefäfsen* eine
weinigte, etwas säurliche und trübe *Flüfsigkeit*, die
nachher von selbst helle wird, und einen Theil der
Hefen auf den Boden absetzt.

Während der Gährung verbindet sich ein *Theil*
des Sauerstoffes mit einem Theile des *Kohlenstoffes*; daher entsteht das *kohlengesäurte Gas*. Ein
anderer Theil des Sauerstoffes bleibt mit dem *Wasserstoffe* und einem Theile des Kohlenstoffes verbunden; daher das *Alkohol*. Wäre es möglich das
Alkohol mit dem *kohlengesäurten Gas* wiederum zu
verbinden, so würde man *Zucker* erhalten. Der
Wasserstoff und der Kohlenstoff sind in dem *Alkohol* nicht in dem Zustande von Öl, sondern sie
sind mit einem Theile *Sauerstoff* verbunden, welcher
sie mit dem *Wasser* mischbar macht. Der *Wasserstoff*, der *Sauerstoff* und der Kohlenstoff sind im
Gleichgewichte. Setzt man aber das *Alkohol* einer
Temperatur aus, welche gröfser ist als die Temperatur der *Atmosphäre*: so hört das Gleichgewicht
auf. Läfst man z. B. das *Alkohol* durch eine glühende, gläserne Röhre durchgehen, so wird dasselbe
zerlegt, und man erhält *Wasser*, *Wasserstoffgas*,
kohlengesäurtes Gas, und *Kohle*.

Durch die allergenaueste Zergliederung erhält
man aus dem Zucker weiter nichts als Wasser und
Kohlenstoff; oder: Sauerstoff, Wasserstoff und
Kohlenstoff. Noch ist nicht ausgemacht, auf welche Weise diese Grundstoffe in dem Zucker unter
sich verbunden sind. Es scheint, daß ein Theil
des Sauerstoffes, mit einem Theile des Wasserstoffes verbunden, als Wasser in dem Zucker vorhanden sey, und das Kristallisations-Eis des Zuckers
ausmache. Ausserdem enthält aber der Zucker
noch sehr viel Sauerstoff und Wasserstoff mit Kohlenstoff verbunden.

Erwärmt man den Zucker langsam, bis zu einer
Temperatur welche die Temperatur des kochenden
Wassers nicht viel übertrifft: so verbindet sich der
Sauerstoff mit dem Wasserstoffe; es entsteht Wasser; dieses Wasser geht in die Vorlage über, und
nimmt mit sich: 1) Etwas Sauerstoff, welcher, wegen Mangel an Wasserstoff, nicht in Wasser verwandelt werden konnte. 2) ein wenig Kohlenstoff
mit Wasserstoff, zu einem säurlichen, wässerigten
Öle verbunden; die sogenannte Syrupsäure, oder,
nach der neuen Nomenklatur, das brenzlige Schleimsaure. Überdiefs geht noch in die Vorlage über:
1) ein klein wenig freies Öl, welches aus der Verbindung des Kohlenstoffes mit dem Wasserstoffe
entsteht. 2) ein wenig Kohlensäure, die aus der
Zerlegung des Wassers durch den Kohlenstoff entsteht. 3) ein wenig gekohltes Wasserstoffgas. In
der Retorte bleibt reiner Kohlenstoff zurück, welcher
ungefähr den vierten Theil des Gewichts des Zuckers
ausmacht.

Setzt man aber den Zucker nicht einer allmäh-
ligen, sondern einer plötzlichen Hitze aus: so verbindet sich eine weit gröfsere Menge Sauerstoff mit
dem Kohlenstoff; es entsteht sehr viel mehr kohlengesäurtes Gas, und sehr viel mehr gekohltes Wasserstoffgas. Und wenn man, über der zurückbleibenden Kohle, das, in die Vorlage übergegangene,
brenzlige Schleimsäure und Wasser wieder abdestillirt; so kann man auch diese in kohlengesäurtes
Gas und in geschwefeltes Wasserstoffgas verwandeln. Setzt man diese Kohobationen lange genug
fort, so verwandelt sich der Zucker ganz in Kohle;
in kohlengesäurtes Gas, und in gekohltes Wasserstoffgas, ohne dafs auch nur eine Spur von Wasser, von Öl, oder von brenzligem Schleimsauren zurückbleiben sollte.

Könnte man ein Mittel finden, um den Zucker
seines Sauerstoffes zu berauben; so würde Wasserstoff und Kohlenstoff, das heifst Öl, zurückbleiben.

Wenn man den Zucker säurt; entweder durch
die Salpetersäure, oder durch die übersaure Kochsalzsäure, oder auf eine andere Weise: so verwandelt man ihn in eine Säure, deren Natur, nach
dem, zwischen dem Wasserstoffe, dem Kohlenstoffe
und dem Sauerstoffe, neu entstandenen Verhältnisse
verschieden, und daher entweder Weinsteinsaures,
oder Saurkleesäure, oder Apfelsäure, oder Efsigsäure ist. Legt man ein wenig Zucker in übersaure
Kochsalzsäure, so verwandelt er sich in Zitronensäure. Läfst man aber übersaures kochsalzgesäurtes Gas, in grofser Menge, in eine Lösung von

Zucker gehen, und raucht man nachher die Flüfsig-
keit ab: so sieht das Residuum völlig so aus, wie
verbrannter Zucker.

SECHSTES KAPITEL.
VON DER ESSIGGÄHRUNG.

Die Essiggährung ist das Sauerwerden des Weins,
wenn er der atmosphärischen Luft ausgesetzt wird.
Der Efsig besteht aus Wasserstoff, Kohlenstoff und
Sauerstoff. Ohne den freien Zutritt der Luft kann
sich der Wein nicht in Efsig verwandeln. Eben
so wenig, wenn die Luft keinen Sauerstoff enthält.
Während der Verwandlung des Weins in Efsig
wird die Luft, in welcher diese Verwandlung ge-
schieht, beträchtlich eingesogen, indem sich der
Sauerstoff mit dem Weine verbindet. Auch kann
man den Wein in Efsig verwandeln, wenn man
demselben auf irgend eine andere Art Sauerstoff
zusetzt. Der Wein kann nur in die saure Gährung
übergehen, solange er noch schleimigte Theile ent-
hält; nachher nicht mehr: aber wiederum, wenn
Gummi zugesetzt wird. Zu der Efsiggährung wird
erfordert. 1) Die Gegenwart des Schleimes. 2) Eine
Temperatur von 18° bis 25° R. 3) Die Gegenwart
des Sauerstoffgas.

Wenn die Kohlensäure mit Wasserstoff ver-
bunden wird, so kann sie in Efsigsäure, oder in ir-
gend eine andere vegetabilische Säure verwandelt
werden. Eben so kann man auch die vegetabili-
schen Säuren in Kohlensäure verwandeln, wenn
man sie ihres Wasserstoffs beraubt.

SIE-

SIEBENTES KAPITEL.

VON DER FAULEN GÄHRUNG. *)

Bei der Fäulniſs hört das Gleichgewicht zwischen
den drei Bestandtheilen der organischen Körper, dem
Wasserstoffe, dem Kohlenstoffe und dem Sauerstoffe, ebenfalls auf: aber der Erfolg der neu entstandenen Verbindung ist sehr verschieden von
dem Erfolge der Weingährung. In der Weingährung vereinigt sich der Wasserstoff mit dem Kohlenstoffe und dem Wasser, und macht, in dieser
Verbindung, das Alkohol. Bei der Fäulniſs hingegen
geht aller Wasserstoff, als Wasserstoffgas, hinweg.
Zugleich verbinden sich der Sauerstoff und der
Kohlenstoff mit dem Wärmestoffe, und gehen als
kohlengesäurtes Gas fort. Endlich, nach geendigter
Fäulniſs, bleibt nichts zurück als die Erde der Pflanzen, mit ein wenig Kohlenstoff und Eisen gemischt.

Die Fäulniſs besteht, demzufolge, in einer völligen Zerlegung der Pflanzen, wobei alle ihre Bestandtheile in Gasgestalt sich trennen, und bloſs allein die Erde zurückbleibt. Enthält der faulende
Körper Salpeterstoff (welches bei vielen Pflanzen,
und bei allen thierischen Substanzen der Fall ist) so
geht die Fäulniſs weit schneller vor sich. Aus dieser Ursache vermischt man thierische Theile mit
vegetabilischen, wenn man die Fäulniſs der letztern
befördern will, wie z. B. bei dem Düngen geschieht.
Der Salpeterstoff verbindet sich, während der Fäulniſs, mit dem Wasserstoffe, und aus dieser Verbin-

---

*) Lavoisier *élémens de Chimie.*

dung entsteht das Ammoniak. So oft man den Salpeterstoff, von den vegetabilischen oder thierischen
Substanzen, vor der Fäulniß absondert, so geben sie
kein Ammoniak mehr; und sie liefern nur Ammoniak, in so ferne sie Salpeterstoff enthalten.

Der unangenehme Geruch bei der Fäulniß entsteht, aus einer Mischung des widrigen Geruchs des
geschwefelten Wasserstoffgas, des gephosphorten
Wasserstoffgas, des gekohlten Wasserstoffgas, und
des Ammoniakgas. Das geschwefelte Wasserstoffgas
riecht wie faule Eier; das gephosphorte Wasserstoffgas riecht wie faule Fische; das gekohlte Wasserstoffgas riecht wie die thierischen Exkremente;
und das Ammoniakgas hat einen beißenden und
durchdringenden Geruch. Bei einigen faulenden
Körpern ist der Geruch des Ammoniakgas vorzüglich stark; dann reizt der Geruch die Nase, und
treibt Thränen aus den Augen.

Wird, durch irgend einen Umstand, die Fäulniß verhindert, oder ein Bestandtheil des faulenden
Körpers von den übrigen getrennt; so entstehen
neue Mischungen. Herr Fourcroy fand z. B. das
Fleisch solcher Leichname, welche tief unter die
Erde waren begraben worden, und zu denen die
Luft keinen Zutritt hatte, in Fett verwandelt. Es
hatte sich, durch irgend einen Zufall, der Salpeterstoff von den übrigen Bestandtheilen getrennt, der
zurückgebliebene Wasserstoff hatte sich mit dem
Kohlenstoffe vereinigt, und aus dieser Verbindung
war Fett entstanden.

ACHTES KAPITEL.

VON DEM ALKOHOL.

Nur allein der Zucker kann in die Weingährung übergehen. Es wird dazu erfordert: 1) Der Beitritt des Sauerstoffgas. 2) Eine Wärme von 10° bis 15° R. und 3) Wasser.

Wenn man die Gährung unterbricht, und das sich entwickelnde Gas zurückhält: so entsteht der Champagner, und andere schäumende Weine.

Läfst man Traubenmost abrauchen, so erhält man Weinstein und Zucker. Ohne Weinstein gährt der Wein nicht, und der Weinstein ist zu der Weingährung unumgänglich nothwendig.

Durch Destillation erhält man aus dem Wein das Alkohol, welches aus Wässerstoff, Kohlenstoff und etwas Wasser besteht. Wenn man Alkohol mit Pottasche digerirt, und nachher destillirt: so erhält man ein sehr angenehmes Alkohol, und einen seifenartigen Auszug, welcher Alkohol, Ammoniak, und ein brenzliges Öl gibt. Das Ammoniak entsteht aus der Verbindung des Wasserstoffes mit dem Salpeterstoffe der Pottasche.

Alkohol mit Sauerstoff verbunden gibt die Naphtha, eine im Wasser sehr wenig losbare Flüssigkeit. Man kann beinahe mit allen Säuren Naphtha machen. Die bekannteste ist die Schwefelsäure Naphtha. Die Schwefelsäure wird zerlegt. Der Sauerstoff verbindet sich mit dem Wasserstoffe und mit dem Kohlenstoffe des Alkohols, und daraus entsteht: 1) ein sehr flüchtiges Öl, oder Naphtha. 2) ein riechendes Öl und 3) ein Harz.

Läfst man Schwefelsäure mit Naphtha digeriren: so *verwandelt sich dieselbe allmählig ganz in riechendes Öl.* Die *Naphtha ist leicht, flüchtig, hat einen angenehmen Geruch, brennt mit blauer Flamme, und löst sich im Wasser nur sehr schwer.* Die *Naphtha ist weiter nichts als eine Verbindung des Alkohols mit dem Sauerstoffe der angewandten Säuren.* Mann kann, *um dieses zu beweisen, eine Naphtha bereiten, wenn man Alkohol, zu wiederholten malen, über rothe Quecksilberhalbsäure abdestillirt.*

100 *Theile Alkohol bestehen: aus 28,50 Theilen Kohlenstoff; 7,60 Theilen Wasserstoff, und aus 63,90 Wasser.* Bei dem *Verbrennen verwandelt sich aller, in dem Alkohol enthaltene Wasserstoff in Wasser, und 200 Pfund Alkohol geben durch das Verbrennen 116 Pfund Wasser.*

1. Versuch. *Man lasse den elektrischen Funken, zu wiederholten malen, durch Alkohol gehen, so wird sich Wasserstoffgas daraus absondern.*

2. Versuch. *Man lasse Alkohol durch eine glühende irdene Röhre gehen, so wird man Wasserstoffgas und kohlengesäurtes Gas erhalten.*

3. Versuch. *Läfst man übersaures kochsalzgesäurtes Gas in Alkohol gehen, so wird das Alkohol in Naphtha, und die übersaure Kochsalzsäure in Kochsalzsäure umgeändert.*

NEUNTES KAPITEL.

VON DER ZERLEGUNG DER PFLANZEN DURCH DAS FEUER. *)

Alle Pflanzen enthalten *Wasserstoff, Kohlenstoff und Sauerstoff.* Diese drei Bestandtheile sind, bei der gewöhnlichen Temperatur unserer Atmotphäre, im Gleichgewichte unter einander. *Das heißt: die Pflanzen enthalten weder Oel, noch Wasser, noch kohlengesäurtes Gas; aber wohl die Bestandtheile dieser drei Substanzen. Der Wasserstoff ist in den Pflanzen weder mit dem Sauerstoffe, noch mit dem Kohlenstoffe verbunden, sondern diese drei Stoffe sind abgesondert und unter sich im Gleichgewichte vorhanden.*

Zwei dieser Bestandtheile haben eine große Verwandtschaft zu dem Wärmestoffe, und verwandeln sich leicht in Gas, während der dritte Bestandtheil, der Kohlenstoff, feuerfest bleibt; denn seine Verwandtschaft zu dem Wärmestoffe ist sehr gering. Die Verwandtschaft des Sauerstoffes ist, bei der gewöhnlichen Temperatur unserer Atmosphäre, zu dem Wasserstoffe und zu dem Kohlenstoffe beinahe gleich groß. Hingegen hat der Sauerstoff, bei einer Gluhhitze, eine größere Verwandtschaft zu dem Kohlenstoffe, als zu dem Wasserstoffe: er verläßt daher, bei diesem Grade der Temperatur, den Wasserstoff, verbindet sich mit dem Kohlenstoffe, und macht kohlengesäurtes Gas.

---

*) Lavoisier ... ts de Chimie.

Hieraus lassen sich nun leicht alle Erscheinungen bei der Zerlegung der Pflanzen durch das Feuer erklären. Setzt man die Pflanze, in verschlossenen Gefäßen, einer Temperatur aus, welche die Temperatur des kochenden Wassers nicht viel übertrifft: so verbindet sich der Wasserstoff mit dem Sauerstoffe, und es entsteht Wasser, welches in der Destillation übergeht. Bald nachher verbindet sich ein anderer Theil des Wasserstoffes mit dem Kohlenstoffe, und es entsteht flüchtiges, riechendes Öl. Ein anderer Theil der Kohle wird frei, und bleibt, als eine feuerfeste Kohle, in der Retorte zurück.

Setzt man aber die Pflanze einer Glühhitze aus, so entsteht kein Wasser: oder vielmehr, das schon entstandene Wasser wird wiederum in seine Bestandtheile zerlegt. Der Sauerstoff verbindet sich mit dem Kohlenstoffe, zu welchem er, bei diesem Grade der Temperatur, eine größere Verwandtschaft hat, und es entsteht kohlengesäurtes Gas. Der Wasserstoff, welcher dadurch frei wird, verbindet sich mit dem Wärmestoffe, und geht als Wasserstoffgas fort. In der Retorte bleibt eine Kohle zurück. Bei der Glühhitze zerlegen sich demzufolge die Pflanzen, vermöge einer doppelten und dreifachen Verwandtschaft. Der Kohlenstoff verbindet sich, vermöge seiner Verwandtschaft mit dem Sauerstoffe, und daraus entsteht kohlengesäurtes Gas. Der Wärmestoff verbindet sich, vermöge seiner Verwandtschaft, mit dem Wasserstoffe, und daraus entsteht Wasserstoffgas. Die Destillation einer jeden Pflanze giebt einen Beweis dieses Satzes.

Einige Pflanzen enthalten Phosphor, und dieser
bleibt in der Retorte mit der Kohle zurück. Andere, wie z. B. die Tetradynamisten, enthalten Salpeterstoff; und dieser verbindet sich mit dem Wasserstoffe, aus welcher Verbindung Ammoniak entsteht.

Bei der Verbrennung der Pflanzen an der freien
Luft findet einiger Unterschied statt. Der Zutritt
der Luft bringt drei neue Bestandtheile zu der Operation: den Sauerstoff der atmosphärischen Luft;
den Salpeterstoff der atmosphärischen Luft; und
den Wärmestoff, welcher mit den beiden andern
Stoffen verbunden ist. Hiedurch wird der Erfolg
der Operation ganz anders. . Statt dafs der Wasserstoff der Pflanze, oder derjenige Wasserstoff, welcher aus der Zerlegung des Wassers entsteht, durch
das Feuer in Gestalt eines Wasserstoffgas weggeht:
so entzündet er sich, indem er mit der Luft in Berührung kommt; es entsteht Wasser; und der, durch
die Verbindung des Wasserstoffes mit dem Sauerstoffe, frei gewordene Wärmestoff, erscheint in Gestalt der Flamme:

. Die zurück gebliebene Kohle brennt auch noch;
aber ohne Flamme. Durch ihr Verbrennen entsteht
kohlengesäurtes Gas, und dieses geht in die Luft.
Der übrige Wärmestoff, welcher mit diesem Gas
nicht verbunden bleibt, wird frei, und ist die Ursache des Lichtes und der Wärme, die man bei dem
Verbrennen der Kohle bemerkt. So wird die ganze
Pflanze in Wasser, und in kohlengesäurtes Gas
aufgelöst, und nur eine geringe Menge von Erde
bleibt zurück, welche man Asche nennt, und welche

*Alles enthält, was in der Pflanze feuerfest ist. Sie
beträgt ungefähr den zwanzigsten Theil des Gewichtes der Pflanze, und enthält das feuerfeste
Laugensalz.*

*Es gibt zwei Methoden die Pflanzen zu zerle-
gen: durch das Feuer und durch das Wasser; oder
durch den Wärmestoff und durch Auflösungsmittel.
Die letztere Methode ist fehlerhaft. Die französischen Akademiker haben, zu Anfange dieses Jahrhunderts, mehr als 1400 verschiedene Arten von
Pflanzen analysirt, und nichts dabei gelernt. Hieraus schloß* Homberg: *diese Methode müße fehlerhaft seyn; um so viel mehr, da er, durch die Zerlegung des Kohls und des Schierlings, aus beiden
Pflanzen genau die gleichen Bestandtheile erhielt.*

*Zerlegt man die Pflanzen, in verschlossenen
Gefäßen, durch den Wärmestoff, so erhält man:
1) Wasser; oder Wasser mit dem Riechenden verbunden, wenn die Pflanze Riechendes enthält; oder
Wasser mit Ammoniak verbunden. 2) Öl, welches
bis ans Ende der Destillation, immer dicker und
gefärbter übergeht. 3) Zuweilen sublimirt sich kohlengesäurtes Ammoniak, welches aber erst entsteht, und
niemals vorher in der Pflanze enthalten war.
4) Ausserdem erhält man viel Wasserstoffgas und
kohlengesäurtes Gas. In der Retorte bleibt Kohle
zuruck. Die Kohle saugt, während des Erkaltens,
Luft und Wasser ein. Zuweilen ist die Kohle hart,
klingend, und brüchig; zuweilen leicht, schwammigt
und zerreibbar. Sie hat weder Geruch noch Geschmack. In verschlossenen Gefäßen verändert sie*

sich durch das Feuer nicht, wenn sie trocken ist.
Ist sie feucht, so giebt sie in der Destillation Wasserstoffgas und kohlengesäurtes Gas, weil das Wasser zerlegt wird. Setzt man genug Wasser zu, so
kann man die Kohle ganz zerstören. In der Wärme verbindet sich die Kohle mit dem Sauerstoffe, -
und macht kohlengesäurtes Gas, Glühende oder
verbrennende Kohlen verwandeln sich ganz in dieses Gas. Im Wasser läßt sich die Kohle nicht lösen: aber sie färbt dasselbe, durch langes Kochen,
röthlich. Digerirt man Schwefelsäure mit Kohlen,
so erhält man kohlengesäurtes Gas, Schwefelsäures,
und Schwefel. Konzentrirte Salpetersäure entzündet
das Kohlenpulver, vorzüglich wenn dasselbe erwärmt ist; und man erhält kohlengesäurtes Gas,
salpeterhalbsaures Gas, und Salpetersaures. Schwache Salpetersäure löst die Kohle auf, und macht
mit derselben einen röthlichen Teig. Die Kohle
zerlegt die schwefelgesäurten und salpetergesäurten
Salze, und stellt die metallischen Halbsäuren her.
Man mischt sie zu dem Schießpulver, um die Zerlegung des Salpeters zu befördern. Mit dem Eisen
in geringer Menge verbunden macht sie das Reiß-
blei; auch mit dem Zinne läßt sie sich verbinden,
und macht es härter und glänzender. Das Zink
enthält allemal mehr oder weniger Kohle. Der
Ruſs besteht aus denjenigen Theilen der Pflanze,
welche nicht verbrannt, sondern in Gas verwandelt
worden sind.

Die Pflanzen haben Reizbarkeit, sie digeriren
und sie assimiliren. Eine Pflanze nährt sich ganz

allein von Wasser, von Luft und von Licht. Zufolge der Versuche eines Helmont und eines Boyle,
dient die Erde der Pflanze bloſs zum Standort, und
zur Befestigung: weiter giebt dieselbe der Pflanze
keine Nahrung.

Im Sonnenlichte geben die Pflanzen Sauerstoffgas, und im Schatten kohlengesäurtes Gas. Bei einigen entwickelt sich an der Sonne das Sauerstoffgas sogleich, bei andern später. Die Blätter liefern
mehr Sauerstoffgas solange sie noch mit der Pflanze verbunden, als wenn sie von derselben getrennt
sind; mehr wenn sie frisch und gesund, als wenn
sie krank sind; mehr wenn sie alt, als wenn sie jung
sind; mehr, je grüner sie sind. Verdorbene, gelbe,
oder rothe Blätter, geben gar kein Sauerstoffgas.
Frische Blätter, in Stücker zerschnitten, geben Gas.
Nur die grünen Theile der Pflanze liefern Sauerstoffgas. Unreife Früchte und Saamen der Pflanzen liefern Sauerstoffgas; reife Früchte und Saamen liefern keines. Säuren mit Wasser gemischt
vermehren die Menge des Sauerstoffgas, und die
Säure wird zerlegt. Das Sauerstoffgas, das sich
aus den Pflanzen entwickelt, ist das Exkrement der
Verdauung, welche durch das Licht bewürkt wird.

Die Pflanzen dünsten, am Sonnenlichte, auch
Wasser aus, in groſser Menge; wenig bei Nacht.

Jede Pflanze hat einen eigenen Geruch, welchen die alten Chemisten höchst lächerlicher Weise,
den herrschenden Geist (gleichsam die Seele der Pflanze) nannten, den man aber weit richtiger das Riechende der Pflanzen nennt. Dieses Riechende ist

sehr fein, und erscheint immer in Gasgestalt. Es
ist allezeit mehr oder weniger giftig, und in einigen
Pflanzen ein tödliches Gift für die Thiere. Das
Riechende ist gemeiniglich im Wasser, im Alkohol,
und in Ölen löshar. Wasser mit Riechendem
verbunden macht die destillirten, wohlriechenden
Wasser. Alkohol mit Riechendem verbunden,
macht die Essenzen. Das sehr flüchtige Riechende
des Jasmins wird in Behenöl aufgelöst, oder durch
dieses Mittel aufgefangen.

Die Theile der Pflanzen sind folgende: 1) Schleim.
Die Saamen der Pflanzen, und junge Pflanzen haben am meisten Schleim. Er wird leicht sauer.
2) Gummi. Es ist Schleim, mit weniger Sauerstoff.
Im Wasser löst sich das Gummi, und wird in eine
Gallerte verwandelt. 3) Öle. Es gibt ihrer zweierlei: riechende Öle und fette Öle. Die riechenden
Öle lösen sich im Alkohol auf, aber nicht die fetten.
Die riechenden Öle enthalten mehr Wasserstoff,
die fetten Öle mehr Kohlenstoff. Durch eine allmählige Verbindung des Öls mit dem Sauerstoffe
wird das Öl ranzig: bei einer schnellen Verbindung
des Sauerstoffes mit dem Öle, verbrennt das Öl.

Wenn man Öle, in eine mit Sauerstoffgas angefüllte Flasche bringt, und die Flasche verschließt,
so werden die Öle sehr bald ranzigt, und das Sauerstoffgas wird eingesogen. Wenn man Öl in fest
verschlossenen Gefäsen aufbewahrt, so daß das
Sauerstoffgas der Luft gar keinen Zutritt haben
kann; so verändert sich das Öl nicht. Man verhindert das Öl ranzigt zu werden, indem man es

verhindert sich mit dem Sauerstoffe zu verbinden.
Läfst man, bei dem Verbrennen oder Säuren des
Öls, mitten durch den Docht Luft durchgehen, wie
in der Argandschen Lampe; so entsteht mehr Licht,
Wärme, und kein Rauch, weil derselbe verbrannt
wird. Wasser löscht brennendes Öl nicht aus, weil
es in seine Bestandtheile zerlegt wird. Das Produkt
des verbrannten Öls ist viel Wasser.

Um die Öle trocknend zu machen, verbindet
man sie mit vielem Sauerstoff. Man kocht sie daher mit Halbsäuren, z. B. mit rother Quecksilberhalbsäure. Das Quecksilber wird reduzirt, und das
Öl wird trocknend. Man bedient sich gewöhnlich
der Bleihalbsäuren, oder der Kupferhalbsäuren hiezu. Man kann die metallischen Halbsäuren mit
den Ölen auch durch doppelte Verwandtschaft verbinden, indem man gelöste Seife in die Auflösung
einer metallischen Halbsäure giefst. Man erhält
auf diese Weise mit dem schwefelgesäurten Kupfer
eine grüne Seife, und mit dem schwefelgesäurten
Eisen eine braunrothe Seife.

Mit den Laugensalzen machen die Öle Seifen.

Auch mit den Säuren verbinden sich die Öle.
Das rauchende Salpetersaure schwärzt sogleich die
fetten Öle, und entzündet die riechenden Öle. Die
Säure zerlegt sich um so viel schneller, je eine
gröfsere Verwandtschaft das Öl zu dem Sauerstoffe
hat. Die Öle stellen auch die metallischen Halbsäuren wiederum her.

Riechende Öle riechen stark, schmecken ätzend,
und sind im Alkohol lösbar. Sie sind mehr oder

weniger flüßig; mehr oder weniger schwer; verschie=
den an Farbe. Einige schwimmen auf dem Wasser, andere mischen sich mit demselben, noch andere sinken zu Boden. Man erhält sie: entweder
durch Ausdrücken, wie z. B. aus den Zitronen,
Pomeranzen, Bergamotten; oder durch Destillation.
Mit Zucker vermischt (Oleo-Saccharum) lösen sich
diese Öle im Wasser. Man verfälscht sie, indem
man sie mit fetten Ölen, oder unter sich selbst, die
wohlfeilern mit den theureren, vermischt. Sie verbinden sich leichter mit dem Sauerstoffe als die
fetten Öle. Sie werden dadurch gefärbt, dicker,
und in Harze verwandelt. Sie verhindern die Fäulniß in allen Körpern die von ihnen durchdrungen
sind; daher die Theorie des Einbalsamirens. Auch
die Säuren verwandeln diese Öle in Harze, vermöge des Sauerstoffes welchen sie ihnen mittheilen.
Während der Verbindung des Sauerstoffes mit diesen Ölen fallen nadelförmige Kristalle zu Boden,
welche viel ähnliches mit dem Kampher haben.
Das Öl verliert, durch seine Verbindung mit dem
Sauerstoffe, Geruch und Flüchtigkeit. Destillirt
man es in diesem Zustande: so erhält man das Öl,
und das Harz bleibt in der Retorte zurück. Mit
der Salpetersäure entzünden sie sich. Zehen Theile
Pottasche, und acht Theile riechendes Öl geben eine
harte Seife. Alle aromatische Pflanzen enthalten
riechendes Öl, welches denselben Geruch hat wie
die Pflanze. Einige Pflanzen enthalten diesel Öl in
allen Theilen; andere in der Rinde; andere in den
Blättern; andere in der Wurzel, in dem Blumen-

kelche, in den Früchten, in der Schaale der Früchte, oder auch im Kerne. Die Menge welche sie in
fern ist verschieden, nach dem Alter, der Frisch
heit, dem Klima, dem Erdreiche, und der Jah-
reszeit.

Der Kampher ist ein, mit Sauerstoff verbun-
denes, wesentliches Öl. Er löst sich in der Salpetersäure auf. Salpetersäure oft über Kampher destillirt, gibt eine eigene Säure, die Kamphersäure.

Harze sind mit Öl verbundene Säuren. Sie
sind entzündbar, und lösen sich im Alkohol auf.
Auch die Balsame (worunter das Terpentin gehört)
und das Pech sind Säuren mit riechenden Oelen
verbunden. Mit Minium, oder mit Zinnober, geben
die Harze Siegellack. Das Benzoes ist ein Harz,
aus welchem man eine eigene Säure erhält. Der
peruvianische Balsam liefert eine ähnliche Säure,
so wie auch der Storax.

Die Gummiharze sind eine natürliche Mischung
von Auszug und von Harz. Sie sind theils im
Wasser, theils im Alkohol lösbar. Mit Wasser gekocht machen sie dasselbe trüb.

Das elastische Harz ist ein Harz von einer besonderen Klasse. Es brennt, wie die Harze, ist
aber weich, elastisch, und in den gewöhnlichen Auf-
lösungsmitteln unauflöslich. In der Naphtha löst
es sich auf, vorzüglich in der Salpeternaphtha.
Auch löst es sich in den riechenden Ölen, und
noch besser in einer Lösung der riechenden Öle im
Alkohol, auf. Wahrscheinlich ist das elastische
Harz ein fettes, durch eine im Alkohol lösbare Sub-

stanz gefärbtes Öl, und schwarz gefärbt durch den
Rauch, welchem es bei dem Trocknen ausgesetzt
wird. Wenn man Leinöl mit Bleihalbsäuren kocht,
und nachher, in einem grofsen Gefäfse, der Luft
aussetzt: so entsteht auf der Oberfläche eine elastische Membran, welche die gröfste Ähnlichkeit mit
dem elastischen Harze hat, oder vielmehr wahres
elastisches Harz ist.

Die Grundlage beinahe aller Fürnifse ist ein
Harz. Einen Körper fürnifsen, oder lakiren heifst
denselben mit einer Substanz überziehen, welche
durchsichtig und glänzend ist, und den Einfluſs
der Luft abhält. Harze in fetten Ölen aufgelöst,
geben fette Fürnifse: in riechenden Ölen und in
Alkohol aufgelöste Harze, geben feine Fürnifse.
Das Öl verfliegt, und das Harz bleibt auf dem
lakirten Körper zurück.

ZEHNTES KAPITEL.
VON DER ZERLEGUNG DER THIERISCHEN THEILE DURCH DAS FEUER.

Die thierischen Theile bestehen, eben so wie die
vegetabischen Substanzen, aus Sauerstoff, aus Wasserstoff, und aus Kohlenstoff. Sie enthalten weder
Wasser, noch Öl, noch kohlengesäurtes Gas, aber
wohl die Bestandtheile dieser Körper. Bei einer
Temperatur welche höher ist als die Temperatur
des kochenden Wassers, verbindet sich der Sauerstoff mit dem Wasserstoffe; und der Kohlenstoff
mit dem Wasserstoffe; und es entsteht Wasser und
Öl. Ausserdem verbindet sich noch der Salpe-

terstoff mit dem Wasserstoffe, und daraus entsteht Ammoniak.

Hiemit will ich nicht behaupten, dafs gar kein Öl als Öl in den Thieren vorhanden sei. Das thierische Fett ist allerdings ein Öl, und man kann, in der Kälte, dieses Öl, durch blofses Auspressen, aus thierischen und aus vegetabilischen Theilen absondern. Wenn ich sage, die Thiere und die Pflanzen enthalten kein Öl als Öl: so spreche ich nur von dem brenzligen Öl, von demjenigen Öle, welches sich in der Destillation erst erzeugt. Die Natur liefert blofs allein die Bestandtheile dieses Öls in Thieren und in Pflanzen: die Kunst endigt, was die Natur angefangen hat, und verfertigt aus den Bestandtheilen das Öl.

Die thierischen Theile enthalten ungefähr eben die Bestandtheile, als unter den Pflanzen die Tetradynamisten. Die Resultate der Zerlegung sind daher auch beinahe dieselben. Nur enthalten sie mehr Wasserstoff und mehr Salpeterstoff, und geben daher mehr Öl und mehr Ammoniak. Dippels thierisches Öl ist anfänglich braun, weil dieses Öl einen Theil Kohlenstoff enthält, der beinahe ganz frei ist. Der Kohlenstoff ist aber nicht innig mit diesem Öle verbunden, und trennt sich davon, schon durch blofses Aussetzen an die Luft. Daher wird das Öl durch wiederholte Rektifikation weifs, indem sich der Kohlenstoff davon trennt. Setzt man dieses rektificirte, weifse, flüfsige, flüchtige und durchsichtige thierische Öl unter eine mit Sauerstoffgas angefüllte Glocke: so wird das Sauerstoffgas

gas in kurzer Zeit von dem Öl eingesogen. Der
Sauerstoff verbindet sich mit dem Wasserstoffe des
Öls, und es entsteht Wasser, welches auf dem Boden des Gefäfses, unter dem Öl, sich sammelt.
Zugleich wird der Kohlenstoff, der vorher mit dem
Wasserstoffe verbunden war, frei, und zeigt sich
durch seine schwarze Farbe. Diefs ist die Ursache,
warum rektifizirtes, weifses, thierisches Öl, sich nur
in wohlverstopften Flaschen weifs erhält, und hingegen schwarz wird, wenn es die Luft berührt.

Auch die wiederholten Rektifikationen sind ein
neuer Beweis für diese Theorie. Nach jeder Destillation bleibt etwas Kohle in der Retorte zurück, und
zugleich entsteht ein wenig Wasser, aus der Verbindung des Sauerstoffes der, in den Destillirge-
fäfsen enthaltenen, atmosphärischen Luft mit dem
Wasserstoffe des Öls. Wiederholt man diese Destillation sehr oft, bei einem starken Grade von
Hitze, und in grofsen Gefäfsen: so wird das Öl
zerlegt, und endlich ganz und gar in Wasser und
in Kohle verwandelt.

In allen thierischen Theilen ist soviel Salpeterstoff enthalten, dafs auch die schwächste Salpetersäure, bei einer etwas erhöhten Temperatur, das
Salpeterstoffgas daraus los macht. Sogar die Temperatur der Atmosphäre ist dazu hinreichend, sobald dieselbe über 15° ist. Die Menge des Salpeterstoffes ist aber nicht in allen thierischen Theilen
gleich grofs. Der Schleim, die Gallerte, die Häute,
die Membranen, die Sehnen, die Ligamente, und
die Knorpel, geben am wenigsten Salpeterstoffgas

Dd

mit der Salpetersäure. Die Lymphe, das Blutwas-
ser, das Wasser der Wassersüchtigen, die Flüfsig-
keit des Amnios, und der Käse, geben mehr Salpe-
terstoffgas. Aber am allermeisten Salpeterstoff ent-
halten der gerinnbare Theil des Blutes, und die
Muskeln. Das Fleisch junger Thiere enthält weni-
ger Salpeterstoff als das Fleisch der alten Thiere;
und zuweilen beträgt der Unterschied einen gan-
zen Drittheil. Das Fleisch der fleischfressenden
Thiere enthält etwas mehr Salpeterstoff als das
Fleisch der grasfressenden Thiere. Fische enthalten
eben so viel Salpeterstoff als die Landthiere.

Das Salpeterstoffgas, welches man aus den thie-
rischen Theilen, vermittelst der Salpetersäure erhält,
kommt nicht etwa aus der. Salpetersäure. Diese
wird während der Operation nicht zerlegt, und sät-
tigt noch eben soviel Laugensalz nach der Opera-
tion als vorher. Die Salpetersäure entwickelt das
Salpeterstoffgas, aus den thierischen Theilen, weil
sie eine gröfsere Verwandtschaft mit den übrigen
Bestandtheilen der thierischen Substanzen hat als
der Salpeterstoff, und weil sie, während ihrer Ver-
bindung mit diesen Bestandtheilen, Wärmestoff
verliert.

Die Menge des in den thierischen Substanzen
enthaltenen Salpeterstoffes steht mit der Menge Am-
moniak, welche diese Substanzen liefern, in dem
genauesten Verhältnifse. Die Gallerte gibt im
Feuer wenig Ammoniak, die Lymphe gibt mehr,
und die Muskelfasern am allermeisten. Raubt man
den thierischen Substanzen, vermittelst der Salpeter-

säure, den Salpeterstoff, welchen sie enthalten: so geben sie kein Ammoniak mehr, und faulen auf eine andere Weise, als wenn der Salpeterstoff noch mit ihnen verbunden ist.

Der Salpeterstoff verräth sich beinahe immer durch seine grüne Farbe. Das Salpeterstoffgas färbt die blauen Pflanzensäfte grün. Die Pottasche wird grün, wenn der Salpeter vermittelst des Wärmestoffs, zerlegt wird. Das Salpetersäure nimmt eine grüne Farbe an wenn es mit Wasser vermischt wird. Das Fleisch der Thiere wird grün wenn es anfängt zu faulen.

Das Salpeterstoffgas, welches sich aus den thierischen Theilen entwickelt, hält immer etwas Kohlenstoff aufgelöst. Es ist gekohltes Salpeterstoffgas, und hat daher auch einen eigenen Geruch.

Die Schwimmblase der Karpfen enthält Salpeterstoffgas, welches beinahe rein ist.

Das Blut der Thiere koagulirt sich bei dem 20° R. Während es sich koagulirt, entwickelt sich Wärmestoff, welcher die Temperatur bis zu dem 25° R. erhöht. Wenn man Blut in einem offenen Tiegel kalzinirt: so erhält man zuerst Öl und Ammoniak, dann entwickelt sich blaugesäurtes Gas, hierauf säurt sich der Phosphor mit einer rothen Flamme, und die hieraus entstehende Phosphorsäure geht in Gasgestalt fort. Auch die in dem Blute enthaltene Soda verraucht, und die Eisenhalbsäure wird hergestellt und in Eisen verwandelt.

Mischt man ein Pfund Blut mit einem halben Pfunde destillirten Wassers, läßt man diese Mischung

solange kochen bis alles Blut koagulirt ist, und fil-
trirt dieselbe nachher: so hat die filtrirte Flüssigkeit
alle Eigenschaften der Galle, oder vielmehr es ist
wirkliche Galle.

Eben so kann man auch Blut in Galle *verwan-*
deln auf folgende Weise: Man mische zwei Theile
frisches Blut mit einem Theile des rauchenden Salpe-
tersauren. Zu dieser Mischung giefse man unge-
fähr den fünften Theil Wasser, und digerire nach-
her in einer Temperatur, welche der Temperatur
des kochenden Wassers beinahe gleich kommt, wo-
bei man, von Zeit zu Zeit, Wasser zugiefst. Hie-
mit wird solange fortgefahren, bis alle Säure wegge-
trieben ist. Dann ist das Blut gelb und bitter, es
ist in Galle verwandelt. Während der Digestion
geht das Salpetersaure in weifsen Dämpfen, als
Salpetersäure, fort: es hat demzufolge Sauerstoff
aus dem Blute aufgenommen; und die Galle ist
von dem Blute nur dadurch verschieden, dafs sie
weniger Sauerstoff enthält als das Blut. Alkohol
und Säuren koaguliren das Blut; Laugensalze ma-
chen dasselbe flüfsiger.

Das Blut *des Foetus ist von dem Blute des er-*
wachsenen Thieres durch folgende Eigenschaften
verschieden: 1) Seine färbende Materie ist dunk-
ler, und es wird an der Luft nicht so schön hellroth
als das Blut des erwachsenen Thiers. 2) Es enthält
keine faserigte Materie, sondern sein Koagulum
ist mehr gallertartig. 5) Es enthält keinen Phosphor.

Die Milch *enthält den* Milchzucker, *welcher,*
in aller Rücksicht, wahrer Zucker ist. Durch Säu-

ren wird die Milch koagulirt. In der Wärme gährt
sie. Aber sie giebt niemals Alkohol wenn der Rahm
davon getrennt ist.

Der Käse löst sich in den Laugensalzen auf.
Die Erde des Käses ist, nach Scheele, eine phos‧
phorgesäurte Kalkerde. Gekochtes Eiweifs verhält
sich völlig so wie der Käse. Konzentrirte Säuren
lösen den Käse auf, und aus der Salpetersäure wird
salpeterhalbsaures Gas entwickelt.

Die Butter verhält sich wie die Öle. Sie wird
ranzigt, und macht mit den Laugensalzen Seife.

Das Fett hat sehr viel ähnliches mit den Olen,
und man erhält daraus eine Säure.

Der Urin enthält: 1) phosphorgesäurtes Ammoniak. Es schmeckt bitter, beifsend; schmilzt auf
Kohlen zu einem Glase; löst sich im Wasser
(ein Theil in fünf Theilen Wassers) bei dem +
10° R. Bei einer Temperatur von 60° R. verfliegt
es und wird zerlegt. Mit Kohlen giebt es Phosphor. 2) phosphorgesäurte Soda. Sie kristallisirt,
schmilzt zu einem Glase, löst sich im Wasser, gibt
mit Kohlen keinen Phosphor, und wird von der
Kalkerde zerlegt; so wie auch von den mineralischen
Säuren, und von der Essigsäure.

Der Blasenstein ist in dem kochenden Wasser
zum Theil lösbar, und bei dem Erkalten kristallisirt
sich die Blasensteinsäure.

EILFTES KAPITEL.

VON DEN MITTELSALZEN.

Die durch den Sauerstoff in Säuren und Halbsäuren verwandelten Körper haben einen grofsen Hang
sich mit andern Körpern zu verbinden; vorzüglich
mit Erden und Metallen. Aus dieser Verbindung
entstehen die Mittelsalze. Man kann, demzufolge,
die Säuren als die wahren salzmachenden Substanzen, und die Körper mit denen sie sich verbinden
als die Grundlage der Mittelsalze ansehen.

Da wir 48 Säuren, und 27 Körper kennen, die
mit den Säuren verbunden, Mittelsalze machen
(nemlich 3 Laugensalze 6 Erden und 18 Metalle):
so ist die Zahl der bis jetzt bekannten Mittelsalze
= 1296. Bei dieser grofsen Anzahl der schon ent-
deckten Mittelsalze, und der Wahrscheinlichkeit,
dafs noch so viele andere entdeckt werden können,
wenn man neue Säuren entdeckt, ist es unumgänglich nothwendig, eine richtige Terminologie einzu-
führen. Denn wollte man, so wie die alten Chemisten thaten, jedem Mittelsalze einen eigenen will-
kührlichen Namen geben: so würde daraus die
gröfste Verwirrung in der Wissenschaft entstehen.
Man mufs also, wie Linné in der Naturgeschichte
gethan hat, auch in der Chemie eine, auf sichere
Grundsätze gestützte Nomenklatur einführen: Benennungen, welche zugleich einfach und deutlich
sind. Allgemein eingeführte Benennungen von Salzen, z. B. Salmiak, Salpeter, Kochsalz, mufs man
indessen noch eine Zeitlang gebrauchen, und nur
allmählig abändern; damit diejenigen, welche noch

fest am Alten kleben, und sich jeder Neuerung mit
Heftigkeit widersetzen, nicht allzusehr erbittert werden mögen.

Die allgemeinen Eigenschaften der Mittelsalze
sind: Geschmack auf der Zunge, Hang zur Verbindung, Lösbarkeit und Unentzündbarkeit. Jedes
Salz unterscheidet sich, durch besondere Eigenschaften, von allen andern. Die meisten Mittelsalze
sind Produkte der Kunst.

Der Unterschied zwischen fixen und flüchtigen
Salzen ist nicht in der Natur gegründet. Jedes
Salz verfliegt, sobald der gehörige Grad der Tempe-
ratur angebracht wird.

Wenn man richtig sprechen will, so kann man
die Säuren keine Salze nennen. Sie werden erst
dann zu Salzen, wenn sie sich mit Laugensalzen
Erden, oder Metallen verbinden. Eben so wenig
können die Laugensalze und Erden Salze genannt
werden: denn diesen Namen verdienen sie nicht
eher als bis sie mit den Säuren verbunden sind.

Die Laugensalze und die Erden verbinden sich
mit den Säuren leicht, ohne einen Zwischenkörper
nöthig zu haben, der diese Verbindung bewirke.
Die Metalle hingegen verbinden sich nicht mit den
Säuren, wenn sie nicht vorher, mehr oder weniger,
mit dem Sauerstoffe verbunden sind. Eigentlich
sind, demzufolge, die Metalle in den Säuren unauflöslich, und nur allein die metallischen Halbsäuren
sind unauflöslich. Wenn ein Metall in einer Säure
sich auflösen soll, so ist nöthig, daß es sich mit
dem Sauerstoffe dieser Säure verbinden könne.

*Dieses aber kann auf keine andere Weise gesche-
hen, als wenn das Metall die Säure, oder das Wasser womit die Säure verdünnt ist, einen Theil ihres
Sauerstoffes beraubt Soll also ein Metall sich in
einer Säure auflösen, so wird erfordert: daſs der
im Wasser, oder in der Säure enthaltene Sauerstoff, eine gröſsere Verwandtschaft zu dem aufzulösenden Metalle habe, als zu dem Wasserstoffe,
oder zu der Grundlage der Säure. Oder, mit andern Worten: es findet keine metallische Auflösung
statt, ohne daſs entweder das Wasser, oder die Säure
zerlegt wird.*

*Nunmehr ist es leicht alle Erscheinungen zu er-
klären, welche bei den metallischen Auflösungen
sich zeigen. Diese sind:*

1. *Das Aufbrausen, oder die Entwicklung des
Gas. Dieses Gas ist, bei den Auflösungen in Salpetersäure, salpeterhalbsaures Gas; bei den Auflösungen in Schwefelsäure, entweder schwefelsaures
Gas, oder Wasserstoffgas; je nachdem diese Auflösung entweder auf Kosten des Wassers, oder der
Säure geschieht. Da die Bestandtheile der Salpetersäure, eben so wohl als die Bestandtheile des
Wassers, bei der gewöhnlichen Temperatur und dem
Drucke unserer Atmosphäre, nicht anders als in
Gasgestalt existiren können: so dehnt sich der, mit
dem Sauerstoffe verbundene Grundstoff, sobald ihm
der Sauerstoff entzogen wird, sogleich aus, verwandelt sich in Gas, und wird frei: daher das Aufbrausen. Eben das findet auch bei der Schwefelsäure statt. Die Metalle entziehen der Schwefelsäu-*

re nicht allen Sauerstoff den sie enthält, sie verwandeln dieselbe nicht in Schwefel. Sie entziehen
ihr nur einen Theil des Sauerstoffes, und verwandeln sie in Schwefelsaures, welches in Gasgestalt
weg geht; daher das Aufbrausen.

2. Alle metallischen Halbsäuren lösen sich in
den Säuren ohne Aufbrausen auf. In diesem Falle
ist das Metall schon gesäurt, und zerlegt also weder
die Säure noch das Wasser; datum entsteht kein
Aufbrausen.

3. In der übersauren Kochsalzsäure lösen sich
alle Metalle ohne Brausen auf. Das Metall beraubt in diesem Falle, die Säuren ihres überflüssigen Sauerstoffes: es entsteht demzufolge eine metallische Halbsäure und gewöhnliche Kochsalzsäure, und
in dieser löst sich die entstandene Halbsäure auf.

4. Diejenigen Metalle, welche nur eine geringe
Verwandtschaft mit dem Sauerstoffe haben, und
nicht fähig sind das Wasser oder die Säure zu
zerlegen, sind in den Säuren ganz unauflöslich.
Aus dieser Ursache lösen sich das Silber, das Quecksilber und das Blei, in metallischer Gestalt, in der
Kochsalzsäure nicht auf. Säurt man sie aber vorher, so lösen sie sich leicht, und ohne Brausen auf.

Der Sauerstoff ist demzufolge das Verbindungs-
mittel zwischen den Metallen und den Säuren. Es
wird hieraus sehr wahrscheinlich, daß alle Substanzen, welche eine grofse Verwandtschaft zu dem
Sauerstoffe haben, Sauerstoff enthalten. Wahrscheinlich ist es, daß die vier einfachen Erden
Sauerstoff enthalten, und sich vermöge desselben

mit den Säuren verbinden. Vielleicht sind diese Erden Metalle, zu denen der Sauerstoff eine gröfsere Verwandtschaft hat als zu der Kohle, und welche daher unherstellbar sind.

VIERTER ABSCHNITT.
PRAKTISCHE CHEMIE.

ERSTES KAPITEL.
VON DEN NÖTHIGEN INSTRUMENTEN IN EINEM CHE-MISCHEN LABORATORIUM.

*F*olgende Instrumente müfsen in jedem chemischen Laboratorium nothwendig vorhanden seyn: drei feine Waagen. Der Wasserapparat und der Queck-silberapparat zu den Luftarten. Gläserne Glocken von allen Gröfsen und Gestalten. Teller, mit Rändern, und mit Handhaben, um die Glocken, mit etwas Wasser, von einem Orte zum andern zu bringen. Graduirte Glocken. Ein Wärmemesser. Ein Thermometer. Ein Barometer. Ein Pyrometer. Eine elektrische Maschine. Eine Luftpumpe. Mörser und Stöfsel: 1) von gegossenem Kupfer und Eisen. 2) von Marmor und Porphyr. 3) Von Guajakholz, wegen der Härte dieses Holzes. 4) Von Glas: alle von verschiedener Gröfse. Der Boden des Mörsers mufs rund seyn, und die Seiten müssen sich allmählig und schief einander nach unten zu nähern. Reibstein und Läufer. Der Reibstein ist von Porphyr, so wie auch der Läufer. Der Läufer darf nicht flach, sondern er mufs leicht gerundet seyn, auf der untern Fläche, welche auf dem

Reibsteine auf liegt. Feilen aller Art. Siehe von
verschiedener Gröfse und Feinheit. Irrdene Schüs-
seln von verschiedener Gröfse. Gläserne Heber.
Filtrirgefäfse mit gläsernen Trichtern. Ein Gestell
zu grofsen Filtrationen, welche durch ein wollenes
Tuch geschehen. Auch ein Gestell mit kleinen run-
den Öffnungen, für mehrere Filtrationen zugleich.
Kleine und grofse Phiolen. Kolben mit langen
Hälsen. Kupferne, eiserne, und silberne Pfannen.
Irrdene, porzellanene, gläserne und metallene Eva-
porirschaalen. Retorten. Vorlagen. Eine kupfer-
ne Blase, inwendig verzinnt, mit einem dazu gehö-
rigen Marienbade, und mit der Schlange. Auch
eine gläserne Blase, mit einem Helm von Glase.
Gefäfse zu der zusammengesetzten Destillation, bei
welcher man die sich entwickelnden Gasarten auf-
fängt. Hrn. Lavoisiers Ofen zu der Zerlegung des
Wassers, mit den dazu gehörigen Gefäfsen und
Röhren, von Eisen, Glas und Porzellan. Luta.
Ein Pfund Wachs mit zwei Unzen Terpentin ge-
schmolzen, gibt ein sehr gutes Lutum, für Gefäfse
welche dem Feuer nicht ausgesetzt werden. Für
solche Gefäfse, welche dem Feuer ausgesetzt werden,
macht man ein Lutum auf folgende Weise: Man
nimmt reine und trockne Thonerde, stöfst sie zu
Pulver, welches durch ein Haarsieb geschlagen wird,
Dieses Pulver mischt man, in einem grofsen eiser-
nen Mörser, mit Leinöl (welches vorher mit Blei-
glätte gekocht worden ist) das man allmählig zu-
mischt, und immer fort dabei stöfst. Dieses ist ein
sehr gutes Lutum: nur mufs das Gefäfs, worauf

*dasselbe gebracht werden soll, vorher recht trocken
seyn. Eine starke Wärme macht es weich. Um
dieses zu verhüten, bedeckt man das Lutum mit
Blasen, welche man fest umbindet; oder man legt
Streifen von Leinwand darum, welche in eine
Mischung von Eiweis und von ungelöschtem Kalk
getaucht worden sind.*

*Ferner müssen, in jedem Laboratorium, folgen-
de Instrumente vorhanden seyn: Ein Löthrohr.
Eine Lampe zum Glasblasen, Hrn. Meusniers Apparat, um Alkohol, durch das Verbrennen, in Wasser zu verwandeln.* *) *Blaks Ofen. Boerhaavens höl-
zerner Ofen. Ein Lampenofen, Schmelztiegel, von
verschiedener Gestalt, Materie, Form, und Größe.
Ein Windofen. Ein Schmelzofen. Eine Esse.
Ein Kupellirofen und ein Kapellenofen.*

ZWEITES KAPITEL.
VON DEM MAASS UND GEWICHT DER KÖRPER.

*D*er Engländische Fuß verhält sich zu dem Französischen Pied de Roi wie 11,2596 : 12, Folglich:

Engländischer Fuß.   Französische Zolle.

Der engländische Fuß	=	11,2596.
Der Zoll	=	0,9383.
Der Quadratfuß	=	126,7795.
Der Quadratzoll	=	0,8884.
Die Quadratlinie	=	0,0088.
Der Kubikfuß	=	1427,4864.
Der Kubikzoll	=	0,82?0.
Die Kubiklinie	=	0,0008.

---

*) *Mémoires de l'Académie des Sciences.* 1784. p. 593.

Das Engländische Pfund Troygewicht *enthält
zwölf Unzen, eine Drachme, und sieben und vier-
zig Gran, des Französischen* Poids de Marc.
Folglich:
Engländliches Troygewicht.   Französische Grane.

Ein Pfund	$=$	7031,0000.
Die Unze	$=$	585,2160.
Das Quentgen	$=$	29,2958.
Der Gran	$=$	1,2200.

Nimmt man den Französischen Pied de Roi
$= 1440$ *an: so ist:*

Der Engländische Fufs	$=$	1551,00.
Der Amsterdammer Fufs	$=$	1258,00.
Der Berner Fufs	$=$	1300,00.
Der Florentinische Fufs	$=$	2440,95.
Der Griechische Fufs	$=$	1360,00.
Der Römische Fufs	$=$	1306,00.
Der Spanische Fufs	$=$	1240,00.
Der Venetianische Fufs	$=$	1540,00.
Der Wiener Fufs	$=$	1403,30.

*Um die Fahrenheitische Thermometergrade in
Reaumursche und umgekehrt, zu verwandeln, bedient man sich folgender Regel. Gesetzt n. sei gleich
dem Grade des Thermometers nach Fahrenheit, und
m. gleich dem Thermometergrade nach Reaumur:*

$$so\ ist\ m = \frac{n - 52. \ 4}{9}\ und\ n = \frac{9m}{4} + 52.$$

*Bei jedem chemischen Versuche mufs, vor und
nach der Operation, das Gewicht der Körper und
der Produkte genau bestimmt werden. Dazu gehören sehr richtige Waagen. Aufser den gewöhnli-*

chen *Waagen, zum täglichen Gebrauche, müfsen,
in jedem chemischen Laboratorium, drei Waagen vorhanden seyn. Eine grofse, welche zwanzig bis dreifsig
Pfunde abwiegt. Eine sehr genaue, welche sechszehn bis achtzehn Unzen abwiegt. Endlich eine allergenaueste, welche sechszig bis siebenzig Grane abwiegt, und die kleinste Verschiedenheit in dem Gewichte anzeigt. Es gehört eine lange Übung und
grofse Erfahrung dazu, um mit genauen Waagen
gut umgehen zu können, und ihren Gebrauch zu
verstehen.*

*Ein philosophischer Chemiste darf das Gewicht
niemals anders als in Dezimaltheilen des Pfundes
angeben. Die gewöhnlichen Gewichte weichen, in
verschiedenen Ländern, und sogar in verschiedenen
Städten desselben Landes, so sehr von einander ab,
dafs sich aus einer Angabe des gewöhnlichen Gewichtes gar nichts Bestimmtes schliefsen läfst. Das
gewöhnliche Gewicht mufs daher, in jedem Versuche, ehe man denselben öffentlich bekannt macht,
auf Dezimaltheile des Pfundes reduzirt werden.
Hiezu dient folgende Tabelle des Hrn. Lavoisier.*

Tabelle, um Unzen, Drachmen und Grane in Dezimaltheile des Pfundes zu verwandeln.

Grane:	Dezimaltheile des Pfundes.
1 =	0,00010807.
2 =	0,00021614.
3 =	0,00032521.

		Dezimaltheile des
Grane.		Pfundes.
4	=	0,000434028.
5	=	0,000542535.
6	=	0,000651042.
7	=	0,000759549.
8	=	0,000868056.
9	=	0,000976563.
10	=	0,001085070.
11	=	0,001195577.
12	=	0,001302084.
13	=	0,001410591.
14	=	0,001519098.
15	=	0,001627605.
16	=	0,001736112.
17	=	0,001844619.
18	=	0,001953125.
19	=	0,002061633.
20	=	0,002170140.
21	=	0,002278647.
22	=	0,002387154.
23	=	0,002495661.
24	=	0,002604168.
25	=	0,002712675.
26	=	0,002821182.
27	=	0,002929689.
28	=	0,003038196.
29	=	0,003146703.
30	=	0,003255210.
31	=	0,003363717.
32	=	0,003472224.

Dezimaltheile des
Grane.   Pfundes.

33. = 0,003580731.
54. = 0,003689238.
35. = 0,003797745.
36. = 0,003906252.
37. = 0,004014759.
38. = 0,004123266.
59. = 0,004231773.
40. = 0,004340280.
41. = 0,004448787.
42. = 0,004557294.
43. = 0,004665801.
44. = 0,004774308.
45. = 0,004882815.
46. = 0,004991322.
47. = 0,005099829.
48. = 0,005208336.
49. = 0,005316843.
50. = 0,005425350.
51. = 0,005533857.
52. = 0,005642364.
53. = 0,005750871.
54. = 0,005859378.
55. = 0,005967885.
56. = 0,006076372.
57. = 0,006184899.
58. = 0,006293406.
59. = 0,006401913.
60. = 0,006510420.
61. = 0,006618927.

Grane.

Detimaltheile des
Grane. Pfundes.

62.	=	0,006727434.
63.	=	0,006855941.
64.	=	0,006944448.
65.	=	0,007052955.
66.	=	0,007161462.
67.	=	0,007269969.
68.	=	0,007378456.
69.	=	0,007486983.
70.	=	0,007595490.
71.	=	0,007703997.
72.	=	0,007812504.
73.	=	000,7921011.
74.	=	0,008029518.
75.	=	0,008138025.
76.	=	0,008246532.
77.	=	0,008355039.
78.	=	0,008463546.
79.	=	0,008572053.
80.	=	0,008680560.
81.	=	0,008789067.
82.	=	0,008897574.
83.	=	0,009006081.
84.	=	0,009114588.
85.	=	0,009223095.
86.	=	0,009331602.
87.	=	0,009441009.
88.	=	0,009548616.
89.	=	0,009657123.
90.	=	0,009765630.

Ee

Grane.	Dezimaltheile des Pfundes.
91.	= 0,009874137.
92.	= 0,009982644.
93.	= 0,010091151.
94.	= 0,010199658.
95.	= 0,010308165.
96.	= 0,010410672.
97.	= 0,010525179.
98.	= 0,010633686,
99.	= 0,010742193.
100.	= 0,010850700.

Drachmen.	Dezimaltheile des Pfundes.
1.	= 0,0078125.
2.	= 0,0156250.
3.	= 0,0234375.
4.	= 0,0312500.
5.	= 0,0390625.
6.	= 0,0468750.
7.	= 0,0546875.
8.	= 0,0625000.
9.	= 0,0703125.
10.	= 0,0781250.
11.	= 0,0859375.
12.	= 0,0937500.
13.	= 0,1015625.
14.	= 0,1093750.
15.	= 0,1171875.
16.	= 0,1250000,

	Dezimaltheile des
Unzen.	Pfundes.
1.	= 0,0625000.
2.	= 0,1250000.
3.	= 0,1875000.
4.	= 0,2500000.
5.	= 0,3125000.
6.	= 0,3750000.
7.	= 0,4375000.
8.	= 0,5000000.
9.	= 0.5625000.
10.	= 0,6250000.
11.	= 0,6875000.
11.	= 0,7500000.
13.	= 0,8125000.
14.	= 0,8750000.
15.	= 0,9375000.
16.	= 1,0000000.

Man bedient sich dieser Tabelle auf folgende Weise. *) Gesetzt man habe zu einem Versuche vier Pfund Materie verbraucht, und, nach geendigter Operation, vier verschiedene Produkte, A, B, C, D erhalten, welche wiegen, in französischem Gewicht, das Pfund zu sechzehn Unzen, die Unze zu acht Druchmen, und die Druchme zu 72 Gran gerechnet:

---

*) Lavoisier éléments de Chimie.

Produkt *A* = 2 *Pfund* 5 *U*. 3 *Dr*. 63 *Gr*.
Produkt *B* = 1 *Pf*. 2 *U*. 7 *Dr*. 15
Produkt *C* = 0. 3 1 37
Product *D* = 0. 4. 3. 29.

Summe = 4. 0. 0. 0.

Vermöge der Tabelle kann man dieses gemeine Gewicht in Dezimalgewicht verwandeln auf folgende Art.

Produkt A.

Pf. U. Dr. Gr. *Dezimalpfunde.*

2. 0. 0. 0. = 2,0000000.

5. 0. 0. = 0,3125000.

3. 0. = 0,0234375.

63. = 0,0068359.

---

2. 5. 3. 63. = 2,3427734.

Produkt B.

Pf. U. Dr. Gr. *Dezimalpfunde.*

1. 0. 0. 0. = 1,0000000.

2. 0. 0. = 0,1250000.

7. 0. = 0,0546875.

15. = 0,0016276.

---

1. 2. 7. 15. = 1,1813151.

Produkt C.

Pf. U. Dr. Gr. *Dezimalpfunde.*

0. 3. 0. 0. = 0,1875000.

1. 0. = 0,0078125.

37. = 0,0040148.

---

0. 3. 1. 37. = 0,1993273.

Produkt. D.

Pf.	U.	Dr.	Gr.	Dezimalpfunde.
0.	4.	0.	0.	$=$ 0,2500000.
		3.	0.	$=$ 0,0234375.
			29.	$=$ 0,0031467.
0.	4.	3.	29.	$=$ 0,2765842.

Folglich $A =$ 2,3427734.

$\qquad B =$ 1,1813151.

$\qquad C =$ 0,1993275.

$\qquad D =$ 0,2765842.

$A + B + C + D =$ 4,0000000.

Alle Arten von Rechnungen mit solchen Dezimalpfunden sind unendlich viel leichter, als die beständige Reduktion in Grane, Drachmen, Unzen und Pfunde. Mit Hülfe der Tabelle können diese Rechnungen ganz mechanisch gemacht werden.

Die spezifische Schwere eines Körpers ist seine absolute Schwere, dividirt durch seine Maße; oder, mit andern Worten: die spezifische Schwere eines Körpers ist die Schwere eines bestimmten Umfanges dieses Körpers. Man nimmt dabei die Schwere des Wassers $=$ 1 an. Bei chemischen Versuchen ist es nur selten nöthig, die spezifische Schwere fester Körper zu untersuchen, aber sehr oft die spezifische Schwere flüßiger Körper. Man bedient sich dazu der hydrostatischen Waage. Man wiegt, vermittelst derselben, einen festen Körper, z. B. eine Kugel von Bergcrystall, die, an einem feinen Goldfaden hängt, in der Luft, und nachher in der Flüßigkeit, die man untersuchen will. Das Gewicht, welches die Kugel in der Flüßigkeit verliert, ist

das Gewicht eines eben so grofsen Umfangs dieser
Flüfsigkeit. Nachher wiegt man die Kugel in dem
reinen Wasser, und bestimmt den Unterschied zwischen beiden. Noch genauer erfährt man die spezifische Schwere der flüfsigen Körper durch den
Schweremesser (Aërometer).

DRITTES KAPITEL.

ÜBER DIE BESTIMMUNG DER SCHWERE UND DES UMFANGES DER VERSCHIEDENEN ARTEN VON GAS.

Den Umfang der verschiedenen Arten von Gas
kann man auf zweierlei Weise bestimmen. Erstens
vermittelst graduirter Glocken. Man braucht sie von
verschiedenen Gröfsen, und mehr als Eine von jeder
Gröfse. Sie werden durch folgende Methode verfertigt.

Man nimmt eine starke, hohe und etwas enge
gläserne Glocke. Diese füllt man, in der, zu dem
chemischen Gasapparat gehörigen Wasserwanne,
ganz mit Wasser an. Dann setzt man sie auf das
mit Wasser bedeckte Gestell der Wasserwanne.
Hierauf nimmt man eine Flasche, welche genau
zehen Kubikzoll Wasser, oder, am Gewicht, sechs
Unzen, drei Drachmen und ein und sechszig Gran
Wasser halte. Um dieses zu bewerkstelligen wird,
in eine Flasche, die mehr als zehen Kubikzolle
Wasser hält, solange eine Mischung aus Wachs
und Geigenharz gegossen, bis dieselbe so weit angefüllt ist, dafs sie genau die bestimmte Menge Wasser hält. Die in dieser Flasche enthaltene Luft
läfst man unter die Glocke gehen, und bemerkt ge-

nau, mit einem Demant, wie weit das Wasser gefallen ist, und so fährt man fort, bis die ganze
Glocke mit Wasser angefüllt ist. Dabei ist zu bemerken, dafs, während der ganzen Zeit, die Flasche, die Glocke und das Wasser in der Wanne, in
der nemlichen Temperatur erhalten werden müfsen.
Damit sich also die Glocke, durch öfteres Berühren
mit den Händen, nicht erwärme, so giefst man,
von Zeit zu Zeit, Wasser aus der Wanne aufsen
über die Glocke, um dieselbe abzukühlen. Nachdem die Zeichen, von zehen Kubikzoll zu zehen Kubikzoll auf der Glocke bemerkt sind, so zeichnet
man auf der Glocke, vermittelst des Demants, einen
Maafsstab, und theilt jeden Zwischenraum in zehen
Theile, als in so viele Kubikzolle, und jeden Kubikzoll wieder in kleinere Theile, bis auf Zehen-
theile eines Zolls. Eben so verfährt man auch um
Glocken für den Quecksilberapparat zu graduiren.
Die Flasche, deren man sich zur Graduation für
das Quecksilber bedient, mufs acht Unzen, sechs
Drachmen, und fünf und zwanzig Gran Quecksilber
halten: denn soviel wiegt der Kubikzoll Quecksilber.

Dieser graduirten Glocken bedient man sich
nun auf folgende Weise. Gesetzt man habe, durch
irgend einen Versuch, eine gewisse Menge Gas unter einer Glocke erhalten, das weder von dem kaustischen Laugensalze noch von dem Wasser absorbirt worden ist, und dessen Umfang man kennen zu
lernen wünscht, und diese Glocke stehe über dem
Quecksilberapparat: so bezeichnet man erst, mit ei-

nigen aufgeleimten Stückgen Papier (welche, nachdem sie trocken geworden sind, mit einem Fir-
nifs überstrichen werden, damit sie im Wasser
nicht abgehen) die Höhe des Quecksilbers unter der
Glocke. Darauf läfst man (vermittelst einer mit
Wasser angefüllten Flasche, deren Öffnung man
mit dem Finger zuhält bis ihr Hals unter der Glok-
ke ist, und alsdann erst denselben in die Höhe
dreht) solange Wasser unter die Glocke gehen, bis
alles Quecksilber heraus ist. Hierauf giefst man
einen Zoll hoch Wasser über den ganzen Quecksilberapparat, bringt alsdann einen flachen Teller unter die Glocke, trägt dieselbe auf die Wasserwanne,
bringt nunmehr das Gas aus dieser in eine graduirte Glocke, und bemerkt wie viel der Umfang des
Gas beträgt.

Oder, Zweitens, wenn man keine graduirte
Glocke bei der Hand hat, so bringt man das Gas
aus der ersten Glocke in eine andere, hält alsdann
die leere Glocke verkehrt in der linken Hand, giefst
mit der rechten Hand so lange Wasser hinein, bis
dasselbe an die mit Papier bezeichnete Stelle reicht,
wiegt nachher dieses Wasser, und schliefst, aus dem
Gewichte des Wassers, auf den Umfang des Gas:
denn es ist bekannt, dafs ein Kubikfufs (oder 1728
Zoll) Wasser, 70 Pfund wiegen. Um die hiebei
nöthigen Rechnungen zu ersparen, dazu dient die
folgende Tabelle, in welcher man alle diese Rechnungen schon findet.

Tabelle, welche zeigt, wieviel Kubikzolle einem gewifsen Gewichte Wassers gleich sind.

Grane Wasser.		Kubikzolle.
1	=	0,003.
2	=	0,005.
3	=	0,008.
4	=	0,011.
5	=	0,013.
5	=	0,016.
7	=	0,019.
8	=	0,022.
9	=	0,024.
10	=	0,027.
11	=	0,030.
12	=	0,032.
13	=	0,035,
14	=	0,038.
15	=	0,040.
16	=	0,043.
17	=	0,046.
18	=	0,049.
19	=	0,051.
20	=	0,054.
21	=	0,057.
22	=	0,059.
23	=	0,062.
24	=	0,065.
25	—	0,067.
26	=	0,070.

Grane Wasser.		Kubikzolle.
27	=	0,073.
28	=	0,076.
29	=	0,078.
30	=	0,081.
31	=	0,084.
32	=	0,086.
33	=	0,089.
34	=	0,092.
35	=	0,094.
34	=	0,097.
37	=	0,100.
38	=	0,103.
39	=	0,105.
40	=	0,108.
41	=	0,111.
42	=	0,113.
43	=	0.116.
44	=	0,119.
45	=	0,121.
46	=	0,124.
47	=	0,127.
48	=	0,130.
49	=	0,132.
50	=	0,135.
51	=	0,138.
52	=	0,140.
53	=	0,143.
54	=	0,146.
55	=	0,148.

Grane
Wasser.   Kubikzolle.

Grane Wasser		Kubikzolle
56	=	0,151.
57	=	0,154.
58	=	0,057.
59	=	e,159.
60	=	0,162.
61	=	0,165.
62	=	0,167.
63	=	0,170
64	=	0'173.
65	=	0,175,
66	=	0,178.
67	=	0,181.
68	=	0,184.
69	=	0,186.
70	=	0,189.
71	=	0,192.
72	=	0,194.

Drachmen
Wasser.   Kubikzolle.

Drachmen Wasser		Kubikzolle
1	=	0,193.
2	=	0,386.
3	=	0,579.
4	=	0,772.
5	=	0,965.
6	=	0,158.
7	=	1,351.
8	=	1,543.

Unzen
Wasser.   Kubikzolle.

Unzen Wasser.		Kubikzolle.
1	=	1,543.
2	=	3,086.
3	=	4,629.
4	=	6,172.
5	=	7,715.
6	=	9,258.
7	=	10,801.
8	=	12,344.
9	=	13,887.
10	=	15,430.
11	=	16,973.
12	=	18,516.
13	=	20,059.
14	=	21,602.
15	=	23,145.
16	=	24,687.

Pfunde
Wasser.   Kubikzolle.

Pfunde Wasser.		Kubikzolle.
1	=	24,687.
2	=	49,374.
3	=	74,061.
4	=	98,748.
5	=	123,420.
6	=	148,122.
7	=	172,809.
8	=	197,496.
9	=	222,180.
10	=	246,870.
11	=	271,557.

Pfunde
Wasser. Kubikzolle.

12 = 296,244.
13 = 320,931.
14 = 345,618.
15 = 370,301.
16 = 394,992.
17 = 419,676.
18 = 444,360.
19 = 469,050.
20 = 493,740.
21 = 518,427.
22 = 543,114.
23 = 567,801.
24 = 592,448.
25 = 617,175.
26 = 641,862.
27 = 666,549.
28 = 691,236.
29 = 715,923.
30 = 740,610.

Da aber der Umfang aller elastischen Flüfsigkeiten, bei verschiedenen Graden der Temperatur
der Atmosphäre, und bei verschiedenen Graden der
Schwere derselben, sehr verschieden ist: so mufs, bei
einer jeden solchen Bistimmung, auf den Stand des
Barometers und des Thermometers Rücksicht genommen werden. Der Umfang einer jeden elastischen
Flüfsigkeit steht mit dem Gewichte, von welchem
dieselbe gedrückt wird, in einem umgekehrten Verhältnifse.

Es gibt demzufolge zweierlei Arten von Berich-
tigungen, welche, bei jedem genauen Versuche, ge-
macht werden müfsen. 1) *Eine Berichtigung in*
Rücksicht auf den Stand des Barometers. 2) *Eine*
Berichtigung, in Rücksicht auf die Höhe der Was-
sersäule, oder der Quecksilbersäule, unter der Glocke.

Gesetzt man habe 100 *Kubikzoll Sauerstoffgas,*
bei 10° Réaum. *Temperatur der Atmosphäre und*
bei 28" 6''' *Barometerstand, erhalten: so gibt es*
hier zwei Fragen zu beantworten: *)

1. *Wieviel sind diese, bei* 18" 6''' *erhaltene*
100 *Kubikzoll Sauerstoffgas, bei* 28" *Barometerstand?*

2. *Wieviel wiegen die erhaltenen* 100 *Kubikzoll*
Sauerstoffgas?

Um diese beiden Fragen zu beantworten, nehme
man an, dafs die 100 *Kubikzolle Sauerstoffgas bei*
28" *Barometerstand seyn werden* = X *Kubikzollen.*
Da nun die Umfänge sich umgekehrt verhalten, wie
die drückenden Gewichte: so wird demzufolge
100 : X = $\frac{2}{3}\frac{1}{7}\frac{7}{2}$: $\frac{2}{3}\frac{8}{6}$; *folglich wird* X = 101,786
Zolle. Folglich würde also dieselbe Menge Sauer-
stoffgas, welche, bei 28" 6''' *Barometerhöhe,* 100 *Ku-*
bikzolle einnimmt, bei 28" *Barometerhöhe,* 101,786
Kubikzolle einnehmen.

Eben so leicht läfst sich nunmehr auch das Ge-
wicht dieser 100 *Kubikzolle Sauerstoffgas bestim-*
men. Denn da diese 100 *Kubikzolle gleich sind*
101,786 *Kubikzollen bei* 28" *Barometerhöhe; da fer-*
ner bei 28" *Barometerhöhe, und bei* 10° R. *des*

---

*) Lavoisier *éléments de Chimie.*

Thermometers, der Kubikzoll Sauerstoffgas $\frac{1}{2}$ *Gran wiegt: so folgt, dafs diese* 100 *Kubikzolle* 50,893 *Grane wiegen müfsen.*

Da die Umfänge der elastischen Flüfsigkeiten sich umgekehrt verhalten, wie die Gewichte von denen sie gedrückt werden: so folgt schon hieraus, dafs je gröfser das Gewicht ist, das heifst, je höher der Barometer steht, auch die Schwere der Gasarten in demselben Verhältnifse zunehmen mufs. Man kann daher das Gewicht der Gasarten, bei jeder Barometerhöhe, auch auf folgende Art bestimmen: 100 Kubikzolle wiegen 50 Gran, bei einem Druck von 28 Zollen: wieviel werden sie wiegen bei einem Druck von 28,5 Zollen? Oder: 28 : 50 = 28,5 : X. Folglich X = 50,893 Gran, so wie vorher.

Gesetzt man habe, unter einer Glocke welche auf der Quecksilberwanne steht, eine gewisse Menge Gas, so, dafs die Oberfläche des Quecksilbers, unter der Glocke, sechs Zolle höher steht als die Oberfläche des Quecksilbers in der Wanne, bei einer Barometerhöhe von 27″ 6‴: so folgt, dafs das unter der Glocke enthaltene Gas von einer Quecksilbersäule gedrückt wird, die gleich ist 27,5″ — 6″ = 21,5″. Dieses ist also der wahre Druck den das Gas leidet. Dieses Gas ist also weniger gedrückt als die Luft der Atmosphäre. Es nimmt folglich (in eben dem Verhältnifse als es weniger gedrückt ist) mehr Raum ein als es einnehmen sollte. Gesetzt also, es nähme 120 Kubikzolle ein: so kann man, auf folgende Art, berechnen, wieviel es, bei einem Drucke der Atmosphäre von 28″, einnehmen würde.

$$120 : X = \tfrac{11}{11} : \tfrac{1}{21}. \quad \textit{Folglich} \; X = \frac{120,21,1}{21}$$
$$= 92,143: \textit{Zoll.}$$

Man kann die Höhe des Barometers, in diesen Rechnungen, entweder in Linien, oder in Dezimal-zollen ausdrücken. Die letztere Methode ist, in aller Rücksicht, weit vorzüglicher und leichter. In der folgenden Tabelle sind die Dezimaltheile, für Linien und für Brüche von Linien, schon im Voraus berechnet: daher kann man sich derselben in allen Fällen bedienen.

Tabelle, um die Linien, und Brüche der Linien in Dezimaltheile des Zolls zu verwandeln.

Brüche der Linie.		Dezimalzolle.
$\frac{1}{12}$	=	0,00694.
$\frac{2}{12}$	=	0,01389.
$\frac{3}{12}$	=	0,02083.
$\frac{4}{12}$	=	0,02778.
$\frac{5}{12}$	=	0,03472.
$\frac{6}{12}$	=	0,04167.
$\frac{7}{12}$	=	0,04861.
$\frac{8}{12}$	=	0,05556.
$\frac{9}{12}$	=	0,06250.
$\frac{10}{12}$	=	0,06944.
$\frac{11}{12}$	=	0,07639.

Linien.		Dezimalzolle.
1	=	0,08333.
2	=	0,16667.
3	=	0,25000.

Linien.

Linien.	Dezimalzolle.
4	= 0,33333.
5	= 0,41667.
6	= 0,50000.
7	= 0,58333.
8	= 0,66667.
9	= 0,75000.
10	= 0,83333.
11	= 0,91667.
12	= 1,00000.

Ähnliche Berichtigungen sind auch nöthig wenn man in der Wasserwanne arbeitet. Man muſs, bei genauen Versuchen, gleichfalls den Unterschied der Höhe des Wassers in und auſser der Glocke bemerken. Diese Unterschiede muſs man erst auf Quecksilberunterschiede zurückbringen, weil das Barometer Quecksilber enthält. Man weiſs aber, daſs das Quecksilber 13,5681 mal dem Gewichte des Wassers gleich ist. In der folgenden Tabelle sind die Unterschiede in der Höhe des Wassers schon auf Dezimaltheile des Barometerzolls berechnet.

Tabelle, um die Höhe des Wassers unter den Glocken in Dezimaltheile des Quecksilberzolls zu verwandeln.

Wasserhöhe in Linien.	Dezimaltheile des Quecksilberzolls.
1	= 0,00614.
2	= 0,01228.
3	= 0,01843.
4	= 0,02457.

Ff

Wasserhöhe in Linien.		Dezimaltheile des Quecksilberzolls.
5	=	0,03071.
6	=	0,03685.
7	=	0,04299.
8	=	0,04914.
9	=	0,05582.
10	=	0,06142.
11	=	0,06756.
12	=	0,07370.
13	=	0,07985.
14	=	0,08599.
15	=	0,09213.
16	=	0,09827.
17	=	0,10441.
18	=	0,11055.
19	=	0,11670.
20	=	0,12284.
21	=	0,12898.
22	=	0,13512.
23	=	0,14126.

Wasserhöhe in Zollen.		Dezimaltheile des Quecksilberzolls.
1	=	0,07370.
2	=	0,14741.
3	=	0,22111.
4	=	0,29481.
5	=	0,3685..
6	=	0,44222.
7	=	0,51593.
8	=	0,58963.

Wasserhöhe   Dezimaltheile des
in Zollen.   Quecksilberzolls.

$$9. = 0,66333.$$
$$10. = 0,73704.$$
$$11. = 0,81074.$$
$$12. = 0,88444.$$
$$13. = 0,95815.$$
$$14. = 1,03185.$$
$$15. = 1,10556.$$
$$16. = 1,17926.$$

Eben so, wie das Gewicht der Gasarten, auf eine bestimmte Höhe des Barometers, auf 28 Zoll, zurückgebracht werden muſs; eben so muſs dasselbe auch auf eine bestimmte Temperatur zurückgebracht werden. Denn, da die elastischen Flüſsigkeiten sich *durch die Wärme ausdehnen, und durch die Kälte zusammenziehen: so ist, natürlicher Weise, bei verschiedenen Graden der Temperatur, ihre Dichtigkeit, und folglich auch ihre Schwere verschieden.*

Da die Temperatur von + 10° R. die mittlere Temperatur der Atmosphäre ist, so scheint es auch am Besten, diesen Grad, als einen bestimmten Grad, fest zu setzen, auf den alle andere Grade zurück gebracht werden. Da aber diese Berichtigungen *nicht so leicht sind als bei dem Barometer, indem die verschiedenen Grade der Ausdehnung, welche die verschiedenen Gasarten durch den Wärmestoff leiden, noch nicht genau bestimmt sind: so thut man am Besten, wenn man genaue Versuche anstellen will, dieselben niemals anders als in einer Temperatur von + 10 R., + oder 54° F. anzustellen:*

$F f$ 2

oder wenigstens in einer Temperatur die nicht weit davon entfernt ist, um keiner Berichtigung vonnöthen zu haben. Zur Berichtigung aber dient Folgendes. Man dividirt den Umfang des erhaltenen Gas durch 480, und multiplizirt die Zahl, welche man erhält, durch die Zahl der Thermometergrade über, oder unter 54° (wenn man nach Fahrenheit *rechnet). Die Grade unter 54°, werden addirt; die Grade über 54° werden subtrahirt. Das Resultat ist der wahre Umfang des Gas, bei einer Temperatur von 54°.*

Beispiel einer Berichtigung, in Rücksicht auf Barometerhöhe und Temperatur. [*)] *Gesetzt man habe unter einer Glocke eine gewisse Menge Sauerstoffgas, welches 353 Kubikzolle einnimmt; die Wassersäule unter der Glocke sei 4½ Zoll höher als das Wasser in der Wanne; der Barometer stehe auf 27″ 9½‴ und der Thermometer auf +66° F. Man verbrenne in diesem Gas Phosphor, so erhält man Phosphorsäure in fester Gestalt. Das nach dem Verbrennen überbleibende Gas nehme einen Raum von 295 Kubikzollen ein; die Höhe des Wassers sei unter der Glocke 7 Zoll höher als das Wasser in der Wanne; der Barometer stehe auf 27″ 9½‴ und der Thermometer auf +68° F. Nun soll man bestimmen, wie groß der Umfang des Gas, vor und nach dem Verbrennen, war, und wieviel Gas eingesogen worden ist?*

Berechnung vor dem Verbrennen. *Das Gas*

[*)] Lavoisier *éléments de Chymie.*

unter der Glocke nahm ein 353 Kubikzolle. Dies war gedrückt von 27″ 9‴, oder, in Dezimaltheilen, nach der Tabelle, von 27,79167 Zoll. Davon muſs man abziehen 4½‴ Wasser, nach der Tabelle = 0,33166 Quecksilber. Folglich ist 27,79167 — 0,33166 = 27,46001, gleich dem eigentlichen Gewichte, womit dieses Gas gedrückt war.

Da nun der Umfang, welchen elastische Flüſsigkeiten einnehmen, mit den Gewichten, von denen sie gedrückt werden, im umgekehrten Verhältniſse steht: so folgt, daſs 353 : $\times$ = $\frac{1}{27,46001}$: $\frac{1}{28}$. Folglich ist $\times = \frac{353 \cdot 27,46001}{28} = 346,192$ Zoll. Soviel würde also dieses Gas, unter einem Drucke von acht und zwanzig Zollen Barometerhöhe, am Umfange betragen.

Der 48ste Theil dieses Umfanges beträgt = 0,721, folglich für die 12° Thermometerhöhe über 54° = 8,652 Zoll. Diese müſsen abgezogen werden. Man erhält also 346,192 — 8,652 = 337,540 Zoll für den Umfang des Gas vor dem Verbrennen, nachdem alle Berichtigungen gemacht sind.

Berechnungen nach dem Verbrennen. Der Druck ist = 27,77083 — 0,51593 = 27,25490 Zoll. Bei einem Drucke von 28″ sind die, nach dem Verbrennen erhaltenen 295 Kubikzolle = $\frac{295 \cdot 27,25490}{28}$ = 287,150 Zoll. Der 48ste Theil davon ist = 0,598. Dieses mit 14° multiplizirt ist = 8,372. Nun aber ist 287,150 — 8,372 = 278,778 Zollen nach dem Verbrennen.

Vor dem Verbrennen war demzufolge der
Umfang . $= 337,540.$
Nach dem Verbrennen $= 278,778.$
Folglich wurde während des
Verbrennens absorbirt $= 58,762.$

Um verschiedene Arten von Gas von einander absondern *verfährt man auf folgende Weise. Gesetzt man habe, unter einer Glocke die über Quecksilber steht, eine gewisse Menge verschiedener mit einander gemischter Gasarten: so bemerkt man erst genau, vermittelst kleiner Stücker von Papier, die man aufklebt, und mit Fürnifs überstreicht, die Höhe des Quecksilbers. Dann läfst man ungefähr einen Kubikzoll Wasser unter die Glocke gehen. Enthält die Mischung schwefelsaures Gas, oder kochsalzgesäurtes Gas, so wird sogleich eine beträchtliche Einsaugung entstehen: denn diese Gasarten werden von dem Wasser in grofser Menge eingesogen. Geschieht nur eine sehr geringe Einsaugung, die ungefähr dem Umfange des Wassers gleich ist, so kann man vermuthen, dafs das Gemische kohlengesäurtes Gas enthalte, und um sich davon zu überzeugen, läfst man das in der Mischung enthaltene kohlengesäurte Gas, durch eine Lösung von kaustischer Pottasche einsaugen. Was von dem Wasser, und von der Lösung des kaustischen Alkali nicht eingesogen wird, ist entweder Sauerstoffgas, oder Salpeterstoffgas, oder Wasserstoffgas, welches sich nachher leicht bestimmen läfst.*

A N H A N G.

ERSTES KAPITEL.

KURZE ÜBERSICHT EINIGER HAUPTSÄTZE.

Die atmosphärische Luft *besteht, aus 27 Theilen Sauerstoffgas, und aus 73 Theilen Salpeterstoffgas.* Oder, *nach* Hrn. Lavoisier, *aus 7,000 Theilen Sauerstoff, und 3,000 Theilen Salpeterstoff.*

Das Wasser *besteht, aus 15 Theilen Wasserstoff, und aus 85 Theilen Sauerstoff.*

Die Kohlensäure *besteht, aus 28 Theilen Koh-lenstoff, und aus 72 Theilen Sauerstoff.*

Die Salpetersäure *besteht, aus 20,5 Theilen Sal-peterstoff, und aus 79,5 Theilen Sauerstoff.*

Das salpeterhalbsaure Gas *besteht, aus 32 Thei-len Salpeterstoff, und aus 68 Theilen Sauerstoff.*

Das salpetersaure Gas *besteht, aus 4 Theilen Salpeterstoff, und aus 6 Theilen Sauerstoff.*

Die übersaure Kochsalzsäure *besteht, aus Koch-salzsäure* = 1,856. *Sauerstoff* = 0,039. *und Was-ser* = 98,05.

In dem Ammoniak *verhält sich das Gewicht des Salpeterstoffes zu dem Gewichte des Wasserstof-fes* = 8066 : 19,34.

Das Alkohol *besteht, aus Kohlenstoff* = 28,53; *Wasserstoff* = 7,87; *Wasser* = 63,6.

Das Baumöl *besteht, aus Kohlenstoff* = 78,96; *Wasserstoff* = 21,04.

Das Wachs *besteht, aus Kohlenstoff* = 82,45; *Wasserstoff* = 17,55.

Die Phosphorsäure in fester Gestalt *besteht, aus* *40 Theilen Phosphor, und 60 Theilen Sauerstoff.*

Die rothe Quecksilberhalbsäure *besteht, aus* *90 Theilen Quecksilber, und aus 10 Theilen Sauerstoff.*

Ein Kubikzoll Sauerstoffgas wiegt = 0,47317 *Gran.*

Ein Kubikzoll Wasserstoffgas wiegt = 0,03745 *Gran.*

Ein Kubikzoll kohlengesäurtes Gas = 6,69500 *Gran.*

Ein Kubikzoll Salpeterstoffgas = 0,46624 *Gran.*

Ein Kubikzoll atmosphärische Luft = 0,46811 *Gran.*

Ein Kubikzoll salpetersaures Gas = 0,54690 *Gran.*

Ein Kubikzoll Ammoniakgas = 0,21000 *Gran.*

Tabelle über die spezifische Wärme der Körper.

Körper.	Spez. Schwere.	Spez. Wärme.	Schriftsteller.
Wasserstoffgas	0,000103	21,400	*Crawford.*
Sauerstoffgas	0,001353	4,7490	*Crawf.*
Atmosph. Luft	0,001227	1,7900	*Crawf.*
Kohlenges. Ammoniak	. . . .	1,8510	*Kirwan.*
Lösung von Zucker	. . . .	1,0860	*Kirw.*
Alkohol	. . . .	1,0860	*Kirw.*
Kohlengesäurtes Gas	0,00184	1,0454	*Crawf.*
Arterienblut	. . . .	1,0500	*Crawf.*
Wasser	1,00000	1,0000	
Milch	1,03400	0,9990	*Crawf.*
Geschwefeltes Alkali	. . . .	0,9940	*Kirw.*
Venenblut	. . . .	0,9700	*Crawf.*
Lösung von Kochsalz in 10 Theil Wasser	. . . .	0,9360	*Gadolin.*

Körper.	Spez. Schwere.	Spez. Wärme.	Schrift- steller.
Verdünnte Schwefelsäure			
in 10 Th. Wasser	0,9250		*Gad.*
Lösung von Kochsalz in			
6 Th. Wasser	0,9060		*Gad.*
Eis	0,9000		*Kirw.*
Lösung von Kochsalz			
in 5 Th. Wasser	0,8680		*Gad.*
Verdünnte Schwefelsäu-			
re mit 5 Th. Wasser	0,8760		*Gad.*
Salpetersäure	0,8440		*Kirw.*
Lösung von Epsomsalz			
in 2 Th. Wasser	0,8440		*Kirw.*
Lösung von Kochsalz in			
8 Th. Wasser	0,8320		*Kirw.*
Lösung von Kochsalz in			
3,33 Th. Wasser	0,8200		*Gad.*
Lösung von Salpeter in			
8 Th. Wasser	0,8160		*Lavoisier.*
Lösung von Kochsalz in			
2,8 Th. Wasser	0,8020		*Gad.*
Lösung von Salmiak in			
1,5 Th. Wasser	0,7980		*Kirw.*
Lösung von Kochsalz in			
2,69 Th. Wasser	0,7930		*Gad.*
Salpeterstoffgas	0,7940		*Crawf.*
Ochsenhaut mit dem			
Haar	0,7870		*Crawf.*
Schaaflunge	0,7690		*Crawf.*
Cremor Tartari in 237,3			
Wasser	0,7650		*Kirw.*

Körper.	Spez. Schwere.	Spez. Wärme.	Schrift-steller.
Oleum Tartari per de- liquium	1,346	0,7590	Kirw.
Schwefelsäure	1,885	0,7580	Kirw.
Schwefelsäure mit 2 Th. Wasser	. . . ?	0,7490	Gad.
Grüner Vitriol in 2,5 Wasser	. . ? , . .	0,7430	Kirw.
Glaubers Salz in 2,9 Wasser	. ? . ? ?	0,7280	Kirw.
Ochsenfleisch	. . . . ?	0,7400	Crawf.
Olivenöl	0,9153	0,7100	Kirw.
Ammoniak	0,9970	0,7080	Kirw.
Rauchende Kochsalzsäure	1,2220	0,6800	Kirw.
Schwefelsäure mit 1,25 Wasser	. . ? ?	0,6630	Lav.
Salpetersäure	1,2980	0,6610	Lav.
Salpetersäure 9½ Th., un-gelöschter Kalk 1 Th.	. . . ?	0,6180	Lav.
Schwefelsäure mit gleich-viel Wasser	. . . ?	0,6050	Gad.
Schwefelsäure Theil 1. Wasser ¼ Theil.	. . . .	0,6030	Lav.
Alkohol	0,8947	0,6020	Crawf.
Rauchende Salpetersäure	1,3540	0,5760	Kirw.
Leinöl	0,9403	0,5280	Kirv.
Reis	. . . ?	0,5061	Crawf.
Bohnen	. . . .	0,5020	Crawf.
Fichtenstaub	. . . .	0,5000	Crawf.
Schwefelsäure mit ½ Th. Wasser	. ? . ?	0,5000	Gad.

Körper	Spez. Schwere.	Spez. Wärme.	Schriftsteller.
Grofse Lohnen	....	0,4920	Crawf.
Weizen	....	0-4770	Crawf.
Terpentinöl	0,8697	0,4721	Kirw.
Weifses Wachs	0,9686	0,4502	Gad.
Schwefelsäure mit ⅓ Wasser	....	0,4420	Gad.
Wasser Th. 9. ungel. Kalk Th. 16	....	0,4390	Lav.
Schwefelsäure	0,1871	0,4290	Kirw.
Haber	....	0,4161	Crawf.
Gerste	....	0,4212	Crawf.
Wallrathöl	0,9233	0,3990	Kirw.
Birkenkohle	....	0,3950	Gad.
Weinefsig	....	0,3870	Kirw.
Kohlengesäurte Bittererde	....	0,3790	Gad.
Weizen	....	0,3400	Crawf.
Weifse Schwefelsäure	....	0,3390	Gad.
Schwefelsäure	1,8701	0,3340	Lav.
Berlinerblau	....	0,3300	Gad.
Ungel. Kalk mit wenig Wasser	....	0,2801	Gad.
Steinkohle	....	0,2770	Crawf.
Holzkohle	....	0,2650	Crawf.
Gyps	2,7302	0,2640	Gad.
Kreide	....	6,2560	Crawf.
Eisenrost	....	0,2500	Crawf.
Ungelöschter Kalk	....	0,2450	Crawf.
Thonerde	....	0,2411	Gad.
Schweistreibendes Spiesglanz	....	0,2270	Crafw.

Körper.	Spez. Schwere.	Spez. Wärme.	Schrift-steller.
Kupferhalbsäure	. . . .	0,2270	Crawf.
Kochsalzkristallen	. . . .	0,2260	Gad.
Ungelöschter Kalk	. . . .	0,2161	Lav.
Kreide	0,7242	0,2071	Gad.
Sand	. . . .	0,2060	Crawf.
Agath	2,6480	0,1951	Wilke.
Steingut	2,4158	0,1950	Kirw.
Weißes Glas ohne Blei	2,8922	0,1921	Lav.
Kleine Steinkohlen	. . . .	0,1920	Crawf.
Weißes Schwedisches Glas	2,3860	0,1860	Wilke.
Steinkohlenasche	. . . .	0,1850	Crawf.
Gebrannter Thon	. . . .	0,1850	Gad.
Reißblei	. . . .	0,1830	Gad.
Schwefel	. . . .	0,1830	Kirw.
Flintglas	3,3293	0,1740	Kirw.
Schwefeltreibendes Spies-glanz	. . . .	0,1660	Crawf.
Eisenrost	. . . .	0,1660	Crawf.
Ulmenasche	. . . .	0,1480	Crawf.
Zinkhalbsäure	. . . .	0,1360	Crawf.
Weißes gegossenes Eisen	. . . .	0,1320	Gad.
Arsenikhalbsäure	. . . .	0,1260	Gad.
Eisen	. . . .	0,1260	Crawf.
Eisen	7,8760	0,1260	Wilke.
Gegossenes schwarzes Eisen	7,7880	0,1240	Gad.
Stahl	7,8331	0,1230	Gad.
Weicher Stahl	. . . .	0,1260	Gad.
Weiches Stangeneisen	7,7240	0,1190	Gad.
Messing	8,3560	0,1160	Wilke.
Kupfer	8,7840	0,1140	Wilke.

Körper.	Spez. Schwere.	Spez. Wärme.	Schrift. steller.
Stangeneisen	8,3530	0,1140	Gad.
Mefsing	....	0,1120	Crawf.
Kupfer	....	0,1110	Crawf.
Stangeneisen	....	0,1090	Lav.
Zinnhalbsäure	....	0,1080	Crawf.
Konzentrirter Efsig	....	0,1030	Kirw.
Zink	7,1540	0,1020	Wilke.
Zinn und Blei zusammen gesäurt	....	0,1020	Kirw.
Zinnhalbsäure	....	0,0990	Crawf.
Reines Kupfer	7,9070	0,0990	Gad.
Gehämmertes Kupfer	9,1500	0,0970	Gad.
Zinnhalbsäure	....	0,0960	Kirw:
Zink	....	0,0900	Crawf.
Holzkohlenasche	....	0,0900	Crawf.
Arsenik	....	0,0840	Gad.
Silber	10,0010	0,0820	Wilke.
Zinn	7,2914	0,0700	Crawf.
Bleiweifs	....	0,0670	Gad.
Spiesglanz	....	0,0640	Crawf.
Geschwefeltes Spiesglanz	6,1070	0,0630	Wilke.
Zinn	....	0,0600	Wilke.
Mennig	....	0,0590	Gad.
Gold	19,040	0,0530	Wilke.
Bleiglätte	....	0,0480	Gad.
Wismuth	9,8610	0,0450	Wilke.
Blei	11,4561	0,0422	Wilke.
Blei	....	0,03·0	Crawf:
Quecksilber	13,390	0,0330	Kirw.
Quecksilber	....	0,0290	Lav.

ZWEITES KAPITEL.
VON DEM PHLOGISTON.

Sequentem, maximi in chemia momenti conclusionem, stabilire nunc licedt: Quod nullum a corpore combustibili, comburendo, aufugiat principium; quod nullum, quale perhibitum fuerit phlogiston, in natura existat; quod phlogiston mera sit contemplatio, mera qualitas: quae, si nunquam vixisset Stahlius, ipsa vitam fortasse nunquam, nunquam corporis dotes et honores fuerit assecuta. Sed quamvis hoc principium, hoc instrumentum, quod chemie et chemicis, ob universum suum imperium, adeo commodum fuerit, falsum, et mera contemplatio esse, demonstretur, quamvis eadem haec contemplatio omnia in chemia confuderit, et rebus aliter satis perspicuis multum obscuri intulerit; tamen eandem, quae tam distinctis, tam apte ementitis suco coloribus, veritatis ipsius speciem potis fuerit aemulari, sero nunc demum morti cedere, sine admiratione, nedum dolore, quis possit? Pace dulci quiescat; et longa et aeterna oblivionis nocte decenter et silenter reponatur.

Lubbock *de principio sorbili.*

Das sogenannte Phlogiston, *diesen hypothetischen Grundstoff, erfand, oder besser zu sagen, schuf, zu Anfang des laufenden Jahrhunderts, der grosse* Stahl. *Er gab davon folgende Definiton:* Materiam et principium ignis, ego Phlogiston appellare cepi. Nempe primum ignescibile, inflammabile, directe atque eminenter ad calorem suscipiendum habile principium; nempe si in mixto aliquo cum aliis principiis concurrat. *An einer andern Stelle nennt er das Plhogiston:* Materiale et corporeum principium, quod solo citatissimo motu ignis fiat.

Diese Lehre wurde, durch Stahls Schüler und Nachfolger, sehr ausgebreitet und erweitert. Von den heutigen Chemikern werden dem Phlogiston folgende wunderbare Eigenschaften zugeschrieben:

Es ist durch alle Reiche der Natur verbreitet, und beinahe Alles, was Grofses und Wunderbares in der Natur, oder in ihren Erscheinungen, statt findet, geschieht durch diesen Grundstoff. Die mannigfaltigen Produkte der Natur, welche täglich aus dem Schoofse der Erde gegraben oder geschöpft werden; alle Metalle; alle glatten, glänzenden und gefärbten Körper verdanken ihre Eigenschaften dem Phlogiston. Die Flüfsigkeit des Quecksilbers, die Dehnbarkeit des Goldes, die Sprödigkeit des Stahls, der blendende Schimmer des Demants, die glänzenden Farben der Edelsteine; — alle diese so schätzbaren, dem menschlichen Geschlechte so wichtigen Eigenschaften, hängen von dem wunderbaren Phlogiston ab, und beweisen seine Gegenwart, und seine Verbindung mit den Körpern, welche die genannten Eigenschaften besitzen.

Ferner hängen alle Veränderungen der Metalle,*) sowohl wenn sie ihre Form und ihren metal-

---

*) *Vel dum solo urendi actu, in libero aëre, substantia haec e mineralibus et pluribus metallis ita absumitur, ut tota prior compages in cineris speciem dilibatur; id quod manifestum est in plumbo stanno, cupro, ferro etc. quae sin-*

lischen Glanz, durch Kalzination, od^{er} durch Säuren, verlieren, als auch wenn sie dieselben wiedererhalten, von dem Phlogiston ab.

Eben so merkwürdig sind die Wirkungen des Phlogistons auf die Pflanzen. Dieser Grundstoff ist die Ursache des angenehmen und leckeren Geschmacks, sowohl als des unangenehmen und widrigen Geschmacks sovieler Früchte; er ist die Ursache des verschiedenen Geruchs der zärtesten und schönsten Blumen. Dem Phlogiston verdanken das Veilchen und die Rose ihren Geruch, sowohl als das Bilsenkraut und das Stinkkraut. Die lieblichen, süfsen und erfrischenden Gerüche, welche der Zephir verbreitet; alle die mannigfaltigen Farben der Blumen, welche der Hauch des belebenden Frühlings, oder die brennende Hitze des Sommers hervorbringt; alle die tausendfältig verschiedenen Früchte mit denen der Herbst uns beschenkt, haben ihren Ursprung dem Phlogiston zu verdanken.

Auch alles, was nöthig ist das Leben der Thiere zu erhalten; alles was den Thieren zur Nahrung dient, enthält Phlogiston in grofser Menge, und theilt dasselbe dem thierischen Körper mit. Nachher geht dieser Grundstoff, nachdem er den flüssigen und festen thierischen Theilen die nöthigen Dienste geleistet hat, wiederum, durch die Lunge, durch die Haut, und auf andere Weise weg, verläfst den thierischen Körper, und vermischt sich mit der Luft.

---

gula, levi ustione continuata, ita in cineres abeunt, dum portio haec, de qua nobis hucusque sermo est, igneo motu in aures exhalat. *STAHL.*

*Vermöge der grofsen Elastizität dieses Grund-
stoffes, dehnt sich derselbe in unterirrdischen Höhlen, aus; die Grundfesten des Erdballs werden erschüttert, und die Berge speien Feuerflammen.
Wenn das Phlogiston dröht, dann ergreift Furcht
und Schrecken die Herzen der Sterblichen: die Erde
erbebt; und von einstürzenden Ruinen werden ganze
Länder und Städte bedeckt.*

*Endlich wälzen sich auch, vermöge des überall
vorhandenen Phlogiston, durch die unermefslichen
Weiten des Firmaments, die leuchtenden Sphären
in ihren Kreisen. Vermöge desselben erblicken wir
bald die blaue Farbe des Æthers; bald häufen sich
die von allen Seiten zusammen getriebenen Wolken
und fallen als Regen herab. Durch diesen Grundstoff werden unsre Ohren von dem fürchterlichen
Rollen des Donners erschüttert; oder unsere Augen
von dem Lichte der Blitze geblendet. — Aber alle
Erscheinungen zu erzählen, deren Grund das Phlogiston ist, würde überflüfsig seyn. Es ist hinlänglich, zu bemerken, dafs die Stahlianer glauben,
alle entzündbare Substanzen enthalten in ihrer
Mischung diesen Grundstoff; von seiner Gegenwart
hange die Entzündbarkeit ab, und verliere sich mit
ihm; so, dafs Körper, welche desselben beraubt
sind, sich nicht eher entzünden können, als bis sie,
auf irgend eine Weise, diesen Grundstoff wiederum
erhalten haben.*[*]

Hr. Kirwan irrt, wenn er behauptet, dafs Be-

---

[*] Lubbock de principio sorbili.

cher *das Phlogiston erfunden habe.* . Stahl *erfand* diesen *Namen zuerst.*

Was das Phlogiston sei, darüber sind die Stahlianer *nicht unter sich einig: eben so wenig, als über die Eigenschaften dieses Grundstoffes.* Stahl *hielt dafür es seie schwer: es habe ein Ge wicht.* Macquer *glaubte, das Phlogiston sei die Lichtmaterie, und es habe kein Gewicht.* Venel, *vormals auch* Blak, Morveau, Margraf *und Hr.* Gren *behaupteten: das Phlogiston sei negativ schwer.* Baume *hielt dafür: das Phlogiston sei eine Verbin dung der Feuermaterie mit einer Erde. Hr.* Kirwan *und* de la Metherie *glaubten es sei die brennba re Luft.*

Die brennbare Luft *kann nicht* Stahls *Phlogi ston seyn; denn:*

1. *Enthalten der Schwefel, der Phosphor und die Metalle keine brennbare Luft.*

2. *Die Versuche, welche dieses beweisen sollen, widersprechen sich.* Hr. Priestley *versichert,* [*] *dafs, wenn man Eisen und Zink, im luftleeren Rau me, vermittelst des Brennglases, kalzinire, sich brenn bare Luft aus denselben entwickle. Und an einem andern Orte* [**] *versichert er: dafs diese Metalle, auf eben dieselbe Weise behandelt, das Phlogiston, oder die brennbare Luft, wiederum aufnähmen. Welch ein Widerspruch!*

Das Phlogiston ist ein hypothetischer Grundstoff, welchen die Chemisten noch nicht haben aufser den

---

[*] *Experiments and observations Vol.* 2. *Sect.* 5.
[**] *Philos. Transact. Vol.* 72.

*Körpern darstellen können, wie auch Hr. Kirwan
selbst gesteht. Sie haben daher angenommen, dafs
dieser Grundstoff niemals einen Körper verlafse,
ohne sich sogleich mit einem anderen Körper zu
verbinden. Stahl nahm den brennbaren Grundstoff
in den Körpern nur als eine Hypothese an, um
hieraus viele Erscheinungen zu erklären, die er auf
keine andere Weise erklären konnte. Da man aber
jetzo diese Erscheinungen befriedigend zu erklären
im Stande ist, wie wir im Vorhergehenden gezeigt
haben: so bedarf man eines solchen hypothetischen
Prinzipiums nicht länger. *)*

*Die Metalle werden während der Kalzination
schwerer, da sie doch ihr Phlogiston verlieren: wie
läfst sich dieses erklären?*

*Die neueren Vertheidiger des Phlogistons neh-
men an: der Schwefel enthalte Phlogiston, oder
brennbare Luft: aber dieses beweisen sie auch nicht
durch einen einzigen Versuch.*

*In Hrn. Lavoisiers Theorie wird nichts hypothe-
tisches vorausgesetzt, sondern alle Sätze werden, mit
der Waage und mit dem Maafsstabe in der Hand,
bewiesen. Warum wollen wir dann zu einem hypothetischen Prinzipium unsere Zuflucht nehmen, dessen Existenz nicht bewiesen werden kann; das man
bald als schwer, bald als leicht und nicht schwer, bald
als negativ schwer angibt; das bald durch die Gefäfse
durchgeht, und bald auch nicht durchgeht: mit Einem Worte, aus dem man Alles macht was man will?*

---

*) Jo. Andreas Scherer Scrutinium Hypotheseos Princi-
pii inflammabilis. *Eine vortreffliche Schrift!*

Gg 2

*Und welche Widersprüche in der Lehre vom Phlo-
giston! Die metallischen Kalke haben das Phlogiston verloren, und sind schwerer geworden; Eisen
hat weniger Phlogiston als Stahl und ist leichter.
Wie läfst sich dieses vereinigen?*

Nun wollen wir noch die phlogistische *und die*
antiphlogistische *Theorie mit einander vergleichen,
und den Streitpunkt deutlich zu bestimmen suchen.*

*Die Vertheidiger des Phlogistons (wenigstens die
gröfsere Anzahl von ihnen) geben zu, dafs wenn
die brennbare Luft mit dem Sauerstoffgas, bei einem
gewifsen Grade von Wärme, verbunden wird, Wasser entstehe; sie geben zu, dafs derjenige Grundstoff, welcher die Basis der brennbaren Luft ausmacht, blofs allein durch den Wärmestoff im Zustand von Gas erhalten werde, und in seinem reinen Zustande weder Wasser, noch Säure, noch Salz
enthalte. Sie geben zu, dafs die brennbare Luft im
Alkohol, im Ammoniak, in den Ölen und in den
Harzen enthalten sei. Sie geben zu, dafs die Säuren
nicht als Säuren in dem Schwefel, dem Phosphor,
u. s. w. enthalten sind; sondern dafs diese Säuren
Lebensluft in ihrer Miscung haben, und dafs der Zutritt der Lebensluft nöthig ist, um diese Körper in
Säuren zu verwandeln. Sie geben ferner zu, dafs
die metallischen Kalke Lebensluft enthalten. Der
Unterschied beider Theorien beruht also nur in
Folgendem: *)*

Die Stahlianer behaupten:

1. *Dafs die brennbare Luft auch in dem Schwe-*

---

*) Kirwan sur le phlogistique.

fel,' dem Phosphor, der salpeterhalbsauren, Luft,
u. s. w. enthalten sei.

2. Daſs sich dieselbe auch in den Metallen und
in der Kohle finde.

5. *Daſs sie, durch ihre Verbindung mit der Le*
bensluft, fixe Luft mache, und sich in dieser Verbin
dung, als fixe Luft, in den metallischen Kalken finde.
Hier kommt nun alles darauf an, die Gegen
wart des Phlogistons oder der brennbaren Luft in
den genannten Körpern zu beweisen.

Hrn. Kirwans Gründe sind folgende:

1. *Gleiche Ursachen bringen gleiche Wirkungen*
hervor. Nun ist aber das Verbrennen des Schwefels,
des Phosphors, des Zinks, u. s. w. von gleicher Art,
wie das Verbrennen der brennbaren Luft: folglich
entsteht dieses Verbrennen auf eben dieselbe Weise
und aus der gleichen Ursache.

2. *Der Salpeter verpufft mit dem flüchtigen Al*
kali, und mit andern Körpern, von denen man weiſs,
daſs sie brennbare Luft enthalten. Es ist daher
höchst wahrscheinlich, daſs alle Körper, mit denen
der Salpeter verpufft, brennbare Luft in ihrer
Mischung haben.

3. *Man erhält salpeterhalbsaure Luft, wenn man*
Salmiaksalpeter in einen glühenden Tiegel wirft.
Man erhält auch salpeterhalbsaure Luft, wenn man
Salpetersäure über Alkohol digerirt. Nun weiſs man
aber, daſs das flüchtige Alkali und das Alkohol
brennbare Luft enthalten. Der Schwefel, der Phos
phor und die Metalle geben aber salpeterhalbsaure·
Luft, wenn man sie mit Salpetersäure behandelt.

Folglich kann man schliefsen, dafs sie brennbare Luft enthalten.

Auf diese, aus der Analogie hergeleiteten, Gründe des Hrn. Kirwan, läfst sich, wie Hr. Lavoisier gezeigt hat, Folgendes antworten:

1. *Die einzige Analogie, weche bei dem Verbrennen statt findet, ist die Zersetzung der Lebensluft, vermöge der gröfseren Verwandtschaft irgend eines Körpers zu dem Sauerstoffe, wodurch der, vorher in der Lebensluft vorhandene, Wärmestoff frei wird. Hierinn besteht alles Verbrennen: aber hieraus folgt nicht, dafs es nur einen einzigen Körper gebe, welcher diese Verwandtschaft habe.*

2. *Die Analogie, auf welche sich das zweite Argument gründet, ist nur hypothetisch. Das Verpuffen des Salpeters entsteht, wie das Verbrennen, blofs allein durch die Zwischenkunft eines Körpers, welcher mit der Grundlage der Lebensluft eine gröfsere Verwandtschaft hat als das Salpeterstoffgas; und welcher, bei einer gewissen Temperatur, vermöge dieser Verwandtschaft die Salpetersäure zersetzen kann. Jeder Körper, der diesen Grad von Verwandtschaft hat, verpufft mit dem Salpeter.*

3. *Es mufs vorher bewiesen werden, dafs ohne Phlogiston keine Salpeterluft entstehen kann. Dann erst darf man schliefsen, dafs alle Körper, welche Salpeterluft hervorbringen, Phlogiston enthalten; aber nicht eher.*

E n d e.

Verbesserungen.

Seite 5. Zeile 11. statt wirklick lies wirklich.
- 14. • 3. von unten, statt eine andere l. eine eigene.
- 18. • 5. von unten, statt Temperatur sind l. Temperatur sich finden.
- 29. • 12. statt nnempfindbare l. unempfindbare.
- 30. • 18. statt ungleichartiger Körper l. ungleichartiger Körper von gleichen Mafsen oder gleichem Gewichte.

  In dem Kapitel von Wärmestoffe mufs, durchaus, statt Körper von gleichem Gewicht oder gleichem Umfang, gelesen werden: Körper von gleichem Gewicht oder gleicher Mafse.
- 33. • 12. statt 60 l. 62.
- 37. • 2. statt abnimmt so wie l. abnimmt wann.
- 40. • 14. statt Körpers welche l. Körpers, von denen, welche.
- 46. Auf dieser Seite mufs, statt aufgelöste, gelöfste gelesen werden.
- 55. • 11. statt Gleichgewicht l. Gewicht.
- 58. • 7. statt X l. x.
- 59. • 2. von unten, statt verbundenen l. verbundenen.
- 83. • 9. statt $\frac{1}{08}$ l. $\frac{1}{86}$ Wasserstoff.
- 84. • 8. statt 0,037449 l. 0,037449 Grane.
- 87. • 9. statt Dezimasteilen l. Dezimalteilen.
- 101. • 6. statt Seuerstoff l. Sauerstoff.
- 108. • 3. von unten, mufs statt eines ! nach dem Worte Männer ein blofses Komma stehen
- 128. • 12. statt sechszehnten l. siebzehnten.
- 145. • 1. von unten, statt zeigte l. zeigt.
- 151. • 1. mufs 1) ausgestrichen werden.
- 153. • 5. statt aniphlogistische l. antiphlogistische.
- 156. • 4. statt angenomme l. angenommene.
- 159. • 9. von unten, statt Zwischengrade Säure l. Zwischengrade von Säure.
- 173. 174. In diesem ganzen Kapitel mufs, statt salpeterhalbsaures Gas, salpetersaures Gas gelesen werden.